新工科暨卓越工程师教育培养计划电子信息类专业系列教材

丛书顾问/郝 跃

XINHAO YU XITONG FENXI

信号与系统分析

U0172521

- 主　　编/ 王炼红　孙闽红　陈洁平
- 副 主 编/ 李　成　仇兆炀　帅智康　杨　彬
- 参　　编/ 黄清秀　刘立成　马子骥　颜　志　杨唐胜
- 主　　审/ 李树涛

华中科技大学出版社
http://www.hustp.com
中国·武汉

内容简介

本书从信号与系统两个角度阐述了信号与系统的基本概念、基本理论,系统特性对信号的影响、作用,以及在工程领域的应用。

本书提供了丰富的数字资源和扩展阅读资料,可作为电子信息工程、通信工程、自动化、电子科学与技术、计算机科学与技术、电气工程及自动化、信息安全、测控技术与仪器、生物医学工程等专业的本科教材。本书结合慕课课程,可作为自学者的参考教材,也可作为科技工作者的参考资料。

图书在版编目(CIP)数据

信号与系统分析/王炼红,孙闽红,陈洁平主编. —武汉:华中科技大学出版社,2020.5
新工科暨卓越工程师教育培养计划电子信息类专业系列教材
ISBN 978-7-5680-5952-7

Ⅰ.①信… Ⅱ.①王… ②孙… ③陈… Ⅲ.①信号分析-高等学校-教材 ②信号系统-系统分析-高等学校-教材 Ⅳ.①TN911.6

中国版本图书馆 CIP 数据核字(2020)第 006801 号

信号与系统分析
Xinhao yu Xitong Fenxi

王炼红　孙闽红　陈洁平　主编

策划编辑:祖　鹏　王红梅
责任编辑:刘艳花
封面设计:秦　茹
责任校对:李　弋
责任监印:徐　露
出版发行:华中科技大学出版社(中国·武汉)　　电话:(027)81321913
　　　　　武汉市东湖新技术开发区华工科技园　　邮编:430223
录　　排:武汉市洪山区佳年华文印部
印　　刷:武汉科源印刷设计有限公司
开　　本:787mm×1092mm　1/16
印　　张:19.5
字　　数:472千字
版　　次:2020 年 5 月第 1 版第 1 次印刷
定　　价:49.80 元

编 委 会

前言

　　信号与系统分析是通信、电子、电气等信息类专业的核心基础课,其中的概念和分析方法广泛应用于电路与系统、通信、控制、计算机、信号与信息处理、生物信息、人工智能等领域。

　　本书围绕信号与线性时不变系统的分析方法与理论展开,介绍了信号与系统的基本概念与基本分析方法,重点介绍了信号、系统特性与响应的时频域理论以及在工程领域的应用。

　　全书分为7章,主要内容如下:第1章主要介绍了信号与系统的基本概念、描述与分类等,重点介绍了用于信号与系统分析的典型信号的特点与性质。第2章介绍了LTI系统时域分析方法,在经典法求解微分方程的基础上,重点介绍了零输入与零状态响应的求解、系统的冲激与阶跃响应,通过信号分解与系统响应求解引入卷积积分(卷积和)的概念,介绍了它们的性质以及在系统分析中的应用。第3章介绍了拉普拉斯变换与z变换的定义、性质与逆变换等内容,讲述了两种变换之间的关系、特点与应用,它们是第4章中系统变换域分析的基础。第4章主要介绍了线性时不变系统的变换域分析,介绍了LTI连续时间与离散时间系统变换域数学模型——系统函数的定义,系统函数与系统特性的联系,即通过系统函数分析系统的因果性与稳定性、系统零极点分布对系统响应的影响等,介绍了信号流图以及系统的模拟结构。第5章主要介绍信号的频域分析法,从周期连续信号的傅里叶级数分解推出傅里叶变换(频谱密度函数)的概念,讨论了傅里叶变换的性质、非周期和周期信号的傅里叶变换以及能量谱与功率谱的概念与应用;针对离散信号,从采样定理出发,介绍了周期序列的离散傅里叶级数、离散时间傅里叶变换、离散傅里叶变换及其性质;讨论了信号的时频分析的特点及应用。第6章介绍了连续时间系统与离散时间系统的频域分析方法、无失真传输系统与理想滤波器,介绍采样定理在语音及图像处理中的应用。第7章针对工程领域的应用与研究热点,主要介绍了信号与系统相关理论在通信系统、钢轨波磨检测、脑电信号采集与处理分析以及人工智能领域中的应用。为便于学习者及时复习,巩固学习中的基础知识与理论内容,本书前6章都配有基础题、提高题与综合题,第7章结合工程应用提供了项目式习题。为提高学习者充分利用现代信息技术手段与工具、快速获取知识的能力,并进一步提高学习者信息素养,本书采用新形态教材编写体例,提供了丰富的数字资源,如针对信号与系统分析的各种MATLAB例程、扩展阅读文献与资料、对应的慕课建设等,实现线上线下资源共享,使学习者不仅能掌握、理解、灵活运用本课程知识,而且能通过互联网技术快速获取新知识、解决复杂工程问题。

　　本书在编写过程中注意突出以下特色。一是紧扣新工科发展需求。信号与系统课程属于专业基础课程,其基础理论经典成熟。在新工科背景下,为培养造就引领未来技术与产业发展的卓越工程科技人才,本书内容对接新技术、新产业、新经济发展,在编写过程中注意理论与工程应用的有机结合,这在各章内容以及拓展阅读中有详细阐述与具体体现,特别是第 7 章精选了本课程理论在 5G 移动通信、人工智能、高铁工程、脑科学等新型产业与热点基础研究领域的应用。二是注重课程思政的建设。实际上,新工科是科学、人文、工程的结合,注重继承与创新、交叉与融合、协调与共享。这些方面的内容主要体现在拓展阅读部分,通过数字资源,提供中国古代数学思想、历史故事、中外学科名人介绍、时政要闻、科学理论深入解读与工程应用等内容给学习者阅读。学习者经过阅读、思考与讨论,达到"润物细无声"的效果,提高其综合素养。三是强调认知规律的编排体系。教材不仅是呈现静态的知识,更应展现科学的思维方法与认知过程。本书以信号分析、系统响应求解为主要线索,按照先信号后系统、先时域后变换域、先连续后离散的顺序来组织安排基础理论。本书先介绍信号及其特点,然后再讨论信号经过某一特定系统后的变化,如此顺序安排符合认知的逻辑规律。人类最初对信号的认知是基于时间轴线,而三大变换理论的出现则是为解决工程问题中的某些方程及局限而提出的,符合理论的发展规律;在数字化时代,离散信号与系统的研究越来越重要,工程实际信号多为模拟信号,数字化处理给信号的处理与传输带来了极大的便利。为此,每章不再将连续、离散信号或系统分开讲述,而是按照技术发展脉络将其整合在一起对比分析。本书在阐述基础理论的同时,强调理论与实际工程的结合与运用。本书内容由浅入深、由旧到新、由简到繁,循序渐进地呈现给学习者。

本书凝聚着众多老师的心血:第 1 章由杨彬、刘立成编写;第 2 章由李成编写;第 3 章由黄清秀、帅智康编写;第 4 章由陈洁平编写;第 5 章由仇兆炀编写;第 6 章由孙闽红编写;第 7 章由王炼红编写。全书由王炼红、孙闽红老师负责总体组织和统稿。对以上老师认真、负责的态度表示敬意,对他们的辛勤工作表示衷心感谢。

在此还衷心地感谢李树涛教授。他指导了本书的编写,提出了许多宝贵意见,并审阅了书稿。

本书在编写过程中得到了杭州电子科技大学通信工程学院的大力支持。感谢马子骥、孙闽红、肖昌炎、帅智康、颜志等老师为本书提供应用素材,还要感谢彭心辰、谢超鹏、李梓垚、严青、刘畅、周熊等同学在本书成稿过程中付出的努力。此外,本书还参考了书中所列参考文献中的部分内容,在此一并表示衷心的感谢。

由于编者水平有限,书中难免有疏漏和不足之处,敬请读者批评指正。

编 者

2019 年 8 月

目 录

1

信号与系统基本概念

　　本章介绍了信号与系统的基本概念以及它们的分类;重点讨论了对信号的基本处理,线性与非线性、时变与时不变系统的特性;阐述了信号与系统的描述和分析方法。同时,本章还介绍了在信号与系统分析中非常重要的阶跃函数、冲激函数、采样函数等函数及其特性。

　　信号与系统同人们的生产、生活息息相关。手机、平板、计算机、空调等已经成为人们常用的设备,这些设备都称为系统,而这些设备之间传递的语音、文字、图像、音乐、视频等都可以称为信号。本书介绍的信号与系统,就是指专门研究信息载体的信号、传输与加工信号的系统。那么,具体什么是信号? 什么是系统? 为什么要把信号与系统这两个概念放在一起?

　　在了解信号之前,必须要知道信息和信号的区别。所谓信息是指待传输的语音、文字、图像、音乐、视频等,而信号是携带信息的物理量,是信息的表现形式,是运载信息的工具。因此,信号是信息的载体,信息是信号的内涵。

　　信号在古代就存在,如我国人民利用烽火台的火光传递敌人入侵的警报,古希腊人以火炬的位置表示不同的字母符号,以及人们还利用击鼓鸣金的声响传递战斗命令等。这些情况下,人们把要传递的信息以光和声的形式(形成了光信号和声信号)互相传递。到了 19 世纪,人们开始利用电信号传播信息,如 1837 年莫尔斯发明了电报;1876 年贝尔发明了电话;1895 年俄国的波波夫、意大利的马可尼实现了电信号的无线传输等。从此以后,传送电信号的通信方式得到迅速发展,无线电广播、超短波通信、广播电视、雷达、无线电导航、移动通信、卫星通信等相继出现,并有了广泛的应用前景。

　　一般认为,能够产生、传输和处理信号的物理装置为系统,即指若干相互关联的事物组合而成具有特定功能的整体,如日常生活中常见的手机、电视、音箱、平板等。系统的基本作用是对信号的传输和处理,如图 1.0.1 所示。

图 1.0.1　系统的基本作用

　　以通信系统为例,通信系统中的信号传输与处理如图 1.0.2 所示,左侧人们要传递的信息是加载在声波信号中的,声波信号通过手机处理转变为电磁波,电磁波通过基站,以及一系列的传输与处理,到达右侧人们的手机中,手机将电磁波转变为声波信号,从而使右侧的人们获得声波信号中加载的信息。在此通信系统中,会涉及若干信号的传输和处理过程,而这些过程,将是本书介绍的重点。

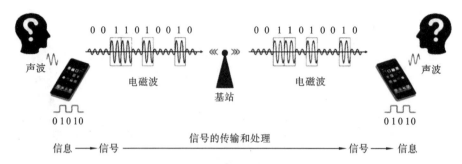

图 1.0.2 通信系统中的信号传输与处理

生活中常见的汽车也属于系统。一般来说,汽车系统由发动机、底盘、车身和电气设备四个基本组成部分组成,如图 1.0.3 所示。这四个部分又分别由若干其他小部件组成。以发动机为例,其作为汽车的动力装置,由汽油箱、起动机、火花塞、连杆、汽油泵、水箱等小部件组成。正是由于这些小部件组合在一起,才形成了一个具有特定功能(行驶)的系统(汽车),使得汽车可以稳定地、安全地行驶。

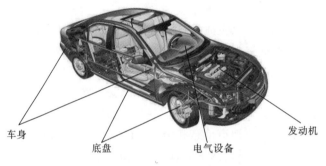

图 1.0.3 汽车系统

1.1 信号的描述与分类

信号通常可以用时间函数(或序列)表示,该函数的图像称为信号的波形。本书在讨论信号的有关问题时,"信号"与"函数(或序列)"两个词不作区分,相互通用。

1.1.1 信号的定义及描述

信号是信息的物理表现和传输载体,它一般是一种随时间变化而变化的物理量。

根据物理属性,信号可以分为电信号和非电信号。电信号是随时间变化的电压或电流。电信号容易产生,便于控制,易于处理。本课程主要讨论电信号,简称为信号。

信号通常可用两种方法进行描述:数学表达式和图形。

数学表达式是信号的基本描述方法,可以表示为一个或者多个变量的函数。例如,一段语音信号可以表示为声压随时间变化的函数 $u_{audio} = f(t), t_1 < t < t_2$。一张黑白照片的图像可以表示为亮度随二维平面空间变量变化的函数 $u_{light} = f(x, y)$,其中,x 与 y 分别表示图像像素点的横向和纵向坐标。本书主要讨论单一变量的函数。为了方便,以后的讨论一般用时间来表示自变量,尽管在实际应用中自变量不一定是时间。

图形是指由外部轮廓线条构成的矢量图,可根据数学表达式绘制直线、圆形、矩形、曲线、序列等。

1.1.2 信号的分类

信号的分类方法各种各样,可以从不同的角度进行分类。一般而言,信号可分为两大类:确定信号(或规则信号)和随机信号。

确定信号是可以用确定的时间函数(或序列)表示的信号。当给定某一时刻值时,确定信号有确定的数值。

随机信号是不能用确定的函数(或序列)表示的信号。"不确定性"或"不可预知性"统称为随机信号。

实际上,由于多种因素的干扰和影响,在信号传输过程中存在着某些"不确定性"或"不可预知性"。如在通信系统中,收信者在收到所传送的信息之前,是不完全知道信息源所发出的信息的。此外,信号在采样、存储、传输和处理的各个环节不可避免地要受到各种干扰和噪声的影响,导致信号失真(畸变),而这些干扰和噪声是未知的。这类"不确定性"或"不可预知性"通称为随机性。

严格来说,在实践中经常遇到的信号一般都是随机信号。随机信号需要用到概率统计的方法进行研究。而确定信号也是非常重要的,因为它是一种理想化的模型,不仅适用于工程应用,也是研究随机信号的重要基础。在本书中,我们只讨论确定信号。此外,信号还可以分成如下几种类型。

1. 连续信号和离散信号

1)连续信号

信号根据定义域可分为连续信号(或连续时间信号)和离散信号(或离散时间信号)。

定义在连续时间($-\infty < t < +\infty$)上的信号称为连续时间信号,简称连续信号。注意,这里的"连续"是指信号的定义域——时间是连续的,并未对信号的值域做任何要求,其值可以是连续的,也可以是离散的。图1.1.1展示了一些连续信号。

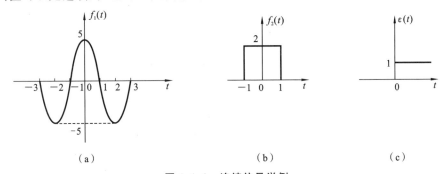

图 1.1.1 连续信号举例

图1.1.1(a)中的信号数学表达式为

$$f_1(t) = 5\cos\left(\frac{\pi}{2}t\right), \quad -\infty < t < +\infty \tag{1.1.1}$$

其定义域($-\infty, +\infty$)、值域$[-5, 5]$都是连续的,因此其为连续信号。

图1.1.1(b)中的信号数学表达式为

$$f_2(t) = \begin{cases} 2, & -1 < t < 1 \\ 0, & t < -1 \text{ 或 } t > 1 \end{cases} \tag{1.1.2}$$

其定义域$(-\infty,+\infty)$是连续的,但其函数值只取 0、2 两个值。

事实上,信号$f_2(t)$在$t=-1$处有间断点,间断点的函数值一般可以不定义,如式(1.1.2)所示。为了使函数值的定义更加完整,通常也可定义函数在间断点的函数值为该间断点左极限和右极限的平均值,即若函数$f(t)$在$t=t_0$处有间断点,则函数在该点的值定义为

$$f(t_0)=\frac{1}{2}\left[f(t_{0_-})+f(t_{0_+})\right] \tag{1.1.3}$$

通过这样的定义,信号在定义域$(-\infty,+\infty)$均有确定的函数值。

图 1.1.1(c)中的信号称为单位阶跃信号,其函数定义为

$$\varepsilon(t)=\begin{cases} 0, & t<0 \\ \dfrac{1}{2}, & t=0 \\ 1, & t>0 \end{cases} \tag{1.1.4}$$

2) 离散信号

只在一些离散的时间点上才有值的信号称为离散时间信号,简称离散信号。这里的"离散"也是指信号的定义域——时间是离散的,只取某些规定的值。一般情况下,我们用t表示信号的自变量,离散信号是指t只在$t_k(k=0,\pm1,\pm2,\cdots)$有定义,在其余时间无定义,如图 1.1.2 所示。

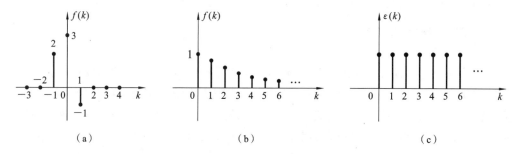

图 1.1.2　离散时间信号举例

函数取值时间间隔$T_k=t_{k+1}-t_k$可以是常数,也可以是随k变化的变量。本书只讨论T_k为常数T的情况。在时间间隔为常数T的情况下,离散信号只在均匀离散时间$t=\cdots,-2T,-T,0,T,2T,\cdots$时有定义,它可表示为$f(kT)$。为了叙述方便,不妨把$f(kT)$记为$f(k)$($k$表示离散时间变量),这样的离散信号也称为序列。

序列$f(k)$的数学表达式可以写成闭合形式,也可以一一列出每个$f(k)$的值。通常把对应某序号k的序列值称为第k个样点值。图 1.1.2(a)中的信号数学表达式为

$$f_1(k)=\begin{cases} 0, & k<-1 \\ 2, & k=-1 \\ 3, & k=0 \\ -1, & k=1 \\ 0, & k>1 \end{cases} \tag{1.1.5}$$

式(1.1.5)列出了每个样点的值。为了简化表达式,也可以将$f_1(k)$表示为

$$f_1(k)=\{0,2,3,-1,0\} \tag{1.1.6}$$
$$\uparrow\ k=0$$

在式(1.1.6)的序列表示形式中,我们用箭头"↑"表示 $k=0$ 时的序列值,箭头"↑"左右两边分别依次是 k 取负整数和 k 取正整数时相对应的 $f_1(k)$ 的值。

图 1.1.2(b)所示为单边指数序列,其表达式为

$$f_2(k) = \begin{cases} e^{-ak}, & k \geq 0, a > 0 \\ 0, & k < 0 \end{cases}$$

对不同的 a,其值域 $[0,1]$ 是连续的。

图 1.1.2(c)中的信号称为单位阶跃序列,其为阶跃信号的离散化,表达式为

$$\varepsilon(k) = \begin{cases} 1, & k \geq 0 \\ 0, & k < 0 \end{cases}$$

综上所述,信号的自变量(如时间)和幅值都可以是连续或者离散的。时间和幅值都为连续的信号称为模拟信号,时间和幅值都为离散的信号称为数字信号。在实际应用中,连续信号与模拟信号两个词通常不予区分,离散信号与数字信号也常常相互通用。

2. 周期信号和非周期信号

如果一个信号定义在 $(-\infty, +\infty)$ 区间,每隔一定时间 T(或整数 N),按相同规律重复出现,则把该信号称为周期信号;反之,则称为非周期信号。

连续周期信号可表示为

$$f(t) = f(t+nT), \quad n = 0, \pm 1, \pm 2, \cdots \tag{1.1.7}$$

离散周期信号可表示为

$$f(k) = f(k+mN), \quad m = 0, \pm 1, \pm 2, \cdots$$

满足式(1.1.7)的最小 T(或整数 N)的值称为该信号的重复周期,简称周期。由周期信号的重复性可知,只要给出周期信号在任一周期内的函数式或波形,便可确定它在任一时刻的值。

两个连续周期信号 $f_1(t)$ 和 $f_2(t)$,其周期分别为 T_1 和 T_2,若其周期之比 T_1/T_2 为有理数,则其和信号 $f(t) = f_1(t) + f_2(t)$ 仍然是周期信号,且和信号 $f(t)$ 的周期为 T_1 和 T_2 的最小公倍数。

3. 能量信号和功率信号

为了知道信号能量或功率的特性,常常研究信号在单位电阻上的能量或功率,也称为归一化能量或功率。若信号 $f(t)$ 在单位电阻上的瞬时功率为 $|f(t)|^2$,则在区间 $(-a < t < a)$ 的能量为

$$E = \int_{-a}^{a} |f(t)|^2 \mathrm{d}t$$

在区间 $(-a < t < a)$ 的平均功率为

$$\frac{1}{2a} \int_{-a}^{a} |f(t)|^2 \mathrm{d}t$$

信号能量定义为在区间 $(-\infty, +\infty)$ 中信号 $f(t)$ 的能量,用字母 E 表示,即

$$E \stackrel{\mathrm{def}}{=\!=} \lim_{a \to \infty} \int_{-a}^{a} |f(t)|^2 \mathrm{d}t \tag{1.1.8}$$

信号功率定义为在区间 $(-\infty, +\infty)$ 中信号 $f(t)$ 的平均功率,用字母 P 表示,即

$$P \stackrel{\mathrm{def}}{=\!=} \lim_{a \to \infty} \frac{1}{2a} \int_{-a}^{a} |f(t)|^2 \mathrm{d}t \tag{1.1.9}$$

若信号 $f(t)$ 的能量有界(即 $0 < E < +\infty$ 时,$P = 0$),则称其为能量有限信号,简称能量信号。若信号 $f(t)$ 的功率有界(即 $0 < P < +\infty$ 时,$E = 0$),则称其为功率有限信号,简称功率信号。仅在有限时间区间不为零的信号是能量信号,如图 1.1.1(b) 中的 $f_2(t)$,单个矩形脉冲等,这些信号的平均功率为零,因此只能从能量的角度去考察。直流信号、周期信号、阶跃信号都是功率信号,它们的能量无限,只能从功率的角度去考察。一个信号不可能既是能量信号又是功率信号,但有少数信号既不是能量信号也不是功率信号,如 e^{-t}。

离散信号有时也需要讨论能量和功率,序列 $f(k)$ 的能量定义为

$$E \overset{\text{def}}{=\!=\!=} \lim_{N \to +\infty} \sum_{k=-N}^{N} |f(k)|^2 \tag{1.1.10}$$

序列 $f(k)$ 的功率定义为

$$P \overset{\text{def}}{=\!=\!=} \lim_{N \to +\infty} \frac{1}{2N+1} \sum_{k=-N}^{N} |f(k)|^2 \tag{1.1.11}$$

1.2 信号的基本处理与分析

在系统分析中,常遇到信号(连续的或离散的)的某些基本处理——加减、乘除、反转、平移和尺度变换等。

1.2.1 信号的加减与乘除

信号 $f_1(\cdot)$ 与 $f_2(\cdot)$ 之和(瞬时和)是指同一瞬时两信号之值对应相加所构成的"和信号",即

$$f(\cdot) = f_1(\cdot) + f_2(\cdot) \tag{1.2.1}$$

调音台是信号相加的一个实际例子,它将音乐和语音混合到一起。

信号 $f_1(\cdot)$ 与 $f_2(\cdot)$ 之积是指同一瞬时两信号之值对应相乘所构成的"积信号",即

$$f(\cdot) = f_1(\cdot) f_2(\cdot) \tag{1.2.2}$$

式(1.2.1)与式(1.2.2)中的"$\cdot$"可表示为连续时间变量 t 或离散时间变量 k。收音机的调幅信号 $f(t)$ 是信号相乘的一个实际例子,它是将音频信号 $f_1(t)$ 通过乘法运算加载到被称为载波的正弦信号 $f_2(t)$ 上。

离散序列相加(或相乘)可采用对应样点的值分别相加(或相乘)的方法来计算。

例 1.2.1 已知序列

$$f_1(k) = \begin{cases} 3^k, & k < 0 \\ k+1, & k \geq 0 \end{cases}; \quad f_2(k) = \begin{cases} 0, & k < -2 \\ 3^{-k}, & k \geq -2 \end{cases}$$

求 $f_1(k)$ 与 $f_2(k)$ 之和,$f_1(k)$ 与 $f_2(k)$ 之积。

解 $f_1(k)$ 与 $f_2(k)$ 之和为

$$f_1(k) + f_2(k) = \begin{cases} 3^k, & k < -2 \\ 3^k + 3^{-k}, & k = -2, -1 \\ k+1+3^{-k}, & k \geq 0 \end{cases}$$

$f_1(k)$ 与 $f_2(k)$ 之积为

$$f_1(k) \cdot f_2(k) = \begin{cases} 3^k \times 0 \\ 3^k \times 3^{-k} \\ (k+1) \times 3^{-k} \end{cases} = \begin{cases} 0, & k < -2 \\ 1, & k = -2, -1 \\ (k+1) \times 3^{-k}, & k \geqslant 0 \end{cases}$$

1.2.2 信号的反转与平移

将信号 $f(t)$ 或 $f(k)$ 中的自变量 t(或 k)换为 $-t$(或 $-k$),其几何含义是将信号 $f(\cdot)$ 以纵坐标为轴反转(或称反折),如图 1.2.1 所示。

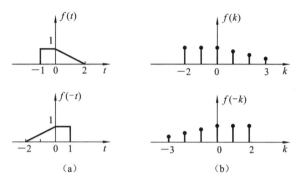

图 1.2.1 信号的反转

平移也称为移位。对于连续信号 $f(t)$,若有常数 $t_0 > 0$,则延时信号 $f(t-t_0)$ 是将原信号沿 t 轴正方向平移 t_0 时间,而 $f(t+t_0)$ 是将原信号沿 t 轴负方向平移 t_0 时间,如图 1.2.2(a)所示。对于离散信号 $f(k)$,若有整常数 $k_0 > 0$,则延时信号 $f(k-k_0)$ 是将原序列沿 k 轴正方向平移 k_0 单位,而 $f(k+k_0)$ 是将原序列沿 k 轴负方向平移 k_0 单位,如图 1.2.2(b)所示。

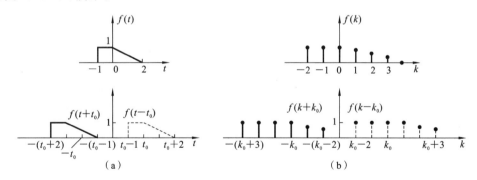

图 1.2.2 信号的平移

例如,在雷达系统中,雷达接收到的目标回波信号比发射信号延迟了时间 t_0,利用该延迟时间 t_0 可以计算出目标与雷达之间的距离。这里雷达接收到的目标回波信号就是延时信号。

如果将反转与平移相结合,就可以得到 $f(-t-t_0)$ 和 $f(-k-k_0)$,如图 1.2.3 所示。类似地,也可得到 $f(-t+t_0)$ 和 $f(-k+k_0)$。需要注意的是,为画出这类信号的波形,最好先平移,将 $f(t)$ 平移为 $f(t\pm t_0)$ 或将 $f(k)$ 平移为 $f(k\pm k_0)$;然后再反转,将变量 t 或 k 相应地换为 $-t$ 或 $-k$。如果反转后再进行平移,由于这时自变量为 $-t$(或 $-k$),故平移方向与前述方向相反。

图 1.2.3(a)所示信号 $f(t)$ 值域的非零区间为 $-1<t<2$，因此，信号 $f(-t-t_0)$ 值域的非零区间为 $-1<-t-t_0<2$，即 $-(t_0+2)<t<-(t_0-1)$。离散信号也类似，如图 1.2.3(b)所示。

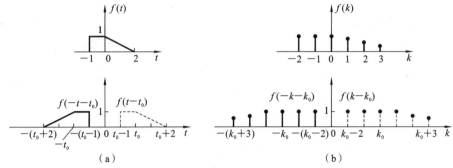

（a）   （b）

图 1.2.3　信号的平移并反转

1.2.3　信号的尺度变换（横坐标展缩）

设信号 $f(t)$ 的波形如图 1.2.4(a)所示。如需将信号横坐标的尺寸展宽或压缩（常称为尺度变换），可用变量 $at(a$ 为非零常数）替代原信号 $f(t)$ 的自变量 t，得到信号 $f(at)$。若 $a>1$，则信号 $f(at)$ 将原信号 $f(t)$ 以原点（$t=0$）为基准，沿横轴压缩到原来的 $\frac{1}{a}$；若 $0<a<1$，则信号 $f(at)$ 表示将原信号 $f(t)$ 沿横轴展宽到原来的 a 倍。图 1.2.4(b)和图 1.2.4(c) 分别画出了 $f(2t)$ 和 $f\left(\frac{1}{2}t\right)$ 的波形。若 $a<0$，则信号 $f(at)$ 表示将原信号 $f(t)$ 的波形反转并压缩或展宽到原来的 $\frac{1}{|a|}$。图 1.2.4(d)画出了信号 $f(-2t)$ 的波形。

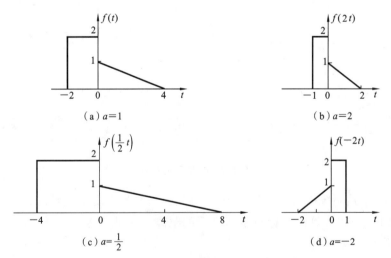

（a）$a=1$ （b）$a=2$

（c）$a=\frac{1}{2}$ （d）$a=-2$

图 1.2.4　连续信号的尺度变换

若 $f(t)$ 是已录制在磁带上的声音信号，则 $f(-t)$ 可看作将磁带倒转播放产生的信号，而 $f(2t)$ 是磁带以二倍速度加快播放的信号，$f\left(\frac{1}{2}t\right)$ 则表示磁带放音速度降至一半的信号。

离散信号通常不作展缩运算,这是因为 $f(ak)$ 仅在 ak 为整数时才有定义,而当 $a>1$ 或 $a<1$,且 $a\neq\dfrac{1}{m}$(m 为整数)时,它常常丢失原信号 $f(k)$ 的部分信息。例如,图1.2.5(a)的序列 $f(k)$,当 $a=\dfrac{1}{2}$ 时,得 $f\left(\dfrac{1}{2}k\right)$,如图 1.2.5(c)所示。但当 $a=2$ 和 $a=\dfrac{2}{3}$ 时,其序列如图 1.2.5(b)和图 1.2.5(d)所示。由图 1.2.5 可知,它们丢失了原信号的部分信息,因而不能看作是 $f(k)$ 的压缩或展宽。

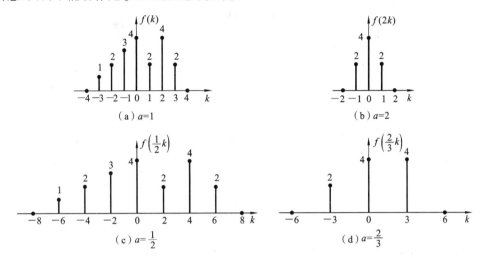

图 1.2.5　离散信号的尺度变换

信号 $f(at+b)$(式中 $a\neq0$)的波形可以通过对信号 $f(t)$ 的平移、反转(若 $a<0$)和尺度变换获得。

例 1.2.2　信号 $f(t)$ 的波形如图 1.2.6(a)所示,画出 $f(-2t+4)$ 的波形。

解　将信号 $f(t)$ 左移,得 $f(t+4)$,其波形如图 1.2.6(b)所示;然后反转,得 $f(-t+4)$,其波形如图 1.2.6(c)所示;再进行尺度变换,得 $f(-2t+4)$,其波形如图 1.2.6(d)所示。

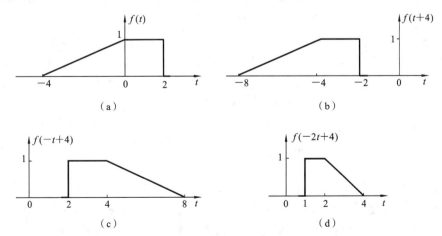

图 1.2.6　尺度变换综合举例

也可以先将信号 $f(t)$ 的波形反转得到 $f(-t)$,然后对信号 $f(-t)$ 右移得到 $f(-t+4)$。需要注意的是,由于信号 $f(-t)$ 的自变量为 $-t$,因而应将 $f(-t)$ 的波形右移,

即沿 t 轴正方向移动 4 个单位,得图 1.2.6(c)的 $f(-t+4)$,然后再进行尺度变换。

也可以先求出 $f(-2t+4)$ 的表达式(或其分段的区间),然后画出其波形。由图 1.2.6(a)可知,$f(t)$ 可表示为

$$f(t)=\begin{cases} \dfrac{1}{4}(t+4), & -4<t<0 \\ 1, & 0<t<2 \\ 0, & t<-4,t>2 \end{cases}$$

以变量 $-2t+4$ 代替原函数 $f(t)$ 中的变量 t,得

$$f(-2t+4)=\begin{cases} \dfrac{1}{4}(-2t+4+4), & -4<-2t+4<0 \\ 1, & 0<-2t+4<2 \\ 0, & -2t+4<-4,-2t+4>2 \end{cases} \tag{1.2.3}$$

将式(1.2.3)稍加整理,得

$$f(-2t+4)=\begin{cases} \dfrac{1}{4}(8-2t), & 2<t<4 \\ 1, & 1<t<2 \\ 0, & t>4,t<1 \end{cases} \tag{1.2.4}$$

按式(1.2.4)画出的 $f(-2t+4)$ 的波形与图 1.2.6(d)相同。

1.2.4　信号分析

信号分析的内容十分广泛,分析方法多种多样。最常用、最基本的方法是:时域法和频域法。时域法是研究信号的时域特性,如波形参数、波形变化、持续时间长短、重复周期,以及信号的时域分解与合成等。频域法是将信号通过傅里叶变换后以另外一种形式表达出来,研究信号的频率结构(频谱成分)、频率分量的相对大小(能量分布)、主要频率分量占有的范围等,以揭示信号的频域特性。

信号分析技术在工程中的应用非常普遍。在无线电、通信、控制、计算机、人工智能、化学、生物、交通等领域中需要对各种信号进行探测、放大、处理、显示。离开信号分析,我们将无法"听见""看见"或识别各种不同信号。

在电力工程中有大量的动态信号需要分析,分析这些信号具有重要意义。例如,电力网络中通常存在许多非线性负载,使电网及电流的波形发生畸变,产生大量高频分量,通过分析减少其对电力网络的影响,这对电网安全运行非常重要。现在国家提出的泛在电力物联网的建设,也离不开信号的处理与传输。

信号分析在生物医学工程领域也得到了广泛发展与应用。通过传感器对脑电、心电、肌电、脉电、血流等生物电信号进行采样、分析,这对疾病研究、脑功能研究、脑机接口控制研究有重要意义与应用价值。

信号分析在图像处理、人工智能领域也有广泛的应用。图像本身是一个二维信号,图像处理实质就是对二维信号的分析处理,如图像去噪、图像滤波、图像变换、图像特征提取、图像分类等。分析方法包括滤波分析、直方图分析、DCT 变换、DWT 变换、稀疏编码、深度学习等。

1.3　系统的描述与分类

各种变化的信号从来不是孤立存在的。信号总是在系统中产生又在系统中不断传递。由相互作用、相互联系的事物按一定规律组成的具有特定功能的整体,称为系统。当系统的激励是连续信号时,若系统的响应也是连续信号,则该系统称为连续系统;当系统的激励是离散信号时,若系统的响应也是离散信号,则该系统称为离散系统;当系统的激励是连续信号时,若系统的响应是离散信号,或反之,则该系统称为混合系统。

1.3.1　系统的描述

分析系统时,需要建立该系统的数学模型,然后对该模型求解,并对最终结果赋予实际意义。一般来说,描述连续系统的数学模型是微分方程,而描述离散系统的数学模型是差分方程。下面将详细分析、描述连续系统和离散系统的数学模型。

1. 连续系统

假设存在一个如图 1.3.1 所示的串联电路,激励为 $u_S(t)$,选取电容器两端的电压 $u_C(t)$ 为响应,求该串联电路激励和响应之间的数学模型。

依据基尔霍夫电压定律,有

$$u_L(t)+u_R(t)+u_C(t)=u_S(t) \tag{1.3.1}$$

又根据各元件两端电压与电流的关系,有

$$u_L(t)=Li'(t) \tag{1.3.2}$$

$$u_R(t)=Ri(t) \tag{1.3.3}$$

$$i(t)=Cu'_C(t) \tag{1.3.4}$$

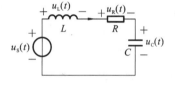

图 1.3.1　串联电路

将上述三式代入式(1.3.1),整理可得

$$u''_C(t)+\frac{R}{L}u'_C(t)+\frac{1}{LC}u_C(t)=\frac{1}{LC}u_S(t) \tag{1.3.5}$$

式(1.3.5)即为描述该连续系统的微分方程。需要注意的是,在书写该微分方程时,我们一般把系统响应写在方程左侧,将激励写在方程右侧。同时,微分次数由高到低排列。

当然,除了上述的数学模型外,连续系统还可以用框图表示激励和响应之间的数学关系。框图一般包含如下的基本单元,即每个基本单元都可以表示一个具有特定功能的部件,也可以表示一个子系统。每个基本单元的内部构成不是重点考察点,而仅仅只需关注其输入和输出之间的数学关系。这样可以简化系统,使各单元作用一目了然。

（1）连续系统加法器如图 1.3.2 所示。

（2）连续系统积分器如图 1.3.3 所示。

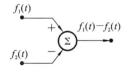

图 1.3.2　连续系统加法器

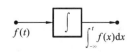

图 1.3.3　连续系统积分器

（3）连续系统数乘器如图 1.3.4 所示。

（4）连续系统延时器如图 1.3.5 所示。

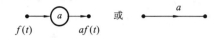

图 1.3.4　连续系统数乘器　　　　　图 1.3.5　连续系统延时器

例 1.3.1　假设某连续系统的微分方程为 $y''(t)+ay'(t)+by(t)=cf(t)$，求该系统的框图。

解　将微分方程整理可得 $y''(t)=-ay'(t)-by(t)+cf(t)$，考虑到系统中存在 $y''(t)$、$y'(t)$ 和 $y(t)$，可知系统中必然存在两个积分器，则必然有如图 1.3.6 所示的微分方程的系统框图。

同样，可以将上述系统框图写出微分方程的形式，微分方程和系统框图具有对应的关系。

例 1.3.2　假设某连续系统的框图如图 1.3.7 所示，求该系统的微分方程。

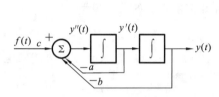

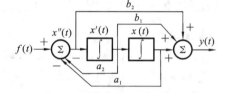

图 1.3.6　微分方程的系统框图　　　　图 1.3.7　连续系统框图

解　如图 1.3.7 所示，连续系统包含两个加法器，两个加法器之间还有两个积分器。设右侧积分器的输出为 $x(t)$，那么这两个积分器的输入分别为 $x''(t)$ 和 $x'(t)$。两个加法器可提供两个等式，对于左侧的加法器，存在如下关系：

$$x''(t)=-a_2 x'(t)-a_1 x(t)+f(t) \tag{1.3.6}$$

整理得

$$x''(t)+a_2 x'(t)+a_1 x(t)=f(t) \tag{1.3.7}$$

而对于右侧的加法器，存在如下关系：

$$y(t)=b_2 x''(t)+b_1 x'(t)+x(t) \tag{1.3.8}$$

由于连续系统的数学模型是描述激励 $f(t)$ 和响应 $y(t)$ 之间的微分方程，为了获得此微分方程，需要联立左右侧加法器的方程，消去中间变量 $x(t)$。

首先，将右侧加法器方程两边同时乘以 a_1，可得

$$a_1 y(t)=b_2 a_1 x''(t)+b_1 a_1 x'(t)+a_1 x(t) \tag{1.3.9}$$

接着，将右侧加法器方程两边同时求一次导，并乘以 a_2，可得

$$a_2 y'(t)=b_2 [a_2 x''(t)]'+b_1 [a_2 x'(t)]'+a_2 x'(t) \tag{1.3.10}$$

然后，将右侧加法器方程两边同时求两次导，可得

$$y''(t)=b_2 [x''(t)]''+b_1 [x'(t)]''+x''(t) \tag{1.3.11}$$

最后，将式(1.3.9)～式(1.3.11)加起来，可得

$$y''(t)+a_2 y'(t)+a_1 y(t)=b_2 (x''(t)+a_2 x'(t)+a_1 x(t))''+b_1 (x''(t)+a_2 x'(t)+a_1 x(t))'$$
$$+x''(t)+a_2 x'(t)+a_1 x(t) \tag{1.3.12}$$

可以发现，式(1.3.12)括号内的表达式即为 $f(t)$，将其置换，可得

$$y''(t)+a_2 y'(t)+a_1 y(t)=b_2 f''(t)+b_1 f'(t)+f(t) \tag{1.3.13}$$

式(1.3.13)即为描述该连续系统的微分方程。

2. 离散系统

例1.3.3 假设某水库中第 k 年有鲤鱼 $y(k)$ 条,鲤鱼的出生率和捕捞率分别为 a 和 b,而第 k 年还会投放鲤鱼 $f(k)$ 条,那么该水库第 k 年的总鲤鱼数为多少?

解 根据题目可知,第 k 年的总鲤鱼数,是 $k-1$ 年鲤鱼数 $y(k-1)$,加上 $k-1$ 年鲤鱼在今年生的新鲤鱼数 $ay(k-1)$,减去 $k-1$ 年鲤鱼被捕捞的数 $by(k-1)$,再加上 k 年投放的新鲤鱼数 $f(k)$,这样可以得到如下方程:

$$y(k)=y(k-1)+ay(k-1)-by(k-1)+f(k) \tag{1.3.14}$$

整理可得

$$y(k)-(1+a-b)y(k-1)=f(k) \tag{1.3.15}$$

式(1.3.15)即为描述该水库鲤鱼条数的差分方程(离散系统)。与微分方程类似,在书写差分方程时,我们一般把系统响应写在方程左侧,将激励写在方程右侧。

当然,除了上述的数学模型外,离散系统还可以用框图表示激励和响应之间的数学关系。常见的离散系统框图基本单元包括如下部分。

(1)离散系统加法器如图1.3.8所示。

(2)离散系统迟延单元如图1.3.9所示。

(3)离散系统数乘器如图1.3.10所示。

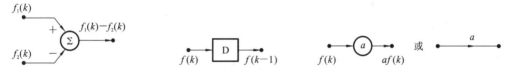

图 1.3.8 离散系统加法器　图 1.3.9 离散系统迟延单元　图 1.3.10 离散系统数乘器

例1.3.4 以例1.3.3水库鲤鱼数为例,由该系统的差分方程式(1.3.15)画出其对应的系统框图。

解 从差分方程(见式(1.3.15))可以看出,响应 $y(k)$ 之后存在一个迟延单元,然后 $y(k)$、$y(k-1)$ 和 $f(k)$ 由一个加法器连接,系数则由数乘器确定。这样,就可以得到如图1.3.11所示的差分系统框图。

同样,可以将上述系统框图写出差分方程的形式,差分方程和系统框图具有对应关系。如果系统的框图更复杂,那么如何去求取系统的差分方程呢?

例1.3.5 假设某离散系统的框图如图1.3.12所示,求该系统的差分方程。

解 差分系统(见图1.3.12)中存在两个迟延单元,因此属于二阶差分系统,假设左侧的迟延单元输入为 $x(k)$,则两个迟延单元的输出分别为 $x(k-1)$ 和 $x(k-2)$。依据左右两个加法器可以分别获得两个等式,其中,对于左侧的加法器,存在如下关系:

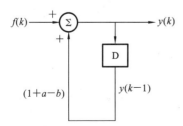

图 1.3.11 差分系统框图

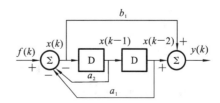

图 1.3.12 例1.3.5的差分系统框图

$$x(k) = f(k) - a_2 x(k-1) - a_1 x(k-2) \tag{1.3.16}$$

整理可得

$$f(k) = x(k) + a_2 x(k-1) + a_1 x(k-2) \tag{1.3.17}$$

对于右侧的加法器,存在如下关系:

$$y(k) = b_1 x(k) + x(k-2) \tag{1.3.18}$$

由于离散系统的数学模型是描述激励 $f(k)$ 和响应 $y(k)$ 之间的差分方程,为了获得此差分方程,需要联立左右侧加法器的方程,消去中间变量 $x(k)$。

首先,将右侧加法器方程即式(1.3.18)两边同时迟延一次,并乘以 a_2,可得

$$a_2 y(k-1) = b_1 a_2 x(k-1) + a_2 x(k-3) \tag{1.3.19}$$

接着,将右侧加法器方程即式(1.3.18)两边同时迟延两次,并乘以 a_1,可得

$$a_1 y(k-2) = b_1 a_1 x(k-2) + a_1 x(k-4) \tag{1.3.20}$$

最后,将式(1.3.18)~式(1.3.20)左右相加,可得

$$y(k) + a_2 y(k-1) + a_1 y(k-2) = b_1 [x(k) + a_2 x(k-1) + a_1 x(k-2)] \\ + x(k-2) + a_2 x(k-3) + a_1 x(k-4) \tag{1.3.21}$$

可以发现,方程(1.3.21)括号内的表达式即为 $f(k)$ 与 $f(k-2)$,将其置换,可得

$$y(k) + a_2 y(k-1) + a_1 y(k-2) = b_1 f(k) + f(k-2) \tag{1.3.22}$$

式(1.3.22)即为描述该离散系统的差分方程。

1.3.2 系统的分类

从多角度观察和分析系统时,可将系统分成多种类别,如连续与离散系统,线性与非线性系统,时变与时不变系统,因果与非因果系统,记忆与非记忆系统,稳定与发散系统等。连续与离散系统在1.3.1节中已经进行了详细阐述,这一小节主要介绍后面几种类别。

1. 线性与非线性系统

系统激励 $f(\cdot)$ 与响应 $y(\cdot)$ 之间的关系可以用运算算子简单概括,即

$$y(\cdot) = T[f(\cdot)] \tag{1.3.23}$$

其中,T 为运算算子,表示激励 $f(\cdot)$ 经过 T 算子运算之后,可以得到响应 $y(\cdot)$。关系式(1.3.23)还可以理解为激励 $f(\cdot)$ 作用于系统后的响应为 $y(\cdot)$,系统的作用即为运算算子 T。

线性系统必须满足的两个条件:线性性质和分解特性。只有满足这两个条件的系统才是线性系统;反之,称为非线性系统。

线性性质包含两部分内容,即齐次性和可加性。

假设某系统的激励为 $f(\cdot)$,响应为 $y(\cdot)$,当激励增大 a 倍(a 为任意常数)时,响应也增大 a 倍,即满足

$$a y(\cdot) = T[a f(\cdot)] \tag{1.3.24}$$

则称该系统满足齐次性。

当某系统的激励为 $f_1(\cdot)$ 时,其响应为 $y_1(\cdot)$;当激励为 $f_2(\cdot)$ 时,其响应为 $y_2(\cdot)$;当系统的激励为 $f_1(\cdot) + f_2(\cdot)$ 时,其响应为 $y_1(\cdot) + y_2(\cdot)$,即满足

$$T[f_1(\cdot) + f_2(\cdot)] = T[f_1(\cdot)] + T[f_2(\cdot)] = y_1(\cdot) + y_2(\cdot) \tag{1.3.25}$$

则称该系统满足可加性。

综上,对于满足线性性质的系统,应满足

$$T[af_1(\cdot) + bf_2(\cdot)] = T[af_1(\cdot)] + T[bf_2(\cdot)] = ay_1(\cdot) + by_2(\cdot)$$
(1.3.26)

对于动态系统,系统的响应不仅取决于系统的激励 $f(\cdot)$,还取决于系统的初始状态。初始状态也可以看成是系统的另外一种激励。若系统的初始状态用 $\{x(0)\}$ 表示,则系统的响应由激励 $f(\cdot)$ 和初始状态 $\{x(0)\}$ 共同决定,此时,动态系统的完全响应可以表示为

$$y(\cdot) = T[\{x(0)\},\{f(\cdot)\}]$$
(1.3.27)

又根据线性性质,线性系统的响应是各激励的响应之和。若该系统的输入信号为 0,则该系统的响应仅由初始状态决定,我们称这种仅由初始状态 $\{x(0)\}$ 引起的系统响应为零输入响应(zero input response),用 $y_{zi}(\cdot)$ 表示,即有

$$y_{zi}(\cdot) = T[\{x(0)\},\{0\}]$$
(1.3.28)

同理,若该系统的初始状态为 0,则该系统的响应仅由输入决定,称这种仅由输入 $f(\cdot)$ 引起的系统响应为零状态响应(zero state response),用 $y_{zs}(\cdot)$ 表示,即有

$$y_{zs}(\cdot) = T[\{0\},\{f(\cdot)\}]$$
(1.3.29)

线性系统的分解特性可以概括为将系统的完全响应分解为零输入响应和零状态响应,即有

$$y(\cdot) = y_{zi}(\cdot) + y_{zs}(\cdot) \qquad (1.3.30)$$

对于一个系统,其初始状态和激励可能是多个的,但是只有当所有初始状态和所有激励都满足上述性质时,才能称之为线性系统。综上所述,一个既具有分解特性,又满足零状态线性和零输入线性的系统,称为线性系统;反之,称为非线性系统。

图 1.3.13 不同激励条件下的线性系统响应

以图 1.3.13 为例,假设系统激励为 $f_1(\cdot)$ 时的响应为 $y_1(\cdot)$,激励为 $f_2(\cdot)$ 时的响应为 $y_2(\cdot)$。

当系统的激励为 $f_1(\cdot) + f_2(\cdot)$ 时,系统的响应为系统分别在激励 $f_1(\cdot)$ 和 $f_2(\cdot)$ 下的响应之和,即为 $y_1(\cdot) + y_2(\cdot)$,如图 1.3.14 所示。

图 1.3.14 激励为 $f_1(\cdot) + f_2(\cdot)$ 时线性系统的响应

但是在某些情况下,线性系统的响应也可能是系统的部分激励,如图 1.3.15 所示。在这种情况下,线性系统的数学模型会相对复杂,但是该系统仍属于线性系统。有关此类系统,在本书的后续章节有详细介绍。

图 1.3.15 系统响应作为部分激励的系统框图

例 1.3.6 请判断下述三个系统是否为线性系统。

(1) $y(t) = f(t) + 3x(0)f(t) + 6x(0) + 5$。

(2) $y(t) = 5|f(t)| + 6x(0)$。

(3) $y(k) = 7f(k) + 2x(0)^2$。

解 (1) 该系统的零输入响应为 $y_{zi}(t) = 6x(0) + 5$,零状态响应为 $y_{zs}(t) = f(t) + 5$,由于 $y(t) \neq y_{zi}(t) + y_{zs}(t)$ 不满足分解特性,因此,该系统是非线性系统。

(2) 该系统的零输入响应为 $y_{zi}(t) = 6x(0)$,零状态响应为 $y_{zs}(t) = 5|f(t)|$,$y(t) = y_{zi}(t) + y_{zs}(t)$,该系统满足分解特性,但是当激励增大 a 倍时,有 $T[\{0\}, \{af(t)\}] = 5|af(t)| \neq ay_{zs}(t)$,不满足零状态响应线性特征,因此,该系统是非线性系统。

(3) 该系统的零输入响应为 $y_{zi}(k) = 2x(0)^2$,零状态响应为 $y_{zs}(k) = 7f(k)$,$y(k) = y_{zi}(k) + y_{zs}(k)$,该系统满足分解特性,但是当初始状态增大 a 倍时,有 $T[\{ax(0)\}, \{0\}] = 2(ax(0))^2 \neq ay_{zi}(t)$,不满足零输入响应线性特征,因此,该系统是非线性系统。

2. 时变与时不变系统

如果激励 $f(\cdot)$ 作用于某系统时的零状态响应为 $y_{zs}(\cdot)$,当激励延迟一定的时间 t_d(连续系统)或 k_d(离散系统)时,系统的零状态响应也延迟同样的时间的系统称为时不变系统;反之,称为时变系统。因此,时不变系统应满足如下条件:

$$T[\{0\}, \{f(t-t_d)\}] = y_{zs}(t-t_d) \tag{1.3.31}$$

$$T[\{0\}, \{f(k-k_d)\}] = y_{zs}(k-t_d) \tag{1.3.32}$$

以连续系统为例,时不变系统的图形表示如图 1.3.16 所示。

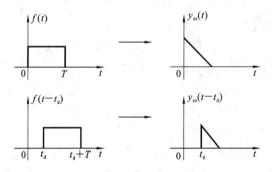

图 1.3.16 时不变系统的图形表示

例 1.3.7 请判断下述四个系统是否为时不变系统。

(1) $y_{zs}(t) = f(t)f(t-5)$。

(2) $y_{zs}(k) = kf(k-2)$。

(3) $y_{zs}(k) = f(-k)$。

(4) $y_{zs}(k) = f(3k)$。

解 (1) 令 $g(t)$ 为 $f(t)$ 延迟 t_d 后的信号,即 $g(t) = f(t-t_d)$,当 $g(t)$ 作用于系统时,系统的零状态响应为 $T[\{0\}, \{g(t)\}] = g(t)g(t-5) = f(t-t_d)f(t-t_d-5)$;而原本零状态响应延迟 t_d 后为 $y_{zs}(t-t_d) = f(t-t_d)f(t-t_d-5)$,由于 $T[\{0\}, \{f(t-t_d)\}] = y_{zs}(t-t_d)$,因此,该系统为时不变系统。

(2) 令 $g(k)$ 为 $f(k)$ 延迟 k_d 后的信号,即 $g(k) = f(k-k_d)$,当 $g(k)$ 作用于系统时,系统的零状态响应为 $T[\{0\}, \{g(k)\}] = kg(k-2) = kf(k-2)$,而原本零状态响应

延迟 k_d 后为 $y_{zs}(k-k_d)=(k-k_d)f(k-k_d-2)$，由于 $T[\{0\},\{f(k-k_d)\}]\neq y_{zs}(k-k_d)$，因此，该系统为时变系统。

（3）令 $g(k)$ 为 $f(k)$ 延迟 k_d 后的信号，即 $g(k)=f(k-k_d)$，当 $g(k)$ 作用于系统时，系统的零状态响应为 $T[\{0\},\{g(k)\}]=g(-k)=f(-k-k_d)$，而原本零状态响应延迟 k_d 后为 $y_{zs}(k-k_d)=f(-(k-k_d))$，由于 $T[\{0\},\{f(k-k_d)\}]\neq y_{zs}(k-k_d)$，因此，该系统为时变系统。

（4）令 $g(k)$ 为 $f(k)$ 延迟 k_d 后的信号，即 $g(k)=f(k-k_d)$，当 $g(k)$ 作用于系统时，系统的零状态响应为 $T[\{0\},\{g(k)\}]=g(3k)=f(3k-k_d)$，而原本零状态响应延迟 k_d 后为 $y_{zs}(k-k_d)=f(3(k-k_d))$，由于 $T[\{0\},\{f(k-k_d)\}]\neq y_{zs}(k-k_d)$，因此，该系统为时变系统。

通过例 1.3.7 可以看出，若激励 $f(\cdot)$ 之前有变系数，或反转、展缩变换，则系统为时变系统。

3. 因果与非因果系统

因果系统是指当且仅当输入信号激励系统时，系统才出现零状态响应输出的系统，即系统的零状态响应不出现于激励之前，反之则为非因果系统。

换句话说，对于连续（离散）系统，当 $t<t_0$（或 $k<k_0$）时，激励 $f(t)=0$（或 $f(k)=0$）；当 $t<t_0$（或 $k<k_0$）时，$y_{zs}(t)=0$（或 $y_{zs}(k)=0$）。

例 1.3.8　请判断下述三个系统是否为因果系统。

（1）$y_{zs}(t)=f(t-1)$。

（2）$y_{zs}(t)=f(t+1)$。

（3）$y_{zs}(t)=f(2t)$。

解　（1）当 $t<t_0$，$f(t)=0$ 时，有 $y_{zs}(t_0)=f(t_0-1)=0$，因此该系统是因果系统。

（2）当 $t<t_0$，$f(t)=0$ 时，有 $y_{zs}(t_0)=f(t_0+1)\neq 0$，因此该系统是非因果系统。

（3）当 $t<t_0$，$f(t)=0$ 时，有 $y_{zs}(t_0)=f(2t_0)\neq 0$，因此该系统是非因果系统。

4. 记忆系统与非记忆系统

记忆系统又称动态系统，即系统的输出不仅与当前的输入有关，还与过去或将来的输入相关，如含有电容、电感的系统。

非记忆系统又称即时系统，即系统的输出仅与当前的输入有关，与过去或将来的输入无关，如仅含有电阻的简单系统。

5. 稳定与发散系统

当某系统对于有界激励 $f(\cdot)$ 产生的零状态响应 $y_{zs}(\cdot)$ 也是有界时，该系统称为有界输入、有界输出系统，简称稳定系统，即若 $|f(\cdot)|<\infty$，有 $|y_{zs}(\cdot)|<\infty$ 的系统；否则，称为发散系统或不稳定系统。因此，$y(t)=f(t-1)+f(t+2)$ 是稳定系统，但是 $y(t)=\int_{-\infty}^{t}f(x)\mathrm{d}x$ 是发散系统，因为当 $f(t)=\varepsilon(t)$ 时，该系统输入有界，而响应 $y(t)=t\varepsilon(t)$ 无界。

1.3.3　系统分析

系统分析方法来源于系统科学。系统科学是 20 世纪 40 年代以后迅速发展起来的横跨各个学科的新的科学,它从系统的着眼点或角度去考察和研究整个客观世界,为人类认识和改造世界提供了科学的理论和方法。它的产生和发展标志着人类的科学思维由主要以"实物为中心"逐渐过渡到以"系统为中心",是科学思维一个划时代的突破。

系统分析也称系统方法,以系统的整体最优为目标,对系统的各个方面进行定性和定量分析。它是一个有目的、有步骤的探索和分析过程,为决策者提供直接判断和决定最优系统方案所需的信息和资料,从而成为系统工程的一个重要程序和核心组成部分。其应用范围很广,一般用于重大而复杂问题的分析,如政策与战略性问题的分析、选择,新技术的开发、设计,企业系统的输入、处理和输出的分析等。

从广义上说,系统分析就是系统工程;从狭义上说,系统分析就是对特定的问题,利用数据资料和有关管理科学的技术和方法进行研究,是解决和优化问题的方法和工具。系统分析这个词是美国兰德公司在20世纪40年代末首先提出的。最早是应用于武器技术装备研究,后来转向国防装备体制与经济领域。随着科学技术的发展,适用范围逐渐扩大,包括制定政策、组织体制、物流及信息流等方面的分析。20世纪60年代初,我国工农业生产部门试行统筹方法,在国防科技部门出现"总体设计部"的机构都使用了系统分析方法。

1. 系统分析的要素

美国兰德公司的代表人物之一希尔认为,系统分析的要素有五点。

(1)期望达到的目标。复杂系统是多目标的,常用图解方法绘制目标图或目标树,以及多级目标分别对应的目标——手段系统图。确立目标及其手段是为了获得可行方案。可行方案是诸方案中最强壮(抗干扰)、最适应(适应变化了的目标)、最可靠(任何时候可正常工作)、最现实(有实施可能性)的方案。

(2)达到预期目标所需的各种设备和技术。

(3)达到各方案所需的资源与费用。

(4)建立方案的数学模型。

(5)按照费用和效果优选的评价标准。

系统分析的步骤一般为:确立目标、建立模型、系统最优化(利用模型对可行方案进行优化)、系统评价(在定量分析的基础上,考虑其他因素,综合评价,选出最佳方案)。进行系统分析还必须坚持外部条件与内部条件相结合、当前利益与长远利益相结合、局部利益与整体利益相结合、定量分析与定性分析相结合的一些原则。

2. 系统分析的主要内容

本书所讲的系统分析属于狭义范畴,内容主要包括以下方面。

(1)建立描述系统特性的数学方程式,对给定的激励求出系统的响应。应用方法是输入-输出法。

(2)利用冲激信号作为激励求出系统的冲激响应。冲激响应代表系统本身的特性,是系统分析的纽带,从而引出卷积的概念以及任意激励下的系统响应求解。应用方法是卷积(卷积和)法。

(3)研究系统函数及零点、极点分布,从而了解系统的频率特性及各种响应的变化规律与趋势。

(4)研究系统的稳定性。任何实际意义的、工程领域的系统必须是稳定系统,分析和判断系统的稳定性是其重要内容。

(5) 研究系统特性,实现对信号进行相关处理和传输的方法,如滤波、无失真传输等。

与信号分析类似,系统分析方法也有时域法和变换域法(包括频域法)两种。时域法针对连续系统与离散系统,主要介绍卷积法、卷积和法。变换域法主要介绍采用傅里叶变换、拉普拉斯变换和 z 变换求系统函数,进一步分析系统特性与响应。

1.4 典型信号

在进行信号与系统分析时,经常用到几种典型的连续(离散)时间信号以及一些奇异信号。这不仅是因为这些信号经常出现、能反映实际情况,更重要的是它们可以用作基本信号构造单元来构成许多其他信号,从而利用其性质与特点来分析这些信号。

1.4.1 冲激信号与阶跃信号

奇异函数是指函数本身有不连续点(跳跃点)或其导数、积分有不连续点的函数。冲激信号与阶跃信号是最常见的奇异函数。这类函数在描述作用时间趋于零的冲击力、脉冲很短的电流信号时便捷、灵活,因此在信号与系统理论等学科中发挥了重要作用。

1. 冲激信号与阶跃信号

冲激函数又称狄拉克函数,用 $\delta(t)$ 表示。单位冲激函数只在 $t=0$ 时值不为 0,且其积分面积为 1。当 $t=0$ 时, $\delta(t) \to \infty$,冲激函数为无界函数。也就是说,冲激函数 $\delta(t)$ 满足:

$$\delta(t) \to \infty, \quad t=0 \tag{1.4.1}$$

$$\delta(t) = 0, \quad t \neq 0 \tag{1.4.2}$$

$$\int_{-\infty}^{+\infty} \delta(t) \mathrm{d}t = \int_{0_-}^{0_+} \delta(t) \mathrm{d}t = 1 \tag{1.4.3}$$

冲激函数的形式如图 1.4.1 所示。需要注意的是,冲激函数的积分面积为 1,此时在冲激函数附近用(1)表示,这时又称其为单位冲激函数。有的冲激函数积分面积并不一定为 1,这时将括号中的数字更换为其积分面积即可。可以用冲激函数描述的信号为冲激信号。

阶跃函数是一种特殊的连续时间函数,是一个从 0 跳变到 1 的过程。在电路分析中,其是研究动态电路阶跃响应的基础,可以进行信号处理、积分变换。单位阶跃函数的表达式为

$$\varepsilon(t) = \begin{cases} 0, & t<0 \\ 1, & t>0 \end{cases} \tag{1.4.4}$$

其对应的图形如图 1.4.2 所示。可以用阶跃函数描述的信号为阶跃信号。

对比上述冲激函数和阶跃函数,容易发现,二者是一对积分或求导的关系,即有

$$\varepsilon(t) = \int_{-\infty}^{t} \delta(\tau) \mathrm{d}\tau \tag{1.4.5}$$

$$\delta(t) = \frac{\mathrm{d}\varepsilon(t)}{\mathrm{d}t} \tag{1.4.6}$$

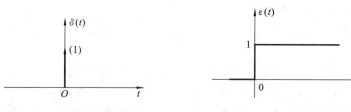

图 1.4.1　冲激函数的形式　　　　图 1.4.2　单位阶跃函数

例 1.4.1　根据图 1.4.3 所示信号,画出其求导后的图形。

解　图 1.4.3 为一个类似阶跃信号的信号,其可以通过多个阶跃信号组合获得,即一个向左移动 1 个时间单位的阶跃信号减去一个向右移动 2 个时间单位的阶跃信号,则有 $f(t)=\varepsilon(t+1)-\varepsilon(t-2)$;又阶跃信号与冲激信号是一对积分或求导的关系,因此有 $f'(t)=\delta(t+1)-\delta(t-2)$。需要注意的是,对 $f(t)$ 在 $t=2$ 处求导时,冲激函数是向下变化的,所以箭头朝下,同时为了区分,在其积分面积 1 前加一个"-"号以示区别,得到的图形如图 1.4.4 所示。

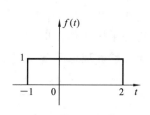

图 1.4.3　原信号

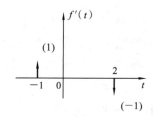

图 1.4.4　求一阶导后的图

2. 冲激函数的性质

冲激函数有很多性质,本书重点讲述其三个性质,即采样性、冲激偶和尺度变化。

1) 采样性

冲激函数的采样性是指如果 $f(t)$ 在 $t=0$ 处连续,且处处有界,则有

$$\delta(t)f(t)=\delta(t)f(0) \tag{1.4.7}$$

$$\int_{-\infty}^{+\infty}\delta(t)f(t)\mathrm{d}t = f(0) \tag{1.4.8}$$

由于只在 $t=0$ 时值不为 0,显然有 $\delta(t)f(t)=\delta(t)f(0)$。而对于 $\int_{-\infty}^{+\infty}\delta(t)f(t)\mathrm{d}t$,有 $\int_{-\infty}^{+\infty}\delta(t)f(t)\mathrm{d}t = \int_{-\infty}^{+\infty}\delta(t)f(0)\mathrm{d}t = f(0)\int_{-\infty}^{+\infty}\delta(t)\mathrm{d}t = f(0)$。

根据采样性,在冲激函数移位后,有

$$f(t)\delta(t-t_0)=f(t_0)\delta(t-t_0) \tag{1.4.9}$$

$$\int_{-\infty}^{+\infty}\delta(t-t_0)f(t)\mathrm{d}t = f(t_0) \tag{1.4.10}$$

其证明过程从略。

2) 冲激偶

$\delta(t)$ 的一阶导数 $\delta'(t)$ 称为冲激偶。冲激偶可以通过对一对普通函数求极限获得。以图 1.4.5 为例,假设信号是一个宽度为 2τ,高度为 $1/\tau$ 的三角脉冲,当 $\tau\to 0$ 时,该三角脉冲变成单位冲激函数。对该三角脉冲求一阶导数,其为两个面积相等的矩形,当 $\tau\to 0$ 时,这两个矩形变成不同方向的两个冲激,其强度为无穷大,即为 $\delta'(t)$。

由此可知,冲激偶 $\delta'(t)$ 的面积为 0,即

$$\int_{-\infty}^{+\infty} \delta'(t)\mathrm{d}t = 0 \qquad (1.4.11)$$

根据以上冲激偶的定义,可有如下性质:

$$f(t)\delta'(t) = f(0)\delta'(t) - f'(0)\delta(t)$$

$$(1.4.12)$$

证 由于 $[f(t)\delta(t)]' = f(t)\delta'(t) + f'(t)\delta(t)$,整理有 $f(t)\delta'(t) = [f(t)\delta(t)]' - f'(t)\delta(t)$,根据冲激函数的采样性,有 $[f(t)\delta(t)]' = f(0)\delta'(t)$, $f'(t)\delta(t) = f'(0)\delta(t)$,因此

$$f(t)\delta'(t) = f(0)\delta'(t) - f'(0)\delta(t)$$

而若对上式左右两侧从 $-\infty$ 到 $+\infty$ 进行积分,有

$$\int_{-\infty}^{+\infty} \delta'(t)f(t)\mathrm{d}t = f(t)\delta(t)\Big|_{-\infty}^{+\infty} - \int_{-\infty}^{+\infty} f'(t)\delta(t)\mathrm{d}t = -f'(0) \qquad (1.4.13)$$

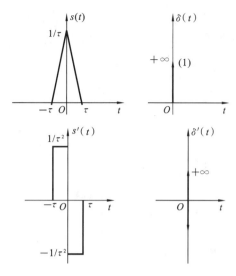

图 1.4.5 冲激偶

3) 尺度变化

冲激函数的尺度变化可以表示为

$$\delta(at) = \frac{1}{|a|}\delta(t) \qquad (1.4.14)$$

同样地,上述尺度变化也可以通过对一对普通函数求极限获得。以图 1.4.6 为例,假设信号是一个宽度为 τ,高度为 $\frac{1}{\tau}$ 的矩形脉冲,该脉冲的面积为 1,当 $\tau \to 0$ 时,该矩形脉冲变成单位冲激函数,强度为 1;若存在另外一个矩形,其宽度为 $\frac{\tau}{|a|}$,高度为 $\frac{1}{\tau}$,该脉冲的面积为 $\frac{1}{|a|}$,当 $\tau \to 0$ 时,此时,该矩形脉冲变成 $\delta(at)$,强度为 $\frac{1}{|a|}$,因此 $\delta(at) = \frac{1}{|a|}\delta(t)$。

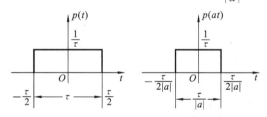

图 1.4.6 尺度变化

3. 单位脉冲序列与单位阶跃序列

单位脉冲序列与单位阶跃序列是针对离散时间信号引入的,在离散时间信号的系统分析中非常重要。

1) 单位脉冲序列

如图 1.4.7 所示,单位脉冲序列是最简单的离散时间信号之一,其定义为

$$\delta(k) = \begin{cases} 1, & k=0 \\ 0, & k\neq 0 \end{cases} \qquad (1.4.15)$$

此序列只在 $k=0$ 处取单位值 1,其余各点均为 0。单位序列也称单位样值(或采

样)序列或单位脉冲序列。它在离散时间系统中的作用,类似于连续时间系统中的单位冲激函数 $\delta(t)$。但是应注意它们之间的重要区别,$\delta(t)$ 可理解为在 $t=0$ 处脉宽趋于 0、幅度为无穷大的信号,或它由分配函数定义;而 $\delta(k)$ 在 $k=0$ 处取有限值,其值为 1。

2)单位阶跃序列

单位阶跃是另一个重要的基本离散时间信号,其定义为

$$\varepsilon(k)=\begin{cases}1, & k\geqslant 0 \\ 0, & k<0\end{cases} \tag{1.4.16}$$

单位阶跃序列如图 1.4.8 所示。

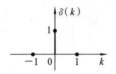

图 1.4.7　单位脉冲序列　　　图 1.4.8　单位阶跃序列

如图 1.4.8 所示,单位阶跃序列类似于连续时间系统中的单位阶跃信号 $\varepsilon(t)$,但应该注意 $\varepsilon(t)$ 在 $t=0$ 处发生跳变,往往不予定义(或定义为 1/2),而单位阶跃序列 $\varepsilon(k)$ 在 $k=0$ 处定义为 1。

从上述定义来看,单位脉冲序列与单位阶跃序列存在差分与求和的关系,即

$$\delta(k)=\varepsilon(k)-\varepsilon(k-1) \tag{1.4.17}$$

$$\varepsilon(k)=\sum_{i=-\infty}^{k}\delta(i) \tag{1.4.18}$$

类似地,单位脉冲序列信号也存在采样性,即

$$\delta(k)f(k)=\delta(k)f(0) \tag{1.4.19}$$

$$f(k)\delta(k-k_0)=f(k_0)\delta(k-k_0) \tag{1.4.20}$$

$$\sum_{k=-\infty}^{+\infty}f(k)\delta(k)=f(0) \tag{1.4.21}$$

相关证明从略。

1.4.2　指数信号与正弦信号

指数信号与正弦信号是基本的连续信号。实指数信号当 t 增加而呈指数形式增长时,常用来描述原子爆炸或复杂化学反应中的连锁反应等物理过程;当 t 增加而呈指数形式衰减时,可描述放射性衰变、RC 电路以及阻尼机械系统的响应等现象。正弦信号是电力供电系统中常见的交流电源信号。

1. 指数信号

实指数信号的数学表达式为

$$f(t)=K\mathrm{e}^{at} \tag{1.4.22}$$

其中,a 是实数。若 $a>0$,则信号将随时间增加而增大;若 $a<0$,则信号将随时间增加而衰减;若 $a=0$,则信号不随时间变化而变化,该信号称为直流信号。常数 K 表示指数信号在 $t=0$ 处的初始值。实指数信号的波形如图 1.4.9 所示。

指数 a 的绝对值大小反映了信号增长或衰减的速率,$|a|$ 越大,增长或衰减的速率

越快。通常把 $|a|$ 的倒数称为指数信号的时间常数,记为 τ,即 $\tau=\dfrac{1}{|a|}$,τ 越大,指数信号增长或衰减的速率越慢。若 a 用复数 s 代替,则此时表示的信号为连续时间复指数信号,表达式为

$$f(t)=Ce^{st} \tag{1.4.23}$$

其中,复数 s 限制为纯虚数时,可表示为

$$f(t)=e^{j\omega t} \tag{1.4.24}$$

该信号是周期信号,通常称为周期复指数信号。

图 1.4.9 实指数信号的波形

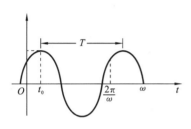

图 1.4.10 正弦信号的波形

2. 正弦信号

正弦信号与余弦信号仅仅在相位上相差 $\dfrac{\pi}{2}$,所以我们通常将其统称为正弦信号。正弦信号的数学表达式为

$$f(t)=A\sin(\omega t+\theta) \tag{1.4.25}$$

其中,A 为振幅,ω 是角频率,θ 称为初相位。其波形如图 1.4.10 所示。

正弦信号是周期信号,其周期 T 与角频率 ω 以及频率 f 满足下列关系式:

$$T=\frac{2\pi}{\omega}=\frac{1}{f} \tag{1.4.26}$$

正弦信号与余弦信号常常借助于周期复指数信号 $e^{j\omega t}$ 来表示。由欧拉公式可知

$$e^{j\omega t}=\cos(\omega t)+j\sin(\omega t) \tag{1.4.27}$$

$$e^{-j\omega t}=\cos(\omega t)-j\sin(\omega t) \tag{1.4.28}$$

因此有

$$\sin(\omega t)=\frac{1}{2j}(e^{j\omega t}-e^{-j\omega t}) \tag{1.4.29}$$

$$\cos(\omega t)=\frac{1}{2}(e^{j\omega t}+e^{-j\omega t}) \tag{1.4.30}$$

这是今后经常要用到的两对关系式。

值得注意的是,正弦信号对时间的微分和积分仍然是正弦信号,且频率不发生改变。

1.4.3 抽样信号

抽样信号定义为正弦信号 $\sin(t)$ 与时间 t 之比构成的函数,通常用 $\mathrm{Sa}(t)$ 来表示,即

$$\mathrm{Sa}(t)=\frac{\sin(t)}{t} \tag{1.4.31}$$

抽样信号的波形如图 1.4.11 所示。由图 1.4.11 可知,它是一个偶函数,在 t 的正、负两个方向振幅逐渐衰减。函数值等于零的点为 $t=\pm\pi,\pm2\pi,\cdots,\pm n\pi$。

抽样函数具有以下性质:

$$\int_0^\infty \mathrm{Sa}(t)\mathrm{d}t=\frac{\pi}{2} \tag{1.4.32}$$

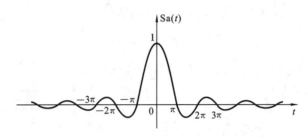

图 1.4.11 抽样信号的波形

$$\int_{-\infty}^{\infty} \mathrm{Sa}(t)\,\mathrm{d}t = \pi \tag{1.4.33}$$

课程思政与扩展阅读

1.5 本章小结

本章主要阐述信号与系统的基本概念。针对信号,对信号进行了详细的定义和描述,并对信号进行了多种方式的分类,包括连续信号和离散信号、周期信号和非周期信号、能量信号和功率信号等;在此基础上,介绍了信号的基本处理方法,包括信号的加减与乘除、反转与平移、尺度变换,以及信号分析在工程领域的应用。针对系统,对系统进行了详细的描述,对连续系统和离散系统采用了数学模型和框图两种方法;将系统分为线性与非线性系统、时变与时不变系统、因果与非因果系统等;介绍了系统分析概念以及系统分析内容。另外,本章还介绍了几种典型信号,包括冲激信号与阶跃信号、指数信号与正弦信号、采样信号等。

习　题　1

基础题

1.1 画出下列信号的波形:

(1) $f(t) = \mathrm{e}^{|t|}$;

(2) $f(t) = \cos(\pi t)\varepsilon(t)$;

(3) $f(t) = 3\varepsilon(t+1) - 4\varepsilon(t-1) + \varepsilon(t-2)$;

(4) $f(k) = 3^k\varepsilon(k)$;

(5) $f(k) = (k-1)\varepsilon(k)$;

(6) $f(k) = 2^k\left[\varepsilon(4-k) - \varepsilon(-k)\right]$。

1.2 下列信号为周期信号的有(　　)。

A. $f_1(t) = \sin(3t) + \sin(5t)$

B. $f_2(t) = \cos(2t) + \cos(\pi t)$

C. $f_3(n) = \sin\left(\dfrac{\pi}{6}n\right) + \sin\left(\dfrac{\pi}{2}n\right)$

D. $f_4(n) = \left(\dfrac{1}{2}\right)^n\varepsilon(n)$

1.3 判断下列信号是否为周期信号,如果是,确定其周期。

(1) $f(t) = \sin(5t) - \sin(10t)$;

(2) $f(t) = \left[3\sin(4t)\right]^2$;

(3) $f(t) = \sin\left(2t + \dfrac{\pi}{4}\right), t \geqslant 0$；   (4) $f(k) = e^{j\frac{\pi}{4}k}$；

(5) $f(k) = \sin\left(\dfrac{\pi}{3}k + \dfrac{\pi}{4}\right) + \sin\left(\dfrac{3\pi}{5} + \dfrac{\pi}{6}\right)$；   (6) $f(k) = \cos\left(\dfrac{k}{2}\right)\cos\left(\dfrac{\pi k}{4}\right)$。

1.4 计算下列各题：

(1) $(1 - 2t)\dfrac{\mathrm{d}}{\mathrm{d}t}\left[e^{-3t}\delta(t)\right]$；   (2) $\displaystyle\int_{-\infty}^{+\infty} e^{-t}\left[\delta'(t) + 3\delta(t)\right]\mathrm{d}t$；

(3) $\displaystyle\int_{-\infty}^{+\infty}(5t^2 + 2)\delta\left(\dfrac{t}{2}\right)\mathrm{d}t$；   (4) $\displaystyle\int_{-\infty}^{t}(4 - 3x)\delta'(x)\mathrm{d}x$。

1.5 根据如图所示的电路，写出：

(1) 以 $u_{\mathrm{L}}(t)$ 为响应的微分方程；

(2) 以 $i(t)$ 为响应的微分方程。

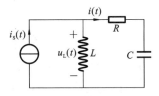

题 1.5 图

1.6 写出如图所示的微分方程或差分方程。

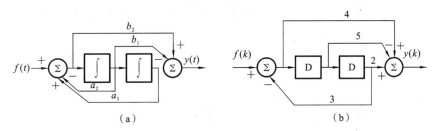

（a）   （b）

题 1.6 图

1.7 根据下述微分方程和差分方程画出系统框图：

(1) $y''(t) - 5y(t) = f''(t) + f'(t) + 3f(t)$；

(2) $y(k) + y(k-1) + 3y(k-2) = f(k) - 3f(k-2)$。

1.8 判断下列系统是否是线性系统、时不变系统、因果系统：

(1) $y_{\mathrm{zs}}(k) = (k-3)f(k)$；

(2) $y_{\mathrm{zs}}(t) = f(t)\sin(3\pi t)$；

(3) $y_{\mathrm{zs}}(t) = f^2(t)$；

(4) $y_{\mathrm{zs}}(k) = f(5-k)$。

1.9 某线性时不变连续时间系统，假设其初始状态固定，当激励为 $f(t)$ 时，其全响应为

$$y_1(t) = 5e^{-t} + 3\cos(\pi t), \quad t \geqslant 0$$

当激励为 $3f(t)$ 时，其全响应为

$$y_2(t) = e^{-t}, \quad t \geqslant 0$$

求激励为 $2f(t)$ 时，系统的全响应。

1.10   某线性时不变离散时间系统,假设其初始状态固定,当激励为 $f(k)$ 时,其全响应为

$$y_1(k)=3\varepsilon(k)$$

当激励为 $2f(k)$ 时,其全响应为

$$y_2(k)=[3(0.7)^k+5]\varepsilon(k)$$

若某一时刻,系统的初始状态变为原来的 2 倍,激励变为 $3f(k)$,求其全响应。

提高题

1.11   已知的波形如图所示,画出下列各信号的波形:

(1) $f(2t+1)$;

(2) $f(-3t+6)$。

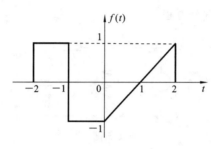

题 1.11 图

1.12   某二阶线性时不变连续时间系统的初始状态分别为 $x_1(0)$ 和 $x_2(0)$,假设当 $x_1(0)=0,x_2(0)=1$ 时,其零输入响应为

$$y_{zi1}(t)=(3e^{-t}+2e^{-2t})\varepsilon(t)$$

当 $x_1(0)=1,x_2(0)=0$ 时,其零输入响应为

$$y_{zi2}(t)=(3e^{-t}-2e^{-2t})\varepsilon(t)$$

当 $x_1(0)=-1,x_2(0)=1$,而输入为 $f(t)$ 时,系统的全响应为

$$y(t)=(5-2e^{-t})\varepsilon(t)$$

求当 $x_1(0)=2,x_2(0)=5$,而输入为 $3f(t)$ 时,系统的全响应。

1.13   判断下列系统是否为线性时不变系统:

(1) $y(t)=g(t)f(t)$;   (2) $y(t)=kf(t)+f^2(t)$;

(3) $y(t)=t\cdot\cos t\cdot f(t)$。

1.14   画出下列微分方程的系统框图:

(1) $y'''(t)+3y''(t)+3y'(t)+y(t)=f''(t)+2f'(t)$;

(2) $y(k)+y(k-2)+5y(k-3)=f(k-1)+2f(k-2)$。

2

系统的时域分析

线性时不变(linear time invariant,LTI)系统的时域分析,可以归结为:建立并求解线性微(差)分方程。这种方法是在时域内进行的,比较直观,物理概念清楚,是学习各种变换域分析方法的基础。

本章将在经典法求解微分方程的基础上,讨论零输入、零状态响应的求解,然后引入卷积积分(卷积和)的概念,使 LTI 系统分析更加简捷、明晰。

2.1　线性时不变系统的描述及特点

2.1.1　连续时间系统的数学描述

对于单输入-单输出系统,如果激励信号为 $f(t)$,系统响应为 $y(t)$,则描述 LTI 连续时间系统激励与响应之间的关系可以用 n 阶常系数微分方程来描述,可以写成

$$y^{(n)}(t)+a_{n-1}y^{(n-1)}(t)+\cdots+a_1 y^{(1)}(t)+a_0 y(t)$$
$$=b_m f^{(m)}(t)+b_{m-1}f^{(m-1)}(t)+\cdots+b_1 f^{(1)}(t)+b_0 f(t) \tag{2.1.1}$$

缩写为
$$\sum_{j=0}^{n} a_j y^{(j)}(t)=\sum_{i=1}^{m} b_i f^{(i)}(t), \quad a_n=1 \tag{2.1.2}$$

对于电路系统,方程的阶次由独立的动态元件的个数决定。

例 2.1.1　如图 2.1.1 所示的 RLC 串联电路,求电容两端的电压 $u_C(t)$ 与电压源 $u_S(t)$ 间的关系。

解　由基尔霍夫电压定律以及各元件端电压与电流的关系可得

$$u_C''(t)+\frac{R}{L}u_C'(t)+\frac{1}{LC}u_C(t)=\frac{1}{LC}u_S(t) \tag{2.1.3}$$

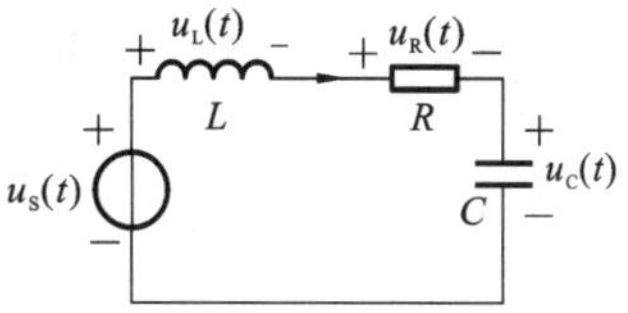

图 2.1.1　RLC 串联电路

它是一个二阶常系数微分方程,其中 $u_C(t)$ 是系统响应,$u_S(t)$ 是系统激励。RLC 串联电路中有两个相互独立的动态元件(储能元件),一个电感和一个电容。如果将系统响应 $u_C(t)$ 替换为 $y(t)$,系统激励 $u_S(t)$ 替换为 $f(t)$,即可写出与式(2.1.1)相同的二阶常系数微分方程。

2.1.2　离散时间系统的数学描述

LTI 连续时间系统与 LTI 离散时间系统在变量、函数表示、求导运算以及数学描

述上既有相同点也有差别,表 2.1.1 列出了它们的对比。

表 2.1.1　连续时间系统和离散时间系统的对比

系统	LTI 连续时间系统	LTI 离散时间系统
变量	t	k
函数表示	激励 $f(t)$;响应 $y(t)$	激励 $f(k)$;响应 $y(k)$
求导运算	微分	差分
数学描述	常系数微分方程	常系数差分方程

1. 变量和函数

本书中连续时间系统的自变量约定用 t 表示,离散时间系统的自变量用 k 表示。连续时间系统的自变量 t 在定义域 $(-\infty,+\infty)$ 中连续变化,而离散时间系统的自变量 k 只能取整数,且在非整数点没有定义,图 2.1.2 给出了连续时间信号和离散时间信号的对比。

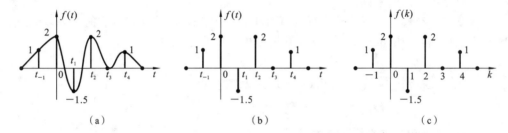

图 2.1.2　连续时间信号和离散时间信号的对比

图 2.1.2(a)和图 2.1.2(b)都是连续时间信号,图 2.1.2(b)的信号是对图 2.1.2(a)的信号进行了采样,仅保留了固定采样间隔点的函数值,非采样点函数值为零。图 2.1.2(c)的信号与图 2.1.2(b)的信号虽然看上去类似,但图 2.1.2(c)的信号为离散时间信号,在自变量 k 为整数点时函数值可以为非零值,对于非整数点(如 $k=0.5$),$f(k)$ 是没有定义的。

2. 求导运算

LTI 连续时间系统中信号求导运算是通过极限形式来表示信号(函数)在某一点的变化率,即

$$f'(t)=\lim_{\Delta t \to 0}\frac{f(t)-f(t-\Delta t)}{t-(t-\Delta t)} \tag{2.1.4}$$

连续时间系统的自变量 t 可以在 $(-\infty,+\infty)$ 连续变化,Δt 为无穷小,信号点 $f(t-\Delta t)$ 存在定义。在离散时间系统中,如果参照连续时间信号微分的方式用 Δk 取代 Δt 来定义离散时间信号的求导运算,Δk 也为无穷小,信号点 $f(k-\Delta k)$ 就没有定义。连续时间信号中 Δt 取连续时间变化里的最小值(无穷小),离散时间变化中的最小值就是单位 1,如果离散时间信号中 Δk 取单位 1,则可以得到离散时间系统的一阶差分定义式,即

$$\Delta f(k)=f(k)-f(k-1) \tag{2.1.5}$$

式(2.1.5)经变形,可得到

$$\Delta f(k)=f(k)-f(k-1)=\frac{f(k)-f(k-1)}{k-(k-1)} \tag{2.1.6}$$

将式(2.1.6)与式(2.1.4)作比较可以看出,微分和差分本质上都是描述函数参照时间轴的变化速率。

由差分的定义,若有序列$f_1(k)$、$f_2(k)$和常数a_1、a_2,那么

$$\Delta[a_1 f_1(k)+a_2 f_2(k)]=[a_1 f_1(k)+a_2 f_2(k)]-[a_1 f_1(k-1)+a_2 f_2(k-1)]$$
$$=a_1[f_1(k)-f_1(k-1)]+a_2[f_2(k)-f_2(k-1)]$$
$$=a_1\Delta f_1(k)+a_2\Delta f_2(k) \qquad (2.1.7)$$

这表明差分运算具有线性性质。

类似地,可以定义n阶差分

$$\Delta^n f(k)=\Delta[\Delta^{n-1}f(k)]=\sum_{j=0}^{n}(-1)^j\binom{n}{j}f(k-j) \qquad (2.1.8)$$

其中

$$\binom{n}{j}=\frac{n!}{(n-j)!\ j!},\quad j=0,1,2,\cdots,n$$

为二项式系数。

3. 数学描述

LTI连续时间系统在数学上用常系数微分方程描述为

$$y^{(n)}(t)+a_{n-1}y^{(n-1)}(t)+\cdots+a_1 y^{(1)}(t)+a_0 y(t)$$
$$=b_m f^{(m)}(t)+b_{m-1}f^{(m-1)}(t)+\cdots+b_1 f^{(1)}(t)+b_0 f(t) \qquad (2.1.9)$$

如果将差分运算替换式(2.1.9)中的微分运算,可以得到如下方程形式:

$$\Delta^n y(k)+a_{n-1}\Delta^{(n-1)}y(k)+\cdots+a_1\Delta y(k)+a_0 y(k)$$
$$=b_m\Delta^m f(k)+b_{m-1}\Delta^{(m-1)}f(k)+\cdots+b_1\Delta f(k)+b_0 f(k) \qquad (2.1.10)$$

将式(2.1.10)中各高阶差分依据式(2.1.8)展开并合并,方程左边得到$y(k)$及其时移序列的线性组合,且最大时移序列$y(k-n)$是由$y(k)$的n阶差分产生的,同样方程右边也可以得到$f(k)$及其时移序列的线性组合。将方程左右两边整理可得离散时间系统中描述激励$f(k)$与响应$y(k)$之间的差分方程展开形式为n阶常系数差分方程,可以写为

$$y(k)+a_{n-1}y(k-1)+\cdots+a_0 y(k-n)$$
$$=b_m f(k)+b_{m-1}f(k-1)+\cdots+b_0 f(k-m) \qquad (2.1.11)$$

注意,式(2.1.11)中系数只为了统一表示,并不代表计算结果,式(2.1.11)缩写为

$$\sum_{j=0}^{n}a_{n-j}y(k-j)=\sum_{i=1}^{m}b_{m-i}f(k-i) \qquad (2.1.12)$$

其中,$a_n=1$。

2.2 LTI连续时间系统的响应

2.2.1 微分方程经典解

对常系数微分方程

$$\sum_{j=0}^{n}a_j y^{(j)}(t)=\sum_{i=1}^{m}b_i f^{(i)}(t)$$

进行求解时,全解由齐次解$y_h(t)$和特解$y_p(t)$组成,即

$$y(t) = y_h(t) + y_p(t) \tag{2.2.1}$$

下面举例说明齐次解和特解的求解方法,该方法称为经典法。

例 2.2.1 如例 2.1.1 中图 2.1.1 所示 RLC 串联电路,当$u_S(t) = \frac{1}{3}e^{-t}$ V,$t \geq 0$;$C = \frac{1}{6}$F,$L = 1$ H,$R = 5$ Ω,$u_C(0) = 2$ V,$u'_C(0) = -1$ 时,求$u_C(t)$。

解 电路系统中$u_C(t)$是系统响应改用 $y(t)$ 表示,$u_S(t)$是系统激励改用 $f(t)$ 表示,式(2.1.3)写为

$$y''(t) + 5\,y'(t) + 6y(t) = 6\,f(t) \tag{2.2.2}$$

(1) 齐次解$y_h(t)$。

齐次解是式(2.2.2)的齐次微分方程

$$y''_h(t) + 5y'_h(t) + 6\,y_h(t) = 0 \tag{2.2.3}$$

的解,特征方程为

$$\lambda^2 + 5\lambda + 6 = 0$$

其特征根$\lambda_1 = -2$,$\lambda_2 = -3$。表 2.2.1 列出了特征根取不同值时所对应的常用齐次解,由表 2.2.1 可知,对应的齐次解为

$$y_h(t) = C_1 e^{-2t} + C_2 e^{-3t} \tag{2.2.4}$$

式(2.2.4)中的常数C_1、C_2将在求得全解后,由初始条件确定。

表 2.2.1 常用齐次解形式

特征根 λ	齐次解$y_h(t)$
单实根	$e^{\lambda t}$
r 重实根	$(C_{r-1}t^{r-1} + C_{r-2}t^{r-2} + \cdots + C_1 t + C_0)e^{\lambda t}$
一对共轭复根$\lambda_{1,2} = \alpha \pm j\beta$	$e^{\alpha t}[C\cos(\beta t) + D\sin(\beta t)]$
r 重共轭复根	$t^{r-1}\cos(\beta t + \theta_{r-1})$

(2) 特解$y_p(t)$。

特解$y_p(t)$的形式与激励函数的形式有关,表 2.2.2 列出了几种激励及其对应的常用特解。选定特解后,将它代入到原微分方程,求出各待定系数,就得出方程的特解。

表 2.2.2 常用特解形式

激励 $f(t)$	特解$y_p(t)$	说明
E(常数)	P	
t^m	$P_m t^m + P_{m-1}t^{m-1} + \cdots + P_1 t + P_0$	所有特征根均不等于 0
	$t^r[P_m t^m + P_{m-1}t^{m-1} + \cdots + P_1 t + P_0]$	有 r 重等于 0 的特征根
e^{at}	$P\,e^{at}$	a 不等于特征根
	$(P_1 t + P_0)e^{at}$	a 等于特征单根
	$(P_r t^r + P_{r-1}t^{r-1} + \cdots + P_1 t + P_0)e^{at}$	a 等于 r 重特征根
$\cos(\omega t)$	$P\cos(\omega t) + Q\sin(\omega t)$	所有特征根都不等于$\pm j\omega$
$\sin(\omega t)$		

由表 2.2.2 可知,当输入 $f(t)=\dfrac{1}{3}\mathrm{e}^{-t}$ 时,其特解可设为

$$y_\mathrm{p}(t)=P\mathrm{e}^{-t}$$

将 $y_\mathrm{p}''(t)$、$y_\mathrm{p}'(t)$、$y_\mathrm{p}(t)$ 和 $f(t)$ 代入式(2.2.2)中,得

$$P\mathrm{e}^{-t}+5(-P\mathrm{e}^{-t})+6P\mathrm{e}^{-t}=2\mathrm{e}^{-t} \tag{2.2.5}$$

由式(2.2.5)可以解得 $P=1$,则微分方程的特解为

$$y_\mathrm{p}(t)=\mathrm{e}^{-t} \tag{2.2.6}$$

微分方程的全解为

$$y(t)=y_\mathrm{h}(t)+y_\mathrm{p}(t)=C_1\mathrm{e}^{-2t}+C_2\mathrm{e}^{-3t}+\mathrm{e}^{-t} \tag{2.2.7}$$

响应的一阶导数

$$y'(t)=-2C_1\mathrm{e}^{-2t}-3C_2\mathrm{e}^{-3t}-\mathrm{e}^{-t}$$

令 $t=0$,将初始值代入,得

$$y(0)=C_1+C_2+1=2$$
$$y'(0)=-2C_1-3C_2-1=-1$$

解得 $C_1=3$,$C_2=-2$,最后得到微分方程的全解为

$$y(t)=\underbrace{\overbrace{3\mathrm{e}^{-2t}-2\mathrm{e}^{-3t}}^{\text{齐次解}}}_{\text{自由响应}}+\underbrace{\overbrace{\mathrm{e}^{-t}}^{\text{特解}}}_{\text{强迫响应}},\quad t\geqslant0 \tag{2.2.8}$$

可见,常系数微分方程的解由齐次解和特解组成,齐次解的函数形式仅仅依赖于系统本身的特性,而与激励 $f(t)$ 的形式无关,称为系统的自由响应或固有响应。特征方程的根 λ_i 称为系统的"固有频率",它决定了系统自由响应的形式,但是齐次解的系数 C_i 是与激励有关的。特解的形式由激励信号确定,称为强迫响应。

2.2.2 0_ 到 0_+ 的问题

通过求解线性时不变系统的 n 阶常系数微分方程,可以得到系统的响应。对于一个实际系统,我们往往不需要知道系统在整个时间轴 $(-\infty,+\infty)$ 上的响应变化,我们更关心某个特定时刻(如激励加入系统)以后系统响应的变化规律。一般把这个特定时刻称为 0 时刻。

为了更好地分析系统响应在 0 时刻的变化,我们把 0_- 理解为从 $-\infty$ 出发到最接近 0 的点,0_+ 理解为从正无穷出发最接近 0 的点(见图 2.2.1)。在系统分析中,把响应区间确定为激励信号 $f(t)$ 加入之后系统状态的变化区间,这样系统的响应区间一般定义为 $t>0$ 或 $0_+\leqslant t<+\infty$。

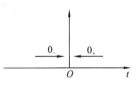

图 2.2.1 0_- 与 0_+

对于确定的 n 阶常系数微分方程,系统的响应由激励和 n 个初始条件决定。

系统起始状态(简称为 0_- 状态)是指 $y(0_-),y^{(1)}(0_-),\cdots,y^{(n-1)}(0_-)$ 的取值,此时激励尚未接入,这些取值反映了系统的历史信息,而与激励无关。

系统初始状态(简称为 0_+ 状态)是指 $y(0_+),y^{(1)}(0_+),\cdots,y^{(n-1)}(0_+)$ 的取值,此时激励已经接入系统,这些取值与系统的历史信息和 0 时刻的输入都有关系。

在用经典法求解系统响应时,为确定自由响应部分的常数,有时必须根据系统 0_-

状态和激励求出0_+状态,一个电路系统的0_-状态就是系统中储能元件的历史储能情况。

例 2.2.2 某电路如图 2.2.2 所示,起始状态 $v_C(0_-)=0$,开关闭合时刻即是 0 时刻,求系统的响应 $v_C(t)$。

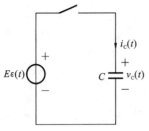

图 2.2.2 例 2.2.2 图

解 由电容两端电压和电流的关系可得

$$Cv'_C(t)=i_C(t)=CE\delta(t) \qquad (2.2.9)$$

解得 $v_C(t)=E\varepsilon(t)$,可知 $v_C(0_+)=E\neq v_C(0_-)$。

将 $v_C(t)$ 看作系统响应,将 $i_C(t)$ 看作系统激励,式(2.2.9)为一阶微分方程,激励中包含了冲激函数 $\delta(t)$,可见当方程右边包含冲激函数或者其高阶导数时,在0_-和0_+时响应可能不等。

例 2.2.3 描述某系统的微分方程为 $y''(t)+3y'(t)+2y(t)=f(t)$,已知 $y(0_-)=2$,$y'(0_-)=0$,$f(t)=\delta'(t)+e^{-3t}\varepsilon(t)$,求 $y(0_+)$、$y'(0_+)$ 和 $y(t),t\geqslant0$。

分析 经典法需要依据输入确定特解,但输入中包含$\delta'(t)$,表 2.2.2 没有给出激励是冲激函数时对应的特解。当$t\geqslant0_+$时,输入中冲激函数将不再存在,所以可以参照经典法求出特解,但确定齐次解的待定系数要用0_+时刻的状态 $y(0_+)$ 和 $y'(0_+)$。

方程右边包含的 $\delta(t)$ 的最高次项二阶导数是$\delta''(t)$,方程左边也应该包含$\delta''(t)$,所以 $y''(t)$ 有且仅有 $y''(t)$ 包含 $\delta''(t)$,$y'(t)$ 则包含 $\delta'(t)$。

解 将输入 $f(t)=\delta'(t)+e^{-3t}\varepsilon(t)$ 代入系统微分方程得

$$y''(t)+3y'(t)+2y(t)=\delta''(t)+e^{-3t}\varepsilon(t) \qquad (2.2.10)$$

利用系数匹配法分析,方程左右两边奇异函数匹配,设 $y''(t)$ 等形式如下:

$$y''(t)=a\delta''(t)+b\delta'(t)+c\delta(t)+r_1(t) \qquad (2.2.11)$$

$$y'(t)=a\delta'(t)+b\delta(t)+r_2(t) \qquad (2.2.12)$$

$$y(t)=a\delta(t)+r_3(t) \qquad (2.2.13)$$

其中,$r_1(t)$、$r_2(t)$、$r_3(t)$ 为 $t>0$ 时的非奇异函数。将上述关系代入式(2.2.10),整理得

$$a\delta''(t)+(b+3a)\delta'(t)+(c+3b+2a)\delta(t)+[r_1(t)+3r_2(t)+2r_3(t)]=\delta''(t)+e^{-3t}\varepsilon(t)$$

$$(2.2.14)$$

等号两端 $\delta(t)$ 及各阶导数的系数应分别相等,可得

$$a=1$$
$$b+3a=0$$
$$c+3b+2a=0$$

解得 $a=1,b=-3,c=7$。将 a,b 代入式(2.2.12),式(2.2.12)等号两端从0_-到0_+进行积分,有

$$y(0_+)-y(0_-)=\int_{0_-}^{0_+}\delta'(t)\mathrm{d}t-3\int_{0_-}^{0_+}\delta(t)\mathrm{d}t+\int_{0_-}^{0_+}r_2(t)\mathrm{d}t \qquad (2.2.15)$$

由于 $\delta'(t)$ 为偶对称函数,故 $\int_{0_-}^{0_+}\delta'(t)\mathrm{d}t=0$,$r_2(t)$ 不含冲激函数以及其导数,且积分区间为 $[0_-,0_+]$,所以式(2.2.15)的第三项积分为 0,故

$$y(0_+)-y(0_-)=-3,\quad y(0_+)=2-3=-1$$

同理,将 a,b,c 代入式(2.1.11),并对等号两端从0_-到0_+进行积分,有

$$y'(0_+) - y'(0_-) = \int_{0_-}^{0_+} \delta''(t)\,\mathrm{d}t - 3\int_{0_-}^{0_+} \delta'(t)\,\mathrm{d}t + 7\int_{0_-}^{0_+} \delta(t) + \int_{0_-}^{0_+} r_1(t)\,\mathrm{d}t$$

$$(2.2.16)$$

由于 $\delta''(t)$、$\delta'(t)$、$r_1(t)$ 在 $[0_-,0_+]$ 区间的积分均为 0，可得

$$y'(0_+) - y'(0_-) = 7, \quad y'(0_+) = 0 + 7 = 7$$

由此可知，当微分方程右端含有冲激函数以及冲激函数的导数时，响应 $y(t)$ 及其各阶导数由 0_- 到 0_+ 可能发生跳变。

下面求解 $y(t)$。当 $t>0$ 时，系统的输入 $f(t)=\mathrm{e}^{-3t}$，系统的特征方程为

$$\lambda^2 + 3\lambda + 2 = 0 \tag{2.2.17}$$

其特征根为 $\lambda_1 = -1$，$\lambda_2 = -2$。由表 2.2.1 可知系统的齐次解为

$$y_{\mathrm{h}}(t) = C_1 \mathrm{e}^{-t} + C_2 \mathrm{e}^{-2t} \tag{2.2.18}$$

系统的特解 $y_{\mathrm{p}}(t) = 0.5\mathrm{e}^{-3t}$，则当 $t>0$ 时，全解为

$$y(t) = C_1 \mathrm{e}^{-t} + C_2 \mathrm{e}^{-2t} + 0.5\mathrm{e}^{-3t} \tag{2.2.19}$$

将 $y'(0_+)$ 和 $y(0_+)$ 代入式(2.2.19)，得

$$C_1 + C_2 + 0.5 = -1$$
$$-C_1 - 2C_2 - 1.5 = 7$$

解得 $C_1 = 5.5$，$C_2 = -7$。当 $t>0$ 时，有

$$y(t) = 5.5\mathrm{e}^{-t} - 7\mathrm{e}^{-2t} + 0.5\mathrm{e}^{-3t}$$

结合式(2.2.13)可知，$y(t)$ 包含冲激函数，所以响应 $y(t)$ 为

$$y(t) = \delta(t) + (5.5\mathrm{e}^{-t} - 7\mathrm{e}^{-2t} + 0.5\mathrm{e}^{-3t})\varepsilon(t) \tag{2.2.20}$$

2.2.3 零输入响应

经典解是把响应分成齐次解（自由响应）和特解（强迫响应），在这种分解形式下齐次解的待定系数与 0_- 状态和激励都有关联。

LTI 系统全响应 $y(t)$ 也可以分为零输入响应和零状态响应。零输入响应是激励为零时仅由系统的起始状态所引起的响应，用 $y_{\mathrm{zi}}(t)$ 表示。在零输入条件下，微分方程等式右端为零，与齐次方程相同，即

$$\sum_{j=0}^{n} a_j y^{(j)}(t) = 0 \tag{2.2.21}$$

零输入响应的求解方法与经典法中齐次解求解方法类似，差别在于确定待定系数时不需要像经典法那样先确定特解。

例 2.2.4 如例 2.2.3 中的系统，系统微分方程为 $y''(t) + 3y'(t) + 2y(t) = f(t)$，已知 $y(0_-)=2$，$y'(0_-)=0$，求系统的零输入响应 $y_{\mathrm{zi}}(t)$。

解 该系统的零输入响应满足方程

$$y_{\mathrm{zi}}''(t) + 3y_{\mathrm{zi}}'(t) + 2y_{\mathrm{zi}}(t) = 0$$

该微分方程的特征方程为

$$\lambda^2 + 3\lambda + 2 = 0$$

其特征根为 $\lambda_1 = -1$，$\lambda_2 = -2$。故零输入响应及其导数为

$$y_{\mathrm{zi}}(t) = C_{\mathrm{zi1}} \mathrm{e}^{-t} + C_{\mathrm{zi2}} \mathrm{e}^{-2t} \tag{2.2.22}$$

$$y_{\mathrm{zi}}'(t) = -C_{\mathrm{zi1}} \mathrm{e}^{-t} - 2C_{\mathrm{zi2}} \mathrm{e}^{-2t} \tag{2.2.23}$$

由于不考虑输入,所以响应在 0 时刻不会发生跳变,0_+ 初始值为

$$y_{zi}(0_-) = y_{zi}(0_+) = y(0_-) = 2$$

$$y'_{zi}(0_-) = y'_{zi}(0_+) = y(0_-) = 0$$

令 $t=0$,将初始条件代入式(2.2.22)和式(2.2.23),可得

$$y_{zi}(0_+) = C_{zi1} + C_{zi2} = 2 \tag{2.2.24}$$

$$y'_{zi}(0_+) = -C_{zi1} - 2C_{zi2} = 0 \tag{2.2.25}$$

由式(2.2.24)和式(2.2.25)可解得 $C_{zi1} = 4, C_{zi2} = -2$,将它们代入式(2.2.22),得系统的零输入响应

$$y_{zi}(t) = (4e^{-t} - 2e^{-2t})\varepsilon(t) \tag{2.2.26}$$

2.2.4 零状态响应

零状态响应是当系统的起始状态(0_- 状态)为零时,仅由输入信号 $f(t)$ 引起的响应,用 $y_{zs}(t)$ 表示,这时方程式仍是非齐次形式,即

$$\sum_{j=0}^{n} a_j y_{zs}^{(j)}(t) = \sum_{i=0}^{m} b_i f^{(i)}(t) \tag{2.2.27}$$

起始状态 $y_{zs}^{(j)}(0_-) = 0$。

零状态响应的求解方法与经典法基本相同,只是在求解待定系数时需要保证起始状态为零,对于线性时不变系统,仅与输入有关的部分(零状态响应)或者仅与起始状态有关的部分(零输入响应)才满足线性性质,所以经典解中自由响应和强迫响应的分解方式无法利用线性系统的线性性质。

例 2.2.5 如例 2.2.3 中的系统,系统微分方程为 $y''(t) + 3y'(t) + 2y(t) = f(t)$,输入 $f(t) = \delta'(t) + e^{-3t}\varepsilon(t)$,求系统的零状态响应 $y_{zs}(t)$。

解 当 $t \geq 0$ 时,该系统的零状态响应满足以下方程:

$$y''(t) + 3y'(t) + 2y(t) = \delta'(t) + e^{-3t}\varepsilon(t) \tag{2.2.28}$$

设 $y''(t)$ 等形式如下:

$$y''(t) = a\delta'(t) + b\delta(t) + r_1(t)$$

$$y'(t) = a\delta(t) + r_2(t)$$

$$y(t) = r_3(t)$$

利用系数匹配法分析,可得 $a=1, b=-3$,对 $y''(t)$、$y'(t)$ 从 0_- 到 0_+ 进行积分,有

$$y'_{zs}(0_+) - y'_{zs}(0_-) = -3, \quad y'_{zs}(0_+) = 0 - 3 = -3$$

$$y_{zs}(0_+) - y_{zs}(0_-) = 1, \quad y_{zs}(0_+) = 0 + 1 = 1$$

当 $t > 0$ 时,系统的输入为 $f(t) = e^{-3t}\varepsilon(t)$,齐次解为 $C_{zs1}e^{-t} + C_{zs2}e^{-2t}$,特解为 $0.5e^{-3t}$,则

$$y_{zs}(t) = C_{zs1}e^{-t} + C_{zs2}e^{-2t} + 0.5e^{-3t} \tag{2.2.29}$$

将 $y'_{zs}(0_+)$ 和 $y_{zs}(0_+)$ 代入式(2.2.29),得

$$y_{zs}(0_+) = C_{zs1} + C_{zs2} + 0.5 = 1$$

$$y'_{zs}(0_+) = -C_{zs1} - 2C_{zs2} - 1.5 = -3$$

解得 $C_{zs1} = -0.5, C_{zs2} = 1$,可知当 $t > 0$ 时,有

$$y_{zs}(t) = (-0.5e^{-t} + e^{-2t} + 0.5e^{-3t})\varepsilon(t) \tag{2.2.30}$$

2.2.5 全响应

如果系统的起始状态不为零,在激励 $f(t)$ 的作用下,LTI 系统的响应称为全响应,

它是零输入响应和零状态响应之和,即

$$y(t) = y_{zi}(t) + y_{zs}(t) \qquad (2.2.31)$$

其各阶导数为

$$y^{(j)}(t) = y_{zi}^{(j)}(t) + y_{zs}^{(j)}(t), \quad j = 0, 1, \cdots, n-1 \qquad (2.2.32)$$

在计算零输入响应或零状态响应时用到的初始条件也可以分成两个部分,即

$$y^{(j)}(0_-) = y_{zi}^{(j)}(0_-) + y_{zs}^{(j)}(0_-) \qquad (2.2.33)$$

$$y^{(j)}(0_+) = y_{zi}^{(j)}(0_+) + y_{zs}^{(j)}(0_+) \qquad (2.2.34)$$

对于零状态响应,当 $t = 0_-$ 时,激励还没有接入,故 $y_{zs}^{(j)}(0_-) = 0$,所以有

$$y^{(j)}(0_-) = y_{zi}^{(j)}(0_-) \qquad (2.2.35)$$

对于零输入响应,当输入为零时,方程右边不包含冲激函数及冲激函数的导数,0_- 到 0_+ 过程中 $y(t)$ 不会发生跳变,即

$$y_{zi}^{(j)}(0_+) = y_{zi}^{(j)}(0_-) = y^{(j)}(0_-) \qquad (2.2.36)$$

根据给定的起始状态(0_- 值),利用式(2.2.33)和式(2.2.34)以及 2.2.2 节中关于求解 0_- 到 0_+ 问题的方法,可以求得零输入响应和零状态响应的初始状态(0_+ 值)。

例 2.2.6　如例 2.2.3 中的系统,系统的微分方程为 $y''(t) + 3y'(t) + 2y(t) = f(t)$。

(1) 已知 $y(0_-) = 2, y'(0_-) = 0, f(t) = \delta'(t) + e^{-3t}\varepsilon(t)$,求系统的全响应;

(2) 已知 $y(0_-) = 3, y'(0_-) = 0, f(t) = 2\delta'(t) + 2e^{-3t}\varepsilon(t)$,求系统的全响应。

分析　结合例 2.2.3 中经典法求解过程,同时对比例 2.2.4 和例 2.2.5 中的计算可以看到,零输入响应和零状态响应的求解方法从计算过程来看相对经典法并无太大差别,甚至还略显烦琐(零输入响应和零状态响应求解过程中分别要确定一次待定系数)。但是由于例 2.2.3 中所求全响应分解为自由响应和强迫响应,两部分都与激励和起始状态有关,无法利用 LTI 系统的线性性质。

解　(1) 系统的全响应可以分为齐次解和特解,依据经典法按例 2.2.3 求解,这里将全响应分为零输入响应和零状态响应进行求解。

$y_{zi}(t)$ 与输入无关,仅由初始条件 $y(0_-) = 2, y'(0_-) = 0$ 产生,依据式(2.2.26)得知 $y_{zs}(t)$ 与初始状态无关,仅由输入决定,依据式(2.2.30),得知全响应为

$$y(t) = y_{zi}(t) + y_{zs}(t) = \underbrace{(4e^{-t} - 2e^{-2t})\varepsilon(t)}_{\text{零输入响应}} + \underbrace{(-0.5e^{-t} + e^{-2t})\varepsilon(t) + 0.5e^{-3t}\varepsilon(t)}_{\text{零状态响应}}$$

$$= \underbrace{(3.5e^{-t} - e^{-2t})\varepsilon(t)}_{\text{自由响应}} + \underbrace{0.5e^{-3t}\varepsilon(t)}_{\text{强迫响应}} \qquad (2.2.37)$$

(2) 由式(2.2.37)中全响应的划分方式可知,全响应分为零输入响应和零状态响应,则可以利用线性性质。

由于(2)中的初始条件是(1)中的 1.5 倍,依据式(2.2.26)可得

$$y_{zi}(t) = 1.5(4e^{-t} - 2e^{-2t})\varepsilon(t) \qquad (2.2.38)$$

由于(2)中的输入是(1)中的 2 倍,依据式(2.2.30)可得

$$y_{zs}(t) = 2(-0.5e^{-t} + e^{-2t} + 0.5e^{-3t})\varepsilon(t) \qquad (2.2.39)$$

全响应为

$$y(t) = y_{zi}(t) + y_{zs}(t) = (5e^{-t} - e^{-2t} + e^{-3t})\varepsilon(t) \qquad (2.2.40)$$

总结　(1)的结果将全响应分解为零输入响应和零状态响应,在求解(2)的过程中被利用,使得计算简化。推而广知,如果针对某一确定的 LTI 系统,能先求出若干简单

信号的零状态响应,新信号只要是能由这些简单信号的线性组合表示,则对应的零状态响应也可利用线性性质来求解,这是经典法所不能做到的。

例 2.2.7 描述某 LTI 系统的微分方程为 $y''(t) + 3y'(t) + 2y(t) = 3f(t) + f'(t)$,已知 $y(0_+) = 2$, $y'(0_+) = 0$, $f(t) = \varepsilon(t)$,求该系统的零输入响应和零状态响应以及全响应。

解 本例中已知的是 0_+ 时刻的初始值,由式(2.2.34)有

$$\left. \begin{array}{l} y(0_+) = y_{zi}(0_+) + y_{zs}(0_+) = 2 \\ y'(0_+) = y'_{zi}(0_+) + y'_{zs}(0_+) = 0 \end{array} \right\} \tag{2.2.41}$$

由于无法区分 $y_{zi}(t)$ 和 $y_{zs}(t)$ 在 0_+ 时刻的初始状态,所以无法直接求解零输入响应,但零状态响应的求解中有 $y_{zs}(0_-) = y'_{zs}(0_-) = 0$,与起始状态 $y(0_-)$ 无关,将 $f(t) = \varepsilon(t)$ 代入该微分方程,可得

$$y''_{zs}(t) + 3y'_{zs}(t) + 2y_{zs}(t) = 3\varepsilon(t) + \delta(t) \tag{2.2.42}$$

利用系数匹配法分析,仅 $y''_{zs}(t)$ 中包含冲激函数,$y'_{zs}(t)$ 和 $y_{zs}(t)$ 都不包含冲激函数,有

$$y''_{zs}(t) = a\delta(t) + r_1(t) \tag{2.2.43}$$

易得 $a = 1$,说明 $y'_{zs}(t)$ 在从 0_- 到 0_+ 的过程中发生了跳变,有

$$y'_{zs}(0_+) - y'_{zs}(0_-) = \int_{0_-}^{0_+} y''_{zs}(t)\mathrm{d}t = \int_{0_-}^{0_+} [\delta(t) + r_1(t)]\mathrm{d}t = 1 \tag{2.2.44}$$

可得

$$\left. \begin{array}{l} y'_{zs}(0_+) = 1 \\ y_{zs}(0_+) = y_{zs}(0_-) = 0 \end{array} \right\} \tag{2.2.45}$$

当 $t > 0$ 时,式(2.2.42)可写为

$$y''_{zs}(t) + 3y'_{zs}(t) + 2y_{zs}(t) = 3\varepsilon(t) \tag{2.2.46}$$

依据表 2.2.2,设特解为 P,将特解代入式(2.2.46)可得 $P = 1.5$,齐次解的形式为 $C_{zs1}\mathrm{e}^{-t} + C_{zs2}\mathrm{e}^{-2t}$。当 $t > 0$ 时,零状态响应为

$$y_{zs}(t) = C_{zs1}\mathrm{e}^{-t} + C_{zs2}\mathrm{e}^{-2t} + 1.5 \tag{2.2.47}$$

将 $y'_{zs}(0_+)$ 和 $y_{zs}(0_+)$ 代入式(2.2.47)得

$$\left. \begin{array}{l} y_{zs}(0_+) = C_{zs1} + C_{zs2} + 1.5 = 0 \\ y'_{zs}(0_+) = -C_{zs1} - 2C_{zs2} = 1 \end{array} \right\} \tag{2.2.48}$$

由式(2.2.48)可解得 $C_{zs1} = -2$, $C_{zs2} = 0.5$,可知当 $t > 0$ 时,有

$$y_{zs}(t) = -2\mathrm{e}^{-t} + 0.5\mathrm{e}^{-2t} + 1.5 \tag{2.2.49}$$

零输入响应的形式为

$$y_{zi}(t) = C_{zi1}\mathrm{e}^{-t} + C_{zi2}\mathrm{e}^{-2t} \tag{2.2.50}$$

由式(2.2.41)及式(2.2.45)可得

$$\left. \begin{array}{l} y_{zi}(0_+) = 2 - y_{zs}(0_+) = 2 \\ y'_{zi}(0_+) = 0 - y'_{zs}(0_+) = -1 \end{array} \right\} \tag{2.2.51}$$

由式(2.2.51)解得 $C_{zi1} = 3$, $C_{zs2} = -1$,于是得到系统的零输入响应为

$$y_{zi}(t) = 3\mathrm{e}^{-t} - \mathrm{e}^{-2t} \tag{2.2.52}$$

全响应为

$$y(t) = y_{zi}(t) + y_{zs}(t) = \overbrace{(3\mathrm{e}^{-t} - \mathrm{e}^{-2t})}^{\text{零输入响应}} + \overbrace{(-2\mathrm{e}^{-t} + 0.5\mathrm{e}^{-2t}) + 1.5}^{\text{零状态响应}}$$

$$= \underbrace{e^{-t} - 0.5e^{-2t}}_{\text{暂态响应}} + \underbrace{1.5}_{\text{稳态响应}} \tag{2.2.53}$$

在式(2.2.53)中,全响应化简的结果中前面两项随 t 的增大而逐渐消失,称为暂态响应;后一项随 t 的增大不会消失并且不会变为无穷大,称为稳态响应。通常,当输入信号是阶跃函数或有始的周期函数时,稳定系统的响应可以分为暂态响应和稳态响应。

2.2.6 冲激响应与阶跃响应

当把全响应分成零输入响应和零状态响应时,对于某个线性时不变系统,如果可以先求出一些简单信号对应的零状态响应,那么由这些简单信号的线性组合构成的复杂信号的零状态响应就可利用线性性质很方便得到。单位冲激信号和单位阶跃信号就是时域分析里最常用的简单信号。

以单位冲激信号 $\delta(t)$ 作激励,系统产生的零状态响应称为单位冲激响应,简称冲激响应,用 $h(t)$ 表示。

以单位阶跃信号 $\varepsilon(t)$ 作激励,系统产生的零状态响应称为单位阶跃响应,简称阶跃响应,用 $g(t)$ 表示。

1. 冲激响应

一个 LTI 连续时间系统用常系数微分方程可表示为

$$y^{(n)}(t) + a_{n-1}y^{(n-1)}(t) + \cdots + a_1 y^{(1)}(t) + a_0 y(t)$$
$$= b_m f^{(m)}(t) + b_{m-1}f^{(m-1)}(t) + \cdots + b_1 f^{(1)}(t) + b_0 f(t) \tag{2.2.54}$$

在给定 $f(t)$ 为单位冲激信号的条件下,$y(t)$ 称为冲激响应,记作 $h(t)$。将 $f(t) = \delta(t)$ 代入式(2.2.54),则等式右端就出现了冲激函数和它的逐次导数,即

$$h^{(n)}(t) + a_{n-1}h^{(n-1)}(t) + \cdots + a_1 h^{(1)}(t) + a_0 h(t)$$
$$= b_m \delta^{(m)}(t) + b_{m-1}\delta^{(m-1)}(t) + \cdots + b_1 \delta^{(1)}(t) + b_0 \delta(t) \tag{2.2.55}$$

待求的 $h(t)$ 函数应保证式(2.2.55)左、右两端奇异函数平衡。$h(t)$ 的形式将与 m 和 n 的相对大小有着密切关系。

当 $n > m$ 时,式(2.2.55)左端的 $h^{(n)}(t)$ 应包含冲激函数的 m 阶导数 $\delta^{(m)}(t)$,才能与右端匹配,依次类推,$h^{(n-1)}(t)$ 应包含 $\delta^{(m-1)}(t)$,$\cdots$,$h^{(n-m)}(t)$ 应包含 $\delta(t)$,$h(t)$ 不包含冲激函数。

$h(t)$ 为零状态响应,起始状态 $h^{(j)}(0_-) = 0(j = 0, 1, \cdots, n-1)$。由于 $\delta(t)$ 及其各阶导数在 $t \geqslant 0_+$ 时都等于零,因此式(2.2.55)右端在 $t \geqslant 0_+$ 时恒等于零,冲激响应 $h(t)$ 形式与齐次解的形式相同。当式(2.2.55)的特征方程都为单根时,$h(t)$ 可以表示为

$$h(t) = \left(\sum_{j=1}^{n} C_j e^{a_j t} \right) \varepsilon(t) \tag{2.2.56}$$

当 $n = m$ 时,$h(t)$ 包含冲激函数 $\delta(t)$。当 $n < m$ 时,$h(t)$ 包含冲激函数 $\delta^{(m-n)}(t)$。实际物理系统中输出一般不包含冲激函数 $\delta(t)$,$n > m$ 是最常见的情况。

例 2.2.8 描述某系统的微分方程为 $y''(t) + 3y'(t) + 2y(t) = f'(t) + 3f(t)$,求其冲激响应 $h(t)$。

解法一 将冲激函数代入,系统微分方程写为

$$h''(t) + 3h'(t) + 2h(t) = \delta'(t) + 3\delta(t) \tag{2.2.57}$$

方程左端 $h(t)$ 导数最高阶次 $n = 2$,方程右端冲激函数 $\delta(t)$ 最高阶次 $m = 1$,由式

(2.2.56)知冲激响应的形式可写为

$$h(t) = (C_1 e^{-t} + C_2 e^{-2t})\varepsilon(t) \tag{2.2.58}$$

对 $h(t)$ 逐次求导可得

$$\left.\begin{array}{l} h'(t) = (C_1 + C_2)\delta(t) + (-C_1 e^{-t} - 2C_2 e^{-2t})\varepsilon(t) \\ h''(t) = (C_1 + C_2)\delta'(t) + (-C_1 - 2C_2)\delta(t) + (C_1 e^{-t} + 4C_2 e^{-2t})\varepsilon(t) \end{array}\right\} \tag{2.2.59}$$

将 $y(t) = h(t)$，$f(t) = \delta(t)$ 以及式(2.2.59)代入系统微分方程，可得

$$(C_1 + C_2)\delta'(t) + (2C_1 + C_2)\delta(t) = \delta'(t) + 3\delta(t) \tag{2.2.60}$$

令等式两端 $\delta'(t)$ 的系数以及 $\delta(t)$ 的系数对应相等，得

$$C_1 + C_2 = 1$$
$$2C_1 + C_2 = 3$$

解得 $C_1 = 2$，$C_2 = -1$，冲激响应为

$$h(t) = (2e^{-t} - e^{-2t})\varepsilon(t) \tag{2.2.61}$$

解法一与前面例 2.2.3 不同，没有从 $h(0_-)$ 去求解 $h(0_+)$ 的步骤，直接求解系数 C_1 和 C_2，这种方法称为奇异函数相平衡法。为了对比，用求 0_- 到 0_+ 的方法对这个例题再求解一次。

解法二　系统冲激响应 $h(t)$，由于方程左右两边冲激函数及其导数系数必须相等，可得 $h(t)$ 及其各阶导数形式如下：

$$h''(t) = a\delta'(t) + b\delta(t) + r_1(t)$$
$$h'(t) = a\delta(t) + r_2(t)$$
$$h(t) = r_3(t)$$

其中，$r_1(t)$、$r_2(t)$、$r_3(t)$ 不包含冲激函数及其导数。将以上三式代入方程(2.2.57)，可得

$$a = 1, \quad b = 0$$

求出 0_+ 时刻初始条件

$$h'(0_-) = h'(0_+) = 0$$
$$h(0_-) + 1 = h(0_+) = 1$$

当 $t \geqslant 0_+$ 时，方程右边没有输入，冲激响应与齐次解形式相同，即

$$h(t) = (C_1 e^{-t} + C_2 e^{-2t})\varepsilon(t) \tag{2.2.62}$$

代入初始条件可得

$$h'(0_+) = -C_1 - 2C_2 = 0$$
$$h(0_+) = C_1 + C_2 = 1$$

解得

$$C_1 = 2, \quad C_2 = -1$$

$h(t)$ 在 0_- 到 0_+ 时没有跳变，$h(t)$ 可以写为

$$h(t) = (2e^{-t} - e^{-2t})\varepsilon(t)$$

至此得到与上面方法完全一样的结果。

解法三　选新变量 $y_1(t)$，它满足方程

$$y_1''(t) + 3y_1'(t) + 2y_1(t) = f(t) \tag{2.2.63}$$

设其冲激响应为 $h_1(t)$，由 LTI 系统的性质，系统的冲激响应为

$$h(t) = h_1'(t) + 3h_1(t) \tag{2.2.64}$$

冲激响应 $h_1(t)$ 满足方程

$$h_1''(t) + 3h_1'(t) + 2h_1(t) = \delta(t) \tag{2.2.65}$$

仅有 $h_1''(t)$ 包含冲激函数,可求得初始条件

$$h_1(0_+) = 0$$
$$h_1'(0_+) = 1$$

式(2.2.65)的特征根为 $\lambda_1 = -1, \lambda_2 = -2$,于是得

$$h_1(t) = (C_1 e^{-t} + C_2 e^{-2t})\varepsilon(t) \tag{2.2.66}$$

代入初始条件得

$$C_1 + C_2 = 0$$
$$-C_1 - 2C_2 = 1$$

可解得 $C_1 = 1, C_2 = -1$,于是

$$h_1(t) = (e^{-t} - e^{-2t})\varepsilon(t) \tag{2.2.67}$$

其一阶导数

$$h_1'(t) = (e^{-t} - e^{-2t})\delta(t) + (-e^{-t} + 2e^{-2t})\varepsilon(t) = (-e^{-t} + 2e^{-2t})\varepsilon(t) \tag{2.2.68}$$

将以上两式代入式(2.2.64)可得

$$h(t) = h_1'(t) + 3h_1(t) = (2e^{-t} - e^{-2t})\varepsilon(t) \tag{2.2.69}$$

2. 阶跃响应

一个 LTI 连续时间系统用常系数微分方程表示为

$$y^{(n)}(t) + a_{n-1}y^{(n-1)}(t) + \cdots + a_1 y^{(1)}(t) + a_0 y(t)$$
$$= b_m f^{(m)}(t) + b_{m-1}f^{(m-1)}(t) + \cdots + b_1 f^{(1)}(t) + b_0 f(t) \tag{2.2.70}$$

在给定 $f(t)$ 为单位阶跃信号的条件下,$y(t)$ 称为阶跃响应,记作 $g(t)$。将 $f(t) = \varepsilon(t)$ 代入方程,则等式右端除了一项为阶跃函数以外,其余是冲激函数和它的逐次导数,即

$$g^{(n)}(t) + a_{n-1}g^{(n-1)}(t) + \cdots + a_1 g^{(1)}(t) + a_0 g(t)$$
$$= b_m \delta^{(m-1)}(t) + b_{m-1}\delta^{(m-2)}(t) + \cdots + b_1 \delta(t) + b_0 \varepsilon(t) \tag{2.2.71}$$

求解式(2.2.71)需要处理 0_- 到 0_+ 时初始条件的跳变,如果将问题简化为等式右端只包含激励 $f(t)$ 的 n 阶微分方程,则式(2.2.71)可以写为

$$g^{(n)}(t) + a_{n-1}g^{(n-1)}(t) + \cdots + a_1 g^{(1)}(t) + a_0 g(t) = \varepsilon(t) \tag{2.2.72}$$
$$g^{(j)}(0_-) = 0, \quad j = 0,1,2,\cdots,n-1$$

由于等式右端只有 $\varepsilon(t)$,故除 $g^{(n)}(t)$ 以外,$g(t)$ 及其直到 $n-1$ 阶导数均连续,即有

$$g^{(j)}(0_+) = g^{(j)}(0_-) = 0, \quad j = 0,1,2,\cdots,n-1 \tag{2.2.73}$$

若式(2.2.72)的特征根均为单根,则阶跃响应为

$$g(t) = \left(\sum_{j=1}^{n} C_j e^{a_j t} + \frac{1}{a_0} \right)\varepsilon(t) \tag{2.2.74}$$

其中,$\dfrac{1}{a_0}$ 为式(2.2.72)的特解,待定常数 C_j 由式(2.2.72)的 0_+ 初始值确定。

当已知式(2.2.72)时,要求解式(2.2.71),此时微分方程的等式右端含有 $\varepsilon(t)$ 及其各阶导数,则可根据 LTI 系统的线性性质和微分性质求得其阶跃响应。

单位阶跃函数 $\varepsilon(t)$ 与单位冲激函数 $\delta(t)$ 为微(积)分关系,根据 LTI 系统的微(积)分性质,同一系统的阶跃响应和冲激响应的关系为

$$h(t) = \frac{\mathrm{d}g(t)}{\mathrm{d}t} \qquad\qquad (2.2.75)$$

$$g(t) = \int_{-\infty}^{t} h(x)\mathrm{d}x \qquad\qquad (2.2.76)$$

例 2.2.9 系统方程如例 2.2.8，$y''(t) + 3y'(t) + 2y(t) = f'(t) + 3f(t)$，求阶跃响应。

解法一 与例 2.2.8 中解法三类似，选新变量 $y_1(t)$，它满足方程

$$y''_1(t) + 3y'_1(t) + 2y_1(t) = f(t) \qquad\qquad (2.2.77)$$

设其阶跃响应为 $g_1(t)$，则由 LTI 系统的性质可知，系统的阶跃响应为

$$g(t) = g'_1(t) + 3g_1(t) \qquad\qquad (2.2.78)$$

由式(2.2.72)可知，阶跃响应 $g_1(t)$ 满足方程

$$g''_1(t) + 3g'_1(t) + 2g_1(t) = \varepsilon(t) \qquad\qquad (2.2.79)$$

由式(2.2.70)可知

$$g'_1(0_+) = g_1(0_+) = 0$$

由式(2.2.73)可知

$$g_1(t) = \left(C_1 \mathrm{e}^{-t} + C_2 \mathrm{e}^{-2t} + \frac{1}{a_0}\right)\varepsilon(t) \qquad\qquad (2.2.80)$$

其中，特解 $\dfrac{1}{a_0} = 0.5$，将初始条件代入可得

$$g_1(0_+) = C_1 + C_2 + 0.5 = 0$$

$$g'_1(0_+) = -C_1 - 2C_2 = 0$$

可解得 $C_1 = -1, C_2 = 0.5$，于是

$$g_1(t) = (-\mathrm{e}^{-t} + 0.5\mathrm{e}^{-2t} + 0.5)\varepsilon(t) \qquad\qquad (2.2.81)$$

其一阶导数为

$$g'_1(t) = (-\mathrm{e}^{-t} + 0.5\mathrm{e}^{-2t} + 0.5)\delta(t) + (\mathrm{e}^{-t} - \mathrm{e}^{-2t})\varepsilon(t) = (\mathrm{e}^{-t} - \mathrm{e}^{-2t})\varepsilon(t)$$

将以上两式代入式(2.2.78)可得

$$g(t) = g'_1(t) + 3g_1(t) = (-2\mathrm{e}^{-t} + 0.5\mathrm{e}^{-2t} + 1.5)\varepsilon(t) \qquad\qquad (2.2.82)$$

解法二 例 2.2.8 已经求出了系统的冲激响应，由式(2.2.76)可知同一 LTI 系统阶跃响应与冲激响应为积分关系，有

$$g(t) = \int_{-\infty}^{t} h(x)\mathrm{d}x = \int_{-\infty}^{t} (2\mathrm{e}^{-x} - \mathrm{e}^{-2x})\varepsilon(x)\mathrm{d}x = \int_{0_+}^{t} 2\mathrm{e}^{-x} - \mathrm{e}^{-2x}\mathrm{d}t$$

$$= -2\mathrm{e}^{-x}\Big|_{0_+}^{t} + 0.5\mathrm{e}^{-2x}\Big|_{0_+}^{t} = -2\mathrm{e}^{-t} + 2 + 0.5\mathrm{e}^{-2t} - 0.5$$

$$= (-2\mathrm{e}^{-t} + 0.5\mathrm{e}^{-2t} + 1.5)\varepsilon(t) \qquad\qquad (2.2.83)$$

2.3 卷积积分

LTI 系统的输入如果可以分解成几个简单信号的线性组合，那么输入对应的零状态响应可以由简单信号对应的零状态响应通过线性时不变性质得到。冲激函数是时域分析里的一个典型简单信号，卷积积分的原理就是将激励信号分解为冲激信号及其移位信号，借助系统的冲激响应来求解系统对任意激励信号的零状态响应。

2.3.1 卷积积分的定义与计算

1. 卷积积分的定义

连续信号分解为冲激信号之和的近似表示如图 2.3.1 所示,图 2.3.1(a)定义了强度为 1(脉冲波形下的阴影面积为 1),宽度很窄的脉冲 $p_n(t)$。图 2.3.1(b)为任意激励信号 $f(t)$,把激励 $f(t)$分解为许多宽度为 Δ 的窄脉冲,中心点出现在 $t=0$ 时刻的脉冲强度(脉冲下的面积)为 $f(0)$,中心点出现在 Δ 处的脉冲强度为 $f(\Delta)$,这样可以将 $f(t)$近似地看作由一系列强度不同、接入时刻不同的窄脉冲所组成,这些脉冲的和近似等于 $f(t)$,即

$$f(t) \approx \sum_{k=-\infty}^{+\infty} f(k\Delta)p_n(t-k\Delta)\Delta \tag{2.3.1}$$

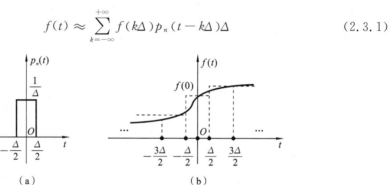

图 2.3.1　连续信号分解示意图

当 $\Delta \to 0$ 时,$f(k\Delta)$可以写成 $f(\tau)$,$p_n(t-k\Delta)$可以写成 $\delta(t-\tau)$,任意信号就分解为一系列不同时移、不同强度的冲激信号之和,如下:

$$f(t) \approx \lim_{\Delta \to 0} \sum_{k=-\infty}^{+\infty} f(k\Delta)p_n(t-k\Delta)\Delta = \int_{-\infty}^{+\infty} f(\tau)\delta(t-\tau)\mathrm{d}\tau \tag{2.3.2}$$

图 2.3.2 从信号分解的角度,利用 LTI 系统线性时不变性,从冲激响应出发分析了任意激励输入一个 LTI 系统引起的零状态响应。

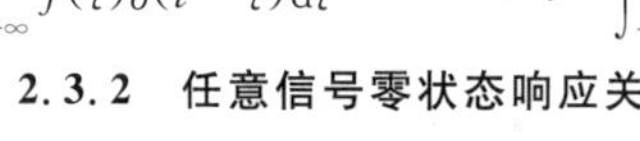

$$f(t) \longrightarrow \boxed{\text{LTI系统}} \longrightarrow y_{zs}(t)$$

$h(t)$ 的定义:　　　　$\delta(t)$ 　　$\longrightarrow$　　$h(t)$

时不变性:　　　　　$\delta(t-\tau)$ 　　$\longrightarrow$　　$h(t-\tau)$

齐次性:　　　　$f(\tau)\delta(t-\tau)$ 　　$\longrightarrow$　　$f(\tau)h(t-\tau)$

叠加性:　$\int_{-\infty}^{+\infty} f(\tau)\delta(t-\tau)\mathrm{d}\tau$ 　$\longrightarrow$　$\int_{-\infty}^{+\infty} f(\tau)h(t-\tau)\mathrm{d}\tau$

图 2.3.2　任意信号零状态响应关系

依据式(2.3.2),$\int_{-\infty}^{+\infty} f(\tau)\delta(t-\tau)\mathrm{d}\tau$ 就是 $f(t)$,所以

$$y_{zs}(t) = \int_{-\infty}^{+\infty} f(\tau)h(t-\tau)\mathrm{d}\tau \tag{2.3.3}$$

对于 $y_{zs}(t)$的这种形式,给出如下定义:已知定义在区间 $(-\infty, +\infty)$上的两个函数 $f_1(t)$和 $f_2(t)$,则定义

$$f(t) = \int_{-\infty}^{+\infty} f_1(\tau)f_2(t-\tau)\mathrm{d}\tau \tag{2.3.4}$$

为 $f_1(t)$ 与 $f_2(t)$ 的卷积积分，简称卷积，记为 $f(t) = f_1(t) * f_2(t)$。

式(2.3.2)表示任意信号分解为冲激信号，式(2.3.3)表示任意信号输入线性时不变系统所对应的零状态响应，两者本质上就是一个求卷积的过程。

$$f(t) = \int_{-\infty}^{+\infty} f(\tau)\delta(t-\tau)d\tau = f(t) * \delta(t) \tag{2.3.5}$$

$$y_{zs}(t) = f(t) * h(t) \tag{2.3.6}$$

需要指出的是，卷积积分是在虚设的变量 τ 下进行的，τ 为积分变量，t 为参变量，结果仍为 t 的函数。由于系统的因果性或激励信号存在时间的局限性，卷积的积分范围会有所变化。

例 2.3.1 电路如图 2.3.3 所示，已知 $u(t) = e^{-\frac{t}{2}}[\varepsilon(t) - \varepsilon(t-2)]$，求 $i(t)$ 的零状态响应。

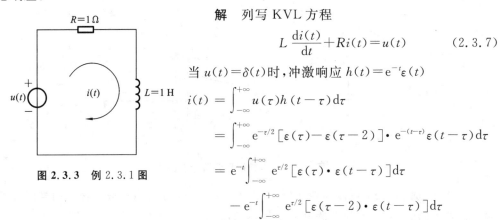

图 2.3.3 例 2.3.1 图

解 列写 KVL 方程

$$L\frac{di(t)}{dt} + Ri(t) = u(t) \tag{2.3.7}$$

当 $u(t) = \delta(t)$ 时，冲激响应 $h(t) = e^{-t}\varepsilon(t)$

$$i(t) = \int_{-\infty}^{+\infty} u(\tau)h(t-\tau)d\tau$$

$$= \int_{-\infty}^{+\infty} e^{-\tau/2}[\varepsilon(\tau) - \varepsilon(\tau-2)] \cdot e^{-(t-\tau)}\varepsilon(t-\tau)d\tau$$

$$= e^{-t}\int_{-\infty}^{+\infty} e^{\tau/2}[\varepsilon(\tau) \cdot \varepsilon(t-\tau)]d\tau$$

$$- e^{-t}\int_{-\infty}^{+\infty} e^{\tau/2}[\varepsilon(\tau-2) \cdot \varepsilon(t-\tau)]d\tau$$

依据阶跃函数的性质，将积分改写，从而消除阶跃函数，即

$$i(t) = \left(e^{-t}\int_0^t e^{\frac{\tau}{2}}d\tau\right) \cdot \varepsilon(t) - \left(e^{-t}\int_2^t e^{\frac{\tau}{2}}d\tau\right) \cdot \varepsilon(t-2)$$

$$= 2(e^{-\frac{t}{2}} - e^{-t})\varepsilon(t) - 2(e^{-\frac{t}{2}} - e^{-(t-1)})\varepsilon(t-2) \tag{2.3.8}$$

即

$$i(t) = \begin{cases} 2(e^{-\frac{t}{2}} - e^{-t}), & 0 < t \leqslant 2 \\ 2[e^{-(t-1)} - e^{-t}], & t > 2 \end{cases} \tag{2.3.9}$$

2. 卷积的图解法

图解法求解卷积过程直观，尤其是当函数形式复杂时，用图形分段求出积分尤为方便、准确。卷积求解中，定义求解法和图解法最好结合起来使用。

例 2.3.2 已知 $f_1(t) = \begin{cases} 1, & |t| < 1 \\ 0, & |t| > 1 \end{cases}$，$f_2(t) = \dfrac{t}{2}$ $(0 \leqslant t \leqslant 3)$，求卷积 $f(t)$。

解 $f_1(t)$ 和 $f_2(t)$ 的图形为图 2.3.4(a) 和图 2.3.4(b) 所示，将 $f_1(t)$ 和 $f_2(t)$ 写成以 τ 为自变量，然后将 $f_2(\tau)$ 反转，并将 $f_2(-\tau)$ 平移 t 就得到 $f_2(t-\tau)$，画出图形，如图 2.3.4(c)～图 2.3.4(e)所示。

当 t 从 $-\infty$ 逐渐增大时，$f_2(t-\tau)$ 沿着 τ 轴从左向右移动。对应不同的 t 值，将 $f_1(\tau)$ 与 $f_2(t-\tau)$ 相乘并对其进行积分就可以得到 $f_1(t)$ 与 $f_2(t)$ 的卷积积分：

$$f(t) = f_1(t) * f_2(t) = \int_{-\infty}^{+\infty} f_1(\tau)f_2(t-\tau)d\tau \tag{2.3.10}$$

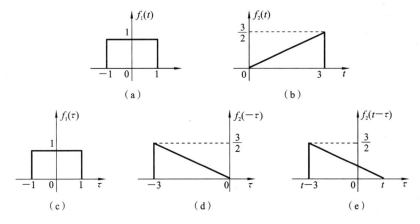

图 2.3.4   例 2.3.2 示意图

分段计算结果如下：

(1) 当 $-\infty < t < -1$ 时，有

$$f(t) = 0$$

(2) 当 $-1 \leqslant t < 1$ 时，被积分函数 $f_1(\tau)f_2(t-\tau)$ 仅当其区间为 $-1 < \tau < t$ 时不等于零（两函数图形的重叠部分），故得

$$f(t) = \int_{-1}^{t} f_1(\tau)f_2(t-\tau)\mathrm{d}\tau = \frac{t^2}{4} + \frac{t}{2} + \frac{1}{4}$$

(3) 当 $1 \leqslant t < 2$ 时，被积分函数 $f_1(\tau)f_2(t-\tau)$ 仅当其区间为 $-1 < \tau < 1$ 时不等于零（两函数图形的重叠部分），故得

$$f(t) = \int_{-1}^{1} f_1(\tau)f_2(t-\tau)\mathrm{d}\tau = t$$

(4) 当 $2 \leqslant t < 4$ 时，被积分函数 $f_1(\tau)f_2(t-\tau)$ 仅当其区间为 $t-3 < \tau < 1$ 时不等于零（两函数图形的重叠部分），故得

$$f(t) = \int_{t-3}^{1} f_1(\tau)f_2(t-\tau)\mathrm{d}\tau = -\frac{t^2}{4} + \frac{t}{2} + 2$$

(5) 当 $t \geqslant 4$ 时，有

$$f(t) = 0$$

综合以上五种情况，可得最终结果

$$f(t) = \begin{cases} \dfrac{t^2}{4} + \dfrac{t}{2} + \dfrac{1}{4}, & -1 \leqslant t < 1 \\[2mm] t, & 1 \leqslant t < 2 \\[2mm] -\dfrac{t^2}{4} + \dfrac{t}{2} + 2, & 2 \leqslant t < 4 \\[2mm] 0, & \text{其他} \end{cases} \tag{2.3.11}$$

2.3.2   卷积积分性质

卷积积分是一种数学运算，卷积运算具有许多特殊性质，这些性质在信号与系统分析中有着重要的作用，可以简化运算。以下讨论均假设卷积积分是收敛的，这样二重积分可以交换积分次序，导数与积分的次序也可以交换。

1. 代数性质

（1）交换律：

$$f_1(t) * f_2(t) = f_2(t) * f_1(t) \qquad (2.3.12)$$

证 由式（2.3.4）得

$$f_1(t) * f_2(t) = \int_{-\infty}^{+\infty} f_1(\tau) f_2(t-\tau) d\tau \qquad (2.3.13)$$

将变量 τ 替换为 $t-\lambda$，则 $t-\tau$ 应替换为 λ，式（2.3.13）可以改写为

$$f_1(t) * f_2(t) = \int_{+\infty}^{-\infty} f_1(t-\lambda) f_2(\lambda) d(-\lambda) = \int_{-\infty}^{+\infty} f_2(\lambda) f_1(t-\lambda) d(\lambda)$$
$$= f_2(t) * f_1(t) \qquad (2.3.14)$$

（2）分配率：

$$f_1(t) * [f_2(t) + f_3(t)] = f_1(t) * f_2(t) + f_1(t) * f_3(t) \qquad (2.3.15)$$

证 由卷积定义可得

$$f_1(t) * [f_2(t) + f_3(t)] = \int_{-\infty}^{+\infty} f_1(\tau)[f_2(t-\tau) + f_3(t-\tau)] d\tau$$
$$= \int_{-\infty}^{+\infty} f_1(\tau) f_2(t-\tau) d\tau + \int_{-\infty}^{+\infty} f_1(\tau) f_3(t-\tau) d\tau$$
$$= f_1(t) * f_2(t) + f_1(t) * f_3(t)$$

分配率用于系统分析，相当于并联 LTI 系统的冲激响应等于组成并联系统的各子系统冲激响应之和。

如图 2.3.5 所示，两个子系统的冲激响应分别是 $h_1(t)$ 和 $h_2(t)$ 并联以后的效果，对应的冲激响应为 $h(t)$，即

$$h(t) = h_1(t) + h_2(t)$$

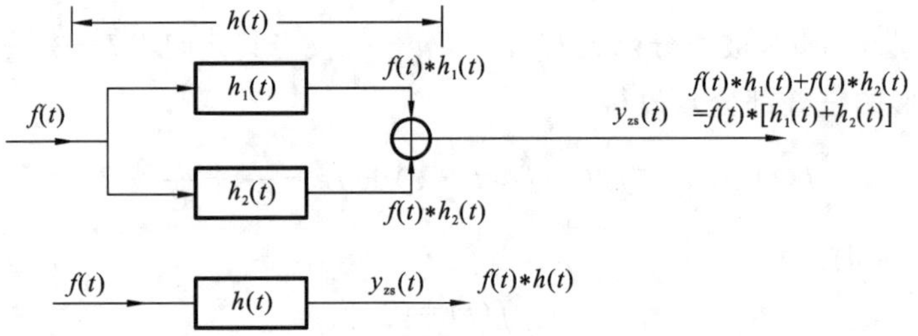

图 2.3.5 LTI 系统并联图

（3）结合律：

$$[f_1(t) * f_2(t)] * f_3(t) = f_1(t) * [f_2(t) * f_3(t)] \qquad (2.3.16)$$

证 这里包含两次积分运算，是一个二重积分

$$[f_1(t) * f_2(t)] * f_3(t) = \int_{-\infty}^{+\infty} \left[\int_{-\infty}^{+\infty} f_1(\tau) f_2(\lambda-\tau) d\tau \right] f_3(t-\lambda) d\lambda$$
$$= \int_{-\infty}^{+\infty} f_1(\tau) \left[\int_{-\infty}^{+\infty} f_2(\lambda-\tau) f_3(t-\lambda) d\lambda \right] d\tau \qquad (2.3.17)$$

交换式（2.3.17）的积分顺序并将中括号内的 $\lambda-\tau$ 替换为 x，得

$$\int_{-\infty}^{+\infty} f_1(\tau) \left[\int_{-\infty}^{+\infty} f_2(x) f_3(t-\tau-x) dx \right] d\tau = f_1(t) * [f_2(t) * f_3(t)]$$

结合律用于系统分析，相当于串联 LTI 系统的冲激响应等于组成串联系统的各子

系统冲激响应的卷积。

如图 2.3.6 所示,两个子系统的冲激响应分别是 $h_1(t)$ 和 $h_2(t)$ 串联以后的效果,对应的冲激响应写为 $h(t)$,即

$$h(t)=h_1(t) * h_2(t)$$

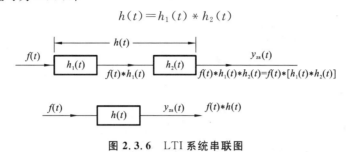

图 2.3.6　LTI 系统串联图

2. 微分积分性质

两函数卷积后的导数等于其中一函数的导数与另一函数的卷积,其表达式为

$$\frac{\mathrm{d}}{\mathrm{d}t}[f_1(t) * f_2(t)] = f_1(t) * \frac{\mathrm{d}f_2(t)}{\mathrm{d}t} = \frac{\mathrm{d}f_1(t)}{\mathrm{d}t} * f_2(t) \tag{2.3.18}$$

证　由卷积定义得

$$\frac{\mathrm{d}}{\mathrm{d}t}[f_1(t) * f_2(t)] = \frac{\mathrm{d}}{\mathrm{d}t}\int_{-\infty}^{+\infty} f_1(\tau)f_2(t-\tau)\mathrm{d}\tau = \int_{-\infty}^{+\infty} f_1(\tau)\frac{\mathrm{d}f_2(t-\tau)}{\mathrm{d}t}\mathrm{d}\tau$$

$$= \frac{\mathrm{d}f_1(t)}{\mathrm{d}t} * f_2(t)$$

两函数卷积后的积分等于其中一函数的积分与另一函数的卷积,其表达式为

$$\int_{-\infty}^{t}[f_1(\lambda) * f_2(\lambda)]\mathrm{d}\lambda = f_1(t) * \int_{-\infty}^{t} f_2(\lambda)\mathrm{d}\lambda = f_2(t) * \int_{-\infty}^{t} f_1(\lambda)\mathrm{d}\lambda$$

$$\tag{2.3.19}$$

证　$$\int_{-\infty}^{t}[f_1(\lambda) * f_2(\lambda)]\mathrm{d}\lambda = \int_{-\infty}^{t}\left[\int_{-\infty}^{+\infty}[f_1(\tau) * f_2(\lambda-\tau)]\mathrm{d}\tau\right]\mathrm{d}\lambda$$

$$= \int_{-\infty}^{+\infty} f_1(\tau)\left[\int_{-\infty}^{t}[f_2(\lambda-\tau)]\mathrm{d}\lambda\right]\mathrm{d}\tau$$

$$= f_1(t) * \int_{-\infty}^{t} f_2(\lambda)\mathrm{d}\lambda$$

依据交换律同样可以求得 $f_2(t)$ 与 $f_1(t)$ 积分后卷积的形式,于是得证。

注意,式(2.3.18)成立的前提条件是

$$f_1(-\infty)=f_2(-\infty)=0 \tag{2.3.20}$$

将式(2.3.18)推广到卷积高阶导数或多重积分,设 $s(t)=f_1(t) * f_2(t)$,则有

$$s^{(i)}(t)=f_1^{(j)}(t) * f_2^{(i-j)}(t) \tag{2.3.21}$$

此处 i、j 取正整数时表示导数阶次,取负整数时为重积分的次数,如

$$\frac{\mathrm{d}f_1(t)}{\mathrm{d}t} * \int_{-\infty}^{t} f_2(\lambda)\mathrm{d}\lambda = f_1(t) * f_2(t) \tag{2.3.22}$$

3. 函数与冲激函数的卷积

函数 $f(t)$ 与单位冲激函数 $\delta(t)$ 卷积的结果仍然是函数本身,即

$$f(t) * \delta(t)=\delta(t) * f(t)=f(t) \tag{2.3.23}$$

$$\delta(t) * f(t) = \int_{-\infty}^{+\infty}\delta(\tau)f(t-\tau)\mathrm{d}\tau = \int_{-\infty}^{+\infty}\delta(\tau)f(t)\mathrm{d}\tau = f(t)$$

从而有 $f(t) * \delta(t-t_0) = f(t-t_0)$，利用卷积的微分、积分性质，可以进一步得到以下结论。

对于冲激偶，有

$$f(t) * \delta'(t) = f'(t) \tag{2.3.24}$$

对于单位阶跃函数可以求得

$$f(t) * \varepsilon(t) = \int_{-\infty}^{t} f(\lambda) \mathrm{d}\lambda \tag{2.3.25}$$

推广到一般情况可得

$$f(t) * \delta^{(k)}(t) = f^{(k)}(t) \tag{2.3.26}$$
$$f(t) * \delta^{(k)}(t-t_0) = f^{(k)}(t-t_0) \tag{2.3.27}$$

其中，k 表示求导或取重积分的次数，当 k 取正整数时表示导数阶次，当 k 取负整数时表示重积分的次数，例如，$\delta^{-1}(t)$ 表示冲激函数的积分，也就是阶跃函数 $\varepsilon(t)$。

4. 卷积的移位性质

如果 $f(t) = f_1(t) * f_2(t)$，则

$$f_1(t-t_1) * f_2(t-t_2) = f_1(t-t_1-t_2) * f_2(t) = f_1(t) * f_2(t-t_1-t_2)$$
$$= f(t-t_1-t_2) \tag{2.3.28}$$

证　$f_1(t-t_1) * f_2(t-t_1) = [f_1(t) * \delta(t-t_1)] * [f_2(t) * \delta(t-t_2)]$
$$= [f_1(t) * f_2(t)] * [\delta(t-t_1) * \delta(t-t_2)]$$
$$= f(t) * \delta(k-t_1-t_2) = f(t-t_1-t_2)$$

证毕。

例 2.3.3　利用卷积的性质求解例 2.3.2。

解　卷积的性质可以用来简化卷积运算，以两函数卷积运算为例，利用式(2.3.18)的关系，可得

$$f(t) = f_1(t) * f_2(t) = \frac{\mathrm{d} f_1(t)}{\mathrm{d}t} * \int_{-\infty}^{t} f_2(\lambda) \mathrm{d}\lambda \tag{2.3.29}$$

其中

$$\frac{\mathrm{d} f_1(t)}{\mathrm{d}t} = \delta(t+1) - \delta(t-1) \tag{2.3.30}$$

$$f_2^{(-1)}(t) = \int_{-\infty}^{t} f_2(\lambda) \mathrm{d}\lambda = \int_{-\infty}^{t} \frac{\lambda}{2} [\varepsilon(\lambda) - \varepsilon(\lambda-3)] \mathrm{d}\lambda$$

$$= \left(\int_0^t \frac{\lambda}{2} \mathrm{d}\lambda \right) \varepsilon(t) - \left(\int_3^t \frac{\lambda}{2} \mathrm{d}\lambda \right) \varepsilon(t-3) = \frac{t^2}{4} \varepsilon(t) - \frac{t^2-9}{4} \varepsilon(t-3)$$

$$= \frac{t^2}{4} [\varepsilon(t) - \varepsilon(t-3)] + \frac{9}{4} \varepsilon(t-3) \tag{2.3.31}$$

将式(2.3.30)与式(2.3.31)代入式(2.3.29)得

$$\frac{\mathrm{d} f_1(t)}{\mathrm{d}t} * \int_{-\infty}^{t} f_2(\lambda) \mathrm{d}\lambda = \frac{(t+1)^2}{4} [\varepsilon(t+1) - \varepsilon(t-2)] + \frac{9}{4} \varepsilon(t-2)$$

$$- \frac{(t-1)^2}{4} [\varepsilon(t-1) - \varepsilon(t-4)] - \frac{9}{4} \varepsilon(t-4)$$

$$= \begin{cases} \frac{t^2}{4} + \frac{t}{2} + \frac{1}{4}, & -1 \leqslant t < 1 \\ t, & 1 \leqslant t < 2 \\ -\frac{t^2}{4} + \frac{t}{2} + 2, & 2 \leqslant t < 4 \\ 0, & \text{其他} \end{cases} \tag{2.3.32}$$

结果与例 2.3.2 一致。

如果在例 2.3.3 中把 $f_1(t)$ 换成一个常数,如 $f_1(t)=1$,那么 $f_1(t)$ 求微分的结果会是 0,显然结果不正确,因为 $f_1(t)$ 不满足卷积微积分性质成立的条件式(2.3.20)。

5. 相关函数

相关函数的引入是为了比较某信号与另一延时 τ 的信号之间的相似程度,是鉴别信号的有力工具,被广泛应用于雷达回波的识别、通信同步信号的识别等领域。相关函数又称相关积分,它与卷积的方法类似。

实函数 $f_1(t)$ 和 $f_2(t)$ 若为能量有限信号,它们之间的互相关函数定义为

$$R_{12}(\tau)=\int_{-\infty}^{+\infty} f_1(t) f_2(t-\tau)\mathrm{d}t = \int_{-\infty}^{+\infty} f_1(t+\tau)f_2(t)\mathrm{d}t \qquad (2.3.33)$$

$$R_{21}(\tau)=\int_{-\infty}^{+\infty} f_1(t-\tau)f_2(t)\mathrm{d}t = \int_{-\infty}^{+\infty} f_1(t) f_2(t+\tau)\mathrm{d}t \qquad (2.3.34)$$

由式(2.3.33)和式(2.3.34)可知,互相关函数是两信号之间时间差 τ 的函数。需要注意的是,一般情况下 $R_{12}(\tau) \neq R_{21}(\tau)$。不难证明,它们之间的关系为

$$R_{12}(\tau)=R_{21}(-\tau)$$

$$R_{21}(\tau)=R_{12}(-\tau)$$

如果实函数 $f_1(t)$ 和 $f_2(t)$ 是同一信号 $f(t)$,此时无须区分 $R_{12}(\tau)$ 与 $R_{21}(\tau)$,可用 $R(\tau)$ 表示,称为自相关函数,即

$$R(\tau)=\int_{-\infty}^{+\infty} f(t)f(t-\tau)\mathrm{d}t = \int_{-\infty}^{+\infty} f(t+\tau)f_2(t)\mathrm{d}t \qquad (2.3.35)$$

从式(2.3.35)易看出,对自相关函数有 $R(\tau)=R(-\tau)$。实函数的自相关函数是时移 τ 的偶函数。

互相关函数 $R_{12}(\tau)$、$R_{21}(\tau)$ 与卷积定义式(2.3.4)比较可得

$$R_{12}(\tau)=f_1(t) * f_2(-t) \qquad (2.3.36)$$

$$R_{21}(\tau)=f_1(-t) * f_2(t) \qquad (2.3.37)$$

由式(2.3.36)和式(2.3.37)可知,若实函数 $f_1(t)$ 和 $f_2(t)$ 均为偶函数,则卷积与相关函数相同。

2.4 LTI 离散时间系统的响应

离散时间系统分析与连续时间系统分析在许多方面是可以类比的,在 2.1 节中我们已经对比了连续(离散)时间系统的变量与函数、微分与差分以及微分方程和差分方程之间的异同。另外,LTI 离散时间系统的求解过程与 LTI 连续时间系统的求解过程也是类似的,都可以通过经典法求解或者将全响应分解为零输入响应和零状态响应并结合经典法求解。

2.4.1 差分方程的经典解

描述离散时间系统激励 $f(k)$ 与响应 $y(k)$ 之间的关系的数学模型是 n 阶常系数差分方程,它可以写为

$$y(k)+a_{n-1}y(k-1)+\cdots+a_0 y(k-n)=b_m f(k)+b_{m-1}f(k-1)+\cdots+b_0 f(k-m)$$

$$(2.4.1)$$

与微分方程经典解类似,差分方程的经典解也可以表示为齐次解和特解相加的形式

$$y(k) = y_h(k) + y_p(k) \tag{2.4.2}$$

当式(2.4.1)中的 $f(k)$ 及其各移位项均为零时,齐次方程

$$y(k) + a_{n-1}y(k-1) + \cdots + a_0 y(k-n) = 0$$

的解称为齐次解,n 阶齐次差分方程的齐次解由形式 $C\lambda^k$ 的序列组合而成,将 $C\lambda^k$ 代入式(2.4.2),化简得

$$1 + a_{n-1}\lambda^{-1} + \cdots + a_0\lambda^{-n} = 0 \tag{2.4.3}$$

式(2.4.3)称为差分方程的特征方程,它有 n 个根 $\lambda_j (j=1,2,\cdots,n)$,称为差分方程的特征根。显然,形式为 $C_j\lambda_j^k$ 的序列都满足式(2.4.3),因而它们是方程的齐次解。依特征根取值的不同,差分方程常用齐次解的形式如表2.4.1所示。

表 2.4.1　差分方程常用齐次解的形式

特征根 λ	齐次解 $y_h(k)$
单实根	$C\lambda^k$
r 重实根	$(C_{r-1}k^{r-1} + C_{r-2}k^{r-2} + \cdots + C_1 k + C_0)\lambda^k$
一对共轭复根	$\rho^k[C\cos(\beta k) + D\sin(\beta k)]$ 或 $A\rho^k\cos(\beta k - \theta)$
$\lambda_{1,2} = \alpha + j\beta = \rho\,e^{\pm j\beta}$	其中 $A\,e^{j\theta} = C + jD$
r 重共轭复根	$\rho^k[A_{r-1}k^{r-1}\cos(\beta k - \theta_{r-1}) + \cdots + A_0\cos(\beta k - \theta_0)]$

特解的形式与差分方程右边的形式(激励)类似,表2.4.2列出了几种常用的激励 $f(k)$ 所对应的特解 $y_p(k)$。选定特解后代入原差分方程,求出其待定系数,就得出方程的特解。

表 2.4.2　差分方程常用特解形式

激励 $f(k)$	特解 $y_p(k)$		说明
E(常数)	P		
k^m	$P_m k^m + P_{m-1}k^{m-1} + \cdots + P_1 k + P_0$		所有特征根均不等于0
	$k^r[P_m k^m + P_{m-1}k^{m-1} + \cdots + P_1 k + P_0]$		有 r 重等于0的特征根
a^k	$P a^k$		a 不等于特征根
	$(P_1 k + P_0)a^k$		a 等于特征单根
	$(P_r k^r + P_{r-1}k^{r-1} + \cdots + P_1 k + P_0)a^k$		a 等于 r 重特征根
$\cos(\omega k)$	$P\cos(\omega k) + Q\sin(\omega k)$		所有特征根都不等于 $e^{\pm j\omega}$
$\sin(\omega k)$			

线性差分方程的全解是齐次解与特解之和。如果方程的特征根均为单根,则差分方程的全解为

$$y(k) = y_h(k) + y_p(k) = \sum_{j=1}^{n} C_j\lambda_j^k + y_p(k) \tag{2.4.4}$$

如果特征根 λ_1 为 r 重根,而其余 $n-r$ 个特征根为单根时,差分方程的全解为

$$y(k) = y_h(k) + y_p(k) = \sum_{j=1}^{r} C_j k^{r-j}\lambda_1^k + \sum_{j=r+1}^{n} C_j\lambda_j^k + y_p(k) \tag{2.4.5}$$

其中,各系数C_j由初始条件决定。

如果激励信号是在$k=0$时接入的,差分方程的解适合于$k \geqslant 0$。对于n阶差分方程,用给定的n个初始条件$y(0),y(1),\cdots,y(n-1)$就可确定全部待定系数C_j。连续时间系统的初始条件是给定0时刻响应的各阶微分$y^{(n)}(0)$,离散时间系统与之对应的初始条件也可以理解为给定了各阶差分,如表2.4.3所示。

表 2.4.3　初始条件对比

连续时间系统初始条件	离散时间系统初始条件
$y(0)$	$y(0)$
$y'(0)$	$\Delta y(1) = y(1) - y(0)$
$y''(0)$	$\Delta y(2) = y(2) - 2y(1) + y(0)$
$\cdots$	$\cdots$
$y^{n-1}(0)$	$\Delta y(n-1)$

已知条件给定$\Delta y(2)$时,如果已给定$y(0)$和$y(1)$,计算$\Delta y(2)$只需要知道$y(2)$,所以离散系统给出$n-1$个点的取值和给出$n-1$个差分实质上是相同的。

例 2.4.1 系统方程$y(k)-2y(k-1)+2y(k-2)=f(k)$,已知初始条件$y(-1)=0,y(-2)=0.5$,激励$f(k)=2\varepsilon(k),k \geqslant 0$,求方程的全解。

解 特征方程为

$$\lambda^2 - 2\lambda + 2 = 0$$

特征根$\lambda_{1,2}=1 \pm j1$,查表2.4.1,齐次解为

$$y_h(k) = (\sqrt{2})^k \left[C\cos\left(\frac{k\pi}{4}\right) + D\sin\left(\frac{k\pi}{4}\right) \right] \tag{2.4.6}$$

查表2.4.2,特解为

$$y_p(k) = P$$

代入差分方程得

$$P - 2P + 2P = 2 \tag{2.4.7}$$

特解为
$$y_p(k) = 2$$

依据全解

$$y(k) = y_h(k) + y_p(k) = (\sqrt{2})^k \left[C\cos\left(\frac{k\pi}{4}\right) + D\sin\left(\frac{k\pi}{4}\right) \right] + 2, \quad k \geqslant 0 \tag{2.4.8}$$

递推求出初始条件$y(0)$、$y(1)$得

$$y(0) = 2y(-1) - 2y(-2) + f(0) = 1$$
$$y(1) = 2y(0) - 2y(-1) + f(1) = 4$$

将初始条件代入式(2.4.8),解得$C=-1,D=3$,则

$$y(k) = (\sqrt{2})^k \left[-\cos\left(\frac{k\pi}{4}\right) + 3\sin\left(\frac{k\pi}{4}\right) \right] + 2, \quad k \geqslant 0 \tag{2.4.9}$$

2.4.2 零输入响应与零状态响应

与连续时间系统分析类似,在差分方程求解中也可以把全响应分解成零输入响应和零状态响应两个部分,这种分解方式可以利用LTI系统的线性性质。

1. 零输入响应

系统的激励为 0，仅由系统的初始状态引起的响应，称为零输入响应，$y(k)$ 用 $y_{zi}(k)$ 来表示，在零输入条件下，式 (2.4.1) 等号右端为零，即

$$\sum_{j=0}^{n} a_{n-j} y_{zi}(k-j) = 0 \qquad (2.4.10)$$

一般设定当 $k=0$ 时，激励接入系统；当 $k<0$ 时，激励尚未接入系统，所以起始状态不会受到输入的影响，有

$$\left.\begin{array}{l} y_{zi}(-1) = y(-1) \\ y_{zi}(-2) = y(-2) \\ \cdots \\ y_{zi}(-n) = y(-n) \end{array}\right\} \qquad (2.4.11)$$

其中，$y(-1), y(-2), \cdots, y(-n)$ 为系统的起始状态。由起始状态结合式 (2.4.1) 及通过迭代计算得到初始状态 $y_{zi}(0), y_{zi}(1), \cdots, y_{zi}(n-1)$，即

$$\left.\begin{array}{l} y_{zi}(0) = -\sum_{j=1}^{n} a_{n-j} y_{zi}(-j) \\ y_{zi}(1) = -\sum_{j=1}^{n} a_{n-j} y_{zi}(1-j) \\ \cdots \\ y_{zi}(n-1) = -\sum_{j=1}^{n} a_{n-j} y_{zi}(n-1-j) \end{array}\right\} \qquad (2.4.12)$$

例 2.4.2 系统方程为 $y(k) - 2y(k-1) + 2y(k-2) = f(k)$，初始状态 $y(-1) = 0, y(-2) = 0.5$，求系统的零输入响应。

解 零输入响应 $y_{zi}(k)$ 满足

$$y_{zi}(k) - 2y_{zi}(k-1) + 2y_{zi}(k-2) = 0 \qquad (2.4.13)$$
$$y_{zi}(-1) = y(-1) = 0, \quad y_{zi}(-2) = y(-2) = 0.5$$

递推求出初始值 $y_{zi}(0), y_{zi}(1)$，即

$$y_{zi}(0) = 2y_{zi}(-1) - 2y_{zi}(-2) = -1$$
$$y_{zi}(1) = 2y_{zi}(0) - 2y_{zi}(-1) = -2$$

特征方程为

$$\lambda^2 - 2\lambda + 2 = 0$$

特征根 $\lambda_{1,2} = 1 \pm j1$，由表 2.4.1 可知，零输入响应为

$$y_{zi}(k) = (\sqrt{2})^k \left[C_{zi1} \cos\left(\frac{k\pi}{4}\right) + D_{zi1} \sin\left(\frac{k\pi}{4}\right) \right] \qquad (2.4.14)$$

将初始值 $y_{zi}(0) = -1, y_{zi}(1) = -2$ 代入式 (2.4.14) 并解得

$$C_{zi1} = -1, \quad D_{zi1} = -1$$

$$y_{zi}(k) = -(\sqrt{2})^k \left[\cos\left(\frac{k\pi}{4}\right) + \sin\left(\frac{k\pi}{4}\right) \right], \quad k \geqslant 0 \qquad (2.4.15)$$

2. 零状态响应

零状态响应是当系统的初始条件为零时，仅由输入信号 $f(t)$ 引起的响应，用 $y_{zs}(t)$

表示,这时方程式仍是非齐次方程,即

$$\sum_{j=0}^{n} a_{n-j} y_{zs}(k-j) = \sum_{i=0}^{m} b_{m-i} f(k-i) \tag{2.4.16}$$

起始状态为零,即

$$\left. \begin{array}{c} y_{zs}(-1)=0 \\ y_{zs}(-2)=0 \\ \cdots \\ y_{zs}(-n)=0 \end{array} \right\} \tag{2.4.17}$$

由于存在输入,所以初始状态可以由式(2.4.16)计算得到,不一定等于零。

$$\left. \begin{array}{c} y_{zi}(0) = -\sum_{j=1}^{n} a_{n-j} y_{zi}(-j) + \sum_{i=0}^{m} b_{m-i} f(-i) \\ y_{zi}(1) = -\sum_{j=1}^{n} a_{n-j} y_{zi}(1-j) + \sum_{i=0}^{m} b_{m-i} f(1-i) \\ \cdots \\ y_{zi}(n-1) = -\sum_{j=1}^{n} a_{n-j} y_{zi}(n-1-j) + \sum_{i=0}^{m} b_{m-i} f(n-1-i) \end{array} \right\} \tag{2.4.18}$$

进行递推时要注意,当 $k<0$ 时,激励尚未接入系统,如果没有特别指出,当 $k<0$ 时,$f(k)=0$。

例 2.4.3 例 2.4.2 所述系统,系统方程为 $y(k)-2y(k-1)+2y(k-2)=f(k)$,已知激励 $f(k)=2\varepsilon(k)$,$k \geqslant 0$,求系统的零状态响应。

解 根据定义,零状态响应 $y_{zs}(k)$ 满足

$$\left. \begin{array}{c} y_{zs}(k)-2y_{zs}(k-1)+2y_{zs}(k-2)=f(k) \\ y_{zs}(-1)=y_{zs}(-2)=0 \end{array} \right\} \tag{2.4.19}$$

递推求初始值 $y_{zs}(0)$,$y_{zs}(1)$ 得

$$\left. \begin{array}{c} y_{zs}(0)=2y_{zs}(-1)-2y_{zi}(-2)+f(0)=2 \\ y_{zs}(1)=2y_{zs}(0)-2y_{zi}(-1)+f(1)=6 \end{array} \right\} \tag{2.4.20}$$

不难求出特解 $y_p(k)=2$,齐次解形式与例 2.4.2 相同,可得

$$y_{zs}(k) = (\sqrt{2})^k \left[C_{zs1} \cos\left(\frac{k\pi}{4}\right) + D_{zs1} \sin\left(\frac{k\pi}{4}\right) \right] + y_p(k) \tag{2.4.21}$$

代入初始值递推得

$$\left. \begin{array}{c} y_{zs}(0)=C_{zs1}+2=2 \\ y_{zs}(1)=\sqrt{2}\left(\frac{\sqrt{2}}{2}C_{zs1}+\frac{\sqrt{2}}{2}D_{zs1}\right)+2=6 \end{array} \right\} \tag{2.4.22}$$

解得 $C_{zs1}=0$,$D_{zs1}=4$,于是零状态响应为

$$y_{zs}(k) = 4(\sqrt{2})^k \sin\left(\frac{k\pi}{4}\right) + 2, \quad k \geqslant 0 \tag{2.4.23}$$

与连续时间系统类似,一个初始状态不为零的 LTI 离散时间系统,在外加激励作用下,全响应等于零输入响应与零状态响应之和,即

$$y(k) = y_{zi}(k) + y_{zs}(k) \tag{2.4.24}$$

例 2.4.1 中采用的是经典法求解差分方程,如果将全响应分解为零状态响应和零

输入响应进行求解,其结果可以写为例 2.4.2 和例 2.4.3 的和,表示如下:

$$y(k) = y_{zi}(k) + y_{zs}(k) = \underbrace{-(\sqrt{2})^k \left[\cos\left(\frac{k\pi}{4}\right) + \sin\left(\frac{k\pi}{4}\right)\right]}_{\text{零输入响应}} + \underbrace{4(\sqrt{2})^k \sin\left(\frac{k\pi}{4}\right) + 2}_{\text{零状态响应}}$$

$$= \underbrace{(\sqrt{2})^k \left[-\cos\left(\frac{k\pi}{4}\right) + 3\sin\left(\frac{k\pi}{4}\right)\right]}_{\substack{\text{齐次解} \\ \text{(自由响应)}}} + \underbrace{2}_{\substack{\text{特解} \\ \text{(强迫响应)}}}, \quad k \geqslant 0 \qquad (2.4.25)$$

可见离散时间系统的全响应也有两种分解方式:由经典法求解得到的结果可以分解为自由响应(齐次解)和强迫响应(特解),也可以分解为零输入响应和零状态响应。虽然自由响应与零输入响应都是齐次解的形式,但它们的系数并不相同,前者的系数仅由系统的起始状态所决定,而后者的系数则由起始状态和输入共同决定。

2.4.3 单位序列响应和单位阶跃响应

单位序列 $\delta(k)$ 与单位阶跃序列 $\varepsilon(k)$ 之间的关系满足

$$\delta(k) = \Delta\varepsilon(k) = \varepsilon(k) - \varepsilon(k-1) \qquad (2.4.26)$$

$$\varepsilon(k) = \sum_{i=-\infty}^{k} \delta(i) \qquad (2.4.27)$$

式(2.4.26)和式(2.4.27)分别是差分和累加运算,可以对比连续时间系统里的微分和积分运算。式(2.4.27)中,令 $i = k - j$,则当 $i = -\infty$ 时,$j = +\infty$,当 $i = k$ 时,$j = 0$,式(2.4.27)可以写为

$$\varepsilon(k) = \sum_{i=-\infty}^{k} \delta(i) = \sum_{j=0}^{+\infty} \delta(k-j) \qquad (2.4.28)$$

即

$$\varepsilon(k) = \sum_{j=0}^{+\infty} \delta(k-j) \qquad (2.4.29)$$

式(2.4.29)直接体现了信号分解的思想,$\varepsilon(k)$ 和 $\delta(k)$ 的关系可以看作是把 $\varepsilon(k)$ 分解为单位序列 $\delta(k)$ 及若干移位序列累加的过程。

1. 单位序列响应

当 LTI 离散时间系统的激励为单位序列 $\delta(k)$ 时,系统的零状态响应称为单位序列响应(或单位样值响应、单位采样响应),用 $h(k)$ 表示,它的作用与连续时间系统中的冲激响应 $h(t)$ 类似。

由于单位序列 $\delta(k)$ 仅当 $k=0$ 时等于 1,而在 $k>0$ 时为零。以 $\delta(k)$ 为激励从特解表里找不到对应的特解形式与之对应,但如果从激励结束以后($k \geqslant 1$)开始分析,系统此时的响应形式与零输入响应的函数形式相同。这样就把求单位序列响应的问题转化成求差分方程齐次解的问题,而当 $k=0$ 时 $h(0)$ 的值可按零状态的条件由差分方程确定。

例 2.4.4 系统的差分方程为 $y(k) - 2.5y(k-1) + y(k-2) = f(k) - f(k-2)$,求系统的单位序列响应。

解法一 将差分方程改写如下:

$$h(k) - 2.5h(k-1) + h(k-2) = \delta(k) - \delta(k-2) \qquad (2.4.30)$$

求差分方程的齐次解(系统的零输入响应),参考式(2.4.3),特征方程为

$$\lambda^2 - 2.5\lambda + 1 = 0 \tag{2.4.31}$$

特征根 $\lambda_1 = 0.5, \lambda_2 = 2$，由表 2.4.1 可知齐次解为

$$h(k) = C_1 0.5^k + C_2 2^k \tag{2.4.32}$$

式(2.4.30)中等号右端为 $\delta(k) - \delta(k-2)$，因而不能认为当 $k \geqslant 1$ 时输入为零，而应该是当 $k \geqslant 3$ 时，等号右端为零，所以系统零输入响应的形式如下：

$$h(k) = C_1 0.5^k + C_2 2^k \tag{2.4.33}$$

单位序列响应为零状态响应，即 $h(-1) = h(-2) = 0$，容易推得

$$\left. \begin{array}{l} h(0) = 2.5h(-1) - h(-2) + \delta(0) - \delta(-2) = 1 \\[2mm] h(1) = 2.5h(0) - h(-1) + \delta(1) - \delta(-1) = \dfrac{5}{2} \\[2mm] h(2) = 2.5h(1) - h(0) + \delta(2) - \delta(0) = \dfrac{17}{4} \\[2mm] h(3) = 2.5h(2) - h(1) + \delta(3) - \delta(1) = \dfrac{65}{8} \\[2mm] h(4) = 2.5h(3) - h(2) + \delta(4) - \delta(2) = \dfrac{257}{16} \end{array} \right\} \tag{2.4.34}$$

将 $h(3), h(4)$ 代入式(2.4.33)可得 $C_1 = 1, C_2 = 1$。

当 $k = 0$ 时，$h(0)$ 的结果与式(2.4.33)形式不符合；当 $k = 1,2$ 时，$h(1)$ 和 $h(2)$ 的结果可以写成式(2.4.35)的形式；当 $k < 0$ 时，$h(k) = 0$，因此单位样值响应 $h(k)$ 可以写为

$$h(k) = \begin{cases} 0, & k < 0 \\ 1, & k = 0 \\ 0.5^k + 2^k, & k \geqslant 1 \end{cases} \tag{2.4.35}$$

总结　$h(3), h(4)$ 作为初始条件，两个点对应的时间坐标在式(2.4.30)右端输入全部结束以后，包含了系统在 $k < 3$ 时的所有信息，且 $k \geqslant 3$ 时式(2.4.32)右端全部为 0，所以可以用 $h(3), h(4)$ 确定齐次解系数。实际上，以 $h(3)$ 和 $h(2)$ 为初始条件或者以 $h(2)$ 和 $h(1)$ 为初始条件也可以求得相同的结果。初始条件要包含系统的历史信息，$h(2)$ 和 $h(1)$ 则可以理解为 $h(2)$ 和 $\Delta h(2)$ 这样差分的形式，初始条件里也已经包含了所有输入的作用，但是用 $h(1)$ 和 $h(0)$ 则是不正确的。

方程右端包含了 $\delta(k)$ 和 $\delta(k-2)$ 甚至更多的移位项时，求解初始条件需要进行多步递推，求解烦琐。根据 LTI 系统的线性性质和移位不变性，可以把 $\delta(k)$ 和 $\delta(k-2)$ 看作两个激励，分别求得它们的单位序列响应，然后按照线性性质求得系统的单位序列响应。

解法二　设定新系统的差分方程为

$$y(k) - 2.5y(k-1) + y(k-2) = f(k) \tag{2.4.36}$$

单位序列响应为 $h_1(k)$，则写成如下形式：

$$h_1(k) - 2.5h_1(k-1) + h_1(k-2) = \delta(k) \tag{2.4.37}$$

输入为 $\delta(k-2)$ 时，输出为 $h_2(k)$，满足：

$$h_2(k) - 2.5h_2(k-1) + h_2(k-2) = \delta(k-2) \tag{2.4.38}$$

由线性性质

$$h(k) = h_1(k) - h_2(k) \tag{2.4.39}$$

由时不变系统的移位不变性，显然有

$$h_2(k) = h_1(k-2) \tag{2.4.40}$$

因此系统的单位序列响应为

$$h(k) = h_1(k) - h_1(k-2) \tag{2.4.41}$$

由于新系统与题中系统差分方程左边完全相同,所以$h_1(k)$的形式与式(2.4.33)相同,即

$$h_1(k) = C_1 0.5^k + C_2 2^k, \quad k \geq 1 \tag{2.4.42}$$

依据解法一中对初始值的分析,只需要以$h_1(0)$和$h_1(-1)$为初始即可,有

$$\left. \begin{array}{l} h_1(0) = 2.5 h_1(-1) - h_1(-2) + \delta(0) = 1 \\ h_1(-1) = 0 \end{array} \right\} \tag{2.4.43}$$

将初始条件代入式(2.4.42)可得$C_1 = -\dfrac{1}{3}$,$C_2 = \dfrac{4}{3}$,此时将$h_1(0)$代入方程,因而方程的解也满足$k=0$,于是有

$$h_1(k) = \left[-\frac{1}{3}(0.5)^k + \frac{4}{3}(2)^k \right] \varepsilon(k) \tag{2.4.44}$$

系统的单位序列响应为

$$\begin{aligned} h(k) &= h_1(k) - h_1(k-2) \\ &= \left[-\frac{1}{3}(0.5)^k + \frac{4}{3}(2)^k \right] \varepsilon(k) - \left[-\frac{1}{3}(0.5)^{k-2} + \frac{4}{3}(2)^{k-2} \right] \varepsilon(k-2) \\ &= \delta(k) + (0.5^k + 2^k) \varepsilon(k-1) = \begin{cases} 0, & k < 0 \\ 1, & k = 0 \\ 0.5^k + 2^k, & k \geq 1 \end{cases} \end{aligned} \tag{2.4.45}$$

2. 单位阶跃响应

当LTI离散时间系统的激励为单位阶跃序列$\varepsilon(k)$时,系统的零状态响应称为单位阶跃响应或阶跃响应,用$g(k)$表示。若已知系统的差分方程,那么利用经典法可以求得系统的单位阶跃响应$g(k)$。

若已知系统的单位序列响应$h(k)$,根据LTI系统的线性性质和移位不变性,系统的阶跃响应为

$$g(k) = \sum_{i=-\infty}^{k} h(i) = \sum_{j=0}^{+\infty} h(k-j) \tag{2.4.46}$$

反之,由于

$$\delta(k) = \Delta\varepsilon(k) = \varepsilon(k) - \varepsilon(k-1) \tag{2.4.47}$$

若已知系统的阶跃响应$g(k)$,那么系统的单位序列响应为

$$h(k) = \Delta g(k) = g(k) - g(k-1) \tag{2.4.48}$$

例2.4.5 系统的差分方程如例2.4.4,求系统的单位阶跃响应。

解 如果用经典法求解,其过程与例2.4.1类似,但同样需要注意初始条件的推导,过程烦琐,可以利用单位序列响应的结果以及式(2.4.46)进行求解。

由式(2.4.45)求出系统的单位序列响应为

$$h(k) = \delta(k) + (0.5^k + 2^k) \varepsilon(k-1) \tag{2.4.49}$$

由式(2.4.46)可知,系统的阶跃响应为

$$g(k) = \sum_{i=-\infty}^{k} h(i) = \varepsilon(k) + \left(\sum_{i=1}^{k} 0.5^i + \sum_{i=1}^{k} 2^i \right) \varepsilon(k-1) \tag{2.4.50}$$

由几何级数求和公式得

$$\sum_{i=1}^{k} 0.5^{i} = \frac{0.5 - 0.5^{k+1}}{1 - 0.5} = 1 - 0.5^{k} \tag{2.4.51}$$

$$\sum_{i=1}^{k} 2^{i} = \frac{2 - 2^{k+1}}{1 - 2} = -2 + 2^{k+1} \tag{2.4.52}$$

将式(2.4.51)和式(2.4.52)代入式(2.4.50),得

$$g(k) = \varepsilon(k) + [2^{k+1} - 0.5^{k} - 1]\varepsilon(k-1) = \delta(k) + [2^{k+1} - 0.5^{k}]\varepsilon(k-1) \tag{2.4.53}$$

2.5 序列卷积和

在 LTI 连续时间系统中,把激励信号分解为一系列冲激函数之和,求出各冲激函数单独作用于系统的冲激响应,然后将这些冲激响应相加,就得到系统对应该激励信号的零状态响应。这个相加的过程表现为求卷积积分。在 LTI 离散时间系统中,可以用大致相同的方法进行分析。由于离散信号本身就是一个序列,因此激励信号分解为单位序列及其移位信号累加的过程更容易理解。如果单位序列响应已知,那么也不难求得任意序列作用于系统的响应,这个过程表现为求卷积和。

2.5.1 卷积和定义与计算

任意序列 $f(k)$ 可表示为

$$f(k) = \cdots + f(-1)\delta(k+1) + f(0)\delta(k) + f(1)\delta(k-1) + \cdots + f(i)\delta(k-i)$$
$$= \sum_{i=-\infty}^{+\infty} f(i)\delta(k-i) \tag{2.5.1}$$

任意序列分解示意图如图 2.5.1 所示。

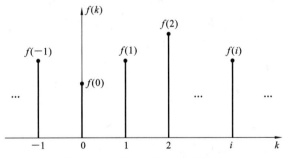

图 2.5.1 任意序列分解示意图

如果 LTI 系统的单位序列响应为 $h(k)$,下面分析任意序列输入一个 LTI 离散时间系统的零状态响应。任意序列零状态响应关系如图 2.5.2 所示。

依据式(2.5.1)有

$$f(k) = \sum_{i=-\infty}^{+\infty} f(i)\delta(k-i)$$

系统激励为 $f(k)$ 时的零状态响应

$$y_{zs}(k) = \sum_{i=-\infty}^{+\infty} f(i)h(k-i) \tag{2.5.2}$$

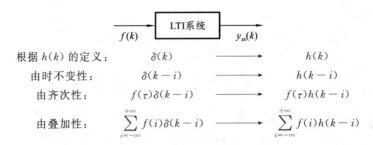

$$
\begin{array}{lll}
根据 h(k) 的定义: & \delta(k) \longrightarrow & h(k) \\
由时不变性: & \delta(k-i) \longrightarrow & h(k-i) \\
由齐次性: & f(\tau)\delta(k-i) \longrightarrow & f(\tau)h(k-i) \\
由叠加性: & \displaystyle\sum_{i=-\infty}^{+\infty} f(i)\delta(k-i) \longrightarrow & \displaystyle\sum_{i=-\infty}^{+\infty} f(i)h(k-i)
\end{array}
$$

图 2.5.2　任意序列零状态响应关系

已知定义在区间 $(-\infty,+\infty)$ 上的两个函数 $f_1(k)$ 和 $f_2(k)$，则定义

$$
f(k) = \sum_{i=-\infty}^{+\infty} f_1(i)f_2(k-i) \tag{2.5.3}
$$

为 $f_1(k)$ 与 $f_2(k)$ 的卷积和，简称卷积，记为

$$
f(k) = f_1(k) * f_2(k)
$$

求和是在虚设的变量 i 下进行的，i 为求和变量，k 为参变量。结果仍为 k 的函数。由于系统的因果性或激励信号存在时间的局限性，卷积和的上下限会有所变化。

例 2.5.1　LTI 系统激励为 $f(k)=a^k\varepsilon(k)$，单位序列响应 $h(k)=b^k\varepsilon(k)$，求 $y_{zs}(k)$。

解　依据卷积和定义式 (2.5.3) 有

$$
\begin{aligned}
y_{zs}(k) &= f(k) * h(k) = \sum_{i=-\infty}^{+\infty} f(i)h(k-i) = \sum_{i=-\infty}^{+\infty} a^i\varepsilon(i)b^{k-i}\varepsilon(k-i) \\
&= \left(\sum_{i=0}^{k} a^i b^{k-i} \right)\varepsilon(k) = b^k\left[\sum_{i=0}^{k} \left(\frac{a}{b} \right)^i \right]\varepsilon(k) \\
&= \begin{cases} \left[b^k \dfrac{1-(a/b)^{k+1}}{1-a/b} \right]\varepsilon(k), & a \neq b \\ b^k(k+1)\varepsilon(k), & a = b \end{cases}
\end{aligned}
$$

在卷积计算过程中，可以通过调整累加的上下限消去阶跃函数。

有解析形式的函数可依据卷积的定义去求解，而由图形形式给出的函数则往往用图解法计算卷积，图解法可以分解成以下四步。

(1) 换元：k 换为 i 得 $f_1(i)$ 和 $f_2(i)$。

(2) 反转平移：由 $f_2(i)$ 反转得到 $f_2(-i)$，并右移 k，得到 $f_2(k-i)$。

(3) 乘积：计算 $f_1(i)f_2(k-i)$。

(4) 求和：i 从 $-\infty$ 到 $+\infty$ 对乘积项 $f_1(i)f_2(k-i)$ 求和。

其中，k 为待计算卷积结果的时间变量取值。

例 2.5.2　$f_1(k)$，$f_2(k)$ 如图 2.5.3 所示，已知 $f(k)=f_1(k)*f_2(k)$，求 $f(2)$。

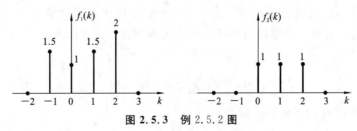

图 2.5.3　例 2.5.2 图

解　依据卷积的定义式 (2.5.3) 有

$$f(2) = \sum_{i=-\infty}^{+\infty} f_1(i) f_2(2-i)$$

换元得 $f_1(i)$, $f_2(i)$, 并将 $f_2(i)$ 反转得 $f_2(-i)$, 如图 2.5.4 所示。

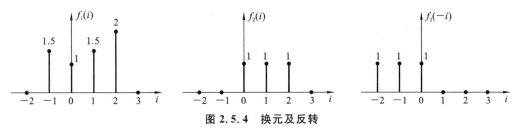

图 2.5.4　换元及反转

$f_2(-i)$ 右移 2 得 $f_2(2-i)$, 如图 2.5.5 所示。

$f_1(i)$ 乘 $f_2(2-i)$, 如图 2.5.6 所示。

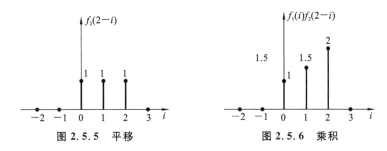

图 2.5.5　平移　　　　　　图 2.5.6　乘积

求和, 得 $f(2) = 4.5$。

图解法求解卷积很直观, 但如果同时要求多个点的结果就显得有些烦琐, 下面介绍不进位乘法求卷积, 计算过程更加简便。

$$f(k) = \sum_{i=-\infty}^{+\infty} f_1(i) f_2(k-i) = \cdots f_1(-1) f_2(k+1) + f_1(0) f_2(k) + f_1(1) f_2(k-1)$$
$$+ \cdots + f_1(i) f_2(k-i) + \cdots \tag{2.5.4}$$

从式 (2.5.4) 可以看出, 给定特定的序列时间点 k, $f(k)$ 等于所有两序列序号之和为 k 的点的乘积之和。例如, 当 $k=2$ 时, 有

$$f(2) = \cdots + f_1(-1) f_2(3) + f_1(0) f_2(2) + f_1(1) f_2(1) + \cdots$$

例 2.5.3　$f_1(k) = \{\cdots, 0, f_1(1), f_1(2), f_1(3), 0, \cdots\}$, $f_2(k) = \{\cdots, 0, f_2(0),$ $f_2(1), 0, \cdots\}$ 求 $f_1(k) * f_2(k)$。

解　将 $f_1(k)$ 和 $f_2(k)$ 按乘法计算式写成两行, 依次计算各项相乘的结果并将下标和相同的项写在同一列, 如图 2.5.7 所示。

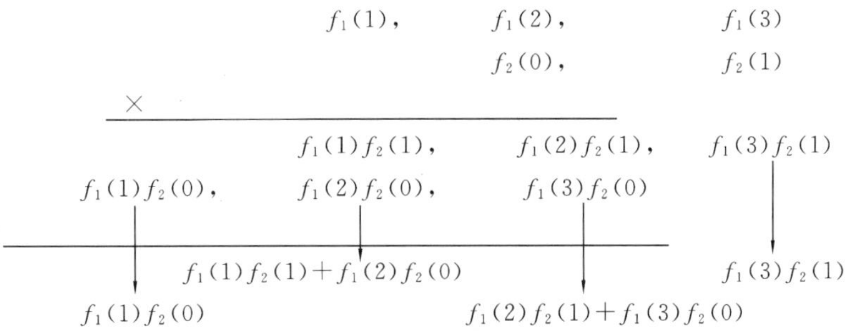

$$
\begin{array}{cccc}
& f_1(1), & f_1(2), & f_1(3) \\
& f_2(0), & & f_2(1) \\
\hline
\times & & & \\
& f_1(1)f_2(1), & f_1(2)f_2(1), & f_1(3)f_2(1) \\
f_1(1)f_2(0), & f_1(2)f_2(0), & f_1(3)f_2(0) & \\
\hline
& f_1(1)f_2(1)+f_1(2)f_2(0) & & f_1(3)f_2(1) \\
f_1(1)f_2(0) & & f_1(2)f_2(1)+f_1(3)f_2(0) &
\end{array}
$$

图 2.5.7　不进位乘法示意图

将所有项相加可得

$$f(k) = \{0, f_1(1)f_2(0), f_1(1)f_2(1) + f_1(2)f_2(0), f_1(2)f_2(1)$$
$$+ f_1(3)f_2(0), f_1(3)f_2(1), 0\}$$

2.5.2 卷积和的性质

与卷积积分一样,卷积和的运算也服从某些代数运算规则,如交换律

$$f_1(k) * f_2(k) = f_2(t) * f_1(t) \tag{2.5.5}$$

证 由卷积定义式(2.5.3)有

$$f_1(k) * f_2(k) = \sum_{i=-\infty}^{+\infty} f_1(i)f_2(k-i) \tag{2.5.6}$$

将变量 i 替换为 $k-j$,则 $k-i$ 应替换为 j,式(2.5.6)可以改写为

$$f_1(k) * f_2(k) = \sum_{j=+\infty}^{-\infty} f_1(k-j)f_2(j) = \sum_{j=-\infty}^{+\infty} f_2(j)f_1(k-j) = f_2(k) * f_1(k)$$

类似地,也可以证明两个序列的卷积和也服从分配率和结合律,即

$$f_1(k) * [f_2(k) + f_3(k)] = f_1(k) * f_2(k) + f_1(k) * f_3(k) \tag{2.5.7}$$

$$f_1(k) * [f_2(k) * f_3(k)] = [f_1(k) * f_2(k)] * f_3(k) \tag{2.5.8}$$

卷积和的代数运算规则在系统分析中的物理含义与连续时间系统的类似,可参考2.3.2节。

如果两序列之一是单位序列,则卷积结果如下:

$$f(k) * \delta(k) = \delta(k) * f(k) = \sum_{i=-\infty}^{+\infty} \delta(i)f(k-i) = f(k) \tag{2.5.9}$$

即序列 $f(k)$ 与单位序列 $\delta(k)$ 的卷积和就是序列本身。

将式(2.5.9)扩展,结合交换律,计算任意序列与移位序列 $\delta(k-k_1)$ 的卷积和

$$f(k) * \delta(k-k_1) = \delta(k-k_1) * f(k) = \sum_{i=-\infty}^{+\infty} \delta(i-k_1)f(k-i) = f(k-k_1)$$

$$\tag{2.5.10}$$

进一步推广,若 $f(k) = f_1(k) * f_2(k)$,则

$$f_1(k-k_1) * f_2(k-k_2) = [f_1(k) * \delta(k-k_1)] * [f_2(k) * \delta(k-k_2)]$$
$$= [f_1(k) * f_2(k)] * [\delta(k-k_1) * \delta(k-k_2)]$$
$$= f(k) * \delta(k-k_1-k_2) = f(k-k_1-k_2)$$

即

$$f_1(k-k_1) * f_2(k-k_2) = f(k-k_1-k_2) \tag{2.5.11}$$

以上各式中 k_1、k_2 均为常整数。

2.5.3 离散时间系统卷积和的分析方法

利用卷积和求解离散时间系统零状态响应时,只需先求出系统的单位序列响应就可以通过卷积和求解任意序列对应的零状态响应。

例 2.5.4 系统差分方程如例2.4.4,$y(k) - 2.5y(k-1) + y(k-2) = f(k) - f(k-2)$。

(1) 当激励 $f(k) = \varepsilon(k)$ 时,求系统的零状态响应;

（2）当激励 $f(k)=\cos(k\pi)\varepsilon(k)$ 时，求系统的零状态响应。

　　解　（1）当激励 $f(k)=\varepsilon(k)$ 时，系统的零状态响应即为单位阶跃响应，依据式 (2.5.2)，零状态响应可以写成激励和单位序列响应的卷积，即

$$y_{zs}(k)=\varepsilon(k)*h(k)=\sum_{i=-\infty}^{+\infty}\varepsilon(i)h(k-i)=\sum_{i=0}^{+\infty}h(k-i) \qquad (2.5.12)$$

作变量替换，式(2.5.12)可以改写为

$$y_{zs}(k)=\sum_{i=-\infty}^{k}h(i) \qquad (2.5.13)$$

其形式与例 2.4.5 中式(2.4.51)前面部分完全相同，可以将卷积运算理解为将任意序列分解为单位序列及其移位序列的过程，而将单位阶跃序列分解为单位序列仅仅只是分解的一个特例。将单位序列响应式(2.4.50)，即

$$h(k)=\delta(k)+(0.5^k+2^k)\varepsilon(k-1)$$

代入式(2.5.13)得

$$y_{zs}(k)=\delta(k)+(2^{k+1}-0.5^k)\varepsilon(k-1) \qquad (2.5.14)$$

　　（2）当激励 $f(k)=\cos(k\pi)\varepsilon(k)$ 时，

$$y_{zs}(k)=\left[\cos(k\pi)\varepsilon(k)\right]*h(k)=\sum_{i=-\infty}^{+\infty}\cos(i\pi)\varepsilon(i)h(k-i)$$

$$=\sum_{i=0}^{+\infty}(-1)^i h(k-i) \qquad (2.5.15)$$

将(1)中的 $h(k)$ 代入式(2.5.15)，得

$$y_{zs}(k)=\sum_{i=0}^{+\infty}(-1)^i\left[\delta(k-i)+(0.5^{k-i}+2^{k-i})\varepsilon(k-1-i)\right]$$

$$=\sum_{i=0}^{+\infty}(-1)^i\delta(k-i)+\sum_{i=0}^{k-1}(-1)^i 2^{k-i}+\sum_{i=0}^{k-1}(-1)^i 0.5^{k-i}$$

$$=(-1)^k\varepsilon(k)+\left[\frac{2}{3}(2)^k+\frac{1}{3}\left(\frac{1}{2}\right)^k-(-1)^k\right]\varepsilon(k-1)$$

$$=\delta(k)+\left[\frac{2}{3}(2)^k+\frac{1}{3}\left(\frac{1}{2}\right)^k\right]\varepsilon(k-1)$$

课程思政与扩展阅读

2.6　本章小结

　　本章介绍了线性时不变(LTI)连续时间系统和离散时间系统的数学描述方法和时域求解方法。连续时间系统用常系数微分方程来描述，离散时间系统则用常系数差分方程来描述。系统求解可以采用经典法，将输出分成齐次解(自由响应)和特解(强迫响应)进行求解；也可以在经典法的基础上将输出分成零输入响应和零状态响应进行求解。零状态响应满足线性时不变性，所以在已知一些简单信号及其对应零状态响应时可以利用线性时不变性更简捷地求取一个由简单信号通过线性组合和微分(积分)叠加出的复杂信号对应的零状态响应。在此基础上引出了卷积(和)的定义，如果将连续时

间信号分解为冲激信号,将离散时间序列分解为单位序列,则利用 LTI 系统的线性时不变性可以在已知冲激响应(单位序列响应)的前提下,利用卷积方便地求得任意输入所对应的零状态响应。

习　题　2

基础题

2.1　已知系统响应的微分方程和初始状态如下,试求其零输入响应。

(1) $y''(t)+5y'(t)+6y(t)=f(t),y(0_-)=1,y'(0_-)=-1$;

(2) $y''(t)+2y'(t)+y(t)=f(t),y(0_-)=1,y'(0_-)=2$;

(3) $y''''(t)+4y''(t)+5y'(t)+3y(t)=f(t),y(0_-)=0,y'(0_-)=1,y''(0_-)=-1$。

2.2　已知系统响应的微分方程和初始状态如下,试求 $y(0_+)$ 和 $y'(0_+)$。

(1) $y''(t)+3y'(t)+2y(t)=f(t),y(0_-)=1,y'(0_-)=1,f(t)=\varepsilon(t)$;

(2) $y''(t)+6y'(t)+8y(t)=f''(t),y(0_-)=1,y'(0_-)=1,f(t)=\delta(t)$;

(3) $y''(t)+4y'(t)+3y(t)=f''(t)+f(t),y(0_-)=2,y'(0_-)=1,f(t)=e^{-2t}\varepsilon(t)$。

2.3　如图所示电路,已知 $L=0.5$ H,$C=2$ F,若以 $u_2(t)$ 为输出,求零状态响应。

(1) $u_1(t)=\varepsilon(t)$;

(2) $u_1(t)=\cos t\varepsilon(t)$。

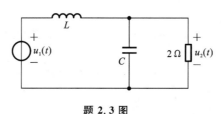

题 2.3 图

2.4　已知系统响应的微分方程和初始状态如下,试求其零输入响应、零状态响应和全响应。

(1) $y''(t)+5y'(t)+6y(t)=f(t),y(0_-)=y'(0_-)=1,f(t)=\varepsilon(t)$;

(2) $y''(t)+4y'(t)+3y(t)=f'(t)+3f(t),y(0_-)=1,y'(0_-)=2,f(t)=e^{-t}\varepsilon(t)$。

2.5　描述系统的方程为

$$y''(t)+5y'(t)+6y(t)=f'(t)-f(t)$$

求其冲激响应和阶跃响应。

2.6　信号 $f_1(t)$,$f_2(t)$ 的波形如图所示,设 $f(t)=f_1(t)*f_2(t)$,求 $f(t)$ 分别在 $t=4,6,8$ 处的数值。

2.7　$f_1(t)$ 和 $f_2(t)$ 如图所示,求 $f(t)=f_1(t)*f_2(t)$,并画出波形。

2.8　求下列差分方程的零输入响应。

(1) $y(k)+\dfrac{1}{3}y(k-1)=f(k),y(-1)=-1$;

(2) $y(k)+3y(k-1)+2y(k-2)=f(k)-f(k-1),y(-1)=0,y(-2)=1$;

(3) $y(k)+y(k-2)=f(k-2),y(-1)=-2,y(-2)=-1$。

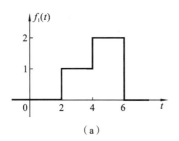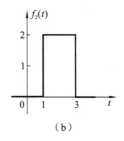

题 2.6 图

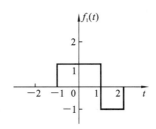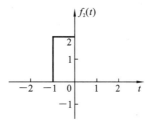

题 2.7 图

2.9　求下列差分方程所描述的 LTI 离散时间系统的零输入响应、零状态响应和全响应。

(1) $y(k)+2y(k-1)=f(k),y(-1)=1,f(k)=2^k\varepsilon(k)$;

(2) $y(k)+2y(k-1)+y(k-2)=f(k),y(-1)=3,y(-2)=1,f(k)=\varepsilon(k)$。

2.10　求下列差分方程的单位序列响应和单位阶跃响应。

(1) $y(k)+2y(k-1)+y(k-2)=f(k)$;

(2) $y(k)+3y(k-1)+2y(k-2)=f(k)-f(k-2)$。

2.11　已知系统的激励 $f(k)$ 和单位序列响应 $h(k)$ 如下,求系统的零状态响应 $y_{zs}(k)$。

(1) $f(k)=h(k)=\varepsilon(k)$;

(2) $f(k)=h(k)=\varepsilon(k)-\varepsilon(k-4)$;

(3) $f(k)=(0.5)^k\varepsilon(k),h(k)=\varepsilon(k)-\varepsilon(k-4)$。

2.12　离散序列 $f_1(k)$ 和 $f_2(k)$ 如图所示。设 $f(k)=f_1(k)*f_2(k)$,则 $f(2)$,$f(4)$,$f(6)$ 等于多少?

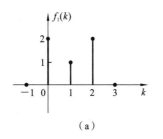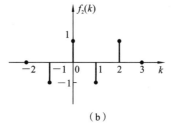

题 2.12 图

2.13　某 LTI 离散时间系统的单位脉冲响应 $h(k)=\delta(k)-2\delta(k-1)+3\delta(k-2)$,系统的输入 $f(k)=3\delta(k)+2\delta(k-1)-\delta(k-2)$,求 $y_{zs}(k)$,并画出图形。

提高题

2.14 描述某线性时不变因果系统输出 $y(t)$ 与输入 $f(t)$ 的微分方程为

$$y''(t)+3y'(t)+ky(t)=f'(t)+3f(t)$$

已知输入信号 $f(t)=\mathrm{e}^{-t}\varepsilon(t)$，$t\geqslant 0$ 时系统的完全响应为

$$y(t)=[(2t+3)\mathrm{e}^{-t}-2\mathrm{e}^{-2t}]\varepsilon(t)$$

(1) 求微分方程中的常数 k；

(2) 求系统的零输入响应。

2.15 某 LTI 连续时间系统，初始状态为零，当输入 $f_1(t)=2\varepsilon(t)-2\varepsilon(t-2)$ 时，响应 $y_1(t)=4[\varepsilon(t)-\varepsilon(t-1)]-4[\varepsilon(t-2)-\varepsilon(t-3)]$，如图所示，求输入 $f_2(t)$ 引起的响应 $y_2(t)$。

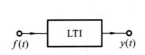 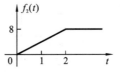

题 2.15 图

2.16 某线性时不变系统的输入、输出方程为

$$y''(t)+2y'(t)+2y(t)=f'(t)+3f(t)$$

(1) 求该系统的冲激响应 $h(t)$；

(2) 若 $f(t)=\varepsilon(t)$，$y(0_+)=1$，$y'(0_+)=3$，求系统的零输入响应 $y_{zi}(t)$。

2.17 设某 LTI 系统的阶跃响应为 $g(k)$，已知当输入为因果序列 $f(k)$ 时，其零状态响应 $y_{zs}(k)=\sum_{i=0}^{k}g(i)$，求输入 $f(k)$。

综合题

2.18 某系统的微分方程为 $y''(t)+3y'(t)+2y(t)=2f'(t)+f(t)$。已知 $y(0_-)=2$，$y'(0_-)=0$，$f(t)=2\varepsilon(t)$。

(1) 根据方程画出系统时域原理框图；

(2) 并求此时系统的全响应。

3

信号的拉普拉斯变换与 z 变换

在时域分析里，把信号分解为基本信号（冲激函数或冲激序列）之和，从而可以利用卷积积分（卷积和）简化 LTI 系统零状态响应的计算。而拉普拉斯变换选取复指数函数 e^{st} 为基本信号，在变换时乘以一个衰减因子，以确保变换的收敛，从而将时域微分方程中的微积分运算转换为复频率 s 的代数运算，进一步简化积分计算。z 变换则是针对离散信号的拉普拉斯变换，将累加运算转换为变量 z 的代数运算。

本章主要介绍信号的拉普拉斯变换和 z 变换的定义、收敛域、性质及逆变换，简单介绍信号变换域分析特点。

3.1 连续信号的拉普拉斯变换

3.1.1 拉普拉斯变换定义

拉普拉斯变换是在复平面将信号表示为复指数信号的线性组合，也称为拉氏变换。引入复频率 $s=\sigma+j\Omega$，以复指数函数 e^{st} 为基本信号，任意信号可分解为不同复频率的复指数分量之和。这里用于信号分析的独立变量是复频率 s，所以也称为 s 域分析。

$$F_b(s) = \int_{-\infty}^{+\infty} f(t) e^{-st} dt \qquad (3.1.1)$$

$$f(t) = \frac{1}{2\pi j} \int_{\sigma-j\infty}^{\sigma+j\infty} F_b(s) e^{st} ds \qquad (3.1.2)$$

式(3.1.1)与式(3.1.2)是一对双边拉普拉斯变换对，$F_b(s)$ 称为 $f(t)$ 的双边拉普拉斯变换（或象函数），$f(t)$ 称为 $F_b(s)$ 的双边拉普拉斯逆变换（或原函数）。记为：$F(s)=\mathscr{L}[f(t)]$ 或 $f(t)\leftrightarrow F(s)$。只有选择适当的 σ 值才能使积分收敛，信号 $f(t)$ 的拉普拉斯变换才存在，使 $f(t)$ 拉普拉斯变换存在的 σ 取值范围称为 $F(s)$ 的收敛域。因果信号的收敛域是复平面上 $\sigma>\sigma_0$ 的区域，如图 3.1.1(a)所示，一般标注为 $\mathrm{Re}[s]>\sigma_0$。反因果信号的收敛域是复平面上的左边区域，如图 3.1.1(b)所示，一般标注为 $\mathrm{Re}[s]<\sigma_0$。如图 3.1.1(c)所示的收敛域的信号则是双边信号。

例 3.1.1 已知因果信号 $f(t)=e^{\sigma_0 t}\varepsilon(t)$，求其拉普拉斯变换。

解 根据定义式(3.1.1)，得

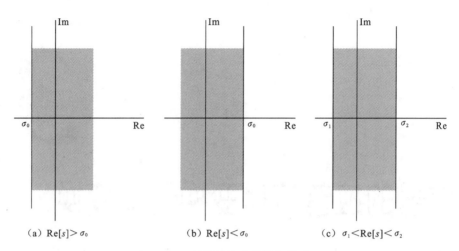

$$(a) \ \mathrm{Re}[s] > \sigma_0 \qquad (b) \ \mathrm{Re}[s] < \sigma_0 \qquad (c) \ \sigma_1 < \mathrm{Re}[s] < \sigma_2$$

图 3.1.1　拉普拉斯变换的收敛域

$$F(s) = \int_0^{+\infty} \mathrm{e}^{\sigma_0 t} \mathrm{e}^{-st} \mathrm{d}t = \frac{\mathrm{e}^{-(s-\sigma_0)t}}{-(s-\sigma_0)}\bigg|_0^{+\infty} = \frac{1}{(s-\sigma_0)}\Big[1 - \lim_{t\to\infty}\mathrm{e}^{-(\sigma-\sigma_0)t}\mathrm{e}^{-\mathrm{j}\Omega t}\Big]$$

$$= \begin{cases} \dfrac{1}{s-\sigma_0}, & \mathrm{Re}[s] = \sigma > \sigma_0 \\ \text{不定}, & \sigma = \sigma_0 \\ \text{无界}, & \sigma < \sigma_0 \end{cases}$$

可见,对于因果信号,仅当 $\mathrm{Re}[s]=\sigma>\sigma_0$ 时,其拉普拉斯变换才存在。也就是说它的收敛域是 $\mathrm{Re}[s]=\sigma>\sigma_0$,如图 3.1.1(a)所示。

例 3.1.2　已知反因果信号 $f(t)=\mathrm{e}^{\sigma_0 t}\varepsilon(-t)$,求其拉普拉斯变换。

解　根据定义式(3.1.1),得

$$F(s) = \int_{-\infty}^0 \mathrm{e}^{\sigma_0 t}\mathrm{e}^{-st}\mathrm{d}t = \frac{\mathrm{e}^{-(s-\sigma_0)t}}{-(s-\sigma_0)}\bigg|_{-\infty}^0 = \frac{1}{-(s-\sigma_0)}\Big[1 - \lim_{t\to-\infty}\mathrm{e}^{-(\sigma-\sigma_0)t}\mathrm{e}^{-\mathrm{j}\Omega t}\Big]$$

$$= \begin{cases} \text{无界}, & \mathrm{Re}[s] = \sigma > \sigma_0 \\ \text{不定}, & \sigma = \sigma_0 \\ \dfrac{1}{-(s-\sigma_0)}, & \sigma < \sigma_0 \end{cases}$$

可见,对于反因果信号,仅当 $\mathrm{Re}[s]=\sigma<\sigma_0$ 时,其拉普拉斯变换才存在。也就是说它的收敛域是 $\mathrm{Re}[s]=\sigma<\sigma_0$,如图 3.1.1(b)所示。

例 3.1.3　已知双边信号 $f(t)=\begin{cases} \mathrm{e}^{\sigma_2 t}, & t<0 \\ \mathrm{e}^{\sigma_1 t}, & t>0 \end{cases}$,求其拉普拉斯变换。

解　根据定义式(3.1.1),得

$$F(s) = \int_{-\infty}^{+\infty} f(t)\mathrm{e}^{-st}\mathrm{d}t = \int_{-\infty}^0 \mathrm{e}^{\sigma_2 t}\mathrm{e}^{-st}\mathrm{d}t + \int_0^{+\infty}\mathrm{e}^{\sigma_1 t}\mathrm{e}^{-st}\mathrm{d}t$$

$$= \begin{cases} \dfrac{1}{s-\sigma_1}, & \mathrm{Re}[s] = \sigma > \sigma_1 \\ \dfrac{1}{-(s-\sigma_2)}, & \mathrm{Re}[s] = \sigma < \sigma_2 \end{cases}$$

可见,对于双边信号,仅当 $\sigma_1<\mathrm{Re}[s]=\sigma<\sigma_2$ 时,其拉普拉斯变换才存在。也就是说它的收敛域是 $\sigma_1<\sigma<\sigma_2$,如图 3.1.1(c)所示。

考虑到实际信号都是因果信号，当 $t<0_-$ 时，$f(t)=0$，此时双边拉普拉斯变换可写成

$$F(s) = \int_{0_-}^{+\infty} f(t)\mathrm{e}^{-st}\,\mathrm{d}t \tag{3.1.3}$$

式(3.1.3)称为单边拉普拉斯变换。单边拉普拉斯变换的积分限为 $0_- \sim +\infty$。其逆变换公式如下：

$$f(t) = \frac{1}{2\pi\mathrm{j}} \int_{\sigma-\mathrm{j}\infty}^{\sigma+\mathrm{j}\infty} F(s)\mathrm{e}^{st}\,\mathrm{d}s \tag{3.1.4}$$

本章不作说明的拉普拉斯变换都是指单边拉普拉斯变换，收敛域都是复平面上 $\sigma>\sigma_0$ 的区域，如图 3.1.1(a)所示。

根据定义，比较容易求出常用信号的拉普拉斯变换，如表 3.1.1 所示。

表 3.1.1　常用信号的拉普拉斯变换

$f(t)$	$F(s)$	收　敛　域
$\delta(t)$	1	整个复平面
$\varepsilon(t)$	$\dfrac{1}{s}$	$\mathrm{Re}[s]>0$
$-\varepsilon(-t)$	$\dfrac{1}{s}$	$\mathrm{Re}[s]<0$
$\mathrm{e}^{-at}\varepsilon(t)$	$\dfrac{1}{s+\alpha}$	$\mathrm{Re}[s]>-\alpha$
$-\mathrm{e}^{-at}\varepsilon(-t)$	$\dfrac{1}{s+\alpha}$	$\mathrm{Re}[s]<-\alpha$
$\cos(\Omega_0 t)\varepsilon(t)$	$\dfrac{s}{s^2+\Omega_0^2}$	$\mathrm{Re}[s]>0$
$\sin(\Omega_0 t)\varepsilon(t)$	$\dfrac{\Omega_0}{s^2+\Omega_0^2}$	$\mathrm{Re}[s]>0$
$t\varepsilon(t)$	$\dfrac{1}{s^2}$	$\mathrm{Re}[s]>0$

3.1.2　拉普拉斯变换的性质

信号的象函数一般不直接按定义求取，而是利用拉普拉斯变换的性质、定理和常用信号的拉普拉斯变换(见表 3.1.1)求取。拉普拉斯变换的性质对于拉普拉斯变换和逆变换的运算有着十分重要的作用。

1. 线性性质

若信号 $f_1(t)$ 与 $f_2(t)$ 的拉普拉斯变换分别是 $F_1(s)$、$F_2(s)$，即 $\mathscr{L}[f_1(t)]=F_1(s)$，$\mathscr{L}[f_2(t)]=F_2(s)$，则两信号的线性组合的拉普拉斯变换是：

$$\mathscr{L}[af_1(t)+bf_2(t)]=aF_1(s)+bF_2(s) \tag{3.1.5}$$

其中，a 和 b 为任意常数。拉普拉斯变换属于线性变换，具有比例性和叠加性。

例 3.1.4　已知 $f(t)=2\mathrm{e}^{-at}+1$，求其拉普拉斯变换 $F(s)$。

解 由于 $\mathscr{L}[\mathrm{e}^{-at}]=\dfrac{1}{s+\alpha}$，$\mathscr{L}[1]=\dfrac{1}{s}$，运用线性性质，可得

$$F(s)=\mathscr{L}[f(t)]=\mathscr{L}[\mathrm{e}^{-at}]+\mathscr{L}[1]=\frac{2}{s+\alpha}+\frac{1}{s}$$

2. 尺度变换

若信号 $f(t)$ 的拉普拉斯变换 $\mathscr{L}[f(t)]=F(s)$，则信号 $f(t)$ 在时域展缩后的拉普拉斯变换为

$$\mathscr{L}[f(at)]=\frac{1}{a}F\left(\frac{s}{a}\right) \tag{3.1.6}$$

其中，$a>0$。

式(3.1.6)表明：信号 $f(t)$ 在时域压缩($a>1$)时，象函数在 s 域扩展。反之，$f(t)$ 在时域扩展($0<a<1$)时，象函数在 s 域压缩。

例 3.1.5 若 $F(s)=\mathscr{L}[f(t)]=\dfrac{1-\mathrm{e}^{-s}-s\mathrm{e}^{-s}}{s^2}$，求 $f(0.5t)$ 的拉普拉斯变换。

解 由尺度变换性质，可知

$$\mathscr{L}[f(0.5t)]=2F(2s)=2\,\frac{1-\mathrm{e}^{-2s}-2s\mathrm{e}^{-2s}}{(2s)^2}=\frac{1-\mathrm{e}^{-2s}-2s\mathrm{e}^{-2s}}{2s^2}$$

3. 时移特性

若 $\mathscr{L}[f(t)]=F(s)$，则信号 $f(t)$ 在时域平移后的拉普拉斯变换为

$$\mathscr{L}[f(t-t_0)\varepsilon(t-t_0)]=F(s)\mathrm{e}^{-st_0} \tag{3.1.7}$$

证 根据单边拉普拉斯变换定义，可得

$$\mathscr{L}[f(t-t_0)\varepsilon(t-t_0)]=\int_{0_-}^{+\infty}f(t-t_0)\varepsilon(t-t_0)\mathrm{e}^{-st}\mathrm{d}t=\int_{t_0}^{+\infty}f(t-t_0)\mathrm{e}^{-st}\mathrm{d}t$$

令 $\tau=t-t_0$，则 $t=\tau+t_0$，$\mathrm{d}t=\mathrm{d}\tau$。此时有

$$\mathscr{L}[f(t-t_0)\varepsilon(t-t_0)]=\int_{0_-}^{+\infty}f(\tau)\mathrm{e}^{-st_0}\mathrm{e}^{-s\tau}\mathrm{d}t=F(s)\mathrm{e}^{-st_0}$$

证毕。

例 3.1.6 已知 $f(t)=t\varepsilon(t-1)$，求对应的象函数 $F(s)$。

解 $$f(t)=t\varepsilon(t-1)=(t-1)\varepsilon(t-1)+\varepsilon(t-1)$$

由时移特性，有

$$F(s)=\mathscr{L}[f(t)]=\mathscr{L}[(t-1)\varepsilon(t-1)+\varepsilon(t-1)]=\mathscr{L}[(t-1)\varepsilon(t-1)]+\mathscr{L}[\varepsilon(t-1)]$$

$$=\left(\frac{1}{s^2}+\frac{1}{s}\right)\mathrm{e}^{-st}$$

4. s 域平移

若 $\mathscr{L}[f(t)]=F(s)$，则原函数 $f(t)$ 乘以指数函数后的拉普拉斯变换为

$$\mathscr{L}[f(t)\mathrm{e}^{-at}]=F(s+\alpha) \tag{3.1.8}$$

例 3.1.7 已知 $\mathscr{L}[\cos(\Omega_0t)\varepsilon(t)]=\dfrac{s}{s^2+\Omega_0^2}$，求 $\mathrm{e}^{-at}\cos(\Omega_0t)\varepsilon(t)$ 的拉普拉斯变换。

解 由 s 域平移性质，有

$$\mathscr{L}[\mathrm{e}^{-at}\cos(\Omega_0t)\varepsilon(t)]=\frac{s+\alpha}{(s+\alpha)^2+\Omega_0^2}$$

同理， $$\mathscr{L}\left[e^{-at}\sin(\Omega_0 t)\varepsilon(t)\right]=\frac{\Omega_0}{(s+\alpha)^2+\Omega_0^2}$$

5. 时域微分和时域积分

若 $\mathscr{L}[f(t)]=F(s)$ ，则信号 $f(t)$ 微分后的拉普拉斯变换为

$$\mathscr{L}\left[\frac{\mathrm{d}f(t)}{\mathrm{d}t}\right]=sF(s)-f(0_-) \tag{3.1.9}$$

信号 $f(t)$ 积分后的拉普拉斯变换为

$$\mathscr{L}\left[\int_{-\infty}^{t}f(\tau)\mathrm{d}\tau\right]=\frac{F(s)}{s}+\frac{f^{-1}(0_-)}{s} \tag{3.1.10}$$

式(3.1.10)表明：时域的微分或积分运算在变换域转换为 s 域的乘法或除法运算。

例 3.1.8 已知 $\mathscr{L}[\cos(\Omega_0 t)\varepsilon(t)]=\dfrac{s}{s^2+\Omega_0^2}$ ，求 $\sin(\Omega_0 t)\varepsilon(t)$ 的拉普拉斯变换。

解法一 令 $f(t)=\cos(\Omega_0 t)\varepsilon(t)$ ，根据导数的运算规则，并考虑到冲激函数的采样性质，有

$$\frac{\mathrm{d}}{\mathrm{d}t}[f(t)]=\frac{\mathrm{d}}{\mathrm{d}t}[\cos(\Omega_0 t)\varepsilon(t)]=\cos(\Omega_0 t)\frac{\mathrm{d}}{\mathrm{d}t}[\varepsilon(t)]+\frac{\mathrm{d}}{\mathrm{d}t}[\cos(\Omega_0 t)]\varepsilon(t)$$

$$=\cos(\Omega_0 t)\delta(t)-\Omega_0\sin(\Omega_0 t)\varepsilon(t)=\delta(t)-\Omega_0\sin(\Omega_0 t)\varepsilon(t)$$

即 $$\sin(\Omega_0 t)\varepsilon(t)=\frac{\delta(t)-\dfrac{\mathrm{d}}{\mathrm{d}t}[f(t)]}{\Omega_0}$$

对上式两边都取拉普拉斯变换。利用微分特性，且由于 $f(0_-)=\cos(\Omega_0 t)\varepsilon(t)|_{t=0_-}=0$ ，可得

$$\mathscr{L}[\sin(\Omega_0 t)\varepsilon(t)]=\mathscr{L}\left[\frac{\delta(t)-\dfrac{\mathrm{d}}{\mathrm{d}t}[f(t)]}{\Omega_0}\right]=\mathscr{L}\left[\frac{\delta(t)}{\Omega_0}\right]-\mathscr{L}\left[\frac{\dfrac{\mathrm{d}}{\mathrm{d}t}[f(t)]}{\Omega_0}\right]$$

$$=\frac{1}{\Omega}-\left[\frac{s\cdot\dfrac{s}{s^2+\Omega_0^2}-0}{\Omega_0}\right]=\frac{\Omega_0}{s^2+\Omega_0^2}$$

解法二 利用积分特性求解。

由于 $\displaystyle\int_{-\infty}^{t}f(\tau)\mathrm{d}\tau=\int_{-\infty}^{t}\cos(\Omega_0\tau)\varepsilon(\tau)\mathrm{d}\tau=\int_{0}^{t}\cos(\Omega_0\tau)\mathrm{d}\tau=\frac{1}{\Omega_0}\sin(\Omega_0 t)\varepsilon(t)$

即 $$\sin(\Omega_0 t)\varepsilon(t)=\Omega_0\int_{-\infty}^{t}f(\tau)\mathrm{d}\tau$$

上式两边都取拉普拉斯变换，利用积分特性，且由于 $f^{-1}(0_-)=\displaystyle\int_{-\infty}^{0_-}\cos(\Omega_0\tau)\varepsilon(\tau)\mathrm{d}\tau=0$ ，可得

$$\mathscr{L}[\sin(\Omega_0 t)\varepsilon(t)]=\Omega_0\mathscr{L}\left[\int_{-\infty}^{t}f(\tau)\mathrm{d}\tau\right]=\Omega_0\left[\frac{F(s)}{s}+\frac{f^{-1}(0_-)}{s}\right]=\frac{\Omega_0}{s^2+\Omega_0^2}$$

6. 卷积定理

若 $\mathscr{L}[f_1(t)]=F_1(s)$ ， $\mathscr{L}[f_2(t)]=F_2(s)$ ，则

$$\mathscr{L}[f_1(t)*f_2(t)]=F_1(s)F_2(s) \tag{3.1.11}$$

$$\mathscr{L}[f_1(t)\cdot f_2(t)]=\frac{1}{2\pi\mathrm{j}}F_1(s)*F_2(s) \tag{3.1.12}$$

式(3.1.11)表示时域的卷积运算可转换为 s 域的乘法运算。反之，s 域的卷积运算也能转换为时域的乘法运算，见式(3.1.12)。

7. s 域微分与 s 域积分

若 $\mathscr{L}[f(t)] = F(s)$，则

$$\mathscr{L}[t^n f(t)] = (-1)^n \frac{\mathrm{d}^n F(s)}{\mathrm{d}s^n} \tag{3.1.13}$$

$$\mathscr{L}\left[\frac{f(t)}{t}\right] = \int_s^\infty F(\eta)\mathrm{d}\eta \tag{3.1.14}$$

当 $n=1$ 时，$\mathscr{L}[t f(t)] = -\dfrac{\mathrm{d}F(s)}{\mathrm{d}s}$，即 s 域的微分积分运算转换为时域的乘法除法运算。

例 3.1.9 已知 $\mathscr{L}[\mathrm{e}^{-2t}\varepsilon(t)] = \dfrac{1}{s+2}$，求 $t^2 \mathrm{e}^{-2t}\varepsilon(t)$ 的拉普拉斯变换。

解 根据 s 域的微分性质，若时域乘以 t^2，表示 s 域进行了二次微分，可求得

$$\mathscr{L}[t^2 \mathrm{e}^{-2t}\varepsilon(t)] = \frac{\mathrm{d}^2}{\mathrm{d}s^2}\left(\frac{1}{s+2}\right) = \frac{2}{(s+2)^3}$$

例 3.1.10 已知 $\mathscr{L}[\sin(t)\varepsilon(t)] = \dfrac{1}{s^2+1}$，求 $\dfrac{\sin t}{t}\varepsilon(t)$ 的拉普拉斯变换。

解 根据 s 域的积分性质，若时域除以 t，表示 s 域进行了积分，可求得

$$\mathscr{L}\left[\frac{\sin t}{t}\varepsilon(t)\right] = \int_s^{+\infty} \frac{1}{\eta^2+1}\mathrm{d}\eta = \arctan\eta\Big|_s^{+\infty} = \frac{\pi}{2} - \arctan s = \arctan\frac{1}{s}$$

8. 初值定理和终值定理

1) 初值定理

若 $\mathscr{L}[f(t)] = F(s)$，且 $f(t)$ 中不包含 $\delta(t)$，$f(t)$ 连续可导，则

$$\lim_{t\to 0_+} f(t) = f(0_+) = \lim_{s\to +\infty} sF(s) \tag{3.1.15}$$

可见，由初值定理，在不知道 $f(t)$ 的表达式的情况下，根据其 s 域的表达式可推知 $f(t)$ 在 $t=0_+$ 的初值。如 $F(s) = \dfrac{1}{s}$，由初值定理，$f(0_+) = \lim\limits_{t\to 0_+} f(t) = \lim\limits_{s\to +\infty} sF(s) = 1$，即单位阶跃信号的初值为 1。

证 由时域微分特性可知

$$sF(s) - f(0_-) = \mathscr{L}\left[\frac{\mathrm{d}f(t)}{\mathrm{d}t}\right] = \int_{0_-}^{+\infty} \frac{\mathrm{d}f(t)}{\mathrm{d}t}\mathrm{e}^{-st}\mathrm{d}t = \int_{0_-}^{0_+} \frac{\mathrm{d}f(t)}{\mathrm{d}t}\mathrm{e}^{-st}\mathrm{d}t + \int_{0_+}^{+\infty} \frac{\mathrm{d}f(t)}{\mathrm{d}t}\mathrm{e}^{-st}\mathrm{d}t$$

$$= f(0_+) - f(0_-) + \int_{0_+}^{+\infty} \frac{\mathrm{d}f(t)}{\mathrm{d}t}\mathrm{e}^{-st}\mathrm{d}t$$

故

$$sF(s) = f(0_+) + \int_{0_+}^{+\infty} \frac{\mathrm{d}f(t)}{\mathrm{d}t}\mathrm{e}^{-st}\mathrm{d}t \tag{3.1.16}$$

当 $s\to +\infty$ 时，式(3.1.16)右端第二项的极限是

$$\lim_{s\to +\infty}\left[\int_{0_+}^{+\infty} \frac{\mathrm{d}f(t)}{\mathrm{d}t}\mathrm{e}^{-st}\mathrm{d}t\right] = \int_{0_+}^{+\infty} \frac{\mathrm{d}f(t)}{\mathrm{d}t}\left[\lim_{s\to +\infty} \mathrm{e}^{-st}\right]\mathrm{d}t = 0$$

式(3.1.16)取 $s\to +\infty$ 的极限有 $\lim\limits_{s\to +\infty} sF(s) = f(0_+)$。

证毕。

需特别注意，所求得的初值是 $f(t)$ 在 $t=0_+$ 时刻的值，而不是 $f(t)$ 在 $t=0$ 或 $t=0_-$

时刻的值。此外,要注意初值定理的应用条件:如果象函数 $F(s)$ 是真分式,则可直接用初值定理计算 $f(0_+)$;如果象函数 $F(s)$ 是假分式,则需要把 $F(s)$ 分解为多项式与真分式之和,然后对真分式部分运用初值定理计算初值。

例 3.1.11 已知象函数 $F(s) = \dfrac{s^2 + 4s + 2}{s^2 + 2s + 2}$,求 $f(0_+)$。

解 因为 $F(s)$ 是假分式,所以先对 $F(s)$ 进行分解,可用长除法,得

$$F(s) = \frac{s^2 + 4s + 2}{s^2 + 2s + 2} = 1 + \frac{2s}{s^2 + 2s + 2}$$

去除等式中的多项式"1",仅对等式右端第二项真分式运用初值定理,则

$$f(0_+) = \lim_{t \to 0_+} f(t) = \lim_{s \to +\infty} sF(s) = \lim_{s \to +\infty} \frac{2s^2}{s^2 + 2s + 2} = 2$$

2) 终值定理

若 $f(t)$ 的极限 $f(+\infty)$ 存在,且 $f(t)$ 不包含冲激或者高阶奇异函数($f(t)$ 连续可导),则

$$\lim_{t \to +\infty} f(t) = f(+\infty) = \lim_{s \to 0} sF(s) \tag{3.1.17}$$

证 利用式(3.1.16),取 $s \to 0$ 的极限,有

$$\begin{aligned}
\lim_{s \to 0} sF(s) &= f(0_+) + \lim_{s \to 0} \int_{0_+}^{+\infty} \frac{\mathrm{d}f(t)}{\mathrm{d}t} e^{-st} \mathrm{d}t = f(0_+) + \int_{0_+}^{+\infty} \frac{\mathrm{d}f(t)}{\mathrm{d}t} \left[\lim_{s \to 0} e^{-st}\right] \mathrm{d}t \\
&= f(0_+) + \lim_{t \to +\infty} f(t) - f(0_+)
\end{aligned}$$

因此可得

$$\lim_{s \to 0} sF(s) = \lim_{t \to +\infty} f(t)$$

证毕。

应用终值定理时也须注意它的应用条件,即只有在 $f(t)$ 的终值存在的情况下,才能采用此定理。$\lim\limits_{t \to +\infty} f(t)$ 是否存在,可以从 s 域进行判断,仅当 $F(s)$ 在右半 s 平面及其 s 平面的虚轴上解析(原点除外)时,终值定理才可应用。

例 3.1.12 已知象函数 $F(s) = \dfrac{2s}{s^2 + 2s + 2}$,求其原函数的终值 $f(+\infty)$。

解 由终值定理得 $f(+\infty) = \lim\limits_{s \to 0} sF(s) = \lim\limits_{s \to 0} \dfrac{2s^2}{s^2 + 2s + 2} = 0$。

单边拉普拉斯变换的性质如表 3.1.2 所示。

表 3.1.2 单边拉普拉斯变换的性质

时 域	s 域
$af_1(t) + bf_2(t)$	$aF_1(s) + bF_2(s)$
$f(at)$	$\dfrac{1}{a} F\left(\dfrac{s}{a}\right)$
$f(t - t_0)$	$F(s) e^{-st_0}$
$f(t) e^{-\alpha t}$	$F(s + \alpha)$
$\dfrac{\mathrm{d}f(t)}{\mathrm{d}t}$	$sF(s) - f(0_-)$
$\displaystyle\int_{-\infty}^{t} f(\tau) \mathrm{d}\tau$	$\dfrac{F(s)}{s} + \dfrac{f^{-1}(0_-)}{s}$

时　　域	s　　域
$f_1(t) * f_2(t)$	$F_1(s)F_2(s)$
$f_1(t) \cdot f_2(t)$	$\dfrac{1}{2\pi\mathrm{j}}F_1(s) * F_2(s)$
$t^n f(t)$	$(-1)^n \dfrac{\mathrm{d}^n F(s)}{\mathrm{d}^n s}$
$\dfrac{f(t)}{t}$	$\displaystyle\int_s^\infty F(\eta)\mathrm{d}\eta$

注：$\mathscr{L}[f(t)]=F(s),\mathscr{L}[f_1(t)]=F_1(s),\mathscr{L}[f_2(t)]=F_2(s)$。

3.1.3　拉普拉斯逆变换

直接利用定义式求逆变换，即采用复变函数积分，比较困难。性质与定理揭示 $f(t)$ 的时域运算与 $F(s)$ 复频域运算之间存在的规律。通常，信号的原函数不直接用定义求取，而是通过拉普拉斯变换的性质、定理和已知基本函数的拉普拉斯变换对间接求取。常用的方法：① 查表；② 利用性质；③ 部分分式展开。通常是两种或三种方法结合。

通常象函数 $F(s)$ 是 s 的有理式，可写为

$$F(s)=\frac{B(s)}{A(s)}=\frac{b_m s^m+b_{m-1}s^{m-1}+\cdots+b_1 s+b_0}{a_n s^n+a_{n-1}s^{n-1}+\cdots+a_1 s+a_0}$$

其中，a_n,b_m 为实数；m,n 为正整数。当 $m<n$ 时，$F(s)$ 为有理真分式，当 $m\geqslant n$ 时，$F(s)$ 为有理假分式，可采用多项式长除法将象函数 $F(s)$ 分解为有理多项式 $P(s)$ 与有理真分式之和。

1. 多项式长除法

假设某象函数 $F(s)=\dfrac{s^3+5s^2+9s+7}{s^2+3s+2}$，则长除法计算如下：

$$
\begin{array}{r}
s+2 \\
s^2+3s+2\overline{)s^3+5s^2+9s+7} \\
\underline{s^3+3s^2+2s\phantom{{}+7}} \\
2s^2+7s+7 \\
\underline{2s^2+6s+4} \\
s+3
\end{array}
$$

可得
$$F(s)=s+2+\frac{s+3}{s^2+3s+2}=s+2+\frac{2}{s+1}-\frac{1}{s+2}$$

由于 $\mathscr{L}^{-1}[1]=\delta(t),\mathscr{L}^{-1}[s^n]=\delta^{(n)}(t)$，故有理多项式 $P(s)$ 的拉普拉斯逆变换由冲激函数组成。其拉普拉斯逆变换为 $f(t)=\delta'(t)+2\delta(t)+2\mathrm{e}^{-t}\varepsilon(t)-\mathrm{e}^{-2t}\varepsilon(t)$。

2. 部分分式展开方法

下面以有理真分式的情形讨论部分分式展开方法。假设象函数的分子、分母多项式进行因式分解后表示成如下通用形式：

$$F(s)=\frac{B(s)}{A(s)}=\frac{b_m(s-z_1)(s-z_2)\cdots(s-z_m)}{a_n(s-p_1)(s-p_2)\cdots(s-p_n)} \qquad (3.1.18)$$

式(3.1.18)中 $A(s)$ 称为 $F(s)$ 的特征多项式,方程 $A(s)=0$ 称为特征方程,它的根称为特征根,也称为 $F(s)$ 的固有频率(或自然频率); $p_1,p_2,\cdots,p_n$ 称为 $F(s)$ 的极点; z_1, $z_2,\cdots,z_m$ 称为 $F(s)$ 的零点。不同极点形式下的拉普拉斯逆变换的表达形式具有一定的规律性,讨论如下。

1) $F(s)$ 有单实数极点(无重根)

假定 $F(s)$ 的极点 $p_1,p_2,\cdots,p_n$ 均为实数,且无重根。则 $F(s)$ 可展开为如下的部分分式:

$$F(s)=\frac{B(s)}{A(s)}=\frac{K_1}{s-p_1}+\frac{K_2}{s-p_2}+\cdots+\frac{K_i}{s-p_i}+\cdots+\frac{K_n}{s-p_n}=\sum_{i=1}^{n}\frac{K_i}{s-p_i}$$

其中 $K_i(i=1,2,\cdots,n)$ 为待定系数,可根据下式计算:

$$K_i=(s-p_i)F(s)\big|_{s=p_i} \qquad (3.1.19)$$

拉普拉斯逆变换得

$$f(t)=\sum_{i=1}^{n}K_i\mathrm{e}^{p_i t}\varepsilon(t) \qquad (3.1.20)$$

例 3.1.13　求 $F(s)=\dfrac{2s^2+3s+3}{s^3+6s^2+11s+6}$ 对应的原函数。

解　$F(s)=\dfrac{2s^2+3s+3}{s^3+6s^2+11s+6}=\dfrac{2s^2+3s+3}{(s+1)(s+2)(s+3)}$,展开成部分分式形式为

$$F(s)=\frac{k_1}{s+1}+\frac{k_2}{s+2}+\frac{k_3}{s+3}$$

根据式(3.1.19)可求得各系数如下:

$$k_1=(s+1)F(s)\big|_{s=-1}=(s+1)\frac{2s^2+3s+3}{(s+1)(s+2)(s+3)}\bigg|_{s=-1}=1$$

$$k_2=(s+2)F(s)\big|_{s=-2}=-5,\quad k_3=(s+3)F(s)\big|_{s=-3}=6$$

所以　　　　　　　　　$$F(s)=\frac{1}{s+1}+\frac{-5}{s+2}+\frac{6}{s+3}$$

对上式作拉普拉斯逆变换求得原函数 $f(t)=(\mathrm{e}^{-t}-5\mathrm{e}^{-2t}+6\mathrm{e}^{-3t})\varepsilon(t)$。

2) $F(s)$ 有共轭复数极点

假定 $F(s)$ 有一对共轭复数极点 $p_{1,2}=-\alpha\pm\mathrm{j}\beta$,其余极点均为单实数。此时 $F(s)$ 可写为 $F(s)=\dfrac{B(s)}{A(s)}=\dfrac{B_1(s)}{A_1(s)}+\dfrac{as+b}{s^2+cs+d}$,等号右边第一项表示仅含有单实数极点,第二项表示有一对共轭复数根,可继续展开成如下部分分式形式:

$$F_2(s)=\frac{as+b}{s^2+cs+d}=\frac{K_1}{s+\alpha-\mathrm{j}\beta}+\frac{K_2}{s+\alpha+\mathrm{j}\beta}$$

共轭复数极点仍为单极点,可借鉴第一种情形来确定系数 K_1、K_2。此时可将 $F(s)$ 改写成如下形式:

$$F(s)=\frac{B(s)}{D(s)(s+\alpha-\mathrm{j}\beta)(s+\alpha+\mathrm{j}\beta)}=\frac{F_1(s)}{(s+\alpha-\mathrm{j}\beta)(s+\alpha+\mathrm{j}\beta)}$$

$$=\frac{B_1(s)}{A_1(s)}+\frac{K_1}{s+\alpha-\mathrm{j}\beta}+\frac{K_2}{s+\alpha+\mathrm{j}\beta}$$

由于

$$K_1 = (s+a-\mathrm{j}\beta)F(s)\big|_{s=-a+\mathrm{j}\beta} = \frac{F_1(s)(s+\alpha-\mathrm{j}\beta)}{(s+\alpha-\mathrm{j}\beta)(s+\alpha+\mathrm{j}\beta)}\bigg|_{s=-\alpha+\mathrm{j}\beta} = \frac{F_1(-\alpha+\mathrm{j}\beta)}{2\mathrm{j}\beta}$$

故

$$K_1 = (s+\alpha-\mathrm{j}\beta)F(s)\bigg|_{s=-\alpha+\mathrm{j}\beta} = \frac{F_1(-\alpha+\mathrm{j}\beta)}{2\mathrm{j}\beta} \tag{3.1.21}$$

同理可求得

$$K_2 = (s+\alpha-\mathrm{j}\beta)F(s)\bigg|_{s=-\alpha-\mathrm{j}\beta} = \frac{F_2(-\alpha-\mathrm{j}\beta)}{-2\mathrm{j}\beta} \tag{3.1.22}$$

可见，$K_2 = K_1^*$。设 $K_1 = A+\mathrm{j}B$，$K_2 = A-\mathrm{j}B = K_1^*$，则此时

$$f_2(t) = \mathcal{L}^{-1}F_2(s) = \mathcal{L}^{-1}\left[\frac{K_1}{s+\alpha-\mathrm{j}\beta} + \frac{K_2}{s+\alpha+\mathrm{j}\beta}\right] = \mathrm{e}^{-\alpha t}(K_1\mathrm{e}^{\beta t} + K_1^*\mathrm{e}^{-\beta t})$$

$$= 2\mathrm{e}^{-\alpha t}[A\cos(\beta t) - B\sin(\beta t)]$$

3）$F(s)$ 有重极点（重根）

假定 $F(s) = \dfrac{B(s)}{A(s)}$，$A(s) = 0$ 在 $s = p_1$ 处有 r 重根。将 $F(s)$ 写成展开形式：

$$F(s) = \frac{B(s)}{A(s)} = \frac{K_{11}}{(s-p_1)^r} + \frac{K_{12}}{(s-p_1)^{r-1}} + \cdots + \frac{K_{1r}}{(s-p_1)} + \frac{B_2(s)}{A_2(s)}$$

其中，$\dfrac{B_2(s)}{A_2(s)}$ 表示展开式中与极点 p_1 无关的其余部分；K_{11}，K_{12}，$\cdots$，K_{1r} 为 r 个待定系数。为了求出各待定系数，设 $F_1(s) = (s-p_1)^r F(s)$，则

$$K_{11} = [(s-p_1)^r F(s)]\big|_{s=p_1} = F_1(s)\big|_{s=p_1} \tag{3.1.23}$$

$$K_{12} = \frac{\mathrm{d}}{\mathrm{d}s}F_1(s)\bigg|_{s=p_1} \tag{3.1.24}$$

$$K_{13} = \frac{1}{2!}\frac{\mathrm{d}^2}{\mathrm{d}s^2}F_1(s)\bigg|_{s=p_1} \tag{3.1.25}$$

推出一般形式：

$$K_{1i} = \frac{1}{(r-1)!}\frac{\mathrm{d}^{i-1}}{\mathrm{d}s^{i-1}}F_1(s)\bigg|_{s=p_1}, \quad i = 1,2,\cdots,r \tag{3.1.26}$$

例 3.1.14 求 $F(s) = \dfrac{s^2}{(s+2)(s+1)^2}$ 对应的原函数。

解 $F(s) = \dfrac{s^2}{(s+2)(s+1)^2} = \dfrac{k_1}{s+2} + \dfrac{k_2}{s+1} + \dfrac{k_3}{(s+1)^2}$

k_1 是单根系数，k_3 是重根最高次系数，根据式（3.1.19）、式（3.1.26）可求出各系数

$$k_1 = (s+2)\frac{s^2}{(s+2)(s+1)^2}\bigg|_{s=-2} = 4$$

$$k_2 = \frac{\mathrm{d}}{\mathrm{d}s}\left[(s+1)^2\frac{s^2}{(s+2)(s+1)^2}\right]\bigg|_{s=-1} = -3$$

$$k_3 = (s+1)^2\frac{s^2}{(s+2)(s+1)^2}\bigg|_{s=-1} = 1$$

故

$$F(s) = \frac{4}{s+2} + \frac{-3}{s+1} + \frac{1}{(s+1)^2}$$

查常用信号的拉普拉斯变换表，得

$$f(t) = \mathcal{L}^{-1}[F(s)] = 4\mathrm{e}^{-2t} - 3\mathrm{e}^{-t} + \mathrm{e}^{-t} \quad (t \geqslant 0)$$

2. 留数法

留数法就是根据拉普拉斯逆变换式(3.1.4)直接计算积分,现将该式重写如下:

$$f(t) = \frac{1}{2\pi \mathrm{j}} \int_{\sigma-\mathrm{j}\infty}^{\sigma+\mathrm{j}\infty} F(s)\mathrm{e}^{st}\,\mathrm{d}s, \quad t \geqslant 0$$

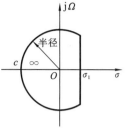

这是一个复变函数积分问题,积分限是 $\sigma-\mathrm{j}\infty$ 到 $\sigma+\mathrm{j}\infty$。直接计算这个积分比较困难。为此,可以从 $\sigma-\mathrm{j}\infty$ 到 $\sigma+\mathrm{j}\infty$ 补足一条积分路径,构成一闭合围线积分,如图 3.1.2 所示。补足的路径 c 是半径为 ∞ 的圆弧,沿该圆弧的积分应该为零。

这一条件由约当引理保证,即满足 $\int_c F(s)\mathrm{e}^{st}\,\mathrm{d}s = 0$。这样,上

图 3.1.2　闭合围线积分

面的积分就可以由留数定理求出,它等于围线中被积函数 $F(s)\mathrm{e}^{st}$ 所有极点的留数和(这里 $F(s)$ 为真分式),即

$$\mathscr{L}^{-1}[F(s)] = \sum_{i=1}^{n} \mathrm{Res}[F(s)\mathrm{e}^{st}, p_i] \tag{3.1.27}$$

若 p_i 为一阶极点,则该极点的留数为

$$\mathrm{Res}[F(s)\mathrm{e}^{st}, p_i] = [(s-p_i)F(s)\mathrm{e}^{st}]\big|_{s=p_i} \tag{3.1.28}$$

若 p_i 为 n 阶极点,则该极点的留数为

$$\mathrm{Res}[F(s)\mathrm{e}^{st}, p_i] = \frac{1}{(n-1)!}\frac{\mathrm{d}^{n-1}}{\mathrm{d}s^{n-1}}[(s-p_i)^n F(s)\mathrm{e}^{st}]\big|_{s=p_i} \tag{3.1.29}$$

将以上结果与部分分式展开法相比较,不难看出:两种方法所得结果一样。具体来说,对于一阶极点,部分分式的系数与留数的差别仅在于因子 e^{st} 的有无,经逆变换后的部分分式就与留数相同了。对于高阶极点,由于留数中含有因子,在对 e^{st} 取其导数时,所得的表达式不止一项,与部分分式展开法也有相同结果。

3.2　离散时间信号的 z 变换

与连续时间信号的 s 域分析类似,离散时间信号也涉及变换域分析,即以 z 变换为数学工具的 z 域分析。z 变换将时域表示的离散时间信号映射到复频域(z 域),因而将离散时间信号的时域分析转换为复频域分析,揭示了离散时间信号的内在复频率特性,是离散时间系统复频域分析的基础。

3.2.1　z 变换定义

z 变换在离散系统中的作用,类似于连续系统中的拉普拉斯变换。其实质是拉普拉斯变换的一种变形,可借助采样信号的拉普拉斯变换引出,也可直接对离散信号给予 z 变换定义。

1. z 变换的定义

与拉普拉斯变换类似,z 变换也有单边和双边之分。设有离散时间信号(序列) $f(k)(k=0,\pm1,\pm2,\cdots)$,$z$ 为复变量,则函数

$$F(z) = \sum_{k=-\infty}^{+\infty} f(k)z^{-k} \tag{3.2.1}$$

称为序列 $f(k)$ 的双边 z 变换。式(3.2.1)的求和范围为 $(-\infty, +\infty)$。若求和范围取

$[0,+\infty)$,即

$$F(z) = \sum_{k=0}^{+\infty} f(k) z^{-k} \qquad (3.2.2)$$

称为序列 $f(k)$ 的单边 z 变换。若 $f(k)$ 为因果序列（$f(k)=0, k<0$），则单边、双边 z 变换相等，否则二者不等。今后，在不致混淆的情况下，统称它们为 z 变换。

为了书写方便，将 $f(k)$ 的 z 变换简记为 $F(z)=\mathscr{Z}[f(k)]$，象函数 $F(z)$ 的逆变换简记为 $f(k)=\mathscr{Z}^{-1}[F(z)]$。$f(k)$ 与 $F(z)$ 是一对 z 变换对，简记为

$$f(k) \Leftrightarrow F(z) \qquad (3.2.3)$$

2. 收敛域

由 z 变换的定义可知 z 变换是 z 的幂级数，显然只有当该幂级数收敛时，z 变换存在。能使式(3.2.1)或式(3.2.2)幂级数收敛的所有复变量 z 的集合，称为 z 变换的收敛域，常用 ROC 表示。

由数学幂级数收敛的判定方法可知，当满足

$$\sum_{k=-\infty}^{+\infty} |f(k) z^{-k}| < +\infty \qquad (3.2.4)$$

时，式(3.2.1)和式(3.2.2)一定收敛，反之不收敛。所以式(3.2.4)是序列 $f(k)$ 的 z 变换存在的充分必要条件。

对于序列 $f(k)$，满足 $\displaystyle\sum_{k=-\infty}^{+\infty} |f(k) z^{-k}| < +\infty$ 的所有 z 值的集合称为 z 变换 $F(z)$ 的收敛域。

例 3.2.1 求下列有限长序列的 z 变换。

(1) $f(k)=\delta(k)$； (2) $f(k)=\{2,3,4,3,2\}, -2 \leqslant k \leqslant 2$。

解 (1) $F(z) = \mathscr{Z}[f(k)] = \displaystyle\sum_{k=-\infty}^{+\infty} \delta(k) z^{-k} = \sum_{k=0}^{+\infty} \delta(k) z^{-k} = 1$。

可见其单边、双边 z 变换相等。由于其 z 变换是与 z 无关的常数 1，所以收敛域为整个 z 平面。

(2) $F(z) = \mathscr{Z}[f(k)] = \displaystyle\sum_{k=-\infty}^{+\infty} \delta(k) z^{-k} = 2z^2 + 3z + 4 + \frac{3}{z} + \frac{2}{z^2}$。

由此可知，其 z 变换对任意 z（除 0 和 ∞ 外）有界，故其收敛域为 $0 < |z| < +\infty$。

由例 3.2.1 可知，如果序列是有限长的，即 $k<k_1$ 和 $k>k_2$（k_1, k_2 为整常数，且 $k_1 < k_2$）时 $f(k)=0$，则其象函数 $F(z)$ 是 z 的有限次幂 z^{-k}（$k_1 \leqslant k \leqslant k_2$）的加权和；当 $0 < |z| < +\infty$ 时，$F(z)$ 有界，因此有限长序列变换的收敛域一般为 $0 < |z| < +\infty$。有时它在 0 或/和 $+\infty$ 也收敛。

例 3.2.2 求因果序列

$$f(k) = a^k \varepsilon(k)$$

的 z 变换（式中 a 为常数）。

解 $F(z) = \mathscr{Z}[f(k)] = \displaystyle\sum_{k=0}^{+\infty} a^k z^{-k} = \lim_{N \to +\infty} \sum_{k=0}^{N} (az^{-1})^k = \lim_{N \to +\infty} \frac{1-(az^{-1})^{N+1}}{1-az^{-1}}$

可见，仅当 $|az^{-1}|<1$，即 $|z|>|a|$ 时，其 z 变换存在，因此

$$F(z) = \frac{z}{z-a}, \quad |z| > |a|$$

在 z 平面上,收敛域 $|z| > |a|$ 是半径为 $|a|$ 的圆外域,如图 3.2.1(a)所示,所以因果序列的收敛域为圆外域。

例 3.2.3 求反因果序列

$$f(k) = b^k \varepsilon(-k-1)$$

的 z 变换(式中 b 为常数)并确定收敛域。

解 $F(z) = \mathscr{L}[f(k)] = \displaystyle\sum_{k=-\infty}^{-1} (bz^{-1})^k = \sum_{m=1}^{+\infty} (b^{-1}z)^m = \lim_{N \to +\infty} \frac{b^{-1}z - (b^{-1}z)^{N+1}}{1-b^{-1}z}$

可见,仅当 $|b^{-1}z| < 1$,即 $|z| < |b|$ 时,其 z 变换存在,因此

$$F(z) = \frac{-z}{z-b}, \quad |z| < |b|$$

在 z 平面上,收敛域 $|z| < |b|$ 是半径为 $|b|$ 的圆内域,如图 3.2.1(b)所示。所以反因果序列的收敛域为圆内域。

例 3.2.4 求双边序列

$$f(k) = a^k \varepsilon(k) + b^k \varepsilon(-k-1)$$

的 z 变换(式中 a、b 为常数)。

解 $F(z) = \mathscr{L}[f(k)] = \displaystyle\sum_{k=0}^{+\infty} (az^{-1})^k + \sum_{k=-\infty}^{-1} (bz^{-1})^k = \frac{z}{z-a} + \frac{-z}{z-b}$

显然,其收敛域为 $|a| < |z| < |b|$,且 $|a| < |b|$,否则无共同收敛域,因而其 z 变换不存在,所以双边序列的收敛域为 $|a| < |z| < |b|$($|a| < |b|$),即双边序列收敛域为圆环域,如图 3.2.1(c)所示。

根据例 3.2.2 至例 3.2.4 的分析,对于因果序列、反因果序列、双边序列的收敛域分析归纳如图 3.2.1 所示。

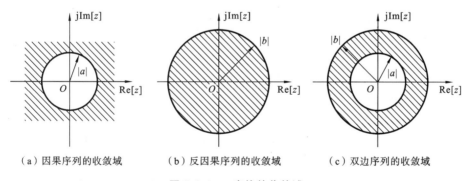

（a）因果序列的收敛域　　　　（b）反因果序列的收敛域　　　　（c）双边序列的收敛域

图 3.2.1　z 变换的收敛域

由以上讨论可知,序列的收敛域大致分为以下几种情况:

(1) 对于有限长的序列,其 z 变换的收敛域一般为 $0 < |z| < +\infty$,有时它在 0 或/和 $+\infty$ 也收敛;

(2) 对于因果序列,其 z 变换的收敛域为圆外域;

(3) 对于反因果序列,其 z 变换的收敛域为圆内域;

(4) 对于双边序列,其 z 变换的收敛域为圆环域。

下面给出几种常用序列的 z 变换及收敛域,如表 3.2.1 所示。

表 3.2.1 常用序列的 z 变换及收敛域

$f(k)$	$F(z)$	收敛域
$\delta(k)$	1	整个 z 平面
$\varepsilon(k)$	$\dfrac{z}{z-1}$	$\lvert z \rvert > 1$
$k\varepsilon(k)$	$\dfrac{z}{(z-1)^2}$	$\lvert z \rvert > 1$
$a^k\varepsilon(k)$	$\dfrac{z}{z-a}$	$\lvert z \rvert > \lvert a \rvert$
$-a^k\varepsilon(-k-1)$	$\dfrac{z}{z-a}$	$\lvert z \rvert < \lvert a \rvert$
$\cos(\omega_0 k)\varepsilon(k)$	$\dfrac{0.5z}{z-\mathrm{e}^{\mathrm{j}\omega_0}}+\dfrac{0.5z}{z-\mathrm{e}^{-\mathrm{j}\omega_0}}$	$\lvert z \rvert > 1$
$\sin(\omega_0 k)\varepsilon(k)$	$\dfrac{\mathrm{j}0.5z}{z-\mathrm{e}^{-\mathrm{j}\omega_0}}-\dfrac{\mathrm{j}0.5z}{z-\mathrm{e}^{\mathrm{j}\omega_0}}$	$\lvert z \rvert > 1$
$-\varepsilon(-k-1)$	$\dfrac{z}{z-1}$	$\lvert z \rvert < 1$

3.2.2 z 变换性质

由 z 变换的定义可以推出许多性质,其中一些性质与拉普拉斯变换的性质类似。这些性质表示离散序列在时域和 z 域的关系,极大地方便了 z 变换或逆 z 变换的求解。下面的性质若无特别说明,既适用于单边 z 变换,也适用于双边 z 变换。

1. 线性性质

z 变换的线性性质表现在它的叠加性与齐次性。若

$$f_1(k) \Leftrightarrow F_1(z), \quad \alpha_1 < \lvert z \rvert < \beta_1$$
$$f_2(k) \Leftrightarrow F_2(z), \quad \alpha_2 < \lvert z \rvert < \beta_2$$

对任意常数 a_1, a_2,则

$$a_1 f_1(k) + a_2 f_2(k) \Leftrightarrow a_1 F_1(z) + a_2 F_2(z) \tag{3.2.5}$$

其收敛域至少是 $F_1(z)$ 与 $F_2(z)$ 收敛域的相交部分,但是当这些线性组合中发生某些零点与极点相抵消的情况时,收敛域可能扩大。

例 3.2.5 已知单位冲激序列 $f_1(k)=\delta(k)$ 和阶跃序列 $f_2(k)=\varepsilon(k)$,求序列 $f(k)=2f_1(k)+3f_2(k)$ 的 z 变换。

解 由例 3.2.1 得

$$f_1(k)=\delta(k) \Leftrightarrow F_1(z)=1, \quad \text{ROC:整个 } z \text{ 平面}$$

查表 3.2.1 得

$$f_2(k)=\varepsilon(k) \Leftrightarrow F_2(z)=\frac{z}{z-1}, \quad \lvert z \rvert > 1$$

$$f(k)=2\delta(k)+3\varepsilon(k) \Leftrightarrow F(z)=2F_1(z)+3F_2(z)=2+\frac{3z}{z-1}, \quad \lvert z \rvert > 1$$

2. 时移性质

时移性质表示序列时移后的 z 变换与原序列 z 变换之间的关系。在实际中有左移（超前）和右移（延迟）两种情况，由于单边 z 变换和双边 z 变换定义中求和下限不同，所以它们的时移特性差别很大。下面针对这几种情况进行讨论。

1）双边 z 变换

若

$$f(k) \Leftrightarrow F(z), \quad \alpha < |z| < \beta$$

则对于整数 $m > 0$，有

$$f(k \pm m) \Leftrightarrow z^{\pm m} F(z), \quad \alpha < |z| < \beta \tag{3.2.6}$$

由式(3.2.6)可知，双边序列的收敛域为环形区域，序列时移不会使 z 变换收敛域发生变化。

证 由双边 z 变换定义，得

$$\mathscr{Z}[f(k+m)] = \sum_{k=-\infty}^{+\infty} f(k+m) z^{-k} = \sum_{k=-\infty}^{+\infty} f(k+m) z^{-(k+m)} z^m$$

令 $n = k + m$，则该式可写为

$$\mathscr{Z}[f(k+m)] = \sum_{n=-\infty}^{+\infty} f(n) z^{-n} z^m = z^m F(z)$$

很显然，该式对 $-m$ 也成立。

证毕。

2）单边 z 变换

若

$$f(k) \Leftrightarrow F(z), \quad |z| > \alpha (\alpha \text{ 为正实数})$$

对于整数 $m > 0$，则

$$f(k-m) \Leftrightarrow z^{-m} F(z) + \sum_{k=0}^{m-1} f(k-m) z^{-k}, \quad |z| > \alpha \tag{3.2.7}$$

$$f(k+m) \Leftrightarrow z^m F(z) - \sum_{k=0}^{m-1} f(k) z^{m-k}, \quad |z| > \alpha \tag{3.2.8}$$

式(3.2.7)表示序列右移后的特性；式(3.2.8)表示序列左移后的特性。两式证明如下。

证 由于

$$\mathscr{Z}[f(k-m)] = \sum_{k=0}^{+\infty} f(k-m) z^{-k} = \sum_{k=0}^{m-1} f(k-m) z^{-k} + \sum_{k=m}^{+\infty} f(k-m) z^{-(k-m)} z^{-m}$$

令 $n = k - m$，则上式可写为

$$\mathscr{Z}[f(k-m)] = \sum_{k=0}^{m-1} f(k-m) z^{-k} + \sum_{n=0}^{+\infty} f(n) z^{-n} z^{-m} = \sum_{k=0}^{m-1} f(k-m) z^{-k} + z^{-m} F(z)$$

式(3.2.7)即得证。

由于

$$\mathscr{Z}[f(k+m)] = \sum_{k=0}^{+\infty} f(k+m) z^{-k} = \sum_{k=0}^{+\infty} f(k+m) z^{-(k+m)} z^m$$

令 $n = k + m$，则上式可写为

$$\mathscr{L}\big[f(k+m)\big]=z^m\sum_{n=m}^{+\infty}f(n)z^{-n}=z^m\Big[\sum_{n=0}^{+\infty}f(n)z^{-n}-\sum_{n=0}^{m-1}f(n)z^{-n}\Big]$$

$$=z^m F(z)-\sum_{n=0}^{m-1}f(n)z^{m-n}$$

式(3.2.8)即得证。

若 $f(k)$ 为因果序列，则 $\mathscr{L}\big[f(k-m)\big]=z^{-m}F(z)$。

例 3.2.6 已知序列 $f(k)=a^k$（a 为实数）的单边 z 变换为

$$F(z)=\frac{z}{z-a},\quad |z|>|a|$$

求序列 $f_1(k)=a^{k-2}$ 和 $f_1(k)=a^{k+2}$ 的单边 z 变换。

解 由于 $f_1(k)=f(k-2)$，序列右移，由式(3.2.7)得其单边 z 变换为

$$F_1(z)=z^{-2}F(z)+f(-2)+z^{-1}f(-1)=z^{-2}\frac{z}{z-a}+a^{-2}+a^{-1}z^{-1}$$

$$=\frac{a^{-2}z}{z-a},\quad |z|>|a|$$

由于 $f_2(k)=f(k+2)$，序列左移，由式(3.2.8)得其单边 z 变换为

$$F_2(z)=z^2 F(z)-f(0)z^2-f(1)z=z^2\frac{z}{z-a}-z^2-az=\frac{a^2 z}{z-a},\quad |z|>|a|$$

3. z 域尺度变换（序列乘以 a^k）

若

$$f(k)\Leftrightarrow F(z),\quad \alpha<|z|<\beta$$

且有常数 $a\neq 0$，则

$$a^k f(k)\Leftrightarrow F\Big(\frac{z}{a}\Big),\quad \alpha|a|<|z|<\beta|a| \tag{3.2.9}$$

即序列 $f(k)$ 乘以指数序列 a^k 相应于在 z 域的展缩。

证 $\mathscr{L}\big[a^k f(k)\big]=\sum_{k=-\infty}^{+\infty}a^k f(k)z^{-k}=\sum_{k=-\infty}^{+\infty}f(k)\Big(\frac{z}{a}\Big)^{-k}=F\Big(\frac{z}{a}\Big)$

由于 $F(z)$ 的收敛域为 $\alpha<|z|<\beta$，所以 $F\Big(\frac{z}{a}\Big)$ 的收敛域为 $\alpha<\Big|\frac{z}{a}\Big|<\beta$，即 $\alpha|a|<|z|<\beta|a|$。

例 3.2.7 已知 $\mathscr{L}\big[\sin(\omega_0 k)\varepsilon(k)\big]=\dfrac{z\sin\omega_0}{z^2-2z\cos\omega_0+1}$，$|z|>1$，求 $\beta^k\sin(\omega_0 k)\varepsilon(k)$ 的 z 变换。

解 令

$$F(z)=\mathscr{L}\big[\sin(\omega_0 k)\varepsilon(k)\big]=\frac{z\sin\omega_0}{z^2-2z\cos\omega_0+1},\quad |z|>1$$

则由 z 域尺度变换的性质，得

$$\mathscr{L}\big[\beta^k\sin(\omega_0 k)\varepsilon(k)\big]=F\Big(\frac{z}{\beta}\Big)=\frac{\Big(\dfrac{z}{\beta}\Big)\sin\omega_0}{\Big(\dfrac{z}{\beta}\Big)^2-2\Big(\dfrac{z}{\beta}\Big)\cos\omega_0+1}=\frac{\beta z\sin\omega_0}{z^2-2\beta z\cos\omega_0+\beta^2}$$

收敛域为 $\Big|\dfrac{z}{\beta}\Big|>1$，即 $|z|>|\beta|$。

4. 卷积定理

类似于拉普拉斯变换，z 变换也存在时域卷积定理和 z 域卷积定理，其中时域卷积定理在系统分析中占有重要地位，而 z 域卷积定理应用较少，这里从略。

若
$$f_1(k) \Leftrightarrow F_1(z), \quad \alpha_1 < |z| < \beta_1$$
$$f_2(k) \Leftrightarrow F_2(z), \quad \alpha_2 < |z| < \beta_2$$

则
$$f_1(k) * f_2(k) \Leftrightarrow F_1(z) F_2(z) \tag{3.2.10}$$

其收敛域至少是 $F_1(z)$ 与 $F_2(z)$ 收敛域的相交部分。时域卷积定理表明若两信号在时域中是卷积关系，则在 z 域中就是乘积关系。

例 3.2.8　求 $f(k) = k\varepsilon(k)$ 的 z 变换 $F(z)$。

解　将 $f(k)$ 变形，写成如下形式：
$$f(k) = k\varepsilon(k) = \varepsilon(k) * \varepsilon(k-1)$$

查表 3.2.1，得
$$\varepsilon(k) \Leftrightarrow \frac{z}{z-1}, \quad |z| > 1$$

由移位特性，得
$$\varepsilon(k-1) \Leftrightarrow z^{-1} \frac{z}{z-1}, \quad |z| > 1$$

由时域卷积定理，得
$$\varepsilon(k) * \varepsilon(k-1) \Leftrightarrow \frac{z}{z-1} \cdot z^{-1} \frac{z}{z-1} = \frac{z}{(z-1)^2}, \quad |z| > 1$$

5. z 域微分 (序列乘以 k)

若
$$f(k) \Leftrightarrow F(z), \quad \alpha < |z| < \beta$$

则
$$kf(k) \Leftrightarrow -z \frac{\mathrm{d}}{\mathrm{d}z} F(z)$$
$$k^2 f(k) \Leftrightarrow -z \frac{\mathrm{d}}{\mathrm{d}z} \left[-z \frac{\mathrm{d}}{\mathrm{d}z} F(z) \right]$$
$$\vdots$$
$$k^m f(k) \Leftrightarrow \left(-z \frac{\mathrm{d}}{\mathrm{d}z} \right)^m F(z), \quad \alpha < |z| < \beta \tag{3.2.11}$$

其中，$\left(-z \dfrac{\mathrm{d}}{\mathrm{d}z} \right)^m F(z)$ 表示的运算为
$$-z \frac{\mathrm{d}}{\mathrm{d}z} \left(\cdots \left(-z \frac{\mathrm{d}}{\mathrm{d}z} \left(-z \frac{\mathrm{d}}{\mathrm{d}z} F(z) \right) \right) \cdots \right)$$

共进行 m 次求导和乘以 $(-z)$ 的运算。

例 3.2.9　求序列 $f(k) = k\varepsilon(k)$ 的 z 变换。

解　查表 3.2.1，得
$$\varepsilon(k) \Leftrightarrow \frac{z}{z-1}, \quad |z| > 1$$

由 z 域微分,得

$$k\varepsilon(k)\Leftrightarrow-z\frac{\mathrm{d}}{\mathrm{d}z}\left(\frac{z}{z-1}\right)=-z\frac{(z-1)-z}{(z-1)^2}=\frac{z}{(z-1)^2},\quad|z|>1$$

6. z 域积分(时域除以 $k+m$)

若

$$f(k)\Leftrightarrow F(z),\quad\alpha<|z|<\beta$$

设有整数 m,且 $k+m>0$ 则

$$\frac{f(k)}{k+m}\Leftrightarrow z^m\int_z^{+\infty}\frac{F(\eta)}{\eta^{m+1}}\mathrm{d}\eta,\quad\alpha<|z|<\beta \qquad(3.2.12)$$

若 $m=0$ 且 $k>0$,则

$$\frac{f(k)}{k}\Leftrightarrow\int_z^{+\infty}\frac{F(\eta)}{\eta}\mathrm{d}\eta,\quad\alpha<|z|<\beta \qquad(3.2.13)$$

例 3.2.10 求序列 $f(k)=\frac{1}{k+1}\varepsilon(k)$ 的 z 变换。

解 查表 3.2.1,得

$$\varepsilon(k)\Leftrightarrow\frac{z}{z-1},\quad|z|>1$$

由 z 域积分性质,可得

$$\frac{1}{k+1}\varepsilon(k)\Leftrightarrow z\int_z^{+\infty}\frac{F(\eta)}{\eta^2}\mathrm{d}\eta=z\int_z^{+\infty}\frac{\eta}{(\eta-1)\eta^2}\mathrm{d}\eta=z\int_z^{+\infty}\left(\frac{1}{\eta-1}-\frac{1}{\eta}\right)\mathrm{d}\eta$$
$$=z\ln\left(\frac{\eta-1}{\eta}\right)\Big|_z^{+\infty}=z\ln\left(\frac{z}{z-1}\right)$$

7. 时域反转

若

$$f(k)\Leftrightarrow F(z),\quad\alpha<|z|<\beta$$

则

$$f(-k)\Leftrightarrow F(z^{-1}),\quad\frac{1}{\beta}<|z|<\frac{1}{\alpha} \qquad(3.2.14)$$

证 根据 z 变换的定义,并令 $n=-k$,则

$$\mathscr{Z}[f(-k)]=\sum_{k=-\infty}^{+\infty}f(-k)z^{-k}=\sum_{n=+\infty}^{-\infty}f(n)z^n=\sum_{n=+\infty}^{-\infty}f(n)(z^{-1})^{-n}=F(z^{-1})$$

其收敛域为 $\alpha<|z^{-1}|<\beta$,即 $\frac{1}{\beta}<|z|<\frac{1}{\alpha}$。

例 3.2.11 已知

$$a^k\varepsilon(k)\Leftrightarrow\frac{z}{z-a},\quad|z|>a$$

求 $a^{-k}\varepsilon(-k-1)$ 的 z 变换。

解 由时域反转性质,得

$$a^{-k}\varepsilon(-k)\Leftrightarrow\frac{z^{-1}}{z^{-1}-a},\quad|z|<\frac{1}{|a|}$$

将上式的序列左移一个单位,由双边 z 变换的移位特性,得

$$a^{-k-1}\varepsilon(-k-1)\Leftrightarrow z \cdot \frac{1}{1-az} = \frac{-\frac{1}{a}z}{z-\frac{1}{a}}, \quad |z| < \frac{1}{|a|}$$

将上式的序列乘以 a，由 z 变换的线性性质，得

$$a^{-k}\varepsilon(-k-1)\Leftrightarrow a \cdot \frac{-\frac{1}{a}z}{z-\frac{1}{a}} = \frac{-z}{z-\frac{1}{a}}, \quad |z| < \frac{1}{|a|}$$

8. 序列求和性质

若

$$f(k)\Leftrightarrow F(z), \quad \alpha < |z| < \beta$$

则

$$\sum_{i=-\infty}^{k} f(i)\Leftrightarrow \frac{z}{z-1}F(z), \quad \max(\alpha,1) < |z| < \beta \tag{3.2.15}$$

证 由于

$$f(k) * \varepsilon(k) = \sum_{i=-\infty}^{+\infty} f(i)\varepsilon(k-i) = \sum_{i=-\infty}^{k} f(i)$$

由 z 变换的时域卷积定理，得

$$\sum_{i=-\infty}^{k} f(i)\Leftrightarrow \mathscr{L}[f(k)] \cdot \mathscr{L}[\varepsilon(k)] = \frac{z}{z-1}F(z)$$

由于序列 $\varepsilon(k)$、$f(k)$ 的 z 变换的收敛域分别为 $|z|>1$、$\alpha<|z|<\beta$，其相交部分为 $\max(\alpha,1)<|z|<\beta$，所以收敛域为 $\max(\alpha,1)<|z|<\beta$。

例 3.2.12 求序列 $\sum_{i=0}^{k} a^i$（a 为实数）的 z 变换。

解 由于 $\sum_{i=0}^{k} a^i = \sum_{i=-\infty}^{k} a^i\varepsilon(i)$，而

$$a^k\varepsilon(k)\Leftrightarrow \frac{z}{z-a}, \quad |z|>a$$

由式（3.2.15）得

$$\sum_{i=0}^{k} a^i\Leftrightarrow \frac{z}{z-1} \cdot \frac{z}{z-a}, \quad |z| \geqslant \max(|a|,1)$$

9. 初值定理

当序列在 $k<M$（M 为整数）时，$f(k)=0$，它与象函数的关系为

$$f(k)\Leftrightarrow F(z), \quad \alpha < |z| < +\infty$$

则序列的初值

$$\left.\begin{aligned} f(M) &= \lim_{z\to+\infty} z^M F(z) \\ f(M+1) &= \lim_{z\to+\infty} [z^{M+1}F(z) - zf(M)] \\ f(M+2) &= \lim_{z\to+\infty} [z^{M+2}F(z) - z^2 f(M) - zf(M+1)] \end{aligned}\right\} \tag{3.2.16}$$

如果 $M=0$，则 $f(k)$ 为因果序列，这时序列的初值为

$$f(0) = \lim_{z \to +\infty} F(z)$$

$$f(1) = \lim_{z \to +\infty} [zF(z) - zf(0)]$$

$$f(2) = \lim_{z \to +\infty} [z^2 F(z) - z^2 f(0) - zf(1)]$$

$$\tag{3.2.17}$$

式(3.2.16)的证明如下。

当 $k < M$ 时,序列 $f(k) = 0$,序列 $f(k)$ 的双边 z 变换可写为

$$F(z) = \sum_{k=-\infty}^{+\infty} f(k) z^{-k} = \sum_{k=M}^{+\infty} f(k) z^{-k}$$

$$= f(M) z^{-M} + f(M+1) z^{-(M+1)} + f(M+2) z^{-(M+2)} + \cdots$$

将上式两边同乘以 z^M 得

$$z^M F(z) = f(M) + f(M+1) z^{-1} + f(M+2) z^{-2} + \cdots \tag{3.2.18}$$

取 $z \to +\infty$ 时式(3.2.18)的极限,则式(3.2.18)等号右边除第一项外都趋近于零,就得到式(3.2.16)中的第一式。

将式(3.2.18)中的 $f(M)$ 移到等号左边后,等号两边同乘以 z,得

$$z^{M+1} F(z) - zf(M) = f(M+1) + f(M+2) z^{-1} + \cdots$$

取 $z \to +\infty$ 时上式的极限,则上式等号右边除第一项外都趋近于零,就得到式(3.2.16)中的第二式。重复运用以上方法,可求得 $f(M+2), f(M+3), \cdots$。

初值定理适用于右边序列,即适用于 $k < M$ (M 为整数)时 $f(k) = 0$ 的序列。它可以由象函数直接求得序列的初值 $f(M), f(M+1), \cdots$,而不必求得原序列。

10. 终值定理

当序列在 $k < M$(M 为整数)时,$f(k) = 0$,它与象函数的关系为 $f(k) \Leftrightarrow F(z)$,$\alpha < |z| < +\infty$,且 $0 \leqslant \alpha < 1$,则序列的终值为

$$f(+\infty) = \lim_{k \to +\infty} f(k) = \lim_{z \to 1} \frac{z-1}{z} F(z) = \lim_{z \to 1} (z-1) F(z) \tag{3.2.19}$$

终值定理适用于右边序列,用于由象函数直接求得序列的终值,而不必求得原序列。式(3.2.19)是取 $z \to 1$ 时的极限,因此终值定理要求 $z = 1$ 在收敛域($0 < \alpha < 1$)内,这时 $\lim_{k \to +\infty} f(k)$ 存在。

最后,将 z 变换的性质列于表 3.2.2 中,方便查阅。

表 3.2.2 z 变换的性质

名 称		时 域	z 域
线性		$a_1 f_1(k) + a_2 f_2(k)$	$a_1 F_1(z) + a_2 F_2(z)$ $\max(\alpha_1, \alpha_2) < |z| < \max(\beta_1, \beta_2)$
移位	双边变换	$f(k \pm m), m > 0$	$z^{\pm m} F(z), \alpha < |z| < \beta$
	单边变换	$f(k-m), m > 0$	$z^{-m} F(z) + \sum_{k=0}^{m-1} f(k-m) z^{-k}, |z| > \alpha$
		$f(k+m), m > 0$	$z^m F(z) - \sum_{k=0}^{m-1} f(k) z^{m-k}, |z| > \alpha$

续表

名　称	时　域	z　域
z 域尺度变换	$a^k f(k)\,(a \neq 0)$	$F\left(\dfrac{z}{a}\right), \alpha \lvert a \rvert < \lvert z \rvert < \beta \lvert a \rvert$
时域卷积定理	$f_1(k) * f_2(k)$	$F_1(z) F_2(z), \max(\alpha_1, \alpha_2) < \lvert z \rvert < \max(\beta_1, \beta_2)$
z 域微分	$k^m f(k), m>0$	$\left[-z \dfrac{\mathrm{d}}{\mathrm{d}z}\right]^m F(z), \alpha < \lvert z \rvert < \beta$
z 域积分	$\dfrac{f(k)}{k+m}, k+m>0$	$z^m \displaystyle\int_z^\infty \dfrac{F(\eta)}{\eta^{m+1}} \mathrm{d}\eta, \alpha < \lvert z \rvert < \beta$
时域反转	$f(-k)$	$F(z^{-1}), \dfrac{1}{\beta} < \lvert z \rvert < \dfrac{1}{\alpha}$
序列求和特性	$\displaystyle\sum_{i=-\infty}^k f(i)$	$\dfrac{z}{z-1} F(z), \max(\alpha, 1) < \lvert z \rvert < \beta$
初值定理	因果序列	$f(0) = \lim\limits_{z \to +\infty} F(z)$
		$f(m) = \lim\limits_{z \to +\infty} z^m \left[F(z) - \displaystyle\sum_{k=0}^{m-1} f(k) z^{-k} \right], \lvert z \rvert > \alpha$
终值定理		$f(\infty) = \lim\limits_{z \to 1} \dfrac{z-1}{z} F(z), \lim\limits_{k \to +\infty} f(k)$ 收敛, $\lvert z \rvert > \alpha\,(0 \leqslant \alpha < 1)$

注：已知 $f(k) \Leftrightarrow F(z), \alpha < \lvert z \rvert < \beta; f_1(k) \Leftrightarrow F_1(z), \alpha_1 < \lvert z \rvert < \beta_1; f_2(k) \Leftrightarrow F_2(z), \alpha_2 < \lvert z \rvert < \beta_2$。

3.2.3　逆 z 变换

逆 z 变换是由象函数 $F(z)$ 求原序列 $f(k)$。求逆 z 变换的常用方法有围线积分法、幂级数展开法、部分分式展开法等。本节着重讨论最常用的部分分式展开法。

一般而言，双边序列 $f(k)$ 可分解为因果序列 $f_1(k)$ 和反因果序列 $f_2(k)$ 两部分，即

$$f(k) = f_1(k) + f_2(k) = f(k)\varepsilon(k) + f(k)\varepsilon(-k-1)$$

其中因果序列和反因果序列分别为

$$f_1(k) = f(k)\varepsilon(k) \tag{3.2.20}$$

$$f_2(k) = f(k)\varepsilon(-k-1) \tag{3.2.21}$$

相应地，其 z 变换也分为两部分

$$F(z) = F_1(z) + F_2(z), \quad \alpha < \lvert z \rvert < \beta$$

其中

$$F_1(z) = \mathscr{Z}[f(k)\varepsilon(k)] = \sum_{k=0}^{+\infty} f(k) z^{-k}, \quad \lvert z \rvert > \alpha \tag{3.2.22}$$

$$F_2(z) = \mathscr{Z}[f(k)\varepsilon(-k-1)] = \sum_{k=-\infty}^{-1} f(k) z^{-k}, \quad \lvert z \rvert < \beta \tag{3.2.23}$$

已知象函数 $F(z)$ 及其收敛域，不难由 $F(z)$ 求得 $F_1(z)$ 和 $F_2(z)$，并分别求得它们所对应的原序列 $f_1(k)$ 和 $f_2(k)$，将两者相加得原序列 $f(k)$。

1. 幂级数展开法（长除法）

根据 z 变换的定义，因果序列（如式(3.2.20)）和反因果序列（如式(3.2.21)）的象

函数(如式(3.2.22)和式(3.2.23))分别是 z^{-1} 和 z 的幂级数。因此,根据给定的收敛域,可将 $F_1(z)$ 和 $F_2(z)$ 展开为幂级数,其系数就是相应的序列值。

例 3.2.13 已知象函数

$$F(z)=\frac{z^2}{(z+1)(z-2)}=\frac{z^2}{z^2-z-2}$$

其收敛域如下,求其分别对应的原序列 $f(k)$。

(1) $|z|>2$;   (2) $|z|<1$;   (3) $1<|z|<2$。

解 (1) 由于 $F(z)$ 的收敛域为圆外域,故 $f(k)$ 为因果序列。用长除法将 $F(z)$(其分子、分母按 z 的降幂排列)展开为 z^{-1} 的幂级数如下:

$$
\begin{array}{r}
1+z^{-1}+3z^{-2}+5z^{-3}+\cdots \\
z^2-z-2 \overline{)z^2 } \\
\underline{z^2-z-2 } \\
z+2 \\
\underline{z-1-2z^{-1}} \\
3+2z^{-1} \\
\cdots
\end{array}
$$

$$F(z)=\frac{z^2}{z^2-z-2}=1+z^{-1}+3z^{-2}+5z^{-3}+\cdots$$

与式(3.2.19)相比较,可得原序列为

$$f(k)=\{1,1,3,5,\cdots\}$$
$$\uparrow k=0$$

(2) 由于 $F(z)$ 的收敛域为圆内域,故 $f(k)$ 为反因果序列。用长除法将 $F(z)$(其分子、分母按 z 的升幂排列)展开为 z 的幂级数:

$$
\begin{array}{r}
-\frac{1}{2}z^2+\frac{1}{4}z^3-\frac{3}{8}z^4+\frac{5}{16}z^5+\cdots \\
-2-z+z^2 \overline{)z^2 } \\
\underline{z^2+\frac{1}{2}z^3-\frac{1}{2}z^4 } \\
-\frac{1}{2}z^3+\frac{1}{2}z^4 \\
\underline{-\frac{1}{2}z^3-\frac{1}{4}z^4+\frac{1}{4}z^5} \\
\frac{3}{4}z^4-\frac{1}{4}z^5 \\
\cdots
\end{array}
$$

$$F(z)=\frac{z^2}{z^2-z-2}=-\frac{1}{2}z^2+\frac{1}{4}z^3-\frac{3}{8}z^4+\frac{5}{16}z^5+\cdots$$

与式(3.2.20)相比较,可得原序列为

$$f(k)=\left\{\cdots,\frac{5}{16},-\frac{3}{8},\frac{1}{4},-\frac{1}{2}\right\}$$
$$\uparrow k=-2$$

(3) 由于 $F(z)$ 的收敛域为圆环域,故 $f(k)$ 为双边序列。将 $F(z)$ 展开为部分分

式,则

$$F(z) = \frac{z^2}{(z+1)(z-2)} = \frac{\frac{1}{3}z}{z+1} + \frac{\frac{2}{3}z}{z-2}, \quad 1 < |z| < 2$$

根据给定的收敛域可知,上式等号右边第一项为因果序列的象函数 $F_1(z)$,第二项为反因果序列的象函数 $F_2(z)$,即

$$F_1(z) = \frac{\frac{1}{3}z}{z+1}, \quad |z| > 1$$

$$F_2(z) = \frac{\frac{2}{3}z}{z-2}, \quad |z| < 2$$

将它们分别用长除法展开为 z^{-1} 及 z 的幂级数,得

$$F_1(z) = \frac{1}{3} - \frac{1}{3}z^{-1} + \frac{1}{3}z^{-2} - \frac{1}{3}z^{-3} + \cdots$$

$$F_2(z) = \cdots + \frac{1}{12}z^3 - \frac{1}{6}z^2 - \frac{1}{3}z$$

于是得原序列为

$$f(k) = \left\{ \cdots, -\frac{1}{12}, -\frac{1}{6}, -\frac{1}{3}, \underset{\underset{k=0}{\uparrow}}{\frac{1}{3}}, -\frac{1}{3}, \frac{1}{3}, -\frac{1}{3}, \cdots \right\}$$

可见幂级数展开法求原序列,方法简单直观,但难以写成闭合形式。

2. 部分分式展开法

在离散时间系统分析中,象函数一般是 z 的有理分式,它可以写为

$$F(z) = \frac{B(z)}{A(z)} = \frac{b_m z^m + b_{m-1} z^{m-1} + \cdots + b_1 z + b_0}{z^n + a_{n-1} z^{n-1} + \cdots + a_1 z + a_0} \tag{3.2.24}$$

其中,$m \leqslant n$;$A(z)$、$B(z)$ 分别为分母和分子多项式。

根据代数学,只有真分式($m < n$)才能展开成部分分式。因此,当 $m = n$ 时不能直接将 $F(z)$ 展开成部分分式。常常先将 $\dfrac{F(z)}{z}$ 展开,然后再乘以 z;或者先从 $F(z)$ 分出常数项,再将余下的真分式展开为部分分式。将 $\dfrac{F(z)}{z}$ 展开为部分分式的方法与 3.1 节中展开 $F(s)$ 的方法相同。

若象函数如式(3.2.21),则

$$\frac{F(z)}{z} = \frac{B(z)}{zA(z)} = \frac{B(z)}{z(z^n + a_{n-1} z^{n-1} + \cdots + a_1 z + a_0)}$$

上式中,$B(z)$ 的最高次幂 $m < n+1$。

令 $F(z)$ 的分母多项式 $A(z) = 0$,得 n 个根 $z_1, z_2, \cdots, z_n$,它们称为 $F(z)$ 的极点。按 $F(z)$ 极点的类型,$\dfrac{F(z)}{z}$ 的展开式分为以下几种情况。

1)$F(z)$ 有单极点

若 $F(z)$ 的极点 $z_1, z_2, \cdots, z_n$ 都互不相同,且不等于 0,则 $\dfrac{F(z)}{z}$ 展开为

$$\frac{F(z)}{z} = \frac{K_0}{z} + \frac{K_1}{z - z_1} + \cdots + \frac{K_n}{z - z_n} = \sum_{i=0}^{n} \frac{K_i}{z - z_i} \qquad (3.2.25)$$

其中，$z_0 = 0$，各系数为

$$K_i = (z - z_i) \frac{F(z)}{z} \Big|_{z = z_i} \qquad (3.2.26)$$

将 K_i 代入式(3.2.25)，等号两边同乘以 z，得

$$F(z) = K_0 + \sum_{i=1}^{n} \frac{K_i z}{z - z_i} \qquad (3.2.27)$$

根据给定的收敛域，将式(3.2.27)划分为 $F_1(z)(|z| > \alpha)$ 和 $F_2(z)(|z| < \beta)$ 两部分，根据已知的变换对，查 z 变换简表(见表 3.2.3)，就可求得式(3.2.27)对应的原序列。

表 3.2.3 z 变换简表

反因果序列	收敛域	象函数	收敛域	因果序列
/	/	1	全平面	$\delta(k)$
/	/	$z^{-m}, m > 0$	$|z| > 0$	$\delta(k - m)$
$\delta(k + m)$	$|z| < \infty$	$z^{-m}, m > 0$	/	/
$-\varepsilon(-k-1)$	$|z| < 1$	$\dfrac{z}{z-1}$	$|z| > 1$	$\varepsilon(k)$
$-a^k \varepsilon(-k-1)$	$|z| < |a|$	$\dfrac{z}{z-a}$	$|z| > |a|$	$a^k \varepsilon(k)$
$-ka^{k-1} \varepsilon(-k-1)$	$|z| < |a|$	$\dfrac{z}{(z-a)^2}$	$|z| > |a|$	$ka^{k-1} \varepsilon(k)$
$-\dfrac{1}{2}k(k-1)a^{k-2}\varepsilon(-k-1)$	$|z| < |a|$	$\dfrac{z}{(z-a)^3}$	$|z| > |a|$	$\dfrac{1}{2}k(k-1)a^{k-2}\varepsilon(k)$
$\dfrac{-k(k-1)\cdots(k-m+1)}{m!} \cdot$ $a^{k-m}\varepsilon(-k-1)$	$|z| < |a|$	$\dfrac{z}{(z-a)^{m+1}},$ $m \geq 1$	$|z| > |a|$	$\dfrac{k(k-1)\cdots(k-m+1)}{m!} \cdot$ $a^{k-m}\varepsilon(k)$
$-a^k \sin(\beta k)\varepsilon(-k-1)$	$|z| < |a|$	$\dfrac{az\sin\beta}{z^2 - 2az\cos\beta + a^2}$	$|z| > |a|$	$a^k \sin(\beta k)\varepsilon(k)$
$-a^k \cos(\beta k)\varepsilon(-k-1)$	$|z| < |a|$	$\dfrac{z(z - a\cos\beta)}{z^2 - 2az\cos\beta + a^2}$	$|z| > |a|$	$a^k \cos(\beta k)\varepsilon(k)$

例 3.2.14 已知象函数

$$F(z) = \frac{z^2}{(z+1)(z-2)} = \frac{z^2}{z^2 - z - 2}$$

其收敛域如下，求其分别对应的原序列 $f(k)$。

(1) $|z| > 2$；　　　(2) $|z| < 1$；　　　(3) $1 < |z| < 2$。

解　利用部分分式展开法进行求解。由 $F(z)$ 可知其极点为 $z_1 = -1, z_2 = 2$。先将 $\dfrac{F(z)}{z}$ 展开为

$$\frac{F(z)}{z} = \frac{z}{(z+1)(z-2)} = \frac{k_1}{z+1} + \frac{k_2}{z-2}$$

由式(3.2.23)得

$$K_1 = (z+1)\frac{F(z)}{z}\Big|_{z=-1} = \frac{1}{3}$$

$$K_2 = (z-2)\frac{F(z)}{z}\Big|_{z=2} = \frac{2}{3}$$

于是得

$$\frac{F(z)}{z} = \frac{\frac{1}{3}}{z+1} + \frac{\frac{2}{3}}{z-2}$$

两边同乘以 z，得

$$F(z) = \frac{\frac{1}{3}z}{z+1} + \frac{\frac{2}{3}z}{z-2} \tag{3.2.28}$$

(1) 当 $|z|>2$ 时，$f(k)$ 为因果序列，查表 3.2.2 得

$$f(k) = \left[\frac{1}{3}(-1)^k + \frac{2}{3}(2)^k\right]\varepsilon(k)$$

(2) 当 $|z|<1$ 时，$f(k)$ 为反因果序列，查表 3.2.3 得

$$f(k) = \left[-\frac{1}{3}(-1)^k - \frac{2}{3}(2)^k\right]\varepsilon(-k-1)$$

(3) 当 $1<|z|<2$ 时，$f(k)$ 为双边序列，根据给定的收敛域可知，式(3.2.28)中第一项为因果序列的象函数，第二项为反因果序列的象函数，则

$$f(k) = \frac{1}{3}(-1)^k\varepsilon(k) - \frac{2}{3}(2)^k\varepsilon(-k-1)$$

由例 3.2.13 可知，用部分分式展开法能得到原序列的闭合形式的解。

2) $F(z)$ 有共轭单极点

若 $F(z)$ 有一对共轭单极点 $z_{1,2}=c\pm \mathrm{j}d$，则 $\dfrac{F(z)}{z}$ 可展开为

$$\frac{F(z)}{z} = \frac{F_a(z)}{z} + \frac{F_b(z)}{z} = \frac{K_1}{z-z_1} + \frac{K_2}{z-z_2} + \frac{F_b(z)}{z} \tag{3.2.29}$$

式(3.2.29)中的 $\dfrac{F_b(z)}{z}$ 是 $\dfrac{F(z)}{z}$ 除共轭极点以外的项。而

$$\frac{F_a(z)}{z} = \frac{K_1}{z-c-\mathrm{j}d} + \frac{K_2}{z-c+\mathrm{j}d} \tag{3.2.30}$$

从数学上可以证明，若 $A(z)$ 是实系数多项式，则 $K_2 = K_1^*$。

将 z_1、z_2 极点写成指数形式，即

$$z_{1,2} = c\pm \mathrm{j}d = \alpha \mathrm{e}^{\pm \mathrm{j}\beta} \tag{3.2.31}$$

其中

$$\alpha = \sqrt{c^2+d^2}$$

$$\beta = \arctan\left(\frac{d}{c}\right)$$

令 $K_1 = |K_1|\mathrm{e}^{\mathrm{j}\theta}$，则 $K_2 = |K_1|\mathrm{e}^{-\mathrm{j}\theta}$，式(3.2.26)可改写为

$$F(z) = \frac{|K_1|\mathrm{e}^{\mathrm{j}\theta}z}{z-\alpha \mathrm{e}^{\mathrm{j}\beta}} + \frac{|K_1|\mathrm{e}^{-\mathrm{j}\theta}z}{z-\alpha \mathrm{e}^{-\mathrm{j}\beta}} \tag{3.2.32}$$

将式(3.2.32)取逆 z 变换，得

若 $|z|>a$, 则

$$
\begin{aligned}
f(k) &= |K_1| \mathrm{e}^{\mathrm{j}\theta} (\alpha \mathrm{e}^{\mathrm{j}\beta})^k \varepsilon(k) + |K_1| \mathrm{e}^{-\mathrm{j}\theta} (\alpha \mathrm{e}^{-\mathrm{j}\beta})^k \varepsilon(k) \\
&= |K_1| \alpha^k \left[\mathrm{e}^{\mathrm{j}(\beta k+\theta)} + \mathrm{e}^{-\mathrm{j}(\beta k+\theta)} \right] \varepsilon(k) \\
&= 2|K_1| \alpha^k \cos(\beta k+\theta) \varepsilon(k)
\end{aligned}
\tag{3.2.33}
$$

若 $|z|<a$, 同理得

$$
f(k) = -2|K_1| \alpha^k \cos(\beta k+\theta) \varepsilon(-k-1)
\tag{3.2.34}
$$

3) $F(z)$ 有重极点

如果 $F(z)$ 在 $z=z_1=a$ 处有 r 重极点, 则 $\dfrac{F(z)}{z}$ 可展开为

$$
\frac{F(z)}{z} = \frac{F_a(z)}{z} + \frac{F_b(z)}{z} = \frac{K_{11}}{(z-a)^r} + \frac{K_{12}}{(z-a)^{r-1}} + \cdots + \frac{K_{1r}}{z-a} + \frac{F_b(z)}{z}
\tag{3.2.35}
$$

式(3.2.35)中的 $\dfrac{F_b(z)}{z}$ 是 $\dfrac{F(z)}{z}$ 除重极点以外的部分, 在 $z=a$ 处 $F_b(z)\neq\infty$。各系数 $K_{1i}(i=1,2,\cdots,r)$ 可用下式求得

$$
K_{1i} = \frac{1}{(i-1)!} \frac{\mathrm{d}^{i-1}}{\mathrm{d}z^{i-1}} \left[(z-a)^r \frac{F(z)}{z} \right] \bigg|_{z=a}
\tag{3.2.36}
$$

将 $K_{1i}(i=1,2,\cdots,r)$ 代入式(3.2.21), 等号两边同乘以 z, 得

$$
F(z) = \frac{K_{11}z}{(z-a)^r} + \frac{K_{12}z}{(z-a)^{r-1}} + \cdots + \frac{K_{1r}z}{z-a} + \frac{F_b(z)}{z}
\tag{3.2.37}
$$

根据给定的收敛域, 查表3.2.3, 可得式(3.2.27)的逆 z 变换。

例 3.2.15 已知象函数

$$
F(z) = \frac{z^3+z^2}{(z-1)^3}, \quad |z|>1
$$

求其原函数。

解 将 $\dfrac{F(z)}{z}$ 展开为

$$
\frac{F(z)}{z} = \frac{z^2+z}{(z-1)^3} = \frac{K_{11}}{(z-1)^3} + \frac{K_{12}}{(z-1)^2} + \frac{K_{13}}{z-1}
$$

$$
K_{11} = (z-1)^3 \frac{F(z)}{z} \bigg|_{z=1} = 2
$$

$$
K_{12} = \frac{\mathrm{d}}{\mathrm{d}z} \left[(z-1)^3 \frac{F(z)}{z} \right] \bigg|_{z=1} = 3
$$

$$
K_{13} = \frac{1}{2} \frac{\mathrm{d}^2}{\mathrm{d}z^2} \left[(z-1)^3 \frac{F(z)}{z} \right] \bigg|_{z=1} = 1
$$

于是

$$
\frac{F(z)}{z} = \frac{2}{(z-1)^3} + \frac{3}{(z-1)^2} + \frac{1}{z-1}
$$

所以

$$
F(z) = \frac{2z}{(z-1)^3} + \frac{3z}{(z-1)^2} + \frac{z}{z-1}
$$

根据收敛域, 查表3.2.3可得逆 z 变换为

$$
f(k) = [k(k-1)+3k+1] \varepsilon(k)
$$

3. 围线积分与留数定理

对 z 变换的定义式(3.2.1)的两边同乘以 z^{m-1},并作围线积分,c 为收敛域中的一条逆时针绕原点的闭合曲线,可得

$$\oint_c F(z)z^{m-1}\mathrm{d}z = \oint_c \sum_{k=-\infty}^{+\infty} f(k)z^{m-k-1}\mathrm{d}z \tag{3.2.38}$$

式(3.2.38)右边交换积分与求和的顺序,得

$$\oint_c F(z)z^{m-1}\mathrm{d}z = \sum_{k=-\infty}^{+\infty} f(k)\left(\oint_c z^{m-k-1}\mathrm{d}z\right) \tag{3.2.39}$$

根据复变函数中的柯西(Cauchy)积分定理

$$\frac{1}{2\pi\mathrm{j}}\oint_c z^{m-1}\mathrm{d}z = \begin{cases} 1, & m=0 \\ 0, & m\neq 0 \end{cases} \tag{3.2.40}$$

可知,式(3.2.39)右端的和式内只有 $k=m$ 时该项不等于零,其他项均为零,即

$$\frac{1}{2\pi\mathrm{j}}\oint_c F(z)z^{m-1}\mathrm{d}z = \sum_{k=-\infty}^{+\infty} f(k)\left[\frac{1}{2\pi\mathrm{j}}\oint_c z^{m-k-1}\mathrm{d}z\right] = f(m)$$

m 用 k 代替可得用围线积分给出的 z 反变换公式,即

$$f(k) = \frac{1}{2\pi\mathrm{j}}\oint_c F(z)z^{k-1}\mathrm{d}z \tag{3.2.41}$$

其中,c 为 $F(z)$ 的收敛域中的一条环绕 z 平面原点的逆时针方向的闭合围线。式(3.2.41)是 z 反变换的一般表达式,k 为整数时均成立。

式(3.2.41)中由于围线 c 包围了 $F(z)z^{k-1}$ 所有的孤立奇点(极点),此积分可以利用留数来计算。根据柯西留数定理,$f(k)$ 等于围线积分 c 内全部极点留数之和,即

$$f(k) = \frac{1}{2\pi\mathrm{j}}\oint_c F(z)z^{k-1}\mathrm{d}z = \sum_{i=1}^{n}\mathrm{Res}\left[F(z)z^{k-1}, p_i\right] \tag{3.2.42}$$

其中,p_i 为 $F(z)z^{k-1}$ 在围线 c 中的极点;$\mathrm{Res}\left[F(z)z^{k-1}, p_i\right]$ 是 $F(z)z^{k-1}$ 在极点 p_i 处的留数。如果 $F(z)z^{k-1}$ 在 $z=p_i$ 处有一阶极点,则该极点的留数为

$$\mathrm{Res}\left[F(z)z^{k-1}, p_i\right] = (z-p_i)F(z)z^{k-1}\big|_{z=p_i} \tag{3.2.43}$$

如果 $F(z)z^{k-1}$ 在 $z=p_i$ 处有 n 阶极点,则该极点的留数计算公式为

$$\mathrm{Res}\left[F(z)z^{k-1}, p_i\right] = \frac{1}{(n-1)!}\frac{\mathrm{d}^{n-1}}{\mathrm{d}z^{n-1}}\left[(z-p_i)^n F(z)z^{k-1}\right]\bigg|_{z=p_i} \tag{3.2.44}$$

3.3　拉普拉斯变换与 z 变换的特点及应用

将时域信号进行变换的原因主要有两点:① 无法或很难从时间信号中快速获取信息;② 直接在时域上进行计算比较复杂。拉普拉斯变换和 z 变换则可以将 LTI 系统求解中的积分计算和累加计算转变为简捷的代数运算,这大大降低了求解微分(差分)方程的计算量。

3.3.1　从拉普拉斯变换到 z 变换

假设连续时间信号 $f(t)$ 存在拉普拉斯变换,且 $F(s)=\mathscr{L}\left[f(t)\right]$。若对连续信号进行周期采样,采样周期为 T,则可得到离散时间信号 $f^*(t)$,用冲激函数表示为

$$f^*(t) = \sum_{k=0}^{+\infty} f(kT)\delta(t - kT) \tag{3.3.1}$$

离散时间信号 $f^*(t)$ 的拉普拉斯变换为

$$F^*(s) = \sum_{k=0}^{+\infty} f(kT)e^{-kTs} \tag{3.3.2}$$

式(3.3.2)称为离散时间信号的拉普拉斯变换,与 z 变换定义式(3.2.2)比较得

$$z = e^{Ts} \tag{3.3.3}$$

$$F(z) = F^*(s) \Big|_{s = \frac{1}{T}\ln z} \tag{3.3.4}$$

可见,z 变换仅仅在拉普拉斯变换中作了变量代换,但这个结果非常有用。需要注意的是,$F(z)$ 是离散信号 $\{f(kT)\}$ 的 z 变换,切勿认为是 $F(z)$ 中的 s 用 z 代替后的式子,即

$$F(z) \neq F(s) \Big|_{s = \frac{1}{T}\ln z}$$

总而言之,z 变换实质上是拉普拉斯变换的一种推广或变形。因此,有些文献中称 z 变换为不连续函数的拉普拉斯变换、脉冲拉普拉斯变换、离散拉普拉斯变换等。

3.3.2 拉普拉斯变换的特点及典型应用

拉普拉斯变换是将时间函数 $f(t)$ 变换为复变函数 $F(s)$,或作相反变换。时域 $f(t)$ 的变量 t 是实数,复频域 $F(s)$ 的变量 s 是复数。变量 s 又称复频率。拉普拉斯变换建立了时域与复频域(s 域)之间的联系。拉普拉斯变换可看作为简化计算而建立的实变量函数和复变量函数间的一种函数变换。对一个实变量函数作拉普拉斯变换,并在复数域中作各种运算,再将运算结果作拉普拉斯反变换来求得实数域中的相应结果,往往比直接在实数域中求出同样的结果在计算上容易得多。拉普拉斯变换的这种运算步骤对求解线性微分方程尤为有效,它可把微分方程化为容易求解的代数方程来处理,从而使计算简化(详见第 4 章)。

在经典控制理论中,对控制系统的分析和综合,都是建立在拉普拉斯变换的基础上的。控制系统引入拉普拉斯变换的一个主要优点是可采用传递函数代替微分方程来描述系统的特性。这就为采用直观和简便的图解方法来确定控制系统的整个特性、分析控制系统的运动过程,以及综合控制系统的校正装置提供了可能性。

采用拉普拉斯变换分析动态电路也非常简单、方便,通常有两种方法:一种是列时域微分方程,利用拉普拉斯变换的性质,将具有初始条件的时域常微分方程组变换为 s 域代数方程组,将求解时域常微分方程变换为求解 s 域代数方程。另一种是将电路的时域模型直接画为 s 域模型,再以 s 域形式的基尔霍夫定律和元件特性为依据,应用等效化简、电路的一般分析方法、各种电路定理等,写出 s 域的代数方程。将关于 s 的代数方程求解后,得到待求量的象函数,再通过拉普拉斯逆变换求得其对应的原函数,也即时域表达式。实际上,应用拉普拉斯变换的 s 域分析方法对高阶电路的分析尤为有用,因为经典时域分析法易于对一阶电路和简单二阶电路进行分析,但对于高阶电路采用时域经典法分析计算时,确定初始条件和积分常数计算很麻烦。拉普拉斯变换能大大简化这些分析计算(此部分在第 4 章有详细阐述)。

3.3.3 z 变换的特点与应用

z 变换是将离散时间序列变换为在复频域的表达式。它在离散时间信号处理中的

地位,如同拉普拉斯变换在连续时间信号处理中的地位,在时间序列分析、数据平滑、数字滤波等领域有广泛的应用。在数学上,z 变换也可以看作是一个洛朗级数。

z 变换可将离散系统的时域数学模型(差分方程)转化为较简单的复频域数学模型代数方程,是简化求解过程的一种有力的数学工具。z 是个复变量,它具有实部和虚部,常常以极坐标形式表示,即 $z = e^{Ts} = e^{\sigma T} e^{j\Omega T}$,其中 $e^{\sigma T}$ 为幅值,ΩT 为相角。以 z 的实部为横坐标,虚部为纵坐标构成的平面称为 z 平面,即离散时间系统(信号)的复域平面。离散时间系统的系统函数(或称传递函数)一般均以该系统对单位序列响应的 z 变换表示。由此可见,z 变换在离散时间系统中的地位与作用,类似于连续时间系统中的拉普拉斯变换。

z 变换的许多重要特性,如线性、时移性、微分性、序列卷积特性和复卷积定理等,这些性质在解决信号处理问题时都具有重要的作用。其中最具有典型意义的是卷积特性。由于信号处理的任务是将输入信号序列经过某个(或一系列)系统的处理后输出所需要的信号序列,因此,首要的问题是如何由输入信号和所使用的系统的特性求得输出信号。通过理论分析可知,若直接在时域中求解,则由于输出信号序列等于输入信号序列与所用系统的单位序列响应的卷积和,故为了求输出信号,必须进行烦琐的求卷积和的运算,而利用 z 变换的卷积特性则可将这一过程大大简化。只要先分别求出输入信号序列及系统的单位序列响应的 z 变换,然后再求出二者乘积的反变换即可得到输出信号序列。这里的反变换即逆 z 变换,是由信号序列的 z 变换返回去求原信号序列的变换方式(见第 4 章离散系统变换域分析)。

课程思政与扩展阅读

3.4 本章小结

对于线性系统的分析,有时变换域分析方法要优于时域的经典分析方法。掌握信号的拉普拉斯变换和 z 变换是掌握变换域分析方法的基础。

本章介绍了拉普拉斯变换的定义、性质,以及拉普拉斯变换和拉普拉斯逆变换的计算,包括计算方法和计算实例;介绍了 z 变换的定义、性质,以及 z 变换和逆 z 变换的计算;介绍了信号变换域分析的特点及应用。

习 题 3

基础题

3.1 根据拉普拉斯变换的性质、定理以及常用函数的拉普拉斯变换,求下列信号的拉普拉斯变换。

(1) $f_1(t) = t\varepsilon(t)$;

(2) $f_2(t) = t\varepsilon(2t - 1)$;

(3) $f_3(t) = \sqrt{2}\cos\left(t + \dfrac{\pi}{4}\right)\varepsilon(t)$;

(4) $f_4(t) = \sqrt{2}e^{-t}\cos\left(t + \dfrac{\pi}{4}\right)\varepsilon(t)$;

(5) $f_5(t) = (2 - 3e^{-t} + e^{-2t})\varepsilon(t)$;

(6) $f_6(t) = e^{-t}\varepsilon(t) - e^{-(t-2)}\varepsilon(t - 2)$;

(7) $f_7(t) = \delta(4t - 2)$; (8) $f_8(t) = \sin\left(2t - \dfrac{\pi}{4}\right)\varepsilon(t)$。

3.2 已知 $F(s) = \mathscr{L}[f(t)] = \dfrac{s}{s^2 + 1}$，求 $\mathscr{L}[e^{-t}f(2t-1)]$。

3.3 已知 $F(s) = \mathscr{L}[f(t)] = \dfrac{s}{s^2 + 5s + 4}$，求 $\mathscr{L}\left[f\left(\dfrac{t}{2}\right)\right]$。

3.4 若 (1) $F_1(s) = \dfrac{2s}{s+1}$；(2) $F_2(s) = \dfrac{2s}{s^2 + 2s + 2}$。求其对应原函数的初值 $f(0_+)$ 和终值 $f(+\infty)$。

3.5 已知 $f(t)$ 是因果信号，其象函数 $F(s) = \mathscr{L}[f(t)] = \dfrac{1}{s^2 - 3s + 2}$，求以下信号的象函数。

(1) $f_1(t) = e^{-t}f\left(\dfrac{t}{2}\right)$； (2) $f_2(t) = e^{-3t}f(2t-1)$。

3.6 求下列象函数的拉普拉斯逆变换，原信号均为因果信号。

(1) $F_1(s) = \dfrac{s+3}{s^2 + 3s + 2}$； (2) $F_2(s) = \dfrac{s+3}{s^2 + 6s + 11}$；

(3) $F_3(s) = \dfrac{s^2 + 3}{(s^2 + 6s + 11)(s+2)}$； (4) $F_4(s) = \dfrac{s^2}{(s+2)(s+1)^2}$；

(5) $F_5(s) = \dfrac{1}{(s+1)s^2}$； (6) $F_6(s) = \dfrac{1}{s^3 + s^2 + 4s + 4}$。

3.7 证明：若 $f_1(t-t_1) * f_2(t-t_2) = f(t-t_1-t_2)$，则 $f_1(t) * f_2(t) = f(t)$，t_1 和 t_2 为实常数。

3.8 求 $f(k) = k\varepsilon(k)$ 的单边 z 变换 $F(z)$。

3.9 求周期为 N 的有始周期性单位序列 $\displaystyle\sum_{m=0}^{+\infty}\delta(k - mN)$ 的 z 变换。

3.10 求下列信号的 z 变换。

(1) $f_1(k) = k[\varepsilon(k) - \varepsilon(k-4)]$； (2) $f_2(k) = \left(\dfrac{2}{5}\right)^k\varepsilon(k)$；

(3) $f_3(k) = \left(\dfrac{2}{5}\right)^k\varepsilon(-k)$； (4) $f_4(k) = -\left(\dfrac{1}{2}\right)^k\varepsilon(-k-1)$；

(5) $f_5(k) = \left(\dfrac{1}{2}\right)^k\varepsilon(k-2)$； (6) $f_6(k) = (k-1)^2\varepsilon(k)$；

(7) $f_7(k) = \sin(k\pi)\varepsilon(k)$； (8) $f_8(k) = \cos\dfrac{k\pi}{4}\varepsilon(k)$。

3.11 已知 $F(z) = \dfrac{z}{z^2 - 7z + 12}$，求 $F(z)$ 在以下三种不同收敛域下的逆变换。

(1) $|z| > 4$； (2) $3 < |z| < 4$； (3) $|z| < 3$。

3.12 求下列象函数的逆 z 变换。

(1) $F_1(z) = \dfrac{z(z-4)}{z^2 - 5z + 6}, |z| > 3$； (2) $F_2(z) = \dfrac{2z}{z^2 - 3z + 2}, |z| > 2$；

(3) $F_3(z) = \dfrac{z}{z^2 - 4}, |z| > 2$； (4) $F_4(z) = \dfrac{z^2}{(z+2)(z+1)^2}, |z| > 2$；

(5) $F_5(z) = \dfrac{z(z^2 - 3z + 4)}{(z-1)^3}, |z| > 1$； (6) $F_6(z) = \dfrac{z}{z^3 + z^2 + 4z + 4}, |z| > 2$。

3.13 已知 $F(z)$ 及其收敛域,求其对应序列的初值 $f(0)$ 和终值 $f(+\infty)$。

(1) $F(z)=\dfrac{z^2}{z^2-1.5z+0.5}, |z|>1$;   (2) $F(z)=\dfrac{z(12z-5)}{6z^2-5z+1}, |z|>\dfrac{1}{2}$。

3.14 计算 $f(k)=(\dfrac{1}{3})\varepsilon(k)-(\dfrac{1}{2})\varepsilon(k)$ 对应的 z 变换 $F(z)$,并利用初值定理计算 $f(0)$。

提高题

3.15 如图所示,已知 $F_1(s)=\mathscr{L}[f_1(t)]$,求 $F_2(s)=\mathscr{L}[f_2(t)]$。

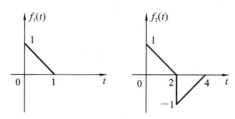

题 3.15 图

3.16 求如下信号的拉普拉斯变换。

(1) $f_1(t)=\displaystyle\int_0^t \sin(\pi\tau)\mathrm{d}\tau$;   (2) $f_2(t)=\dfrac{1}{t}(1-\mathrm{e}^{-at})\varepsilon(t)$;

(3) $f_3(t)=\displaystyle\sum_{n=0}^{+\infty}\delta(t-nT)$;   (4) $f_4(t)=t\varepsilon(2t-1)$。

3.17 若已知 $\mathscr{L}[\cos t\varepsilon(t)]=\dfrac{s}{s^2+1}$,求 $\mathscr{L}[\sin t\varepsilon(t)]$。

3.18 若 $\mathscr{L}[f(t)\varepsilon(t)]=F(s)$,且有实常数 $a>0,b>0$,试证:

(1) $\mathscr{L}[f(at-b)\varepsilon(at-b)]=\dfrac{1}{a}\mathrm{e}^{-\frac{b}{a}s}F\left(\dfrac{s}{a}\right)$;

(2) $\mathscr{L}\left[\dfrac{1}{a}\mathrm{e}^{-\frac{b}{a}t}f\left(\dfrac{t}{a}\right)\varepsilon(t)\right]=F(as-b)$。

3.19 已知 $f(t)$ 是因果信号,其象函数 $F(s)=\mathscr{L}[f(t)]=\dfrac{1}{s^2-4s+6}$,求以下信号的象函数。

(1) $f_1(t)=t\mathrm{e}^{-2t}f(3t)$;   (2) $f_2(t)=tf(2t-1)$。

3.20 有一右边序列,其 z 变换 $F(z)=\dfrac{z}{(2z-1)(z-1)}$。

(1) 将 $F(z)$ 表示成 z 的多项式之比,再作部分分式展开,由展开式求 $f(k)$;

(2) 将 $F(z)$ 表示成 z^{-1} 的多项式之比,再作部分分式展开,由展开式求 $f(k)$,并说明所得到的序列与(1)所得的是一样的。

3.21 已知偶序列 $f(k)(f(k)=f(-k))$,其 z 变换为 $F(z)$。

(1) 根据 z 变换的定义,证明 $F(z)=F\left(\dfrac{1}{z}\right)$。

(2) 根据(1)中的结果,证明若 $F(z)$ 的几个极点(零点)出现在 $z=z_0$,则在 $z=\dfrac{1}{z_0}$ 也一定有一个极点(零点)。

(3) 对下列序列验证(2)的结果：

① $\delta(k+1)+\delta(k-1)$；　　　　② $\delta(k+1)-\dfrac{1}{2}\delta(k)+\delta(k-1)$。

3.22　设 $f(k)$ 是一离散时间信号，其 z 变换为 $F(z)$，对下列信号利用 $F(z)$ 求它们的 z 变换：

(1) $\Delta f(k)$，这里"Δ"记作一次差分算子，定义为 $\Delta f(k)=f(k)-f(k-1)$；

(2) $f_1(k)=\begin{cases} f\left(\dfrac{k}{2}\right), & k\text{ 为偶} \\ 0, & k\text{ 为奇} \end{cases}$；

(3) $f_2(k)=f(2k)$。

3.23　利用 z 变换求卷积和 $f(k)=2^k\varepsilon(-k)*\left[2^{-k}\varepsilon(k)\right]$。

3.24　已知 $f(k)=f_1(k)*f_2(k)$，其中 $f_1(k)=\left(\dfrac{1}{2}\right)^k\varepsilon(k)$，$f_2(k)=\left(\dfrac{1}{3}\right)^k\varepsilon(k)$，利用 z 变换的性质求 $f(k)$ 的 z 变换 $F(z)$。

综合题

3.25　有一拉普拉斯变换为 $F(s)$ 的实值信号 $f(t)$，有 $f(t)=\dfrac{1}{2\pi j}\displaystyle\int_{\sigma-j\infty}^{\sigma+j\infty}F(s)e^{st}ds$。

(1) 对上式两边应用复数共轭，证明 $F(s)=F^*(s^*)$；

(2) 根据(1)的结果，证明若 $F(s)$ 在 $s=s_0$ 有一个极点(零点)，那么在 $s=s_0^*$ 也必须有一个极点(零点)，也就是说，对于实值的 $f(t)$，$F(s)$ 的极点和零点必须共轭成对地出现，除非它们是在实轴上。

3.26　对于某一具体的复数 s，若其拉普拉斯变换的模是有限的，即 $|F(s)|<+\infty$，则这个拉普拉斯变换存在。证明：$F(s)$ 在 $s=s_0=\sigma_0+j\omega_0$ 存在的一个充分条件是 $\displaystyle\int_{-\infty}^{+\infty}|f(t)|e^{-\sigma_0 t}dt<+\infty$，换句话说，证明 $f(t)$ 被 $e^{-\sigma_0 t}$ 指数加权后是绝对可积的。求证时，需要利用复函数 $f(t)$ 的结论：$\left|\displaystyle\int_a^b f(t)dt\right|\leqslant\displaystyle\int_a^b|f(t)|dt$，如果不对该式作严格证明，你能证明这是可能的吗？

3.27　序列 $f(k)$ 的自相关序列定义为 $\phi_{ff}(k)=\displaystyle\sum_{n=-\infty}^{+\infty}f(k)f(k+n)$，利用 $f(k)$ 的 z 变换确定 $\phi_{ff}(k)$ 的 z 变换。

3.28　利用幂级数展开式 $\log(1-\omega)=-\displaystyle\sum_{n=1}^{+\infty}\dfrac{\omega^n}{n}$，$|\omega|<1$，求下面两个 z 变换的反变换。

(1) $X_1(z)=\ln(1-2z)$，$|z|<\dfrac{1}{2}$；　　(2) $X_2(z)=\ln(1-\dfrac{1}{2z})$，$|z|>\dfrac{1}{2}$。

4

系统的变换域分析

系统的时域分析方法不涉及任何变换,直接求解微分(或差分)方程,系统的分析与计算全部在时域内进行,具有直观、物理概念清楚等优点,但也具有明显的不足:系统的时域响应无法直接同原系统的结构与参数关联;系统结构与参数的微小变化,都将导致时域分析从头再来。系统的变换域分析正好弥补了上述的不足。

通过采用拉普拉斯变换和 z 变换,本章将时域描述的连续(或离散)系统映射到复频域(s 域或 z 域)进行分析。经此变换,时域中的微分(或差分)方程变成了复频域中的代数方程,便于运算和求解。本章还引入了系统函数概念,可以更加全面地研究系统特性,为今后系统综合分析、设计打下基础。最后,本章介绍了信号流图以及系统的模拟。

4.1 LTI 连续时间系统的复频域分析

拉普拉斯变换是系统分析的一个强有力的数学工具。它将描述系统的时域微分方程变为复频域的代数方程,便于运算和求解;同时引入系统函数来表征系统,系统函数在 LTI 连续时间系统的分析中应用相当广泛。

4.1.1 LTI 连续时间系统的复频域模型

1. 系统函数定义

假设 LTI 连续时间系统的激励为 $f(t)$,响应为 $y(t)$,描述系统的微分方程的一般形式为

$$\sum_{i=0}^{n} a_i y^{(i)}(t) = \sum_{j=0}^{m} b_j f^{(j)}(t) \tag{4.1.1}$$

其中,系数 $a_i (i=0,1,\cdots,n)$,$b_j (j=0,1,\cdots,m)$ 均为实数。系统在零初始状态条件下,即 $y(0_-)$,$y^{(1)}(0_-)$,$\cdots$,$y^{(n-1)}(0_-)$ 均为 0。

令 $\mathscr{L}[f(t)]=F(s)$,$\mathscr{L}[y(t)]=Y(s)$,则 $y(t)$ 各阶导数的拉普拉斯变换为

$$\mathscr{L}[y^{(i)}(t)]=s^i Y(s) \tag{4.1.2}$$

若 $f(t)$ 在 $t=0$ 时作用于系统,即 $f(0_-)$,$f^{(1)}(0_-)$,$\cdots$,$f^{(m-1)}(0_-)$ 均为 0,则 $f(t)$ 各阶导数的拉普拉斯变换为

$$\mathscr{L}[f^{(j)}(t)]=s^j F(s) \tag{4.1.3}$$

将式(4.1.1)两边进行拉普拉斯变换,并将式(4.1.2)、式(4.1.3)的结果代入,得

$$\left(\sum_{i=0}^{n} a_i s^i\right) Y(s) = \left(\sum_{j=0}^{m} b_j s^j\right) F(s) \tag{4.1.4}$$

为了书写简便,令 $A(s) = \sum_{i=0}^{n} a_i s^i$, $B(s) = \sum_{j=0}^{m} b_j s^j$。由于初始状态为 0,这里的 $Y(s)$ 即为零状态响应的象函数 $Y_{zs}(s)$,故

$$Y_{zs}(s) = \frac{B(s)}{A(s)} F(s) \tag{4.1.5}$$

式(4.1.5)可推出系统函数定义式。系统零状态响应的象函数 $Y_{zs}(s)$ 与激励的象函数 $F(s)$ 之比称为系统函数,用 $H(s)$ 表示,即

$$H(s) = \frac{Y_{zs}(s)}{F(s)} = \frac{B(s)}{A(s)} \tag{4.1.6}$$

由描述系统的微分方程容易写出系统的系统函数 $H(s)$,反之亦然。由式(4.1.6)可知,系统函数只与描述系统的微分方程的系数 a_i、b_j 有关,即只与系统的结构、元件参数等有关,而与外界因素(激励、初始状态等)无关。

引入系统函数的概念后,系统零状态响应 $y_{zs}(t)$ 的象函数可写为

$$Y_{zs}(s) = H(s) F(s) \tag{4.1.7}$$

由冲激响应的定义知,$h(t)$ 是激励 $f(t) = \delta(t)$ 时系统的零状态响应,又因 $\mathscr{L}[\delta(t)] = 1$,故由式(4.1.7)知,冲激响应的拉普拉斯变换为

$$\mathscr{L}[h(t)] = H(s) \tag{4.1.8}$$

即为系统函数。因此,系统的冲激响应 $h(t)$ 与系统函数 $H(s)$ 是拉普拉斯变换对,即

$$h(t) \Leftrightarrow H(s) \tag{4.1.9}$$

对式(4.1.7)进行逆变换,利用时域卷积定理,得零状态响应

$$y_{zs}(t) = \mathscr{L}^{-1}[Y_{zs}(s)] = \mathscr{L}^{-1}[H(s)F(s)] = \mathscr{L}^{-1}[H(s)] * \mathscr{L}^{-1}[F(s)] = h(t) * f(t) \tag{4.1.10}$$

可见,LTI 连续时间系统的零状态响应等于激励的象函数与系统函数乘积的拉普拉斯逆变换。通过拉普拉斯逆变换求零状态响应,使系统分析方法更加丰富,手段更加灵活。

例 4.1.1 已知某 LTI 连续时间系统,当输入 $f(t) = e^{-t}\varepsilon(t)$ 时,零状态响应为

$$y_{zs}(t) = (2e^{-t} - 3e^{-2t} + e^{-3t})\varepsilon(t)$$

求该系统的冲激响应和微分方程。

解 对激励和零状态响应分别进行拉普拉斯变换,得

$$F(s) = \mathscr{L}[f(t)] = \frac{1}{s+1}$$

$$Y_{zs}(s) = \mathscr{L}[y_{zs}(s)] = \frac{2}{s+1} - \frac{3}{s+2} + \frac{1}{s+3} = \frac{s+5}{(s+1)(s+2)(s+3)}$$

根据系统函数 $H(s)$ 的定义有

$$H(s) = \frac{Y_{zs}(s)}{F(s)} = \frac{s+5}{(s+2)(s+3)} = \frac{3}{s+2} - \frac{2}{s+3}$$

对上式进行拉普拉斯逆变换,得

$$h(t) = (3e^{-2t} - 2e^{-3t})\varepsilon(t)$$

系统函数 $H(s)$ 改写成分子、分母的多项式形式为

$$H(s)=\frac{B(s)}{A(s)}=\frac{s+5}{s^2+5s+6}$$

由式(4.1.1)、式(4.1.5)可知:复数域变量 s 与时域微分算子 $\dfrac{\mathrm{d}}{\mathrm{d}t}$ 对应,s 的次幂表示微分的次数;系统函数 $H(s)$ 分子、分母多项式的系数与系统微分方程的系数一一对应,所以系统的微分方程为

$$y''(t)+5y'(t)+6y(t)=f'(t)+5f(t)$$

2. 系统的 s 域框图

工程上常常用时域框图描述系统,可根据时域框图中各基本运算单元的运算关系列出描述该系统的微分方程,用时域法或拉普拉斯变换法求该方程的解。也可根据系统的时域框图画出其相应的 s 域框图,再根据 s 域框图列出关于象函数的代数方程,然后解出系统响应的象函数,取其逆变换求得系统的响应,这样使得运算简化。

对时域中各基本运算单元的输入、输出进行拉普拉斯变换,并利用线性、积分等性质,得各基本运算单元的 s 域模型,如表 4.1.1 所示。

表 4.1.1　各基本运算单元的 s 域模型

名　　称	时　域　模　型	s 域　模　型
数乘器 (标量乘法器)	$f(t) \longrightarrow \boxed{a} \longrightarrow af(t)$ 或 $f(t) \xrightarrow{\ a\ } af(t)$	$F(s) \longrightarrow \boxed{a} \longrightarrow aF(s)$ 或 $F(s) \xrightarrow{\ a\ } aF(s)$
加法器	$f_1(t),\ f_2(t) \to \Sigma \to f_1(t)+f_2(t)$	$F_1(s),\ F_2(s) \to \Sigma \to F_1(s)+F_2(s)$
积分器	$f(t) \longrightarrow \boxed{\int} \longrightarrow \int_{-\infty}^{t} f(\tau)\mathrm{d}\tau$	$F(s) \to \boxed{s^{-1}} \to \Sigma \to s^{-1}F(s)+s^{-1}f^{(-1)}(0_-)$ $s^{-1}f^{(-1)}(0_-)$
积分器 (零状态)	$f(t) \longrightarrow \boxed{\int} \longrightarrow \int_{0}^{t} f(\tau)\mathrm{d}\tau$	$F(s) \longrightarrow \boxed{s^{-1}} \longrightarrow s^{-1}F(s)$

表 4.1.1 中含初始状态的 s 域框图比较复杂,而工程中往往关心的是系统的零状态响应,常采用零状态下的 s 域框图。这时系统的 s 域框图与其时域框图形式上相同,因而使用简便,但它给求零输入响应带来不便。

例 4.1.2　已知某 LTI 连续时间系统的时域框图如图 4.1.1(a)所示,画出零状态下系统的 s 域框图,并求系统函数。

解　按表 4.1.1 中基本运算单元的 s 域模型可画出该系统的 s 域框图,如图 4.1.1(b)所示。设中间变量 $X(s)$,则左边加法器的输出为

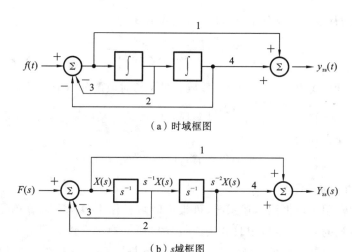

（a）时域框图

（b）s 域框图

图 4.1.1 某 LTI 连续时间系统的时域框图及 s 域框图

$$X(s) = F(s) - 3s^{-1}X(s) - 2s^{-2}X(s)$$

化简上式得

$$X(s) = \frac{1}{1 + 3s^{-1} + 2s^{-2}}F(s)$$

右边加法器的输出为

$$Y_{zs}(s) = X(s) + 4s^{-2}X(s) = \frac{s^2 + 4}{s^2 + 3s + 2}F(s)$$

由系统函数定义得

$$H(s) = \frac{Y_{zs}(s)}{F(s)} = \frac{s^2 + 4}{s^2 + 3s + 2}$$

4.1.2 LTI 连续时间系统的复频域分析

1. 微分方程的复频域方法求解

利用单边拉普拉斯变换不仅可以将描述连续时间系统的时域微分方程变换为 s 域代数方程,而且在此代数方程中同时体现了系统的初始状态。解此代数方程,可分别求得系统的零输入响应、零状态响应和全响应。

设 LTI 连续时间系统的激励为 $f(t)$,响应为 $y(t)$,描述系统的微分方程的一般形式为

$$\sum_{i=0}^{n} a_i y^{(i)}(t) = \sum_{j=0}^{m} b_j f^{(j)}(t) \tag{4.1.11}$$

其中,系数 a_i $(i=0,1,\cdots,n)$, b_j $(j=0,1,\cdots,m)$ 均为实数,设系统的初始状态为 $y(0_-)$, $y^{(1)}(0_-)$, $\cdots$, $y^{(n-1)}(0_-)$。

令 $\mathscr{L}[f(t)] = F(s)$, $\mathscr{L}[y(t)] = Y(s)$。由时域微分定理得 $y(t)$ 及其各阶导数的拉普拉斯变换为

$$\mathscr{L}[y^{(i)}(t)] = s^i Y(s) - \sum_{p=0}^{i-1} s^{i-1-p} y^{(p)}(0_-) \quad (i=0,1,\cdots,n) \tag{4.1.12}$$

设 $f(t)$ 在 $t=0$ 处接入,即 $f(0_-)$, $f^{(1)}(0_-)$, $\cdots$, $f^{(m-1)}(0_-)$ 均为 0,则 $f(t)$ 及其各

阶导数的拉普拉斯变换为

$$\mathscr{L}\left[f^{(j)}(t)\right]=s^{j}F(s) \tag{4.1.13}$$

对式(4.1.11)进行拉普拉斯变换,并将式(4.1.12)、式(4.1.13)代入得

$$\sum_{i=0}^{n}a_{i}\left[s^{i}Y(s)-\sum_{p=0}^{i-1}s^{i-1-p}y^{(p)}(0_{-})\right]=\sum_{j=0}^{m}b_{j}s^{j}F(s) \tag{4.1.14}$$

整理得

$$\left(\sum_{i=0}^{n}a_{i}s^{i}\right)Y(s)-\sum_{i=0}^{n}a_{i}\left[\sum_{p=0}^{i-1}s^{i-1-p}y^{(p)}(0_{-})\right]=\left(\sum_{j=0}^{m}b_{j}s^{j}\right)F(s) \tag{4.1.15}$$

令 $A(s)=\sum_{i=0}^{n}a_{i}s^{i}, B(s)=\sum_{j=0}^{m}b_{j}s^{j}, M(s)=\sum_{i=0}^{n}a_{i}\left[\sum_{p=0}^{i-1}s^{i-1-p}y^{(p)}(0_{-})\right]$,则

$$Y(s)=\frac{M(s)}{A(s)}+\frac{B(s)}{A(s)}F(s) \tag{4.1.16}$$

其中,$A(s)$ 是微分方程(4.1.11)的特征多项式;多项式 $A(s)$ 和 $B(s)$ 的系数仅与微分方程的系数 a_{i}、b_{j} 有关;$M(s)$ 也是关于 s 的多项式,其系数与 a_{i} 及响应的各初始状态有关,而与激励无关。

由式(4.1.16)可知,其第一项仅与初始状态有关,而与输入无关,所以对应零输入响应 $y_{zi}(t)$ 的象函数,记为 $Y_{zi}(s)$;其第二项仅与激励有关,而与初始状态无关,所以对应零状态响应 $y_{zs}(t)$ 的象函数,记为 $Y_{zs}(s)$。于是式(4.1.16)可写为

$$Y(s)=\frac{M(s)}{A(s)}+\frac{B(s)}{A(s)}F(s)=Y_{zi}(s)+Y_{zs}(s) \tag{4.1.17}$$

其中,$Y_{zi}(s)=\frac{M(s)}{A(s)}, Y_{zs}(s)=\frac{B(s)}{A(s)}F(s)$。对式(4.1.17)进行拉普拉斯逆变换,得系统的全响应为

$$y(t)=y_{zi}(t)+y_{zs}(t) \tag{4.1.18}$$

例 4.1.3 描述某 LTI 系统的微分方程为

$$y''(t)+5y'(t)+6y(t)=2f'(t)+6f(t)$$

已知初始状态 $y(0_{-})=1, y'(0_{-})=-1$,激励 $f(t)=5\cos(t)\varepsilon(t)$,求系统的零输入响应、零状态响应和全响应。

解 对微分方程进行拉普拉斯变换,有

$$s^{2}Y(s)-sy(0_{-})-y'(0_{-})+5sY(s)-5y(0_{-})+6Y(s)=2sF(s)+6F(s)$$

即

$$(s^{2}+5s+6)Y(s)-\left[sy(0_{-})+y'(0_{-})+5y(0_{-})\right]=2(s+3)F(s)$$

可得

$$Y(s)=Y_{zi}(s)+Y_{zs}(s)=\frac{sy(0_{-})+y'(0_{-})+5y(0_{-})}{s^{2}+5s+6}+\frac{2(s+3)}{s^{2}+5s+6}F(s)$$

将 $F(s)=\mathscr{L}\left[f(t)\right]=\dfrac{5s}{s^{2}+1}$ 和各初始状态代入上式,整理得

$$Y(s)=\overbrace{\frac{s+4}{(s+2)(s+3)}}^{Y_{zi}(s)}+\overbrace{\frac{2}{s+2}\cdot\frac{5s}{s^{2}+1}}^{Y_{zs}(s)}$$

$$= \overbrace{\frac{2}{s+2} + \frac{-1}{s+3}}^{Y_{zi}(s)} + \overbrace{\underbrace{\frac{-4}{s+2}}_{Y_{自由}(s)} + \underbrace{\frac{\sqrt{5}\mathrm{e}^{-\mathrm{j}26.6°}}{s-\mathrm{j}} + \frac{\sqrt{5}\mathrm{e}^{\mathrm{j}26.6°}}{s+\mathrm{j}}}_{Y_{强迫}(s)}}^{Y_{zs}(s)} \qquad (4.1.19)$$

将式(4.1.19)进行拉普拉斯逆变换,得全响应为

$$y(t) = \overbrace{2\mathrm{e}^{-2t}\varepsilon(t) - \mathrm{e}^{-3t}\varepsilon(t)}^{y_{zi}(t)} \overbrace{\underbrace{-4\mathrm{e}^{-2t}\varepsilon(t)}_{y_{自由}(t)} + \underbrace{2\sqrt{5}\cos(t-26.6°)\varepsilon(t)}_{y_{强迫}(t)}}^{y_{zs}(t)} \qquad (4.1.20)$$

其中,零输入响应为

$$y_{zi}(t) = 2\mathrm{e}^{-2t}\varepsilon(t) - \mathrm{e}^{-3t}\varepsilon(t)$$

零状态响应为

$$y_{zs}(t) = -4\mathrm{e}^{-2t}\varepsilon(t) + 2\sqrt{5}\cos(t-26.6°)\varepsilon(t)$$

由式(4.1.19)可知,$Y(s)$ 的极点由两部分组成,一部分是系统的特征根所形成的极点 -2、-3,另一部分是激励信号象函数 $F(s)$ 的极点 j、$-\mathrm{j}$。由式(4.1.19)和式(4.1.20)可知,系统自由响应 $y_{自由}(t)$ 的象函数 $Y_{自由}(s)$ 的极点为系统的特征根(固有频率),系统强迫响应 $y_{强迫}(t)$ 的象函数 $Y_{强迫}(s)$ 的极点就是 $F(s)$ 的极点,因此,系统自由响应的函数形式由系统的固有频率确定,系统强迫响应的函数形式由激励函数确定。

一般而言,若系统特征根的实部都小于零,那么自由响应函数都呈衰减形式,这时自由响应就是瞬态响应。若 $F(s)$ 极点的实部为零,则强迫响应函数都为等幅振荡(或阶跃函数)形式,这时强迫响应就是稳态响应。如果激励信号本身是衰减函数,当 $t \to \infty$ 时,强迫响应也趋近于零,这时强迫响应与自由响应一起组成瞬态响应,而系统的稳态响应等于零。如果系统有实部大于零的特征根,其响应函数随时间 t 的增大而增大,这时不能再分为瞬态响应和稳态响应。

本例中,系统的特征根为负值,自由响应就是瞬态响应;激励象函数的极点实部为零,强迫响应就是稳态响应。

2. 电路的复频域分析

研究电路问题的基本依据是基尔霍夫电压定律(KVL)、基尔霍夫电流定律(KCL)和电路元件的伏安关系(VCR)。利用拉普拉斯变换的性质,可将这些依据的时域描述转换为等价的复频域描述。

基尔霍夫电压定律和基尔霍夫电流定律的时域描述为

$$\sum u(t) = 0 \qquad (4.1.21)$$

$$\sum i(t) = 0 \qquad (4.1.22)$$

对式(4.1.21)、式(4.1.22)进行拉普拉斯变换,即基尔霍夫电压定律和基尔霍夫电流定律的复频域(s 域)描述为

$$\sum U(s) = 0 \qquad (4.1.23)$$

$$\sum I(s) = 0 \qquad (4.1.24)$$

电阻(R)、电感(L)、电容(C)元件的时域伏安关系分别为

$$u(t) = Ri(t) \tag{4.1.25}$$

$$u(t) = L\frac{di_L(t)}{dt} \tag{4.1.26}$$

$$i(t) = C\frac{du_C(t)}{dt} \tag{4.1.27}$$

对式(4.1.25)、式(4.1.26)、式(4.1.27)进行拉普拉斯变换,得 R、L、C 元件的 s 域伏安关系分别为

$$U(s) = RI(s) \tag{4.1.28}$$

$$U(s) = sLI_L(s) - Li_L(0_-) \tag{4.1.29}$$

$$U_C(s) = \frac{1}{sC}I_C(s) + \frac{u_C(0_-)}{s} \tag{4.1.30}$$

根据式(4.1.28)、式(4.1.29)、式(4.1.30)可画出 R、L、C 元件串联形式的 s 域模型,如图 4.1.2 所示,其中由初始状态引起的附加项用串联的电压源表示。

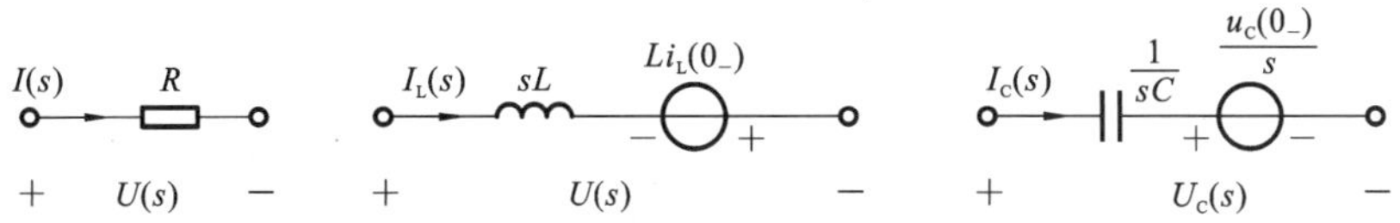

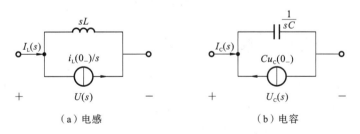

（a）电阻　　　　　　　（b）电感　　　　　　　（c）电容

图 4.1.2　R、L、C 元件串联形式的 s 域模型

将式(4.1.29)、(4.1.30)写成关于电流的表达式,得 L、C 元件的 s 域伏安关系分别为

$$I_L(s) = \frac{1}{sL}U(s) + \frac{i_L(0_-)}{s} \tag{4.1.31}$$

$$I_C(s) = sCU_C(s) - Cu_C(0_-) \tag{4.1.32}$$

根据式(4.1.31)、式(4.1.32)可画出 L、C 元件并联形式的 s 域模型,如图 4.1.3 所示,式中由初始状态引起的附加项用并联的电流源表示。

（a）电感　　　　　　　　　（b）电容

图 4.1.3　L、C 元件并联形式的 s 域模型

这样,在分析电路时,原电路中已知电源都变换为相应的象函数;未知电压、电流也用象函数表示;各电路元件都用其 s 域模型替代,则可画出原电路的 s 域电路模型。利用 s 域的基尔霍夫电压定律、基尔霍夫电流定律解出 s 域电路模型中所求未知响应的象函数,对其进行拉普拉斯逆变换就得到所求的时域响应。

例 4.1.4　在图 4.1.4(a)所示 RC 电路中,已知 $u(t) = \begin{cases} -U_s, & t<0 \\ U_s, & t>0 \end{cases}$,画出该电路的 s 域模型,并计算电压 $u_C(t)$。

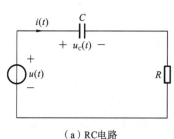 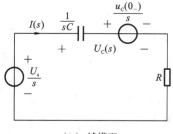

（a）RC电路　　　　　　　　　　　（b）s域模型

图 4.1.4　RC 电路及其 s 域模型

解　求初始值：
$$u_C(0_-) = -U_s$$

画出 s 域模型，如图 4.1.4(b)所示。

根据基尔霍夫定律列 s 域方程：

$$I(s)\left(R + \frac{1}{sC}\right) = \frac{U_s}{s} + \frac{U_s}{s}$$

解得

$$I(s) = \frac{2U_s}{s\left(R + \frac{1}{sC}\right)}$$

则

$$U_C(s) = I(s) \cdot \frac{1}{sC} + \frac{-U_s}{s}$$

展开成部分分式，可得

$$U_C(s) = \frac{U_s}{s} - \frac{2U_s}{s + \frac{1}{RC}}$$

对其进行拉普拉斯逆变换，得

$$u_C(t) = U_s\left(1 - 2e^{-\frac{t}{RC}}\right) \quad (t \geqslant 0)$$

4.2　LTI 离散时间系统的 z 域分析

与拉普拉斯变换类似，z 变换是 LTI 离散时间系统分析的一个强有力的工具。它将描述系统的时域差分方程变为 z 域的代数方程，便于运算和求解；同时引入系统函数来表征系统，系统函数是离散系统分析和设计的基础。

4.2.1　LTI 离散时间系统的 z 域模型

1. 系统函数定义

设 LTI 离散时间系统的激励为 $f(k)$，响应为 $y(k)$，描述 n 阶系统的差分方程的一般形式为

$$\sum_{i=0}^{n} a_{n-i} y(k-i) = \sum_{j=0}^{m} b_{m-j} f(k-j) \tag{4.2.1}$$

其中，系数 $a_{n-i}(i = 0, 1, \cdots, n)$、$b_{m-j}(j = 0, 1, \cdots, m)$ 均为实数，设系统的初始状态为 0，

即 $y(-1) = y(-2) = \cdots = y(-n) = 0$。

令 $\mathscr{Z}[f(k)] = F(z)$，$\mathscr{Z}[y(k)] = Y(z)$。由于初始状态为 0，根据单边 z 变换的移位性质，则 $y(k-i)$ 的 z 变换为

$$\mathscr{Z}[y(k-i)] = z^{-i}Y(z) \tag{4.2.2}$$

设 $f(k)$ 在 $k=0$ 处接入，即 $f(-1) = f(-2) = \cdots = f(-m) = 0$，则 $f(k-j)$ 的 z 变换为

$$\mathscr{Z}[f(k-i)] = z^{-i}F(z) \tag{4.2.3}$$

对式（4.2.1）进行单边 z 变换，并将式（4.2.2）、式（4.2.3）代入得

$$\left(\sum_{i=0}^{n} a_{n-i}z^{-i}\right)Y(z) = \left(\sum_{j=0}^{m} b_{m-j}z^{-j}\right)F(z) \tag{4.2.4}$$

令 $A(z) = \sum_{i=0}^{n} a_{n-i}z^{-i}$，$B(z) = \sum_{j=0}^{m} b_{m-j}z^{-j}$。由于初始状态为 0，所以这里 $Y(z)$ 为零状态响应的 z 变换 $Y_{zs}(z)$，则

$$Y_{zs}(z) = \frac{B(z)}{A(z)}F(z) \tag{4.2.5}$$

系统零状态响应的 z 变换 $Y_{zs}(z)$ 与激励的 z 变换 $F(z)$ 之比称为系统函数，用 $H(z)$ 表示，即

$$H(z) = \frac{Y_{zs}(z)}{F(z)} = \frac{B(z)}{A(z)} \tag{4.2.6}$$

由描述系统的差分方程容易写出系统的系统函数 $H(z)$，反之亦然。由式（4.2.1）、式（4.2.6）可知，系统函数只与描述系统的差分方程的系数 a_{n-i}、b_{m-j} 有关，即只与系统的结构、元件参数等有关，而与激励、初始状态等因素无关。

引入系统函数的概念后，系统零状态响应 $y_{zs}(t)$ 的 z 变换可写为

$$Y_{zs}(z) = H(z)F(z) \tag{4.2.7}$$

单位序列响应 $h(k)$ 是激励为 $\delta(k)$ 时系统的零状态响应，由 $\mathscr{Z}[\delta(k)] = 1$、式（4.2.7）可知，单位序列响应 $h(k)$ 的 z 变换为

$$\mathscr{Z}[h(k)] = H(z) \tag{4.2.8}$$

即系统的单位序列响应 $h(k)$ 与系统函数 $H(z)$ 是一对 z 变换对，即

$$h(k) \Leftrightarrow H(z) \tag{4.2.9}$$

对式（4.2.7）进行逆 z 变换，利用时域卷积定理，得零状态响应

$$\begin{aligned} y_{zs}(k) &= \mathscr{Z}^{-1}[Y_{zs}(z)] = \mathscr{Z}^{-1}[H(z)F(z)] \\ &= \mathscr{Z}^{-1}[H(z)] * \mathscr{Z}^{-1}[F(z)] = h(k) * f(k) \end{aligned} \tag{4.2.10}$$

可见，LTI 离散时间系统的零状态响应等于激励的 z 变换与系统函数乘积的逆 z 变换，通过 z 变换求零状态响应，使系统分析方法更加丰富。

例 4.2.1 已知某 LTI 离散时间系统，当输入 $f(k) = 3\left(-\dfrac{1}{2}\right)^k \varepsilon(k)$ 时，其零状态响应为

$$y_{zs}(k) = \left[\frac{3}{2}\left(\frac{1}{2}\right)^k + 4\left(-\frac{1}{3}\right)^k - \frac{9}{2}\left(-\frac{1}{2}\right)^k\right]\varepsilon(k)$$

求该系统的单位序列响应和差分方程。

解 激励的 z 变换为

$$F(z)=\mathscr{Z}\left[f(k)\right]=\frac{3z}{z+\frac{1}{2}}$$

零状态响应的 z 变换为

$$Y_{zs}(z)=\mathscr{Z}\left[y_{zs}(k)\right]=\frac{3}{2}\frac{z}{z-\frac{1}{2}}+4\frac{z}{z+\frac{1}{3}}-\frac{9}{2}\frac{z}{z+\frac{1}{2}}=\frac{z^3+2z^2}{\left(z-\frac{1}{2}\right)\left(z+\frac{1}{3}\right)\left(z+\frac{1}{2}\right)}$$

根据系统函数 $H(z)$ 的定义有

$$H(z)=\frac{Y_{zs}(z)}{F(z)}=\frac{3z^2+6z}{\left(z-\frac{1}{2}\right)\left(z+\frac{1}{3}\right)}=\frac{3z^2+6z}{z^2-\frac{1}{6}z-\frac{1}{6}} \tag{4.2.11}$$

将式(4.2.11)展开成部分分式,得

$$H(z)=\frac{Y_{zs}(z)}{F(z)}=\frac{3z^2+6z}{\left(z-\frac{1}{2}\right)\left(z+\frac{1}{3}\right)}=\frac{9z}{z-\frac{1}{2}}-\frac{6z}{z+\frac{1}{3}}$$

对上式进行逆 z 变换,得

$$h(k)=\left[9\left(\frac{1}{2}\right)^k-6\left(-\frac{1}{3}\right)^k\right]\varepsilon(k)$$

将式(4.2.11)的分子、分母同乘以 z^{-2},得

$$\frac{Y_{zs}(z)}{F(z)}=\frac{3+6z^{-1}}{1-\frac{1}{6}z^{-1}-\frac{1}{6}z^{-2}}$$

即

$$Y_{zs}(z)-\frac{1}{6}z^{-1}Y_{zs}(z)-\frac{1}{6}z^{-2}Y_{zs}(z)=3F(z)+6z^{-1}F(z)$$

对其进行逆 z 变换,得系统的差分方程为

$$y(k)-\frac{1}{6}y(k-1)-\frac{1}{6}y(k-2)=3f(k)+6f(k-1)$$

2. 系统的 z 域框图

离散系统分析中常用时域框图描述系统,可根据时域框图中各基本运算单元的运算关系列出描述该系统的差分方程,用时域法或 z 变换法求该方程的解。也可根据系统的时域框图画出其相应的 z 域框图,再根据 z 域框图列出代数方程,然后解出系统响应的 z 变换表达式,对其进行逆 z 变换求得系统的响应,这将使运算简化。

对时域中各基本运算单元的输入、输出取 z 变换,并利用线性、位移等性质,得各基本运算单元的 z 域模型,如表 4.2.1 所示。

表 4.2.1 各基本运算单元的 z 域模型

名　称	时　域　模　型	z 域　模　型
数乘器 （标量乘法器）	$f(k)\longrightarrow\!(a)\!\longrightarrow af(k)$ 或 $f(k)\overset{a}{\longrightarrow} af(k)$	$F(z)\longrightarrow\!(a)\!\longrightarrow aF(z)$ 或 $F(z)\overset{a}{\longrightarrow} aF(z)$
加法器	$\begin{array}{c}f_1(k)\\[2pt]\\f_2(k)\end{array}\!\!\searrow\!\!(\Sigma)\!\longrightarrow f_1(k)+f_2(k)$	$\begin{array}{c}F_1(z)\\[2pt]\\F_2(z)\end{array}\!\!\searrow\!\!(\Sigma)\!\longrightarrow F_1(z)+F_2(z)$

续表

名　　称	时 域 模 型	z 域 模 型
延迟单元	$f(k) \longrightarrow \boxed{D} \longrightarrow f(k-1)$	$F(z) \longrightarrow \boxed{z^{-1}} \longrightarrow \Sigma \longrightarrow z^{-1}F(z)+f(-1)$，其中 $f(-1)$ 输入加法器
延迟单元（零状态）	$f(k) \longrightarrow \boxed{D} \longrightarrow f(k-1)$	$F(z) \longrightarrow \boxed{z^{-1}} \longrightarrow z^{-1}F(z)$

由于含初始状态的 z 域框图比较复杂，而工程中往往关心的是系统的零状态响应，常采用零状态下的 z 域框图。这时系统的 z 域框图与其时域框图在形式上相同，因而使用简便，但却给求零输入响应带来不便。

例 4.2.2 已知某 LTI 离散时间系统的时域框图如图 4.2.1(a)所示，画出零状态下系统的 z 域框图，并求系统函数。

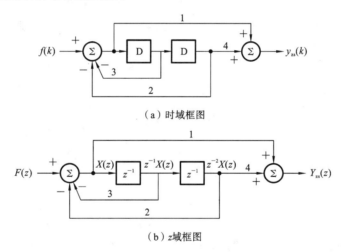

（a）时域框图

（b）z 域框图

图 4.2.1　某 LTI 离散时间系统的时域框图及 z 域框图

解　根据表 4.2.1 中基本运算单元的 z 域模型，可画出该系统的 z 域框图，如图 4.2.1(b)所示。

设中间变量为 $X(z)$，则左边加法器的输出为

$$X(z)=F(z)-3z^{-1}X(z)-2z^{-2}X(z)$$

化简上式得

$$X(z)=\frac{1}{1+3z^{-1}+2z^{-2}}F(z)$$

右边加法器的输出为

$$Y_{zs}(z)=X(z)+4z^{-2}X(z)=\frac{z^2+4}{z^2+3z+2}F(z)$$

由系统函数定义得

$$H(z) = \frac{Y_{zs}(z)}{F(z)} = \frac{z^2 + 4}{z^2 + 3z + 2}$$

4.2.2 LTI 离散时间系统的 z 域分析

1. 差分方程的 z 域解

利用单边 z 变换可以将描述 LTI 离散时间系统的时域差分方程变换为 z 域代数方程,而且在此代数方程中同时体现了系统的初始状态。解此代数方程,可分别求得系统的零输入响应、零状态响应和全响应。

设 LTI 离散时间系统的激励为 $f(k)$,响应为 $y(k)$,描述 n 阶系统的差分方程的一般形式为

$$\sum_{i=0}^{n} a_{n-i} y(k-i) = \sum_{j=0}^{m} b_{m-j} f(k-j) \tag{4.2.12}$$

其中,系数 $a_{n-i}(i=0,1,\cdots,n)$、$b_{m-j}(j=0,1,\cdots,m)$ 均为实数。

令 $\mathscr{L}[f(k)] = F(z)$,$\mathscr{L}[y(k)] = Y(z)$。根据单边 z 变换线性性质和移位性质,则 $y(k-i)$ 的 z 变换为

$$\mathscr{L}[y(k-i)] = z^{-i} Y(z) + \sum_{k=0}^{i-1} y(k-i) z^{-k} \tag{4.2.13}$$

设 $f(k)$ 在 $k=0$ 处接入,即 $f(-1) = f(-2) = \cdots = f(-m) = 0$,则 $f(k-j)$ 的 z 变换为

$$\mathscr{L}[f(k-i)] = z^{-i} F(z) \tag{4.2.14}$$

将式(4.2.12)取单边 z 变换,并将式(4.2.13)、式(4.2.14)代入得

$$\left(\sum_{i=0}^{n} a_{n-i} z^{-i}\right) Y(z) + \sum_{i=0}^{n} a_{n-i} \left[\sum_{k=0}^{i-1} y(k-i) z^{-k}\right] = \left(\sum_{j=0}^{m} b_{m-j} z^{-j}\right) F(z) \tag{4.2.15}$$

令 $A(z) = \sum_{i=0}^{n} a_{n-i} z^{-i}$,$B(z) = \sum_{j=0}^{m} b_{m-j} z^{-j}$,$M(z) = -\sum_{i=0}^{n} a_{n-i} \left[\sum_{k=0}^{i-1} y(k-i) z^{-k}\right]$,则

$$Y(z) = \frac{M(z)}{A(z)} + \frac{B(z)}{A(z)} F(z) \tag{4.2.16}$$

其中,$A(z)$ 和 $B(z)$ 是 z^{-1} 的多项式,它们的系数分别是差分方程的系数 a_{n-i}、b_{m-j}; $M(z)$ 也是 z^{-1} 的多项式,其系数与 a_{n-i} 及响应的各初始状态有关,而与激励无关。

由式(4.2.16)可知,其第一项仅与初始状态有关,而与输入无关,所以对应零输入响应 $y_{zi}(k)$ 的 z 变换,记为 $Y_{zi}(z)$;其第二项仅与激励有关,而与初始状态无关,所以对应零状态响应 $y_{zs}(k)$ 的 z 变换,记为 $Y_{zs}(z)$。于是式(4.2.16)可写为

$$Y(z) = \frac{M(z)}{A(z)} + \frac{B(z)}{A(z)} F(z) = Y_{zi}(z) + Y_{zs}(z) \tag{4.2.17}$$

其中,$Y_{zi}(z) = \dfrac{M(z)}{A(z)}$,$Y_{zs}(z) = \dfrac{B(z)}{A(z)} F(z)$。对式(4.2.17)进行逆 z 变换,得系统的全响应为

$$y(k) = y_{zi}(k) + y_{zs}(k) \tag{4.2.18}$$

例 4.2.3 描述某 LTI 离散时间系统的差分方程为

$$6y(k) - 5y(k-1) + y(k-2) = f(k)$$

已知初始状态 $y(-1) = -6$,$y(-2) = -20$,激励 $f(k) = 10\cos\left(\dfrac{k\pi}{2}\right) \varepsilon(k)$,求系统的零

输入响应、零状态响应和全响应。

解 对差分方程进行 z 变换,整理得

$$Y(z) = \frac{5y(-1) - y(-2) - y(-1)z^{-1}}{6 - 5z^{-1} + z^{-2}} + \frac{F(z)}{6 - 5z^{-1} + z^{-2}}$$

分子、分母同乘以 z^2,并将初始状态和 $F(z) = \dfrac{10z^2}{z^2+1}$ 代入,得

$$Y(z) = Y_{zi}(z) + Y_{zs}(z) = \frac{-10z^2 + 6z}{6z^2 - 5z + 1} + \frac{z^2}{6z^2 - 5z + 1} \cdot \frac{10z^2}{z^2 + 1}$$

$$= \frac{-10z^2 + 6z}{6\left(z - \dfrac{1}{2}\right)\left(z - \dfrac{1}{3}\right)} + \frac{10z^4}{6\left(z - \dfrac{1}{2}\right)\left(z - \dfrac{1}{3}\right)(z^2 + 1)}$$

将上式展开为部分分式,得

$$Y(z) = \overbrace{\underbrace{\frac{z}{z - \dfrac{1}{2}} + \frac{8}{3}\frac{z}{z - \dfrac{1}{3}}}_{Y_{自由}(z)} + \underbrace{\frac{z}{z - \dfrac{1}{2}} - \frac{1}{3}\frac{z}{z - \dfrac{1}{3}}}^{Y_{zs}(z)} + \underbrace{\frac{z^2 + z}{z^2 + 1}}_{Y_{强迫}(z)}}^{Y_{zi}(z)} \qquad (4.2.19)$$

对上式进行逆 z 变换,得全响应:

$$y(k) = \overbrace{\underbrace{\left(\frac{1}{2}\right)^k \varepsilon(k) - \frac{8}{3}\left(\frac{1}{3}\right)^k \varepsilon(k)}_{}}^{y_{zi}(k)} + \underbrace{\left(\frac{1}{2}\right)^k \varepsilon(k) - \frac{1}{3}\left(\frac{1}{3}\right)^k \varepsilon(k)}_{y_{自由}(k)} + \overbrace{\underbrace{\sqrt{2}\cos\left(\frac{k\pi}{2} - \frac{\pi}{4}\right)\varepsilon(k)}_{y_{强迫}(k)}}^{y_{zs}(k)}$$

$$(4.2.20)$$

由式(4.2.19)和式(4.2.20)可知,系统自由响应 $y_{自由}(k)$ 的象函数 $Y_{自由}(z)$ 的极点为系统的特征根(固有频率),系统强迫响应 $y_{强迫}(k)$ 的象函数 $Y_{强迫}(z)$ 的极点就是 $F(z)$ 的极点,因此,系统自由响应的函数形式由系统的固有频率确定,系统强迫响应的函数形式由激励函数确定。

本例中自由响应就是瞬态响应,强迫响应就是稳态响应。如果自由响应中有随 k 增大而增长的项,系统的响应仍可分为自由响应、强迫响应,但不能再分为瞬态响应和稳态响应。

2. s 域与 z 域的关系

至此本书已讨论了两种变换方法,即拉普拉斯变换和 z 变换。这些变换并不是孤立存在的,它们之间有着密切的联系,在一定条件下可以相互转换。下面研究 z 变换和拉普拉斯变换的关系。

在 3.3 节中已经指出复变量 s 与 z 有下列关系:

$$\left.\begin{array}{l} z = \mathrm{e}^{sT} \\ s = \dfrac{1}{T}\ln z \end{array}\right\} \qquad (4.2.21)$$

其中,T 为采样周期。

若 s 用直角坐标形式表示,z 用极坐标形式表示,即

$$\left.\begin{array}{l} s = \sigma + \mathrm{j}\Omega \\ z = \rho \mathrm{e}^{\mathrm{j}\omega} \end{array}\right\} \qquad (4.2.22)$$

将式(4.2.22)代入式(4.2.21)得

$$\rho = e^{\sigma T} \tag{4.2.23}$$

$$\omega = \Omega T \tag{4.2.24}$$

由式(4.2.23)可推出 s 平面与 z 平面的映射关系如表 4.2.2 所示。由表 4.2.2 可知:s 平面的左半平面映射到 z 平面的单位圆内;s 平面的右半平面映射到 z 平面的单位圆外;s 平面的虚轴映射到 z 平面的单位圆上。

表 4.2.2　s 平面与 z 平面的映射关系

平面	位　　置		
s 平面	左半平面($\sigma < 0$)	虚轴($\sigma = 0$)	右半平面($\sigma > 0$)
z 平面	单位圆内($\rho < 1$)	单位圆上($\rho = 1$)	单位圆外($\rho > 1$)

由式(4.2.22)可知,当 s 平面上 $\Omega : -\pi/T \to \pi/T$,$z$ 平面上 $\omega : -\pi \to \pi$,即 s 平面上 Ω 每变化 $2\pi/T$,就映射到整个 z 平面。因此,从 s 平面到 z 平面的映射是多对一的。s 平面与 z 平面的映射如图 4.2.2 所示。

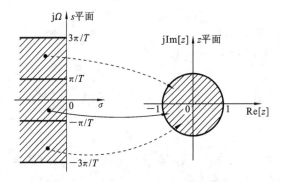

图 4.2.2　s 平面与 z 平面的映射

4.3　系统函数与系统特性

LTI 系统的系统函数 $H(\cdot)$ 既与描述系统的微分(或差分)方程、框图有直接联系,也与系统的冲激响应(连续系统)和单位序列响应(离散系统)密切相关。通过分析 $H(\cdot)$ 在复平面的零极点分布,可以了解系统的时域特性、频域特性(见第 6 章)、因果性与稳定性等。

4.3.1　系统函数的零极点分布

如 4.1 节和 4.2 节所述,LTI 系统的系统函数 $H(\cdot)$ 是复变量 s 或 z 的有理分式,它是 s 或 z 的有理多项式 $B(\cdot)$ 与 $A(\cdot)$ 之比,即

$$H(\cdot) = \frac{B(\cdot)}{A(\cdot)} \tag{4.3.1}$$

连续系统的系统函数

$$H(s) = \frac{B(s)}{A(s)} = \frac{b_m s^m + b_{m-1} s^{m-1} + \cdots + b_1 s + b_0}{s^n + a_{n-1} s^{n-1} + \cdots + a_1 s + a_0} \tag{4.3.2}$$

离散系统的系统函数

$$H(z) = \frac{B(z)}{A(z)} = \frac{b_m z^m + b_{m-1} z^{m-1} + \cdots + b_1 z + b_0}{z^n + a_{n-1} z^{n-1} + \cdots + a_1 z + a_0} \qquad (4.3.3)$$

其中,$A(\cdot) = 0$ 的根 $p_1, p_2, \cdots, p_n$ 称为系统函数 $H(\cdot)$ 的极点;$B(\cdot) = 0$ 的根 ζ_1, $\zeta_2, \cdots, \zeta_n$ 称为系统函数 $H(\cdot)$ 的零点。将 $A(\cdot)$ 和 $B(\cdot)$ 分解因式后,式(4.3.2)和式(4.3.3)可写为

$$H(s) = \frac{B(s)}{A(s)} = b_m \frac{(s - \zeta_1)(s - \zeta_2) \cdots (s - \zeta_m)}{(s - p_1)(s - p_2) \cdots (s - p_n)} = b_m \frac{\prod\limits_{i=1}^{m} (s - \zeta_i)}{\prod\limits_{i=1}^{n} (s - p_i)} \qquad (4.3.4)$$

$$H(z) = \frac{B(z)}{A(z)} = b_m \frac{(z - \zeta_1)(z - \zeta_2) \cdots (z - \zeta_m)}{(z - p_1)(z - p_2) \cdots (z - p_n)} = b_m \frac{\prod\limits_{i=1}^{m} (z - \zeta_i)}{\prod\limits_{i=1}^{n} (z - p_i)} \qquad (4.3.5)$$

零点、极点的值可能是实数、虚数或复数。由于 $A(\cdot)$ 和 $B(\cdot)$ 的系数都是实数,所以若零点、极点为虚数或复数,则必共轭成对,因此,$H(\cdot)$ 的零点、极点有以下几种类型:

(1) 一阶实零点、极点,它们位于 s 平面或 z 平面的实轴上;

(2) 一阶共轭纯虚零点、极点,它们位于虚轴上且关于实轴对称;

(3) 一阶共轭复零点、极点,它们对称于实轴;

(4) 另外还有二阶及二阶以上的实零极点、虚零极点、复零极点。其分布特点与一阶相同。

通常将系统函数的零点、极点绘在 s 平面或 z 平面上,零点用"o"表示,极点用"×"表示,这样得到的图形称为系统函数的零极点分布图。若系统函数的零点、极点是 n 阶重零点、极点,则在相应的零点、极点旁标注 (n)。

例 4.3.1　某连续系统的系统函数为

$$H(s) = \frac{2(s+2)}{(s+1)^2 (s^2 + 1)}$$

试画出该系统函数的零极点分布图。

解　令 $2(s+2) = 0$,得零点:$\zeta_1 = -2$。

令 $(s+1)^2 (s^2 + 1) = 0$,得二阶重极点:$p_1 = -1$;一对共轭虚极点:$p_{2,3} = \pm j$。则该系统函数的零极点分布图如图 4.3.1 所示。

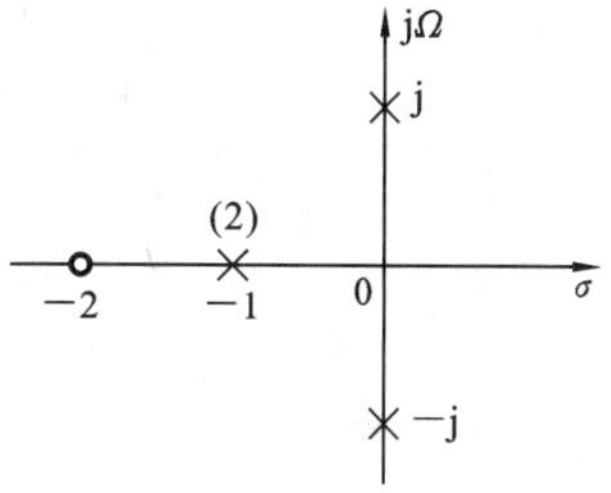

图 4.3.1　系统函数的零极点分布图

研究系统函数的零极点分布可以了解系统的时域特性和频域特性,可判断系统的因果性和稳定性。

4.3.2　系统函数与系统的时域响应

由 4.1 节和 4.2 节可知,系统的自由(固有)响应的函数(或序列)形式由 $H(\cdot)$ 的极点确定,系统的冲激响应 $h(t)$ 或单位序列响应 $h(k)$ 的形式也由系统函数 $H(\cdot)$ 的极点确定。下面讨论 $H(\cdot)$ 的典型极点分布与其对应的时域响应(自由响应、冲激响应、单位序列响应)的函数(序列)形式的关系。

1. 连续系统

连续系统的系统函数 $H(s)$ 的极点按其在 s 平面上的位置可分为三类:左半开平面、虚轴、右半开平面。

(1) s 左半开平面实轴上的单极点 $p=-\alpha(\alpha>0)$,则 $A(s)$ 包含因子 $(s+\alpha)$,其所对应的时域响应函数形式为 $Ke^{-\alpha t}\varepsilon(t)$,为衰减指数信号。

(2) s 左半开平面的共轭单极点 $p_{1,2}=-\alpha\pm j\beta$,则 $A(s)$ 包含因子 $[(s+\alpha)^2+\beta^2]$,其所对应的时域响应函数形式为 $Ke^{-\alpha t}\cos(\beta t+\theta)\varepsilon(t)$,为衰减指数信号。

(3) s 左半开平面的 r 重极点,则 $A(s)$ 包含因子 $(s+\alpha)^r$ 或 $[(s+\alpha)^2+\beta^2]^r$,它们所对应的时域响应函数分别为 $K_i t^i e^{-\alpha t}\varepsilon(t)$ 或 $K_i t^i e^{-\alpha t}\cos(\beta t+\theta_i)\varepsilon(t)(i=0,1,2,\cdots,r-1)$,式中 $K_i、\theta_i$ 为常数。由于式中指数信号 $e^{-\alpha t}$ 的衰减比信号 t^i 的增长快,这里的时域响应函数仍为衰减信号。

(4) s 平面虚轴上的单极点 $p=0$ 或共轭极点 $p_{1,2}=\pm j\beta$,则 $A(s)$ 包含因子 s 或 $(s^2+\beta^2)$,它们所对应的时域响应函数形式分别为 $K\varepsilon(t)$ 或 $K\cos(\beta t+\theta)\varepsilon(t)$,为等幅信号或正弦信号。

(5) s 平面虚轴上的 r 重极点,则 $A(s)$ 包含因子 s^r 或 $(s^2+\beta^2)^r$,它们所对应的时域响应函数形式分别为 $K_i t^i\varepsilon(t)$ 或 $K_i t^i\cos(\beta t+\theta_i)\varepsilon(t)(i=0,1,2,\cdots,r-1)$,为增幅信号。

(6) s 右半开平面实轴上的单极点 $p=\alpha(\alpha>0)$,则 $A(s)$ 包含因子 $(s-\alpha)$,其所对应的时域响应函数形式为 $Ke^{\alpha t}\varepsilon(t)$,为增幅指数信号。若有重极点,其所对应的响应函数仍为增幅指数信号。

(7) s 右半开平面的共轭单极点 $p_{1,2}=\alpha\pm j\beta$,则 $A(s)$ 包含因子 $[(s-\alpha)^2+\beta^2]$,其所对应的时域响应函数形式为 $Ke^{\alpha t}\cos(\beta t+\theta)\varepsilon(t)$,为增幅指数信号。若有重极点,其所对应的响应函数仍为增幅指数信号。

以上不同极点分布下的连续系统响应形式如图 4.3.2 所示。

综上所述,可得如下结论:LTI 连续时间系统的时域响应函数形式由 $H(s)$ 的极点确定;$H(s)$ 在左半开平面的极点所对应的时域响应函数都是衰减的,当 $t\to+\infty$ 时,响应函数趋于零;$H(s)$ 在虚轴上的一阶极点所对应的时域响应函数的幅度不随时间改变;$H(s)$ 在虚轴上的二阶及二阶以上的极点和右半开平面上的极点所对应的时域响应函数均为增幅信号,当 $t\to+\infty$ 时,它们都趋于无穷大。

2. 离散系统

离散系统的系统函数 $H(z)$ 的极点,按其在 z 平面的位置可分为三类:单位圆内、单位圆上和单位圆外。

(1) 单位圆内的实单极点 $p=a(|a|<1)$ 和共轭单极点 $p_{1,2}=ae^{\pm j\beta}(|a|<1)$,则 $A(z)$ 包含因子 $(z-a)$ 或 $(z^2-2az\cos\beta+a^2)$,它们所对应的时域响应序列分别为 $Ka^k\varepsilon(k)$ 或 $Ka^k\cos(\beta k+\varphi)\varepsilon(k)$,式中 $K、\varphi$ 为常数。因为 $|a|<1$,所以响应为衰减指数序列,当 $t\to+\infty$ 时,响应趋零;单位圆内的二阶及二阶以上的极点,其所对应的响应也为衰减序列。

(2) 单位圆上的实单极点 $p=1$(或 -1)和共轭单极点 $p_{1,2}=e^{\pm j\beta}$,则 $A(z)$ 包含因子 $(z-1)、(z+1)$ 或 $(z^2-2z\cos\beta+1)$,它们所对应的时域响应序列分别为 $\varepsilon(k)、$

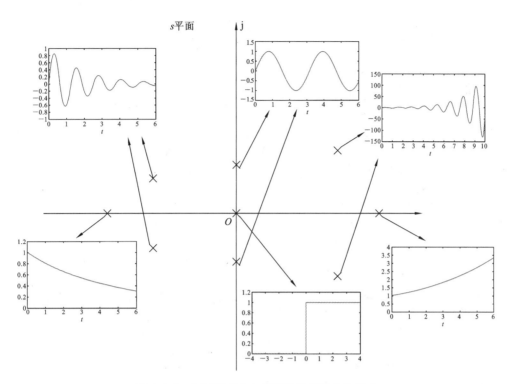

图 4.3.2　不同极点分布下的连续系统响应形式

$(-1)^k \varepsilon(k)$ 或 $K\cos(\beta k + \varphi)\varepsilon(k)$，为等幅序列；单位圆上的二阶及二阶以上的极点，其所对应的响应为增幅序列。

(3) 单位圆外的实单极点 $p = a (|a| > 1)$ 和共轭单极点 $p_{1,2} = a\mathrm{e}^{\pm \mathrm{j}\beta} (|a| > 1)$，则 $A(z)$ 包含因子 $(z - a)$ 或 $(z^2 - 2az\cos\beta + a^2)$，它们所对应的时域响应序列分别为 $Ka^k \varepsilon(k)$ 或 $Ka^k \cos(\beta k + \varphi)\varepsilon(k)$，式中 K、φ 为常数。由于 $|a| > 1$，所以响应为增幅指数序列或增幅振荡序列；单位圆内的二阶及以上的极点，其所对应的响应也为增幅序列。

以上不同极点分布下的离散系统响应形式如图 4.3.3 所示。

综上所述，可得结论如下：LTI 离散时间系统的时域响应序列形式由 $H(z)$ 的极点确定；$H(z)$ 在单位圆内的极点所对应的时域响应序列都是衰减的，当 $k \to +\infty$ 时，响应趋于零；$H(z)$ 在单位圆上的一阶极点所对应的响应序列的幅度不随 k 改变；$H(z)$ 在单位圆上的二阶及以上的极点和单位圆外的极点所对应的响应序列均为增幅信号，当 $k \to +\infty$ 时，它们都趋于无穷大。

4.3.3　系统的因果性与稳定性

1. 系统的因果性

因果系统是指系统的输出只取决于现在的输入和过去的输入，不会超前于输入而出现的系统，即系统对于任意激励

$$f(\cdot) = 0, \quad t(\text{或} k) < 0 \qquad (4.3.6)$$

若系统的零状态响应

$$y_{\text{zs}}(\cdot) = 0, \quad t(\text{或} k) < 0 \qquad (4.3.7)$$

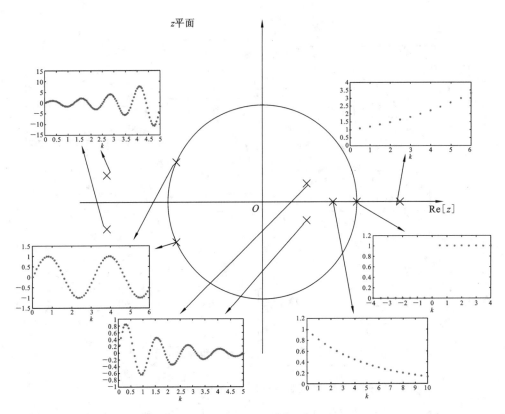

图 4.3.3 不同极点分布下的离散系统响应形式

则该系统称为因果系统,否则称为非因果系统。

1) 连续因果系统

连续因果系统的充分必要条件是:冲激响应

$$h(t) = 0, \quad t < 0 \tag{4.3.8}$$

或者系统函数 $H(s)$ 的收敛域

$$\mathrm{Re}[s] > \sigma_0 \tag{4.3.9}$$

即系统函数的收敛域为收敛轴 σ_0 以右的半平面,也就是说,$H(s)$ 的所有极点均在收敛轴 σ_0 的左边。

2) 离散因果系统

离散因果系统的充分必要条件是:单位序列响应

$$h(k) = 0, \quad k < 0 \tag{4.3.10}$$

或者系统函数 $H(z)$ 的收敛域

$$|z| > \rho_0 \tag{4.3.11}$$

即系统函数的收敛域的半径等于 ρ_0 的圆外域,也就是说,$H(z)$ 的所有极点均在半径等于 ρ_0 的圆内。

2. 系统的稳定性

一个系统,对于任意的有界输入,如果其零状态响应也是有界的,则该系统为有界输入、有界输出的稳定系统。也就是说,设 M_f, M_y 为有限的正实常数,若系统对任意激励

$$|f(\cdot)| < M_f \tag{4.3.12}$$

其零状态响应为

$$|y_{zs}(\cdot)| < M_y \tag{4.3.13}$$

则称该系统是稳定的。

1) 连续稳定系统

连续稳定系统的充分必要条件是：冲激响应绝对可积，即

$$\int_{-\infty}^{+\infty} |h(t)| < +\infty \tag{4.3.14}$$

利用式(4.3.14)判断系统稳定性需要进行积分运算，这给系统的稳定性的判断带来一定的困难。

因为系统函数 $H(s)$ 的收敛域是使 $h(t)\mathrm{e}^{-\sigma t}$ 绝对可积的 σ 的取值范围，当 $\sigma = 0$ 时，其绝对可积等效于式(4.3.14)，所以可从 $H(s)$ 的收敛域来判断系统的稳定性，即连续稳定系统的充分必要条件：系统函数 $H(s)$ 收敛域包含虚轴($\sigma = 0$)。

结合连续因果系统的充分必要条件，可得连续因果稳定系统的充分必要条件：系统函数 $H(s)$ 的全部极点位于 s 平面的左半平面。

2) 离散稳定系统

离散因果系统的充分必要条件是：单位序列响应绝对可和，即

$$\sum_{k=-\infty}^{+\infty} |h(k)| < +\infty \tag{4.3.15}$$

因为系统函数 $H(z)$ 的收敛域是使 $h(k)z^{-k}$ 绝对可和的 z 的取值范围，当 $|z| = 1$ 时，其绝对可和等效于式(4.3.15)，所以可从 $H(z)$ 的收敛域来判断系统的稳定性，即离散稳定系统的充分必要条件：系统函数 $H(z)$ 收敛域包含单位圆。

结合离散因果系统的充分必要条件，可得离散因果稳定系统的充分必要条件：系统函数 $H(z)$ 的所有极点位于单位圆内。

例 4.3.2 已知 LTI 系统差分方程 $y(k) + 1.5y(k-1) - y(k-2) = f(k-1)$。

(1) 若为因果系统，求 $h(k)$，并判断系统是否稳定。

(2) 若为稳定系统，求 $h(k)$，并判断系统是否因果。

解 对差分方程进行单边 z 变换，得

$$Y(z) + 1.5z^{-1}Y(z) - z^{-2}Y(z) = z^{-1}F(z)$$

整理上式得系统函数：

$$H(z) = \frac{z^{-1}}{1 + 1.5z^{-1} - z^{-2}} = \frac{z}{z^2 + 1.5z - 1} = \frac{z}{(z-0.5)(z+2)} = \frac{0.4z}{z-0.5} + \frac{-0.4z}{z+2}$$

(1) 若系统为因果系统，则系统函数 $H(z)$ 的收敛域为圆外域，即 $|z| > 2$，所以

$$h(k) = 0.4[0.5^k - (-2)^k]\varepsilon(k)$$

因为单位序列响应 $h(k)$ 不满足绝对可和的条件，所以系统是不稳定系统。

(2) 若系统为稳定系统，则系统函数 $H(z)$ 的收敛域包含单位圆，即 $0.5 < |z| < 2$，所以

$$h(k) = 0.4(0.5)^k\varepsilon(k) + 0.4(-2)^k\varepsilon(-k-1)$$

因为单位序列响应 $h(k) \neq 0 (k < 0)$，所以系统不是因果系统。

4.4 信号流图与系统结构

4.4.1 信号流图

由前文已知,用方框图描述系统的功能比用微分或差分方程直观。信号流图是用有向的线图描述线性方程变量之间因果关系的一种图,用它描述系统比方框图更加简便,而且通过梅森公式将系统函数与相应的信号流图联系起来,这样信号流图就简单明了地描述了系统的方程、系统函数及框图之间的联系,应用非常广泛。

对于连续系统和离散系统,若撇开二者的物理意义,仅从图的角度而言,两者信号流图的分析方法相同,这里一并讨论。

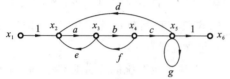

图 4.4.1 典型的信号流图

1. 信号流图

一般而言,信号流图是描述线性方程变量之间因果关系的一种有向图,它是由结点和支路、支路增益组成的几何图形,图 4.4.1 为典型的信号流图。

1) 信号流图的一些术语

结点:信号流图中的每个结点表示一个变量或信号。

支路与支路增益:连接两个结点之间的有向线段称为支路;每条支路上的权值(支路增益)就是该两结点间的系统函数(转移函数)。

源点、汇点与混合结点:仅有出支路的结点称为源点(或输入结点),如图 4.4.1 中的 x_1;仅有入支路的结点称为汇点(或输出结点),如图 4.4.1 中的 x_6;有入、有出的结点为混合结点,如图 4.4.1 中的 x_3。

通路、开通路、闭通路(回路、环)、不接触回路与自回路:沿箭头指向从一个结点到另一结点的路径称为通路;如果通路与任意结点相遇不多于一次,则称为开通路,如图 4.4.1 中的 $x_1 \xrightarrow{1} x_2 \xrightarrow{a} x_3 \xrightarrow{b} x_4 \xrightarrow{c} x_5 \xrightarrow{1} x_6$、$x_4 \xrightarrow{f} x_3 \xrightarrow{e} x_2$;闭合的路径称为闭通路(回路、环),如图 4.4.1 中的 $x_2 \xrightarrow{a} x_3 \xrightarrow{e} x_2$、$x_2 \xrightarrow{a} x_3 \xrightarrow{b} x_4 \xrightarrow{c} x_5 \xrightarrow{d} x_2$;相互没有公共结点的回路,称为不接触回路,如图 4.4.1 中的 $x_2 \xrightarrow{a} x_3 \xrightarrow{e} x_2$ 与 $x_5 \xrightarrow{g} x_5$ 是不接触回路;只有一个结点和一条支路的回路称为自回路,如图 4.4.1 中的 $x_5 \xrightarrow{g} x_5$ 是自回路。

前向通路:从源点到汇点的开通路称为前向通路,如图 4.4.1 中的 $x_1 \xrightarrow{1} x_2 \xrightarrow{a} x_3 \xrightarrow{b} x_4 \xrightarrow{c} x_5 \xrightarrow{1} x_6$ 是前向通路。

前向通路增益与回路增益:前向通路中各支路增益的乘积称为前向通路增益,前向通路 $x_1 \xrightarrow{1} x_2 \xrightarrow{a} x_3 \xrightarrow{b} x_4 \xrightarrow{c} x_5 \xrightarrow{1} x_6$ 的增益为 abc;回路中各支路增益的乘积称为回路增益,回路 $x_2 \xrightarrow{a} x_3 \xrightarrow{e} x_2$ 的增益为 ae。

2) 信号流图的基本性质

(1) 信号只能沿支路箭头方向传输,支路的输出等于该支路的输入与支路增益的乘积。

（2）当结点有多个输入时，该结点将所有输入支路的信号相加，并将和信号传输给所有与该结点相连的输出支路。例如，图 4.4.2 中，$x_4 = ax_1 + bx_2 + cx_3$、$x_5 = dx_4$、$x_6 = ex_4$、$x_7 = fx_4$。

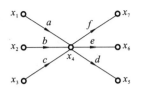

图 4.4.2　信号流图的结点

由于信号流图的结点表示变量，以上两条基本性质实质上表示信号流图的线性性质。LTI 系统的微分（或差分）方程，经拉普拉斯变换（或 z 变换）后是线性代数方程，信号流图描述的正是这类线性代数方程或方程组。

信号流图描述的是代数方程或方程组，因此信号流图可按代数规则进行化简。

3）信号流图化简的基本规则

（1）支路串联。两条增益分别为 a 和 b 的支路相串联，可以合并成一条增益为 ab 的支路，同时消去中间的结点，如图 4.4.3 所示，有

$$x_3 = abx_1 \tag{4.4.1}$$

（2）支路并联。两条增益分别为 a 和 b 的支路相并联，可以合并成一条增益为 $(a+b)$ 的支路，如图 4.4.4 所示，有

$$x_2 = (a+b)x_1 \tag{4.4.2}$$

图 4.4.3　串联支路的合并 　　　　**图 4.4.4　并联支路的合并**

（3）消除自环。如图 4.4.5(a)所示的通路，在 x_2 处有增益为 b 的自环，可化简成增益为 $\dfrac{ac}{1-b}$ 的支路，同时消去结点 x_2，如图 4.4.5(b)所示。这是由于

$$\begin{cases} x_2 = ax_1 + bx_2 \\ x_3 = cx_2 \end{cases} \tag{4.4.3}$$

由以上方程可推出

$$x_3 = \frac{ac}{1-b}x_1 \tag{4.4.4}$$

（a）　　　　　　　　　　　**（b）**

图 4.4.5　自环的消除

例 4.4.1　求图 4.4.6(a)所示信号流图的系统函数。

解　根据串联支路合并规则，将图 4.4.6(a)中回路 $x_1 \to x_2 \to x_1$ 和 $x_1 \to x_2 \to x_3 \to x_1$ 化简为自环，如图 4.4.6(b)所示；将 x_1 到 $Y(s)$ 之间各串、并联支路合并，得图 4.4.6(c)；利用并联支路合并规则，将 x_1 处两个自环合并，然后消去自环，得到图 4.4.6(d)，于是系统函数为

$$H(s) = \frac{Y(s)}{F(s)} = \frac{b_2 + b_1 s^{-1} + b_0 s^{-2}}{1 + a_1 s^{-1} + a_0 s^{-2}} = \frac{b_2 s^2 + b_1 s + b_0}{s^2 + a_1 s + a_0}$$

2. 梅森公式

对于信号流图，用上述化简方法求系统函数比较烦琐，而利用梅森公式可很方便地

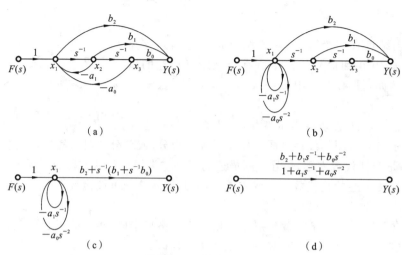

图 4.4.6 例 4.4.1 图

求得系统函数。

梅森公式如下：

$$H = \frac{1}{\Delta} \sum_i P_i \Delta_i \qquad (4.4.5)$$

式中

$$\Delta = 1 - \sum_j L_j + \sum_{m,n} L_m L_n - \sum_{p,q,r} L_p L_q L_r + \cdots \qquad (4.4.6)$$

Δ 为信号流图的特征行列式，其中 $\sum_j L_j$ 为所有不同回路的增益之和；$\sum_{m,n} L_m L_n$ 为所有两两不接触回路的增益乘积之和；$\sum_{p,q,r} L_p L_q L_r$ 为所有三三不接触回路的增益乘积之和。

式(4.4.5)中，i 为由源点到汇点的第 i 条前向通路的标号；P_i 为由源点到汇点的第 i 条前向通路增益；Δ_i 为第 i 条前向通路特征行列式的余因子，它是与第 i 条前向通路不相接触的子图的特征行列式。

例 4.4.2 求图 4.4.7 所示信号流图的系统函数。

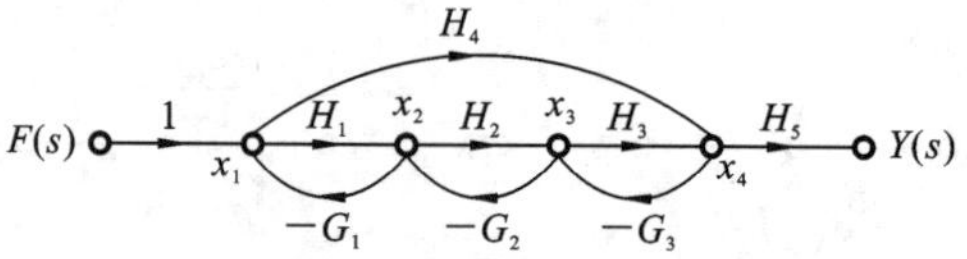

图 4.4.7 例 4.4.2 图

解 先求信号流图特征行列式 Δ。由于图 4.4.7 中的流图共有 4 个回路，各回路增益如下。

$x_1 \to x_2 \to x_1$ 回路：

$$L_1 = -G_1 H_1$$

$x_2 \to x_3 \to x_2$ 回路：

$$L_2 = -G_2 H_2$$

$x_3 \to x_4 \to x_3$ 回路：

$$L_3 = -G_3 H_3$$

$x_1 \to x_4 \to x_3 \to x_2 \to x_1$ 回路：

$$L_4 = -G_1 G_2 G_3 H_4$$

它只有一对两两互不接触的回路：L_1 与 L_3，其回路增益乘积为

$$L_1 L_3 = G_1 G_3 H_1 H_3$$

没有三个以上的互不接触回路，所以由式(4.4.6)得特征行列式为

$$\Delta = 1 - \sum_j L_j + \sum_{m,n} L_m L_n = 1 + (G_1 H_1 + G_2 H_2 + G_3 H_3 + G_1 G_2 G_3 H_4) + G_1 G_3 H_1 H_3$$

再求其他参数。图 4.4.7 有两条前向通路。

对于前向通路 $F(s) \rightarrow x_1 \rightarrow x_2 \rightarrow x_3 \rightarrow x_4 \rightarrow Y(s)$，其增益为

$$P_1 = H_1 H_2 H_3 H_5$$

由于各回路都与该通路相接触，所以

$$\Delta_1 = 1$$

对于前向通路 $F(s) \rightarrow x_1 \rightarrow x_4 \rightarrow Y(s)$，其增益为

$$P_2 = H_4 H_5$$

不与 P_2 接触的回路有 L_2，所以

$$\Delta_2 = 1 - \sum_j L_j = 1 + G_2 H_2$$

最后，由式(4.4.5)得系统函数为

$$H(s) = \frac{Y(s)}{F(s)} = \frac{H_1 H_2 H_3 H_5 + H_4 H_5 (1 + G_2 H_2)}{1 + G_1 H_1 + G_2 H_2 + G_3 H_3 + G_1 G_2 G_3 H_4 + G_1 G_3 H_1 H_3}$$

4.4.2 系统结构

梅森公式可将信号流图转换为系统函数，反过来，若系统函数已知，也可构造合适的系统结构(信号流图或框图)来模拟此系统。对于不同的系统函数通常有多种不同的实现方案，常用的有直接型、级联型和并联型。连续系统和离散系统的实现方法相同，在此一并讨论。

1. 直接型

先讨论比较简单的二阶系统，设二阶系统的系统函数为

$$H(s) = \frac{b_2 s^2 + b_1 s + b_0}{s^2 + a_1 s + a_0}$$

将分子、分母同乘以 s^{-2}，上式可写为

$$H(s) = \frac{b_2 + b_1 s^{-1} + b_0 s^{-2}}{1 + a_1 s^{-1} + a_0 s^{-2}} = \frac{b_2 + b_1 s^{-1} + b_0 s^{-2}}{1 - (-a_1 s^{-1} - a_0 s^{-2})} \tag{4.4.7}$$

根据梅森公式，式(4.4.7)的分母可看作为特征行列式 Δ，括号内表示有两个互相接触的回路，其增益分别为 $-a_1 s^{-1}$ 和 $-a_0 s^{-2}$；分子表示三条前向通路，其增益分别为 b_2、$b_1 s^{-1}$ 和 $b_0 s^{-2}$，并且不与各前向通路相接触的特征行列式 $\Delta_i = 1 (i = 1, 2, 3)$，也就是说，信号流图中的两个回路都与各前向通路相接触。这样就可得到图 4.4.8(a)和 4.4.8(c)的两种信号流图，其相应的 s 域框图如图 4.4.8(b)和 4.4.8(d)所示。

由图 4.4.8 可知，图 4.4.8(c)是由图 4.4.8(a)中所有支路的信号传输方向翻转，并把原点与汇点对调所得，反之亦然。

以上的分析方法可以推广到高阶系统的情形。例如，系统函数($m \leqslant n$)：

$$H(s) = \frac{b_m s^m + b_{m-1} s^{m-1} + \cdots + b_1 s + b_0}{s^n + a_{n-1} s^{n-1} + \cdots + a_1 s + a_0}$$

$$= \frac{b_m s^{-(n-m)} + b_{m-1} s^{-(n-m+1)} + \cdots + b_1 s^{-(n-1)} + b_0 s^{-n}}{1 + a_{n-1} s^{-1} + \cdots + a_1 s^{-(n-1)} + a_0 s^{-n}} \tag{4.4.8}$$

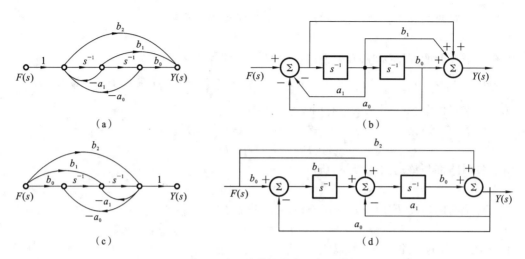

图 4.4.8 二阶系统的信号流图与系统框图

根据梅森公式，式(4.4.8)的分母可看作是 n 个回路组成的特征行列式，而且各回路都相互接触；分母可看作是 $(m+1)$ 条前向通路的增益，并且不与各前向通路相接触的特征行列式 $\Delta_i = 1(i=1,2,\cdots,m,m+1)$，也就是说，信号流图中各前向通路都没有不接触回路。从而得到图 4.4.9(a)和 4.4.9(b)的两种直接型的信号流图。

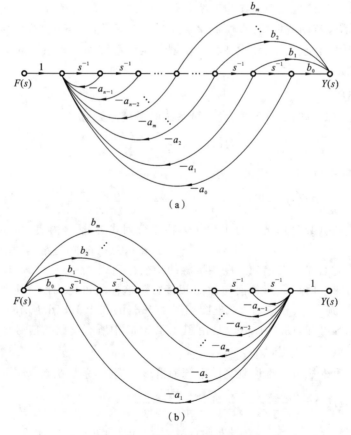

图 4.4.9 高阶系统的信号流图

观察图 4.4.9(a)和 4.4.9(b)可以发现,如果把图 4.4.9(a)中所有支路的信号传输方向都反转,并且把源点与汇点对调,就得到图 4.4.9(b)。信号流图的这种变换称为转置。因此可以得出结论:信号流图转置以后,其转移函数即系统函数保持不变。

在以上的讨论中,若将复变量 s 换成 z,则以上论述对离散系统也适用,这里不再赘述。

例 4.4.3 某连续系统的系统函数为

$$H(s)=\frac{2s+4}{s^3+3s^2+5s+3}$$

用直接型结构模拟此系统。

解 将系统 $H(s)$ 改写为

$$H(s)=\frac{2s^{-2}+4s^{-3}}{1-(-3s^{-1}-5s^{-2}-3s^{-3})}$$

根据梅森公式,可画出上式的信号流图,如图 4.4.10(a)所示。将图 4.4.10(a)转置得到另一种直接形式的信号流图,如图 4.4.10(b)所示。其相应的系统框图如图 4.4.10(c)和图 4.4.10(d)所示。

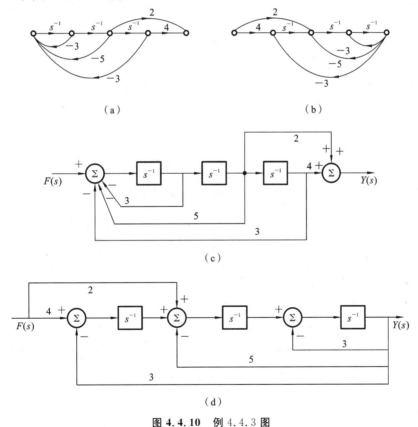

图 4.4.10 例 4.4.3 图

例 4.4.4 某离散系统的系统函数为

$$H(z)=\frac{0.5z^3-z^2}{z^3-0.5z+0.25}$$

用直接型结构模拟此系统。

解 将系统 $H(z)$ 改写为

$$H(z) = \frac{0.5 - z^{-1}}{1 - (0.5z^{-2} - 0.25z^{-3})}$$

根据梅森公式,可得其直接型的一种信号流图,如图 4.4.11(a)所示。图 4.4.11 (b)是与其相应的系统框图。

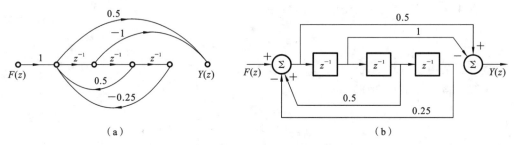

（a）　　　　　　　　　　　（b）

图 4.4.11　例 4.4.4 图

2. 级联型与并联型

级联型结构是将系统函数 $H(s)$(或 $H(z)$)分解为几个较简单的子系统函数的乘积,即

$$H(s) = H_1(s)H_2(s)\cdots H_l(s) = \prod_{i=1}^{l} H_i(s) \tag{4.4.9}$$

其框图形式如图 4.4.12 所示,其中每一个子系统可用直接型结构实现。

并联型结构是将系统函数 $H(s)$(或 $H(z)$)分解为几个较简单的子系统函数的和,即

$$H(s) = H_1(s) + H_2(s) + \cdots + H_l(s) = \sum_{i=1}^{l} H_i(s) \tag{4.4.10}$$

其框图形式如图 4.4.13 所示,其中每一个子系统可用直接型结构实现。

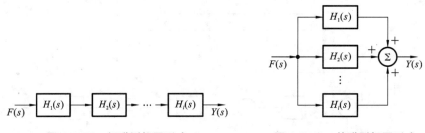

图 4.4.12　级联型框图形式　　　**图 4.4.13　并联型框图形式**

通常各子系统选用一阶函数和二阶函数,分别称为一阶节、二阶节,其函数形式分别为

$$H_i(s) = \frac{b_{1i} + b_{0i}s^{-1}}{1 + a_{0i}s^{-1}} \tag{4.4.11}$$

$$H_i(s) = \frac{b_{2i} + b_{1i}s^{-1} + b_{0i}s^{-2}}{1 + a_{1i}s^{-1} + a_{0i}s^{-2}} \tag{4.4.12}$$

一阶系统和二阶系统的信号流图和相应框图如图 4.4.14 所示。

无论是级联型结构还是并联型结构,都需要将 $H(s)$(或 $H(z)$)的分母多项式(对

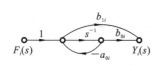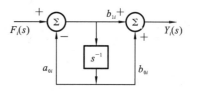

（a）一阶系统

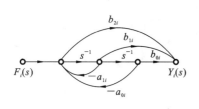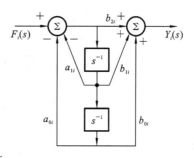

（b）二阶系统

图 4.4.14　一阶系统和二阶系统的信号流图和相应框图

于级联还有分子多项式）分解为一次因式（$s+a_{0i}$）与二次因式（$s^2+a_{1i}s+a_{0i}$）的乘积，这些因式的系数必须是实数。也就是说，$H(s)$ 的实极点可构成一阶节的分母，也可组合成二阶节的分母，而一对共轭复极点可构成二阶节的分母。

级联型结构和并联型结构的调试较为方便，当调节某子系统的参数时，只改变该子系统的零点或极点位置，对其余子系统的极点位置没有影响，而对于直接型结构，当调节某个参数时，所有的零点、极点位置都将变动。

例 4.4.5　某连续系统的系统函数为

$$H(s)=\frac{2s+4}{s^3+3s^2+5s+3}$$

用级联型结构和并联型结构模拟该系统。

解　（1）级联型结构。

首先将 $H(s)$ 的分子、分母多项式分解因式，得

$$H(s)=\frac{2(s+2)}{(s+1)(s^2+2s+3)}$$

将上式写成一阶节与二阶节的乘积，令

$$H_1(s)=\frac{2}{s+1}=\frac{2s^{-1}}{1+s^{-1}}$$

$$H_2(s)=\frac{s+2}{s^2+2s+3}$$

上式中一阶节与二阶节的信号流图如图 4.4.15（a）和图 4.4.15（b）所示，将二者级联后，如图 4.4.15（c）所示，其相应的系统框图如图 4.4.15（d）所示。

（2）并联型结构。

系统函数 $H(s)$ 的极点为 $p_1=-1$、$p_2=-1+\mathrm{j}\sqrt{2}$、$p_3=-1-\mathrm{j}\sqrt{2}$，将它展开为部分分式，得

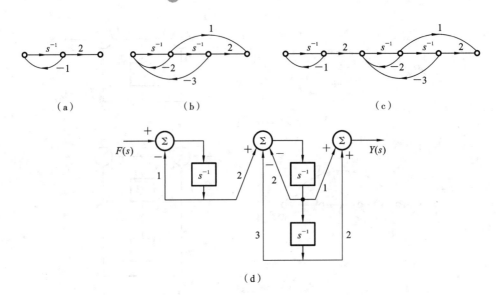

（a）   （b）   （c）

（d）

图 4.4.15　级联实现

$$H(s)=\frac{2(s+2)}{(s+1)(s^2+2s+3)}=\frac{1}{s+1}+\frac{-\frac{1}{2}(1+j\sqrt{2})}{s+1-j\sqrt{2}}+\frac{-\frac{1}{2}(1-j\sqrt{2})}{s+1+j\sqrt{2}}$$

将上式后两项合并，得

$$H(s)=\frac{1}{s+1}+\frac{-s+1}{s^2+2s+3}$$

令

$$H_1(s)=\frac{1}{s+1}=\frac{s^{-1}}{1+s^{-1}}$$

$$H_2(s)=\frac{-s+1}{s^2+2s+3}=\frac{-s^{-1}+s^{-2}}{1+2s^{-1}+3s^{-2}}$$

分别画出 $H_1(s)$ 和 $H_2(s)$ 的信号流图，将二者并联得 $H(s)$ 的信号流图如图 4.4.16(a) 所示，其相应的系统框图如图 4.4.16(b) 所示。

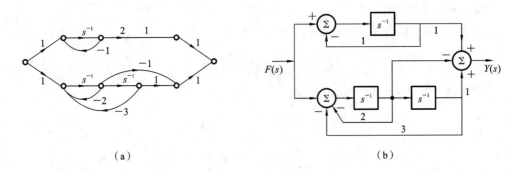

（a）   （b）

图 4.4.16　并联实现

例 4.4.6　某离散系统的系统函数为

$$H(z)=\frac{2z^3-2z}{z^3-\frac{1}{2}z^2+\frac{1}{4}z-\frac{1}{8}}$$

用级联型结构和并联型结构模拟该系统。

解 (1) 级联型结构。

将 $H(z)$ 的分子、分母多项式分解因式,得

$$H(z)=\frac{2z(z^2-1)}{\left(z-\frac{1}{2}\right)\left(z^2+\frac{1}{4}\right)}$$

将上式写成一阶节与二阶节的乘积,令

$$H_1(z)=\frac{2z}{z-\frac{1}{2}}=\frac{2}{1-0.5z^{-1}}$$

$$H_2(z)=\frac{z^2-1}{z^2+\frac{1}{4}}=\frac{1-z^{-2}}{1+0.25z^{-2}}$$

上式中一阶节与二阶节的信号流图如图 4.4.17(a) 所示,将二者级联后,其相应的系统框图如图 4.4.17(b) 所示。

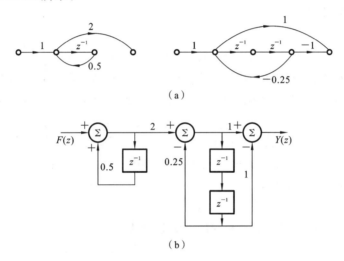

（a）

（b）

图 4.4.17 例 4.4.6 的级联实现

(2) 并联型结构。

系统函数 $H(z)$ 的极点为 $p_1=0.5$、$p_2=\mathrm{j}0.5$、$p_3=-\mathrm{j}0.5$,将它展开为部分分式,得

$$H(z)=\frac{2z(z^2-1)}{\left(z-\frac{1}{2}\right)\left(z^2+\frac{1}{4}\right)}=\frac{-3z}{z-0.5}+\frac{2.5(1-\mathrm{j}1)z}{z-\mathrm{j}0.5}+\frac{2.5(1+\mathrm{j}1)z}{z+\mathrm{j}0.5}$$

将上式后两项合并,得

$$H(z)=\frac{2z(z^2-1)}{\left(z-\frac{1}{2}\right)\left(z^2+\frac{1}{4}\right)}=\frac{-3z}{z-0.5}+\frac{5z^2+2.5z}{z^2+0.25}$$

令

$$H_1(z)=\frac{-3z}{z-0.5}$$

$$H_2(z)=\frac{5z^2+2.5z}{z^2+0.25}$$

画出它们的信号流图,将二者并联后,其相应的系统框图如图 4.4.18 所示。

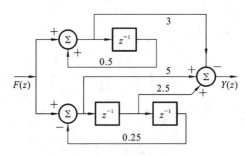

图 4.4.18 例 4.4.6 的并联实现

课程思政与扩展阅读

4.5 本章小结

本章讨论了系统的变换域分析,即连续系统的 s 域分析和离散系统的 z 域分析;分析了系统函数极点分布与时域特性(时域响应、系统因果性、稳定性)之间的关系;研究了信号流图与系统的方程、系统函数和系统框图之间的联系以及系统结构的三种实现方式。

扩展阅读部分提供了拉普拉斯变换、z 变换的应用实例及几篇相关科研文献,有利于学生了解拉普拉斯变换、z 变换的具体应用,学会应用这两种变换解决科研实践问题,从而提高科研创新能力。

习 题 4

基础题

4.1 描述某 LTI 系统的微分方程为

$$y''(t) + 4y'(t) + 3y(t) = f'(t) - 3f(t)$$

求该系统的冲激响应 $h(t)$。

4.2 描述某 LTI 系统的微分方程为

$$y'(t) + 2y(t) = f'(t) + f(t)$$

用拉普拉斯变换法求下列激励下的零状态响应。

(1) $f(t) = \varepsilon(t)$;   (2) $f(t) = e^{-2t}\varepsilon(t)$。

4.3 试求如图所示系统框图所表示系统的系统函数。

4.4 用拉普拉斯变换法求微分方程

$$y''(t) + 5y'(t) + 6y(t) = 3f(t)$$

在下列条件下的零输入响应和零状态响应。

(1) 已知 $f(t) = \varepsilon(t), y(0_-) = 1, y'(0_-) = 2$;

(2) 已知 $f(t) = e^{-t}\varepsilon(t), y(0_-) = 0, y'(0_-) = 1$。

4.5 描述某 LTI 系统的微分方程为

$$y''(t)+3y'(t)+2y(t)=f'(t)+4f(t)$$

求在下列条件下的零输入响应和零状态响应。

(1) $f(t)=\varepsilon(t)$，$y(0_-)=1$，$y'(0_-)=3$；

(2) $f(t)=e^{-2t}\varepsilon(t)$，$y(0_-)=1$，$y'(0_-)=2$。

4.6　如图所示电路，其输入为单位阶跃函数 $\varepsilon(t)$，求电压 $u(t)$ 的零状态响应。

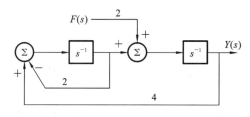
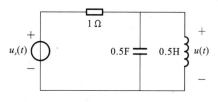

题 4.3 图　　　　　　　　　　　题 4.6 图

4.7　某初始状态为零的 LTI 离散时间系统，当输入 $x(k)=\varepsilon(k)$ 时，测得输出为

$$y(k)=\left[\left(\frac{1}{2}\right)^k-\left(\frac{1}{3}\right)^k+2\right]\varepsilon(k)$$

试确定描述该系统的差分方程。

4.8　某 LTI 离散时间系统初始状态为 $y(-1)=8$，$y(-2)=2$，当 $f(k)=(0.5)^k\varepsilon(k)$ 时，输出响应为

$$y(k)=4(0.5)^k\varepsilon(k)-0.5(0.5)^{k-1}\varepsilon(k-1)-(-0.5)^k\varepsilon(k)$$

求系统函数 $H(z)$。

4.9　某 LTI 离散时间系统的差分方程为

$$y(k)+3y(k-1)+2y(k-2)=f(k)$$

已知 $f(k)=\varepsilon(k)$，$y(-1)=-2$，$y(-2)=3$，由 z 域求解：

(1) 系统函数 $H(z)$，单位冲激响应 $h(k)$；

(2) 零输入响应 $y_{zi}(k)$，零状态响应 $y_{zs}(k)$，完全响应 $y(k)$。

4.10　用 z 变换法解下列齐次差分方程。

(1) $y(k)-0.9y(k-1)=0$，$y(-1)=1$；

(2) $y(k+2)-y(k-1)-2y(k)=0$，$y(0)=0$，$y(1)=3$。

4.11　用 z 变换法解下列差分方程的全解。

(1) $y(k)-0.9y(k-1)=0.1\varepsilon(k)$，$y(-1)=2$；

(2) $y(k+2)-y(k-1)-2y(k)=\varepsilon(k)$，$y(0)=1$，$y(1)=1$。

4.12　描述某 LTI 离散时间系统的差分方程为

$$y(k)-y(k-1)-2y(k-2)=f(k)$$

已知 $y(-1)=-1$，$y(-2)=\dfrac{1}{4}$，$f(k)=\varepsilon(k)$，求该系统的零输入响应、零状态响应及全响应。

4.13　描述某 LTI 离散时间系统的差分方程为

$$y(k+2)-0.7y(k+1)+0.1y(k)=7f(k+1)-2f(k)$$

已知 $y(-1)=-4$，$y(-2)=-38$，$f(k)=(0.4)^k\varepsilon(k)$，求该系统的零输入响应、零状态响应及全响应。

4.14　已知下列因果 LTI 连续时间系统的系统函数 $H(s)$，试判断系统是否稳定。

(1) $H(s) = \dfrac{100}{s+100}$; (2) $H(s) = \dfrac{3}{s(s+2)}$;

(3) $H(s) = \dfrac{1}{s^2+16}$; (4) $H(s) = \dfrac{s-10}{s^2+4s+29}$。

4.15 系统函数 $H(s)$ 的零点、极点分布如下,写出其 $H(s)$ 的表达式。

(1) 零点为 0、$-2\pm j1$,极点为 -3、$-1\pm j3$,且 $H(-2) = -1$;

(2) 零点为 0、$\pm j3$,极点为 $\pm j2$、$\pm j4$,且 $H(j1) = j\dfrac{8}{15}$。

4.16 如图所示为反馈因果系统,已知 $G(s) = \dfrac{s}{s^2+4s+4}$,$K$ 为常数。为使系统稳定,试确定 K 值的范围。

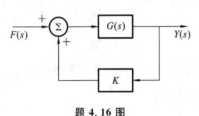

题 4.16 图

4.17 已知某因果 LTI 离散时间系统的系统函数为

$$H(z) = \dfrac{z+1}{z\left(z^2+2z+\dfrac{3}{4}\right)}$$

试画出零极点分布图并判断系统的稳定性。

4.18 描述离散系统的差分方程为

(1) $y(k) + y(k-1) - \dfrac{3}{4}y(k-2) = 2f(k) - f(k-1)$;

(2) $y(k) - \dfrac{1}{2}y(k-1) + \dfrac{1}{8}y(k-2) = \dfrac{1}{2}f(k) + f(k-1)$。

求其系统函数 $H(z)$ 及零点、极点。

4.19 某离散因果系统的系统函数为

$$H(z) = \dfrac{z^2-1}{z^2+0.5z+(K+1)}$$

为使系统稳定,K 应满足什么条件?

4.20 已知某 LTI 离散时间系统函数的零极点分布图如图所示,试定性画出该系统单位序列响应的波形。

4.21 试用直接型结构、级联型结构和并联型结构模拟下列系统。

(1) $H(s) = \dfrac{5(s+1)}{(s+2)(s+5)}$; (2) $H(s) = \dfrac{s^2+2s-3}{(s+2)(s+5)}$;

(3) $H(s) = \dfrac{s-3}{s(s+1)(s+2)}$; (4) $H(s) = \dfrac{2s-4}{(s^2-s+1)(s^2+2s+1)}$。

4.22 求图中信号流图的增益 $G = \dfrac{Y}{F}$ 的值。

4.23 求如图所示连续时间系统的系统函数 $H(s)$。

4.24 画出如图所示系统的信号流图,求出其系统函数 $H(s)$。

4.25 若连续时间系统的系统函数如下,试用直接型结构模拟此系统,并画出其方框图。

(1) $\dfrac{s^2+4s+5}{(s+1)(s+2)(s+3)}$; (2) $\dfrac{(s+1)(s+3)}{(s+2)(s^2+2s+5)}$。

4.26 若连续时间系统的系统函数如下,分别用级联型结构和并联型结构模拟此

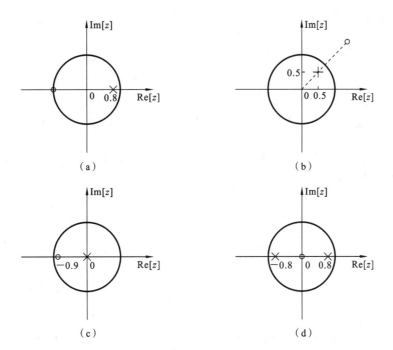

（a）　　　　　　　　　　（b）

（c）　　　　　　　　　　（d）

题 4.20 图

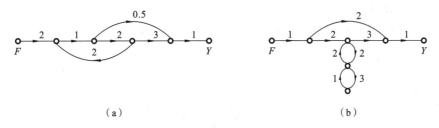

（a）　　　　　　　　　　（b）

题 4.22 图

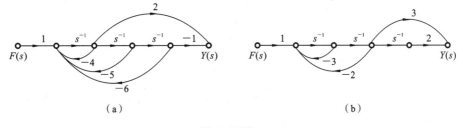

（a）　　　　　　　　　　（b）

题 4.23 图

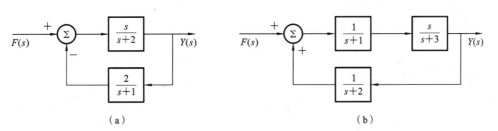

（a）　　　　　　　　　　（b）

题 4.24 图

系统,画出其方框图。

(1) $\dfrac{s-1}{(s+1)(s+2)(s+3)}$;   (2) $\dfrac{s^2+s+2}{(s+2)(s^2+2s+2)}$。

4.27 若离散时间系统的系统函数如下,试用直接型结构模拟此系统,并画出其方框图。

(1) $\dfrac{z(z+2)}{(z-0.8)(z-0.6)(z+0.4)}$;   (2) $\dfrac{(z-1)(z^2-z+1)}{(z-0.5)(z^2-0.6z+0.25)}$。

4.28 若离散时间系统的系统函数如下,分别用级联型结构和并联型结构模拟此系统,并画出其方框图。

(1) $\dfrac{z^2}{(z+0.5)^2}$;   (2) $\dfrac{z^3}{(z-0.5)(z^2-0.6z+0.25)}$。

提高题

4.29 已知某 LTI 连续时间系统的阶跃响应 $g(t)=(1-e^{-2t})\varepsilon(t)$,欲使系统的零状态响应为

$$y_{zs}(t)=(1-e^{-2t}+te^{-2t})\varepsilon(t)$$

求系统的输入信号 $f(t)$。

4.30 已知某 LTI 连续时间系统,当输入 $f(t)=e^{-t}\varepsilon(t)$ 时,其零状态响应为

$$y_{zs}(t)=(e^{-t}-2e^{-t}+3e^{-3t})\varepsilon(t)$$

求该系统的阶跃响应 $g(t)$。

4.31 如图所示的复合系统,由四个子系统连接组成,若各子系统的系统函数或冲激响应分别为 $H_1(s)=\dfrac{1}{s+1}$,$H_2(s)=\dfrac{1}{s+2}$,$h_3(t)=\varepsilon(t)$,$h_4(t)=e^{-2t}\varepsilon(t)$,求复合系统的冲激响应 $h(t)$。

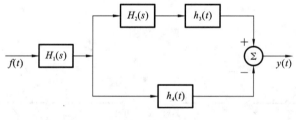

题 4.31 图

4.32 如图所示的复合系统由两个子系统连接组成,若各子系统的系统函数或冲激响应分别为 $H_1(s)=\dfrac{1}{s+1}$,$h_2(t)=2e^{-2t}\varepsilon(t)$,求复合系统的冲激响应 $h(t)$。

4.33 如图所示系统,已知当 $f(t)=\varepsilon(t)$ 时,系统的零状态响应为 $y_{zs}(t)=(1-5e^{-2t}+5e^{-3t})\varepsilon(t)$,求系统的系数 a、b、c。

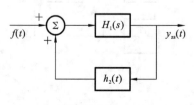

题 4.32 图

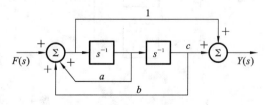

题 4.33 图

4.34　求如图所示系统在下列激励作用下的零状态响应。

(1) $f(k)=\delta(k)$；　　　　　　　　　(2) $f(k)=k\varepsilon(k)$。

4.35　如图所示系统。

(1) 求系统函数；(2) 求单位序列响应。

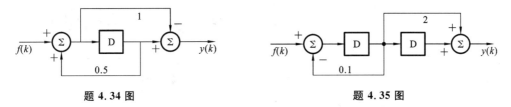

题 4.34 图　　　　　　　　　　　　　题 4.35 图

4.36　当输入 $f(k)=\varepsilon(k)$ 时，某 LTI 离散时间系统的零状态响应为

$$y_{zs}(k)=[2-(0.5)^k+(-1.5)^k]\varepsilon(k)$$

求其系统函数和描述该系统的差分方程。

4.37　当输入 $f(k)=\varepsilon(k)$ 时，某 LTI 离散时间系统的零状态响应为

$$y_{zs}(k)=2[1-(0.5)^k]\varepsilon(k)$$

求输入 $f(k)=\left(\dfrac{1}{2}\right)^k\varepsilon(k)$ 时的零状态响应。

4.38　如图所示的复合系统由 3 个子系统组成，如已知各子系统的单位序列响应或系统函数分别为 $h_1(k)=\varepsilon(k)$，$H_2(z)=\dfrac{z}{z+1}$，$H_3(z)=\dfrac{1}{z}$，求输入 $f(k)=\varepsilon(k)-\varepsilon(k-2)$ 时的零状态响应 $y_{zs}(k)$。

4.39　如图所示为横向滤波器实现的时域均衡器框图，当输入 $f(k)=\dfrac{1}{4}\delta(k)+\delta(k-1)+\dfrac{1}{2}\delta(k-2)$ 时，其零状态响应 $y_{zs}(k)$ 中 $y_{zs}(0)=1$，$y_{zs}(1)=y_{zs}(3)=0$。试确定系数 a、b、c 的值。

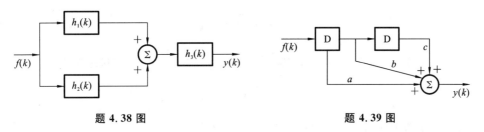

题 4.38 图　　　　　　　　　　　　题 4.39 图

4.40　如图所示的离散系统，已知其系统函数的零点在 -1、2，极点在 -0.8、0.5。求系数 a_0、a_1、b_1、b_2。

综合题

4.41　电路如图所示，已知 $C_1=1$ F，$C_2=2$ F，$R=1$ Ω，若 C_1 上的初始电压 $u_C(0_-)=U_0$，C_2 上的初始电压为零。当 $t=0$ 时开关 S 闭合，求 $i(t)$ 和 $u_R(t)$。

4.42　电路如图所示，已知 $L_1=3$ H，$L_2=6$ H，$R=9$ Ω。若以 $i_s(t)$ 为输入，$u(t)$ 为输出，求其冲激响应 $h(t)$ 和阶跃响应 $g(t)$。

4.43　如图所示电路，已知 $u_C(0_-)=1$ V，$i_L(0_-)=1$ A，激励 $i_1(t)=\varepsilon(t)$ A，$u_2(t)=\varepsilon(t)$，求响应 $i_R(t)$。

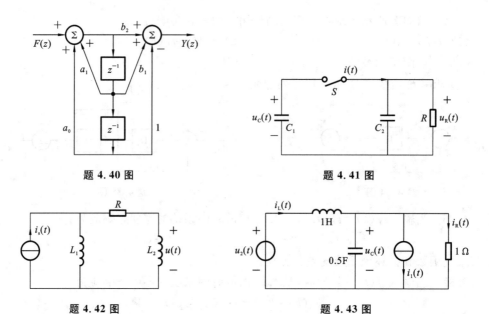

题 4.40 图　　　　　　　　题 4.41 图

题 4.42 图　　　　　　　　题 4.43 图

4.44　某 LTI 因果系统,已知当输入 $f(t)$ 如图所示时,其零状态响应为

$$y_{zs}(t) = \begin{cases} |\sin(\pi t)|, & 0 < t < 2 \\ 0, & \text{其他} \end{cases}$$

求该系统的单位阶跃响应 $g(t)$,并画出其波形。

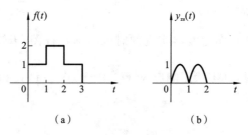

（a）　　　　　　　　（b）

题 4.44 图

4.45　已知某 LTI 因果系统在输入 $f(k) = \left(\dfrac{1}{2}\right)^k \varepsilon(k)$ 时的零状态响应为

$$y_{zs}(k) = \left[2\left(\frac{1}{2}\right)^k + 2\left(\frac{1}{3}\right)^k\right]\varepsilon(k)$$

求该系统的系统函数 $H(z)$,并画出它的系统框图。

4.46　已知某离散系统的差分方程为

$$y(k) + 1.5y(k-1) - y(k-2) = f(k-1)$$

（1）若该系统为因果系统,求系统的单位序列响应 $h(k)$。

（2）若系统为稳定系统,求系统的单位序列响应 $h(k)$,并计算输入 $f(k) = (-0.5)^k \varepsilon(k)$ 时的零状态响应 $y_{zs}(k)$。

4.47　如图所示为 LTI 连续时间因果系统的信号流图。

（1）求系统函数;

（2）列写出输入输出微分方程;

（3）判断该系统是否稳定。

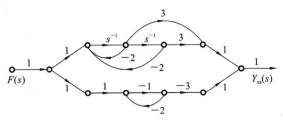

题 4.47 图

4.48 如图所示为 LTI 离散时间因果系统的信号流图。

（1）求系统函数；

（2）列写出输入输出差分方程；

（3）判断该系统是否稳定。

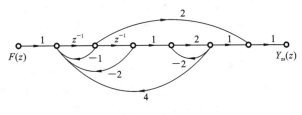

题 4.48 图

5

信号的频域分析

信号的频域分析主要基于傅里叶级数与傅里叶变换分析理论。傅里叶变换最早用于研究热传播和扩散,它对数学和物理的发展产生了重大的作用,以后被进一步运用于信号频域分析与处理领域。

本章将主要讨论信号的傅里叶分析(又称频域分析)。从数学方面理解,信号频域分析是基于傅里叶分析理论而进行的,它在调和级数的基础上,采用正弦信号的组合表示来研究信号。从物理方面理解,信号频域分析是将时域信号变换或展开成频率、相位与幅度三个参数的三角函数组合,通过不同三角函数的参数来研究信号的。

本章首先从周期连续信号的傅里叶级数分解推出傅里叶变换(频谱密度函数)的概念;然后讨论傅里叶变换的性质、非周期和周期信号的傅里叶变换,以及能量谱与功率谱的概念与应用;并且针对离散信号,从采样定理出发,介绍周期序列的离散傅里叶级数、离散时间傅里叶变换、离散傅里叶变换,以及其性质;最后讨论时频域分析的特点及应用。

5.1 周期信号的频谱

5.1.1 信号的正交分解

信号的正交分解是指在信号空间找到若干个相互正交的信号作为基本信号,使得信号空间中任一信号均可以表示成基本信号的线性组合的过程。

1. 正交函数集

若有定义在 (t_1,t_2) 区间两个函数 $\phi_1(t)$ 和 $\phi_2(t)$ 满足

$$\int_{t_1}^{t_2} \phi_1(t)\phi_2(t)\mathrm{d}t = 0$$

则称函数 $\phi_1(t)$ 和 $\phi_2(t)$ 在 (t_1,t_2) 区间内正交。

若有一个包含 n 个函数的函数集 $\{\phi_1(t),\phi_2(t),\cdots,\phi_n(t)\}$,其中的函数在 (t_1,t_2) 区间内满足

$$\int_{t_1}^{t_2} \phi_i(t)\phi_j(t)\mathrm{d}t = \begin{cases} 0, & i \neq j \\ M_i \neq 0, & i = j \end{cases} \tag{5.1.1}$$

式中, M_i 为常数,则称该函数集为在 (t_1,t_2) 区间的正交函数集。在 (t_1,t_2) 区间的正交

函数集即构成了正交信号空间。

如果在正交函数集 $\{\phi_1(t),\phi_2(t),\cdots,\phi_n(t)\}$ 之外不存在函数 $\varphi(t)$ 满足

$$\int_{t_1}^{t_2}\phi_i(t)\varphi(t)\mathrm{d}t = 0, \quad i = 1,2,\cdots,n \tag{5.1.2}$$

则称该函数集为完备正交函数集。也就是说若可以找到一个函数 $\varphi(t)$,使式(5.1.2)成立,即 $\varphi(t)$ 与正交函数集 $\{\phi_1(t),\phi_2(t),\cdots,\phi_n(t)\}$ 中的每个函数都正交,那么函数 $\varphi(t)$ 本身就应该属于该函数集。

2. 正交分解

已知区间 (t_1,t_2) 内的正交信号空间 $\{\phi_1(t),\phi_2(t),\cdots,\phi_n(t)\}$,对于任一函数 $f(t)$,可用这 n 个正交函数的线性组合来近似,即

$$f(t) \approx C_1\phi_1(t) + C_2\phi_2(t) + \cdots + C_n\phi_n(t) = \sum_{j=1}^{n}C_j\phi_j(t) \tag{5.1.3}$$

式中,C_j 为各正交函数的系数。式(5.1.3)是对 $f(t)$ 的近似,C_j 的值将直接影响逼近效果。对于逼近问题,可采用均方误差从数学上刻画近似效果,即均方误差 ε^2 可表示为

$$\varepsilon^2 = \frac{1}{t_2-t_1}\int_{t_1}^{t_2}\left[f(t)-\sum_{j=1}^{n}C_j\phi_j(t)\right]^2\mathrm{d}t \tag{5.1.4}$$

为了使均方误差最小,对于每一个正交函数的系数 C_j,需要有

$$\frac{\partial \varepsilon^2}{\partial C_j} = \frac{\partial}{\partial C_j}\int_{t_1}^{t_2}\left[f(t)-\sum_{i=1}^{n}C_i\phi_i(t)\right]^2\mathrm{d}t = 0 \tag{5.1.5}$$

对式(5.1.5),求 C_j 的偏导,有

$$-2\int_{t_1}^{t_2}f(t)\phi_j(t)\mathrm{d}t + 2C_j\int_{t_1}^{t_2}\phi_j^2(t)\mathrm{d}t = 0$$

因此,有

$$C_j = \frac{\int_{t_1}^{t_2}f(t)\phi_j(t)\mathrm{d}t}{\int_{t_1}^{t_2}\phi_j^2(t)\mathrm{d}t} = \frac{1}{S_j}\int_{t_1}^{t_2}f(t)\phi_j(t)\mathrm{d}t \tag{5.1.6}$$

式中,$S_j = \int_{t_1}^{t_2}\phi_j^2(t)\mathrm{d}t$。式(5.1.6)就是最小均方误差条件下各正交函数的系数 C_j 的表达式,当 C_j 满足当前条件时,函数 $f(t)$ 将在正交信号空间 $\{\phi_1(t),\phi_2(t),\cdots,\phi_n(t)\}$ 获得最佳逼近。

根据式(5.1.6),可以计算系数为 C_j 时的均方误差,考虑正交信号空间和 $S_j = \int_{t_1}^{t_2}\phi_j^2(t)\mathrm{d}t$,有

$$\begin{aligned}
\varepsilon^2 &= \frac{1}{t_2-t_1}\int_{t_1}^{t_2}\left[f(t)-\sum_{j=1}^{n}C_j\phi_j(t)\right]^2\mathrm{d}t \\
&= \frac{1}{t_2-t_1}\int_{t_1}^{t_2}\left[f^2(t)-2f(t)\sum_{j=1}^{n}C_j\phi_j(t)+\sum_{j=1}^{n}C_j^2\phi_j^2(t)\right]\mathrm{d}t \\
&= \frac{1}{t_2-t_1}\left[\int_{t_1}^{t_2}f^2(t)\mathrm{d}t - 2\sum_{j=1}^{n}C_j^2S_j + \sum_{j=1}^{n}C_j^2S_j\right] \\
&= \frac{1}{t_2-t_1}\left[\int_{t_1}^{t_2}f^2(t)\mathrm{d}t - \sum_{j=1}^{n}C_j^2S_j\right]
\end{aligned} \tag{5.1.7}$$

由最小均方误差定义可知,其均方过程保证了 ε^2 的非负性,因此,由式(5.1.7)可知,使用正交函数去逼近 $f(t)$ 时,所使用的正交函数越多,相应的均方误差越小。当 $n \to +\infty$ 时,有 $\varepsilon^2 = 0$,进一步,式(5.1.3)可写为

$$f(t) = \sum_{j=1}^{+\infty} C_j \phi_j(t) \tag{5.1.8}$$

即函数 $f(t)$ 在区间 (t_1, t_2) 内可分解为无穷多个正交函数之和。

5.1.2 傅里叶级数

1. 傅里叶级数定义

若存在一个最小的非零正数 T,使得 $f(t+T) = f(t)$ 成立,则称 $f(t)$ 是以 T 为周期的连续时间周期信号。由式(5.1.8)可知,周期信号 $f(t)$ 在区间 (t_0, t_0+T) 内可以展开成在完备正交信号空间中的无穷级数。当周期信号满足狄利克雷条件时,若完备的正交函数集是三角函数集或指数函数集,那么周期信号所展开的无穷级数称为傅里叶级数。

设有周期信号 $f(t)$,其周期是 T,角频率 $\Omega_0 = 2\pi/T$,则 $f(t)$ 可分解为

$$f(t) = \frac{a_0}{2} + \sum_{n=1}^{+\infty} a_n \cos(n\Omega_0 t) + \sum_{n=1}^{+\infty} b_n \sin(n\Omega_0 t) \tag{5.1.9}$$

式中,a_n 和 b_n 为傅里叶系数。根据式(5.1.6),简化信号周期为 $(-T/2, T/2)$,可得傅里叶系数为

$$a_n = \frac{2}{T} \int_{-\frac{T}{2}}^{\frac{T}{2}} f(t) \cos(n\Omega_0 t) \mathrm{d}t, \quad n = 0, 1, 2, \cdots \tag{5.1.10}$$

$$b_n = \frac{2}{T} \int_{-\frac{T}{2}}^{\frac{T}{2}} f(t) \sin(n\Omega_0 t) \mathrm{d}t, \quad n = 1, 2, \cdots \tag{5.1.11}$$

由式(5.1.10)和式(5.1.11)可知,傅里叶系数 a_n 和 b_n 都是 n 的函数,其中,a_n 为 n 的偶函数,b_n 为 n 的奇函数,即 $a_{-n} = a_n$,$b_{-n} = -b_n$。

将式(5.1.9)中同频率项合并,即将各频率为 $n\Omega_0$ 的项合并,有

$$f(t) = \frac{A_0}{2} + \sum_{n=1}^{+\infty} A_n \cos(n\Omega_0 t + \varphi_n) \tag{5.1.12}$$

式中,

$$\begin{cases} A_0 = a_0 \\ A_n = \sqrt{a_n^2 + b_n^2} \\ \varphi_n = -\arctan\left(\dfrac{b_n}{a_n}\right) \end{cases}, \quad n = 1, 2, \cdots$$

可以看出,任何满足狄利克雷条件的周期函数都可分解为直流分量和许多余弦分量的和,其中,$A_0/2$ 是直流分量,$A_n \cos(n\Omega_0 t + \varphi_n)$ 为 n 次谐波分量,A_n 为该次谐波的振幅,φ_n 为该次谐波的初相。因此,式(5.1.12)表明周期信号可以分解为各次谐波分量的和。

2. 傅里叶级数的指数形式

三角函数形式的傅里叶级数含义比较明确,但该形式在当今工程应用和分析中常感不便,这可选用更为简洁直观的指数形式来表示。

根据欧拉公式,有

$$\cos x = \frac{e^{jx} + e^{-jx}}{2}$$

因此,式(5.1.12)可写为

$$f(t) = \frac{A_0}{2} + \sum_{n=1}^{+\infty} \frac{A_n}{2} \left[e^{j(n\Omega_0 t + \varphi_n)} + e^{-j(n\Omega_0 t + \varphi_n)} \right]$$

$$= \frac{A_0}{2} + \frac{1}{2} \sum_{n=1}^{+\infty} A_n e^{jn\Omega_0 t} e^{j\varphi_n} + \frac{1}{2} \sum_{n=1}^{+\infty} A_n e^{-jn\Omega_0 t} e^{-j\varphi_n} \qquad (5.1.13)$$

将式(5.1.13)第三项中的 n 用 $-n$ 代换,考虑 A_n 是 n 的偶函数,φ_n 是 n 的奇函数,即有 $A_{-n} = A_n$ 和 $\varphi_{-n} = -\varphi_n$,则式(5.1.13)可重写为

$$f(t) = \frac{A_0}{2} + \frac{1}{2} \sum_{n=1}^{+\infty} A_n e^{jn\Omega_0 t} e^{j\varphi_n} + \frac{1}{2} \sum_{n=-1}^{-\infty} A_{-n} e^{jn\Omega_0 t} e^{-j\varphi_{-n}}$$

$$= \frac{A_0}{2} + \frac{1}{2} \sum_{n=1}^{+\infty} A_n e^{jn\Omega_0 t} e^{j\varphi_n} + \frac{1}{2} \sum_{n=-1}^{-\infty} A_n e^{jn\Omega_0 t} e^{j\varphi_n} \qquad (5.1.14)$$

进一步,将式(5.1.14)中的 A_0 写成 $A_0 e^{j\varphi_0} e^{j0\Omega_0 t}$,则式(5.1.14)可写为

$$f(t) = \frac{1}{2} \sum_{n=-\infty}^{+\infty} A_n e^{jn\Omega_0 t} e^{j\varphi_n} \qquad (5.1.15)$$

令复数 $\frac{1}{2} A_n e^{j\varphi_n} = |F_n| e^{j\varphi_n} = F_n$,称为复傅里叶级数系数,简称傅里叶系数,其模为 $|F_n|$,辐角为 φ_n,则傅里叶级数的指数形式为

$$f(t) = \sum_{n=-\infty}^{+\infty} F_n e^{jn\Omega_0 t} \qquad (5.1.16)$$

式(5.1.16)表明,任意周期信号 $f(t)$ 可分解为许多不同频率的虚指数信号 $e^{jn\Omega_0 t}$ 之和,其各分量的幅度为 F_n。傅里叶系数可通过下面方法确定。

将式(5.1.16)两边乘以复指数 $e^{-jm\Omega_0 t}$(m 为任意整数),并在一个周期内积分,有

$$\int_0^T f(t) e^{-jm\Omega_0 t} dt = \sum_{n=-\infty}^{+\infty} F_n \int_0^T e^{j(n-m)\Omega_0 t} dt \qquad (5.1.17)$$

因为

$$\int_0^T e^{j(n-m)\Omega_0 t} dt = \begin{cases} \dfrac{1}{j(n-m)\Omega_0} e^{j(n-m)\Omega_0 t} \Big|_0^T, & n \neq m \\ t \Big|_0^T, & n = m \end{cases}$$

有

$$\int_0^T e^{j(n-m)\Omega_0 t} dt = \begin{cases} 0, & n \neq m \\ T, & n = m \end{cases}$$

因此,只有当 $n = m$ 时,式(5.1.17)右边才不为 0,有

$$\int_0^T f(t) e^{-jm\Omega_0 t} dt = F_m T$$

即

$$F_m = \frac{1}{T} \int_0^T f(t) e^{-jm\Omega_0 t} dt \qquad (5.1.18)$$

因为 m 和 n 都是整数,可将式(5.1.18)写为 F_n,所以

$$F_n = \frac{1}{T} \int_0^T f(t) e^{-jn\Omega_0 t} dt$$

在上述推导过程中,积分的范围不一定要求从 0 到 T,在任一周期内积分均可,因此,积分范围可扩展至任意时刻 t_0 至 $t_0 + T$,即

$$F_n = \frac{1}{T}\int_{t_0}^{t_0+T} f(t)\mathrm{e}^{-\mathrm{j}n\Omega_0 t}\mathrm{d}t$$

可简写为

$$F_n = \frac{1}{T}\int_T f(t)\mathrm{e}^{-\mathrm{j}n\Omega_0 t}\mathrm{d}t \tag{5.1.19}$$

5.1.3 周期信号频谱

1. 频谱概念及图形描述

由傅里叶级数的定义可知,周期信号可以分解成一系列正弦信号或虚指数信号之和,即

$$f(t) = \frac{A_0}{2} + \sum_{n=1}^{+\infty} A_n\cos(n\Omega_0 t + \varphi_n) \tag{5.1.20}$$

或

$$f(t) = \sum_{n=-\infty}^{+\infty} F_n\mathrm{e}^{\mathrm{j}n\Omega_0 t} \tag{5.1.21}$$

式中,$F_n = \frac{1}{2}A_n\mathrm{e}^{\mathrm{j}\varphi_n} = |F_n|\mathrm{e}^{\mathrm{j}\varphi_n}$。为了更直观表示出信号分解得到的各分量的振幅,用频率为横坐标,用各谐波分量的振幅 A_n 或虚指数函数的幅度 $|F_n|$ 为纵坐标,即可画出振幅频谱,简称幅度谱。周期信号幅度谱如图 5.1.1 所示,每条竖线代表该频率分量所对应的幅度,称为谱线。连接各谱线顶点,即可得到其包络,它反映了各分量幅度随频率变化而变化的情况。根据式(5.1.20)可知,周期信号的正弦谐波分量为非负,因此该幅度谱为单边幅度谱,而由式(5.1.21)可知,周期信号的虚指数谐波分量包含了正负谐波分量,因此,该幅度谱为双边幅度谱。

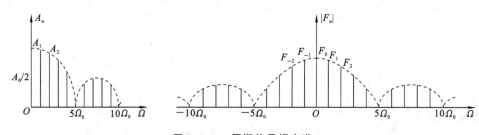

图 5.1.1 周期信号幅度谱

类似地,可以画出各谐波分量的初相角 φ_n 与频率的对应关系图,称为相位频谱,简称相位谱。周期信号相位谱如图 5.1.2 所示。

若 F_n 为实数,则可用 F_n 的正负来表示 φ_n 为 0 或 π,这时可以把幅度谱和相位谱画在一张图上。由于周期信号的谱线只出现在频率为 Ω_0 的整数倍频率上,因此,周期信号的频谱是离散谱。

2. 正(余)弦信号频谱

以工程中常见的正(余)弦信号为例,给出这类信号的频谱。余弦信号的表达式为

$$f(t) = A\cos(\Omega_0 t)$$

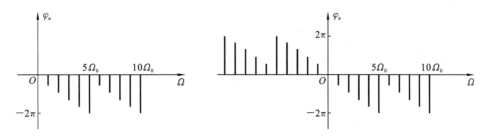

图 5.1.2　周期信号相位谱

由于

$$f\left(t+\frac{2\pi}{\Omega_0}\right) = A\cos(\Omega_0 t + 2\pi) = A\cos(\Omega_0 t)$$

因此，$f(t)$ 是以 $\frac{2\pi}{\Omega_0}$ 为周期的周期信号，根据欧拉公式，$f(t)$ 可直接表示为

$$f(t) = A\cos(\Omega_0 t) = \frac{A}{2}(e^{j\Omega_0 t} + e^{-j\Omega_0 t})$$

因此，余弦信号 $f(t)$ 的频谱即是角频率为 Ω_0 和 $-\Omega_0$、幅值为 $\frac{A}{2}$ 的两条谱线。

3. 方波信号频谱

设有一幅度为 1、脉冲宽度为 $2T_1$ 的周期方波脉冲信号 $f(t)$，其周期为 T，如图 5.1.3 所示。

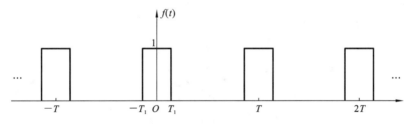

图 5.1.3　周期方波脉冲信号

由于信号 $f(t)$ 周期为 T，因此，其角频率为 $\Omega_0 = \frac{2\pi}{T}$，则 $f(t)$ 的傅里叶级数可表示为

$$f(t) = \sum_{n=-\infty}^{+\infty} F_n e^{jn\Omega_0 t}$$

根据式(5.1.19)，$f(t)$ 的傅里叶系数为

$$F_n = \frac{1}{T}\int_T f(t)e^{-jn\Omega_0 t}dt = \frac{1}{T}\int_{-\frac{T}{2}}^{\frac{T}{2}} f(t)e^{-jn\Omega_0 t}dt = \frac{1}{T}\int_{-T_1}^{T_1} 1 e^{-jn\Omega_0 t}dt$$

$$= \frac{1}{-jn\Omega_0 T}(e^{-jn\Omega_0 T_1} - e^{jn\Omega_0 T_1}) = \frac{2\sin(n\Omega_0 T_1)}{n\Omega_0 T_1} \tag{5.1.22}$$

式(5.1.22)可表示为采样函数 $\text{Sa}(x)$ 或 sinc 函数 $\text{sinc}(\pi x)$ 的形式，两函数的定义分别为

$$\text{Sa}(x) = \frac{\sin x}{x}$$

和

$$\text{sinc}(x) = \frac{\sin(\pi x)}{\pi x} = \text{Sa}(\pi x)$$

抽样函数 $\text{Sa}(x)$ 的波形如图 5.1.4 所示。

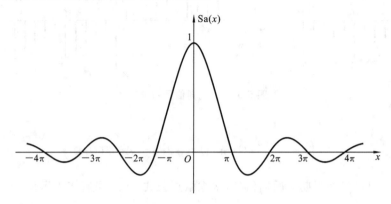

图 5.1.4   抽样函数 $\text{Sa}(x)$ 的波形

对于周期方波的傅里叶级数系数 F_n，可用采样函数表示为

$$F_n = \frac{2T_1}{T} \frac{\sin(n\Omega_0 T_1)}{n\Omega_0 T_1} = \frac{2T_1}{T}\text{Sa}(n\Omega_0 T_1) \qquad (5.1.23)$$

在式(5.1.23)中，若取 $T = 8T_1$，则有 $\Omega_0 T_1 = \frac{2\pi}{T}T_1 = \frac{\pi}{4}$，这时傅里叶系数为

$$F_n = \frac{2T_1}{T}\text{Sa}\left(n\frac{\pi}{4}\right)$$

方波信号频谱如图 5.1.5 所示。

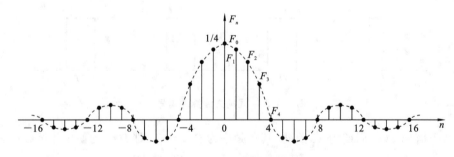

图 5.1.5   方波信号频谱

由图(5.1.5)可知，F_n 是等间隔的离散谱线，峰值处的 $F_0 = \frac{1}{4}$ 表征直流分量的大小。从 F_n 的包络可以看出，F_n 的值随着 n 的增大而减少，即 $f(t)$ 所含的各次谐波成分随着 n 的增大而减小，当 n 趋近无穷大时，F_n 趋近 0。

5.2　傅里叶变换

5.2.1　傅里叶变换的定义

在实际工程中，除了周期信号之外，还有许多连续时间信号是非周期信号，那么针对非周期信号，是否也能像 5.1 节一样分解为复指数信号的组合，从而分析信号的频域特性呢?本节将针对连续时间非周期信号的频域进行分析。

在信号与系统中,如果一个周期信号的周期趋近无穷大,则周期信号将演变成一个非周期信号,即非周期信号可以看成周期信号的周期趋近无穷大时的极限形式。基于这种趋近思想,从周期信号的傅里叶级数出发,推导非周期信号的复指数分解方法。

当周期 T 趋近无限大时,相邻谱线的间隔 Ω_0 趋近无穷小,从而信号的频谱密集成连续频谱。同时,各频率分量的幅度也都趋近无穷小。为了描述非周期信号的频谱特性,引入频谱密度的概念,令

$$F(\mathrm{j}\Omega) = \lim_{T \to +\infty} \frac{F_n}{1/T} = \lim_{T \to +\infty} F_n T$$

$F(\mathrm{j}\Omega)$ 称为频谱密度函数,根据傅里叶级数定义,有

$$F_n T = \int_{-\frac{T}{2}}^{\frac{T}{2}} f(t) \mathrm{e}^{-\mathrm{j}n\Omega_0 t} \mathrm{d}t \tag{5.2.1}$$

$$f(t) = \sum_{n=-\infty}^{+\infty} F_n T \mathrm{e}^{\mathrm{j}n\Omega_0 t} \frac{1}{T} \tag{5.2.2}$$

考虑当周期 T 趋近无限大时, Ω_0 趋近无穷小,取其为 $\mathrm{d}\Omega$,而 $\frac{1}{T} = \frac{\Omega_0}{2\pi}$ 趋近 $\frac{\mathrm{d}\Omega}{2\pi}$。$n\Omega_0$ 是变量,当 $\Omega_0 \neq 0$ 时,它是离散变量,当 Ω_0 趋近无限小时,它就成为连续变量,取为 Ω,同时,求和符号将改写为积分符号,因此,当 $T \to +\infty$ 时,式(5.2.1)和式(5.2.2)可写为

$$F(\mathrm{j}\Omega) = \lim_{T \to +\infty} F_n T = \int_{-\infty}^{+\infty} f(t) \mathrm{e}^{-\mathrm{j}\Omega t} \mathrm{d}t \tag{5.2.3}$$

$$f(t) = \frac{1}{2\pi} \int_{-\infty}^{+\infty} F(\mathrm{j}\Omega) \mathrm{e}^{\mathrm{j}\Omega t} \mathrm{d}\Omega \tag{5.2.4}$$

式(5.2.3)称为函数 $f(t)$ 的傅里叶变换,式(5.2.4)称为函数 $F(\mathrm{j}\Omega)$ 的傅里叶反变换。$F(\mathrm{j}\Omega)$ 称为 $f(t)$ 的频谱密度函数或频谱函数,$f(t)$ 称为 $F(\mathrm{j}\Omega)$ 的原函数。式(5.2.3)和式(5.2.4)也可以用符号简记为

$$\begin{cases} F(\mathrm{j}\Omega) = \mathscr{F}[f(t)] \\ f(t) = \mathscr{F}^{-1}[F(\mathrm{j}\Omega)] \end{cases}$$

$f(t)$ 与 $F(\mathrm{j}\Omega)$ 的对应关系还可以简记为

$$f(t) \overset{\mathscr{F}}{\longleftrightarrow} F(\mathrm{j}\Omega)$$

需要说明的是,函数 $f(t)$ 的傅里叶变换存在的充分条件是在无限区间内 $f(t)$ 绝对可积,即

$$\int_{-\infty}^{+\infty} |f(t)| \mathrm{d}t < +\infty$$

具体分析将在 5.4.2 节给出。

5.2.2　傅里叶变换的性质

傅里叶变换的性质从不同侧面反映了一个信号的时域特性与频域描述间的对应关系,掌握这些性质对理解和认识傅里叶变换的本质和熟练应用傅里叶变换方法具有十分重要的意义,本节将对傅里叶变换性质进行详细介绍。

1. 线性特性

若

$$f_1(t) \overset{\mathscr{F}}{\leftrightarrow} F_1(j\Omega)$$

$$f_2(t) \overset{\mathscr{F}}{\leftrightarrow} F_2(j\Omega)$$

则对于任意常数 a_1 和 a_2,有

$$a_1 f_1(t) + a_2 f_2(t) \overset{\mathscr{F}}{\leftrightarrow} a_1 F_1(j\Omega) + a_2 F_2(j\Omega)$$

傅里叶变换的线性特性说明了两个信号加权求和的傅里叶变换等于各个信号傅里叶变换的加权求和。线性特性同样适用于多个信号加权求和的情况。

2. 时移特性

若 $f(t) \overset{\mathscr{F}}{\leftrightarrow} F(j\Omega)$,则

$$f(t - t_0) \overset{\mathscr{F}}{\leftrightarrow} F(j\Omega) e^{-j\Omega t_0}$$

证 根据傅里叶变换定义,有

$$\mathscr{F}[f(t - t_0)] = \int_{-\infty}^{+\infty} f(t - t_0) e^{-j\Omega t} dt$$

令 $t - t_0 = \tau$,则

$$\mathscr{F}[f(t - t_0)] = \int_{-\infty}^{+\infty} f(\tau) e^{-j\Omega(\tau + t_0)} d\tau$$

$$= e^{-j\Omega t_0} \int_{-\infty}^{+\infty} f(\tau) e^{-j\Omega \tau} d\tau$$

$$= e^{-j\Omega t_0} F(j\Omega)$$

因此,有

$$f(t - t_0) \overset{\mathscr{F}}{\leftrightarrow} F(j\Omega) e^{-j\Omega t_0}$$

3. 频移特性

若 $f(t) \overset{\mathscr{F}}{\leftrightarrow} F(j\Omega)$,则

$$e^{j\Omega_0 t} f(t) \overset{\mathscr{F}}{\leftrightarrow} F[j(\Omega - \Omega_0)]$$

证 $\mathscr{F}[e^{j\Omega_0 t} f(t)] = \int_{-\infty}^{+\infty} e^{j\Omega_0 t} f(t) e^{-j\Omega t} dt = \int_{-\infty}^{+\infty} f(t) e^{-j(\Omega - \Omega_0) t} dt$

$$= F[j(\Omega - \Omega_0)]$$

因此,有

$$e^{j\Omega_0 t} f(t) \overset{\mathscr{F}}{\leftrightarrow} F[j(\Omega - \Omega_0)]$$

4. 尺度变换特性

若 $f(t) \overset{\mathscr{F}}{\leftrightarrow} F(j\Omega)$,则

$$f(at) \overset{\mathscr{F}}{\leftrightarrow} \frac{1}{|a|} F\left(\frac{j\Omega}{a}\right), \quad a \neq 0 \tag{5.2.5}$$

证 由傅里叶变换定义,有

$$\mathscr{F}[f(at)] = \int_{-\infty}^{+\infty} f(at) e^{-j\Omega t} dt$$

令 $at = \tau$,则

$$\mathscr{F}[f(at)] = \begin{cases} \int_{-\infty}^{+\infty} f(\tau) e^{-j\Omega \frac{\tau}{a}} \frac{1}{a} d\tau, & a > 0 \\ \int_{+\infty}^{-\infty} f(\tau) e^{-j\Omega \frac{\tau}{a}} \frac{1}{a} d\tau, & a < 0 \end{cases}$$

$$= \begin{cases} \int_{-\infty}^{+\infty} f(\tau) e^{-j\Omega \frac{\tau}{a}} \frac{1}{a} d\tau, & a > 0 \\ -\int_{-\infty}^{+\infty} f(\tau) e^{-j\Omega \frac{\tau}{a}} \frac{1}{a} d\tau, & a < 0 \end{cases}$$

因此,有

$$\mathscr{F}[f(at)] = \frac{1}{|a|} \int_{-\infty}^{+\infty} f(\tau) e^{-j\Omega \frac{\tau}{a}} d\tau = \frac{1}{|a|} F\left(\frac{j\Omega}{a}\right)$$

需要注意的是,常数 a 不能为 0。时间和频率标度特性表明,如果信号在时域上压缩 $\frac{1}{a}$(或扩展 a 倍),相应的傅里叶变换就在频域上扩展 a 倍$\left(\text{或压缩}\frac{1}{a}\right)$,因此,该性质又称为傅里叶变换的尺度变换特性。

5. 共轭对称特性

若 $f(t) \overset{\mathscr{F}}{\leftrightarrow} F(j\Omega)$,则

$$f^*(t) \overset{\mathscr{F}}{\leftrightarrow} F^*(-j\Omega) \tag{5.2.6}$$

证 由傅里叶变换定义,有

$$F(j\Omega) = \int_{-\infty}^{+\infty} f(t) e^{-j\Omega t} dt \tag{5.2.7}$$

对式(5.2.7)两边取复共轭,得

$$F(j\Omega) = \left[\int_{-\infty}^{+\infty} f(t) e^{-j\Omega t} dt\right]^* = \int_{-\infty}^{+\infty} f^*(t) e^{j\Omega t} dt$$

令 $\Omega = -u$,则

$$F^*(-ju) = \frac{1}{2\pi} \int_{-\infty}^{+\infty} f^*(t) e^{-jut} dt$$

即

$$F^*(-j\Omega) = \frac{1}{2\pi} \int_{-\infty}^{+\infty} f^*(t) e^{-j\Omega t} dt$$

比较傅里叶变换定义,可得

$$f^*(t) \overset{\mathscr{F}}{\leftrightarrow} F^*(-j\Omega)$$

实际工程中遇到的信号都是实信号,因此,有必要进一步研究实信号的共轭对称性质。

1)信号为实信号

设实信号 $f(t)$ 的傅里叶变换为

$$f(t) \overset{\mathscr{F}}{\leftrightarrow} F(j\Omega)$$

由式(5.2.6)可知

$$f^*(t) \overset{\mathscr{F}}{\leftrightarrow} F^*(-j\Omega)$$

由于 $f(t)$ 为实信号,即 $f^*(t) = f(t)$,所以二者的傅里叶变换应该相等,即有

$$F^*(-j\Omega) = F(j\Omega) \tag{5.2.8}$$

或两边取共轭,可得

$$F(-j\Omega) = F^*(j\Omega) \tag{5.2.9}$$

式(5.2.8)和式(5.2.9)称为 $F(j\Omega)$ 满足共轭对称。可以看出,实信号 $f(t)$ 的傅里叶变换是共轭对称的,若知道实信号 $f(t)$ 的 $\Omega > 0$ 的频谱,则 $\Omega < 0$ 部分的频谱可由式

(5.2.9)求出。

2) 信号为实偶信号

设 $f(t)$ 为实偶信号,满足 $f(t) = f(-t)$,对其取傅里叶变换并利用式(5.2.5)的关系,有

$$F(j\Omega) = F(-j\Omega)$$

因为 $f(t)$ 为实信号,由式(5.2.9)得

$$F(j\Omega) = F(-j\Omega) = F^*(j\Omega)$$

可知,当 $f(t)$ 为实偶信号时,其傅里叶变换 $F(j\Omega)$ 是关于 Ω 的实偶函数。

3) 信号为实奇信号

设 $f(t)$ 为实奇信号,满足 $f(t) = -f(-t)$,根据式(5.2.5)可得

$$F(j\Omega) = -F(-j\Omega)$$

并利用式(5.2.9),有

$$F(j\Omega) = -F(-j\Omega) = -F^*(j\Omega)$$

可知,当 $f(t)$ 为实奇信号时,其傅里叶变换 $F(j\Omega)$ 是关于 Ω 的虚奇函数。

4) 实信号的奇部和偶部的傅里叶变换

对于实信号 $f(t)$,其偶部 $f_e(t)$ 和奇部 $f_o(t)$ 可分别计算为

$$f_e(t) = \frac{1}{2}[f(t) + f(-t)]$$

$$f_o(t) = \frac{1}{2}[f(t) - f(-t)]$$

根据傅里叶变换的线性性质和式(5.2.9)可得

$$\mathscr{F}[f_e(t)] = \frac{1}{2}[F(j\Omega) + F(-j\Omega)] = \frac{1}{2}[F(j\Omega) + F^*(j\Omega)] = \mathrm{Re}[F(j\Omega)]$$

$$(5.2.10)$$

$$\mathscr{F}[f_o(t)] = \frac{1}{2}[F(j\Omega) - F(-j\Omega)] = \frac{1}{2}[F(j\Omega) - F^*(j\Omega)] = \mathrm{jIm}[F(j\Omega)]$$

$$(5.2.11)$$

因此,有

$$f_e(t) \overset{\mathscr{F}}{\leftrightarrow} \mathrm{Re}[F(j\Omega)]$$

$$f_o(t) \overset{\mathscr{F}}{\leftrightarrow} \mathrm{jIm}[F(j\Omega)]$$

由于因果信号 $f(t)$ 可以完全由其偶部或奇部确定,因此,若已知因果信号 $f(t)$ 的傅里叶变换 $F(j\Omega)$ 的实部 $\mathrm{Re}[F(j\Omega)]$ 或虚部 $\mathrm{Im}[F(j\Omega)]$,则可由式(5.2.10)或式(5.2.11)求得信号 $f(t)$ 的偶部 $f_e(t)$ 或奇部 $f_o(t)$,进而求出因果信号 $f(t)$。

6. 对偶特性

若 $f(t) \overset{\mathscr{F}}{\leftrightarrow} F(j\Omega)$,则

$$F(jt) \overset{\mathscr{F}}{\leftrightarrow} 2\pi f(-\Omega)$$

证 根据傅里叶反变换的定义,有

$$f(t) = \frac{1}{2\pi}\int_{-\infty}^{+\infty} F(j\Omega) e^{j\Omega t} d\Omega$$

令 $t = -t$,则

$$f(-t) = \frac{1}{2\pi}\int_{-\infty}^{+\infty} F(\mathrm{j}\Omega)\,\mathrm{e}^{-\mathrm{j}\Omega t}\,\mathrm{d}\Omega \tag{5.2.12}$$

将式(5.2.12)中的 t 和 Ω 互换,即

$$f(-\Omega) = \frac{1}{2\pi}\int_{-\infty}^{+\infty} F(\mathrm{j}t)\,\mathrm{e}^{-\mathrm{j}\Omega t}\,\mathrm{d}t$$

或

$$2\pi f(-\Omega) = \int_{-\infty}^{+\infty} F(\mathrm{j}t)\,\mathrm{e}^{-\mathrm{j}\Omega t}\,\mathrm{d}t$$

即

$$F(\mathrm{j}t) \overset{\mathscr{F}}{\leftrightarrow} 2\pi f(-\Omega)$$

关于对偶性的说明:如果已知时间信号 $f(t)$ 的傅里叶变换为 $F(\mathrm{j}\Omega)$,现有另一时间信号,其表达式与 $F(\mathrm{j}\Omega)$ 相同,只是将变量 Ω 换成变量 t,则信号 $F(\mathrm{j}t)$ 的傅里叶变换正好为 $2\pi f(-\Omega)$。

7. 时域卷积特性

若 $f(t) \overset{\mathscr{F}}{\leftrightarrow} F(\mathrm{j}\Omega),h(t) \overset{\mathscr{F}}{\leftrightarrow} H(\mathrm{j}\Omega)$,则

$$f(t)*h(t) \overset{\mathscr{F}}{\leftrightarrow} F(\mathrm{j}\Omega)H(\mathrm{j}\Omega) \tag{5.2.13}$$

式(5.2.13)表明,两信号在时域上的卷积,对应于两信号在频域上频谱的乘积。

证 由卷积的定义式,可得

$$y(t) = f(t)*h(t) = \int_{-\infty}^{+\infty} f(t-\tau)h(\tau)\,\mathrm{d}\tau$$

$y(t)$ 的傅里叶变换 $Y(\mathrm{j}\Omega)$ 为

$$Y(\mathrm{j}\Omega) = \int_{-\infty}^{+\infty} y(t)\,\mathrm{e}^{-\mathrm{j}\Omega t}\,\mathrm{d}t = \int_{-\infty}^{+\infty}\left[\int_{-\infty}^{+\infty} f(t-\tau)h(\tau)\,\mathrm{d}\tau\right]\mathrm{e}^{-\mathrm{j}\Omega t}\,\mathrm{d}t$$

令 $t-\tau = r$,则有

$$Y(\mathrm{j}\Omega) = \int_{-\infty}^{+\infty} h(\tau)\,\mathrm{e}^{-\mathrm{j}\Omega\tau}\,\mathrm{d}\tau\int_{-\infty}^{+\infty} f(r)\,\mathrm{e}^{-\mathrm{j}\Omega r}\,\mathrm{d}r = H(\mathrm{j}\Omega)F(\mathrm{j}\Omega)$$

傅里叶变换的时域卷积特性对信号与系统的研究非常重要,它将两个时间信号的卷积运算转化为傅里叶变换的乘积运算,由于乘积运算相对简单,可采用频域相乘方法简化线性时不变(LTI)系统的响应求解。

8. 时域微分特性

若 $f(t) \overset{\mathscr{F}}{\leftrightarrow} F(\mathrm{j}\Omega)$,则

$$\frac{\mathrm{d}f(t)}{\mathrm{d}t} \overset{\mathscr{F}}{\leftrightarrow} \mathrm{j}\Omega F(\mathrm{j}\Omega) \tag{5.2.14}$$

式(5.2.14)表明,信号 $f(t)$ 在时域求导,则对应其频谱在频域乘以 $\mathrm{j}\Omega$。

证 由傅里叶反变换定义,有

$$f(t) = \frac{1}{2\pi}\int_{-\infty}^{+\infty} F(\mathrm{j}\Omega)\,\mathrm{e}^{\mathrm{j}\Omega t}\,\mathrm{d}\Omega \tag{5.2.15}$$

式(5.2.15)两边对 t 求导,可得

$$\frac{\mathrm{d}f(t)}{\mathrm{d}t} = \frac{1}{2\pi}\int_{-\infty}^{+\infty} \mathrm{j}\Omega F(\mathrm{j}\Omega)\,\mathrm{e}^{\mathrm{j}\Omega t}\,\mathrm{d}\Omega$$

所以

$$\frac{\mathrm{d}f(t)}{\mathrm{d}t} \overset{\mathscr{F}}{\leftrightarrow} \mathrm{j}\Omega F(\mathrm{j}\Omega)$$

9. 时域积分特性

若 $f(t) \overset{\mathscr{F}}{\leftrightarrow} F(\mathrm{j}\Omega)$,则

$$\int_{-\infty}^{t} f(\tau)\mathrm{d}\tau \overset{\mathscr{F}}{\leftrightarrow} \frac{F(\mathrm{j}\Omega)}{\mathrm{j}\Omega} + \pi F(0)\delta(\Omega)$$

证　信号 $f(t)$ 的积分可表示为

$$f^{(-1)}(t) = \int_{-\infty}^{t} f(\tau)\mathrm{d}\tau = f(t) * \varepsilon(t) \tag{5.2.16}$$

对于阶跃信号 $\varepsilon(t)$,有

$$\varepsilon(t) = \frac{1}{2}\mathrm{sgn}(t) + \frac{1}{2}$$

因此,有

$$\varepsilon(t) \overset{\mathscr{F}}{\leftrightarrow} \frac{1}{\mathrm{j}\Omega} + \pi\delta(\Omega) \tag{5.2.17}$$

根据式(5.2.17)以及傅里叶变换的卷积特性,式(5.2.16)的傅里叶变换为

$$\mathscr{F}\left[f^{(-1)}(t)\right] = F(\mathrm{j}\Omega)\left[\frac{1}{\mathrm{j}\Omega} + \pi\delta(\Omega)\right]$$

$$= \frac{F(\mathrm{j}\Omega)}{\mathrm{j}\Omega} + \pi F(0)\delta(\Omega)$$

10. 时域相乘特性

若 $f(t) \overset{\mathscr{F}}{\leftrightarrow} F(\mathrm{j}\Omega)$, $g(t) \overset{\mathscr{F}}{\leftrightarrow} G(\mathrm{j}\Omega)$,则

$$f(t)g(t) \overset{\mathscr{F}}{\leftrightarrow} \frac{1}{2\pi} F(\mathrm{j}\Omega) * G(\mathrm{j}\Omega)$$

证　设 $y(t) = f(t)g(t)$,其傅里叶变换为

$$Y(\mathrm{j}\Omega) = \int_{-\infty}^{+\infty} y(t)\mathrm{e}^{-\mathrm{j}\Omega t}\,\mathrm{d}t = \int_{-\infty}^{+\infty} f(t)g(t)\mathrm{e}^{-\mathrm{j}\Omega t}\,\mathrm{d}t$$

根据傅里叶反变换,$f(t)$ 可表示为

$$f(t) = \frac{1}{2\pi}\int_{-\infty}^{+\infty} F(\mathrm{j}\theta)\mathrm{e}^{\mathrm{j}\theta t}\,\mathrm{d}\theta$$

所以

$$Y(\mathrm{j}\Omega) = \int_{-\infty}^{+\infty} \frac{1}{2\pi}\int_{-\infty}^{+\infty} (F(\mathrm{j}\theta)\mathrm{e}^{\mathrm{j}\theta t}\,\mathrm{d}\theta)g(t)\mathrm{e}^{-\mathrm{j}\Omega t}\,\mathrm{d}t$$

交换积分顺序,可得

$$Y(\mathrm{j}\Omega) = \frac{1}{2\pi}\int_{-\infty}^{+\infty} F(\mathrm{j}\theta)\int_{-\infty}^{+\infty} g(t)\mathrm{e}^{-\mathrm{j}(\Omega-\theta)t}\,\mathrm{d}t\mathrm{d}\theta$$

由于

$$G(\mathrm{j}\Omega - \mathrm{j}\theta) = \int_{-\infty}^{+\infty} g(t)\mathrm{e}^{-\mathrm{j}(\Omega-\theta)t}\,\mathrm{d}t$$

所以

$$Y(\mathrm{j}\Omega) = \frac{1}{2\pi}\int_{-\infty}^{+\infty} F(\mathrm{j}\theta)G(\mathrm{j}\Omega - \mathrm{j}\theta)\,\mathrm{d}\theta = F(\mathrm{j}\Omega) * G(\mathrm{j}\Omega)$$

因此,有

$$f(t)g(t) \overset{\mathscr{F}}{\leftrightarrow} \frac{1}{2\pi}F(\mathrm{j}\Omega) * G(\mathrm{j}\Omega)$$

傅里叶变换的幅度调制特性表明,两个信号在时域相乘时的结果,对应于频域的卷积。

11. 频域微分和积分特性

若 $f(t) \overset{\mathscr{F}}{\leftrightarrow} F(\mathrm{j}\Omega)$,则傅里叶变换频域微分特性为

$$-\mathrm{j}tf(t) \overset{\mathscr{F}}{\leftrightarrow} \frac{\mathrm{d}F(\mathrm{j}\Omega)}{\mathrm{d}\Omega}$$

频域积分特性为

$$-\frac{f(t)}{\mathrm{j}t} + \pi f(0)\delta(t) \overset{\mathscr{F}}{\leftrightarrow} \int_{-\infty}^{\omega} F(\theta)\mathrm{d}\theta$$

证　根据傅里叶变换定义

$$F(\mathrm{j}\Omega) = \int_{-\infty}^{+\infty} f(t)\mathrm{e}^{-\mathrm{j}\Omega t}\mathrm{d}t \tag{5.2.18}$$

式(5.2.18)两边对 Ω 求导,可得

$$\frac{\mathrm{d}F(\mathrm{j}\Omega)}{\mathrm{d}\Omega} = \int_{-\infty}^{+\infty} -\mathrm{j}tf(t)\mathrm{e}^{-\mathrm{j}\Omega t}\mathrm{d}t$$

因此

$$-\mathrm{j}tf(t) \overset{\mathscr{F}}{\leftrightarrow} \frac{\mathrm{d}F(\mathrm{j}\Omega)}{\mathrm{d}\Omega}$$

频域积分特性的证明可参考时域积分特性的证明,先由对偶性求出频域阶跃信号的傅里叶变换,再根据卷积特性和时域相乘特性证明该结论。

5.3　能量谱和功率谱定义及其应用

5.3.1　能量谱和功率谱的定义

信号的频谱是在频域中描述信号特征的方法之一,此外还可以用能量谱或功率谱来描述信号。

1. 能量谱的概念

信号 $f(t)$ 在 $1\ \Omega$ 电阻上的瞬时功率为 $|f(t)|^2$,在区间 $-T < t < T$ 的能量为

$$\int_{-T}^{T} |f(t)|^2\mathrm{d}t$$

信号能量为在时间区间 $(-\infty, +\infty)$ 上信号的能量,用 E 表示,有

$$E = \lim_{T \to +\infty} \int_{-T}^{T} |f(t)|^2\mathrm{d}t \tag{5.3.1}$$

式(5.3.1)可简写为

$$E = \int_{-\infty}^{+\infty} |f(t)|^2\mathrm{d}t$$

如果信号能量有限,则称该信号为能量有限信号,简称能量信号。

进而,考虑信号能量与信号频谱函数之间的关系。

若 $f(t) \overset{\mathscr{F}}{\leftrightarrow} F(\mathrm{j}\Omega)$，则

$$\int_{-\infty}^{+\infty} |f(t)|^2 \mathrm{d}t = \frac{1}{2\pi}\int_{-\infty}^{+\infty} |F(\mathrm{j}\Omega)|^2 \mathrm{d}\Omega \qquad (5.3.2)$$

证 因为

$$f(t) = \frac{1}{2\pi}\int_{-\infty}^{+\infty} F(\mathrm{j}\Omega)\mathrm{e}^{\mathrm{j}\Omega t}\mathrm{d}\Omega$$

所以

$$\int_{-\infty}^{+\infty} |f(t)|^2 \mathrm{d}t = \int_{-\infty}^{+\infty} f(t)f^*(t)\mathrm{d}t = \frac{1}{2\pi}\int_{-\infty}^{+\infty} f(t)\left[\int_{-\infty}^{+\infty} F(\mathrm{j}\Omega)\mathrm{e}^{\mathrm{j}\Omega t}\mathrm{d}\Omega\right]^* \mathrm{d}t$$

交换积分顺序，有

$$\int_{-\infty}^{+\infty} |f(t)|^2 \mathrm{d}t = \frac{1}{2\pi}\int_{-\infty}^{+\infty} F^*(\mathrm{j}\Omega)\left[\int_{-\infty}^{+\infty} f(t)\mathrm{e}^{-\mathrm{j}\Omega t}\mathrm{d}t\right]\mathrm{d}\Omega$$

$$= \frac{1}{2\pi}\int_{-\infty}^{+\infty} F^*(\mathrm{j}\Omega)F(\mathrm{j}\Omega)\mathrm{d}\Omega$$

因此，有

$$\int_{-\infty}^{+\infty} |f(t)|^2 \mathrm{d}t = \frac{1}{2\pi}\int_{-\infty}^{+\infty} |F(\mathrm{j}\Omega)|^2 \mathrm{d}\Omega$$

式(5.3.2)的左边为信号 $f(t)$ 的总能量，是对信号功率 $|f(t)|^2$ 的积分，式(5.3.2)右边是对单位频率内的能量关于频率的积分，$|F(\mathrm{j}\Omega)|^2$ 表示信号 $f(t)$ 在单位频率内的能量，称为能量谱，式(5.3.2)为帕塞瓦尔定理。

2. 功率谱的概念

信号功率定义为在时间区间 $(-\infty, +\infty)$ 上信号 $f(t)$ 的平均功率，用 P 表示，有

$$P = \lim_{T \to +\infty} \frac{1}{2T}\int_{-T}^{T} |f(t)|^2 \mathrm{d}t$$

若 $f(t)$ 为实函数，则平均功率可写为

$$P = \lim_{T \to +\infty} \frac{1}{T}\int_{-\frac{T}{2}}^{\frac{T}{2}} f^2(t)\mathrm{d}t \qquad (5.3.3)$$

如果信号功率有限，则该信号称为功率有限信号或功率信号。根据信号能量和功率的定义可知，若信号能量有限，则其功率为 0，若信号功率有限，则其能量为无穷大。

将(5.3.2)代入(5.3.3)，有

$$P = \lim_{T \to +\infty} \frac{1}{T}\int_{-\frac{T}{2}}^{\frac{T}{2}} f^2(t)\mathrm{d}t = \frac{1}{2\pi}\int_{-\infty}^{+\infty} \lim_{T \to +\infty} \frac{|F(\mathrm{j}\Omega)|^2}{T}\mathrm{d}\Omega \qquad (5.3.4)$$

类似于能量密度函数，由式(5.3.4)可知，信号的功率谱为 $\mathscr{I}(\omega) = \lim\limits_{T \to +\infty} \dfrac{|F(\mathrm{j}\Omega)|^2}{T}$。

5.3.2 典型应用分析

在实际工程应用中，能量谱常常用于通信信号、雷达信号、声音信号，以及机械异常信号等各类信号的检测，其目的是确定信号的有无，以便于对检测出来的信号进行进一步的信号处理。在工程应用中，利用能量谱检测信号的流程如图 5.3.1 所示。

对于接收到的信号数据，计算其能量谱，通过能量谱的数值与事先设定好的检测门限数值进行比较，若能量谱大于门限数值，则可认为存在需要检测的信号，若能量谱小于门限数值，则认为这些接收到的数据中不存在需要检测的信号。对于门限数值的选取

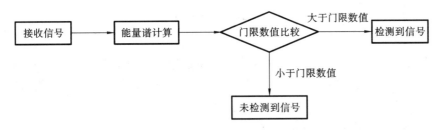

图 5.3.1　利用能量谱检测信号的流程

和信号有无的判决,感兴趣的读者可以阅读信号检测与参数估计的相关书籍。

对于功率谱,在实际工程中,一种常见的应用即是用功率谱对白噪声进行分析。对于白噪声的分析,首先给出相关函数定义,有

$$R(\tau) = \lim_{T \to +\infty} \frac{1}{T} \int_{-\frac{T}{2}}^{\frac{T}{2}} f(t) f^*(t - \tau) \mathrm{d}t = \lim_{T \to +\infty} \frac{1}{T} f(t) * f^*(-t)$$

又因为 $f(t) * f^*(-t)$ 的傅里叶变换为 $\left| F(\mathrm{j}\Omega) \right|^2$,因此,相关函数 $R(\tau)$ 与功率谱 $\mathscr{I}(\Omega) = \lim_{T \to +\infty} \dfrac{\left| F(\mathrm{j}\Omega) \right|^2}{T}$ 为一个傅里叶变换对。进而,功率谱可表示为

$$\mathscr{I}(\Omega) = \int_{-\infty}^{+\infty} R(\tau) \mathrm{e}^{-\mathrm{j}\Omega\tau} \mathrm{d}\tau \tag{5.3.5}$$

白噪声的功率谱为一常数 $C, \Omega \in (-\infty, +\infty)$,则根据式(5.3.5),功率谱和相关函数的关系,可得白噪声的相关函数为

$$R(\tau) = C\delta(\tau)$$

即白噪声的相关函数为一冲击函数,表明白噪声在各时刻的取值没有任何相关性,是杂乱无章的。在实际应用中,白噪声常常是电子器件的热噪声产生的,若白噪声的分布符合高斯分布,则称这样的噪声为高斯白噪声。

5.4　信号的傅里叶变换及频谱分析

前面介绍了傅里叶级数和傅里叶变换的定义与性质,接下来,针对工程中常见的周期信号和非周期信号,分别分析其相应信号的傅里叶变换与频谱。

5.4.1　周期信号的傅里叶变换与频谱

一般来说,周期信号不满足傅里叶变换存在的充分条件 —— 绝对可积,因而无法直接用傅里叶变换的定义式求解。但是在引入冲激信号之后,从极限的观点来看,周期信号的傅里叶变换是存在的。下面先讨论常见的周期信号的频谱,在此基础上给出一般周期信号的傅里叶变换。

1. 复指数信号的傅里叶变换

复指数信号可表示为

$$f(t) = \mathrm{e}^{\pm \mathrm{j}\Omega_0 t}$$

因为

$$1 \overset{\mathscr{F}}{\leftrightarrow} 2\pi\delta(\Omega)$$

由频移性质,可得

$$e^{j\Omega_0 t} \overset{\mathscr{F}}{\longleftrightarrow} 2\pi\delta(\Omega - \Omega_0) \\ e^{-j\Omega_0 t} \overset{\mathscr{F}}{\longleftrightarrow} 2\pi\delta(\Omega + \Omega_0) \Bigg\} \tag{5.4.1}$$

复指数信号 $e^{\pm j\Omega_0 t}$ 表示一个单位长度的向量以固定的角频率 Ω_0 随时间旋转,经傅里叶变换后,频谱为集中于 $\pm\Omega_0$ 点,强度为 2π 的冲激,这说明信号在时域内的相移对应于频域的频移。

2. 余弦信号、正弦信号的傅里叶变换

对于余弦信号,根据欧拉公式,有

$$\cos(\Omega_0 t) = \frac{e^{j\Omega_0 t} + e^{-j\Omega_0 t}}{2}$$

利用式(5.4.1),其频谱函数为

$$\mathscr{F}\big[\cos(\Omega_0 t)\big] = \frac{1}{2}\big[2\pi\delta(\Omega - \Omega_0) + 2\pi\delta(\Omega + \Omega_0)\big]$$
$$= \pi\big[\delta(\Omega + \Omega_0) + \delta(\Omega - \Omega_0)\big] \tag{5.4.2}$$

余弦信号、正弦信号波形及频谱如图 5.4.1 所示。

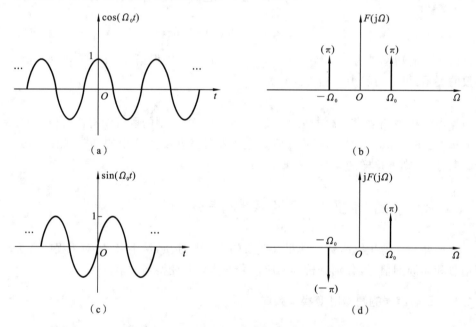

图 5.4.1 余弦信号、正弦信号波形及频谱

另外,利用频移特性还可以求出有限长正弦信号 $\sin(\Omega_0 t)$ 和有限长余弦信号 $\cos(\Omega_0 t)\left(-\dfrac{\tau}{2} \leqslant t \leqslant \dfrac{\tau}{2}\right)$ 的傅里叶变换,下面以余弦信号为例说明。

首先把长度为 τ 的余弦信号 $f(t)$ 看成是门信号 $G_\tau(t)$ 与余弦信号 $\cos(\Omega_0 t)$ 的乘积,即

$$f(t) = G_\tau(t)\cos(\Omega_0 t) \tag{5.4.3}$$

因为

$$G_\tau(t) \overset{\mathscr{F}}{\longleftrightarrow} \tau \mathrm{Sa}\left(\frac{\Omega\tau}{2}\right)$$

由频移特性可知，$f(t)$ 的频谱为

$$F(\mathrm{j}\Omega) = \frac{\tau}{2}\mathrm{Sa}\left[(\Omega + \Omega_0)\frac{\tau}{2}\right] + \frac{\tau}{2}\mathrm{Sa}\left[(\Omega - \Omega_0)\frac{\tau}{2}\right] \tag{5.4.4}$$

有限长余弦信号的频谱如图 5.4.2 所示。

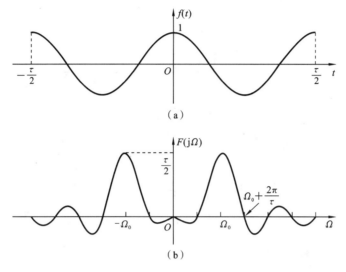

图 5.4.2　有限长余弦信号的频谱

显然，当 $\tau \to +\infty$ 时，$F(\mathrm{j}\Omega)$ 的极限就是余弦信号 $\cos(\Omega_0 t)$ 的傅里叶变换，由图 5.4.2 可以看出，当 τ 逐渐增大时，$\frac{2\pi}{\tau}$ 逐渐减小，频谱 $F(\mathrm{j}\Omega)$ 越来越集中到 $\pm\Omega_0$ 的附近。当 $\tau \to +\infty$ 时，$f(t) \to \cos(\Omega_0 t)$，即有限长余弦信号变成无穷长余弦信号，此时频谱在 $\pm\Omega_0$ 处成为无穷大，而在其他频率处均为零。也就是说，频谱 $F(\mathrm{j}\Omega)$ 由抽样信号变成了位于 $\pm\Omega_0$ 处的两个冲激信号，与余弦信号的频谱完全一致。

3. 单位冲激序列 $\delta_{\mathrm{T}}(t)$ 的傅里叶变换

若信号 $f(t)$ 是周期为 T_0 单位冲激序列，即

$$f(t) = \delta_{\mathrm{T}}(t) = \sum_{n=-\infty}^{+\infty} \delta(t - nT_0)$$

依据周期信号的傅里叶级数分析，可将其表示为指数形式的傅里叶级数，即

$$f(t) = \sum_{n=-\infty}^{+\infty} F_n \mathrm{e}^{\mathrm{j}n\Omega_0 t}$$

式中，Ω_0 为基波角频率 $\left(\Omega_0 = \frac{2\pi}{T_0}\right)$；$F_n$ 为复系数，且

$$F_n = \frac{1}{T_0}\int_{-\frac{T_0}{2}}^{\frac{T_0}{2}} \delta_{\mathrm{T}}(t)\mathrm{e}^{-\mathrm{j}n\Omega_0 t}\mathrm{d}t = \frac{1}{T_0}\int_{-\frac{T_0}{2}}^{\frac{T_0}{2}} \delta(t)\mathrm{e}^{-\mathrm{j}n\Omega_0 t}\mathrm{d}t = \frac{1}{T_0}$$

可见，单位脉冲序列的傅里叶级数只包含位于 $\Omega = n\Omega_0$（n 为整数）的频率分量，每个频率分量的大小是相等的，均等于 $\frac{1}{T_0}$。对 $f(t)$ 进行傅里叶变换，并利用线性特性和频移性质，可得

$$F(\mathrm{j}\Omega) = \frac{1}{T_0}\sum_{n=-\infty}^{+\infty} 2\pi\delta(\Omega - n\Omega_0) = \Omega_0\sum_{n=-\infty}^{+\infty} \delta(\Omega - n\Omega_0) \tag{5.4.5}$$

可见,时域内周期为 T_0 的单位冲激序列,其傅里叶变换仍然是一个冲激序列,冲激序列的周期和强度均为 Ω_0。单位冲激序列的波形、傅里叶系数与频谱函数如图 5.4.3 所示。

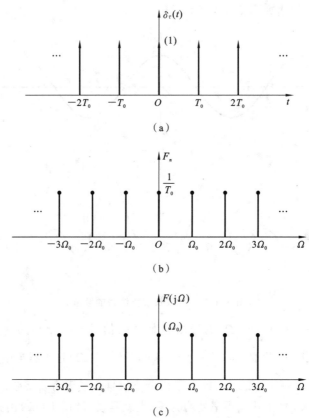

图 5.4.3 单位冲激序列的波形、傅里叶系数与频谱函数

4. 一般周期信号的傅里叶变换

若周期信号 $f(t)$ 的周期为 T_0,角频率为 Ω_0,将 $f(t)$ 展开成指数形式的傅里叶级数,有

$$f(t) = \sum_{n=-\infty}^{+\infty} F_n e^{jn\Omega_0 t} \tag{5.4.6}$$

将式(5.4.6)两边取傅里叶变换为

$$\mathscr{F}[f(t)] = \mathscr{F}\Big[\sum_{n=-\infty}^{+\infty} F_n e^{jn\Omega_0 t}\Big] = \sum_{n=-\infty}^{+\infty} F_n \mathscr{F}[e^{jn\Omega_0 t}]$$

因为

$$\mathscr{F}[e^{jn\Omega_0 t}] = 2\pi\delta(\Omega - n\Omega_0)$$

故周期信号 $f(t)$ 的傅里叶变换为

$$\mathscr{F}[f(t)] = 2\pi \sum_{n=-\infty}^{+\infty} F_n \delta(\Omega - n\Omega_0) \tag{5.4.7}$$

式中,F_n 为谱系数,且

$$F_n = \frac{1}{T_0} \int_{-\frac{T_0}{2}}^{\frac{T_0}{2}} f(t) e^{-jn\Omega_0 t} dt \tag{5.4.8}$$

　　式 $(5.4.7)$ 表明:周期信号 $f(t)$ 的傅里叶变换是由一系列位于 $n\Omega_0(n$ 为整数) 处的冲激信号组成,每个冲激信号的强度等于 $f(t)$ 的傅里叶级数的谱系数 F_n 的 2π 倍。显然,周期信号的频谱也是离散的。然而由于傅里叶变换是反映频谱密度的概念,因此周期信号的傅里叶变换不同于傅里叶级数,这里不再是有限值,而是一系列的冲激信号,它表明在无穷小的频带范围内取得了无限大的频谱值。

　　下面进一步讨论周期脉冲序列 $f(t)$ 的傅里叶级数 F_n 与单脉冲的傅里叶变换之间的关系。从 $f(t)$ 中截取一个周期,得到单脉冲信号,它的傅里叶变换 $F_0(\mathrm{j}\Omega)$ 为

$$F_0(\mathrm{j}\Omega) = \int_{-\frac{T_0}{2}}^{\frac{T_0}{2}} f(t)\mathrm{e}^{-\mathrm{j}\Omega t}\,\mathrm{d}t \tag{5.4.9}$$

比较式 $(5.4.8)$ 和 $(5.4.9)$,可以得到

$$F_n = \frac{1}{T_0}F_0(\mathrm{j}\Omega)\bigg|_{\Omega = n\Omega_0} \tag{5.4.10}$$

或写作

$$F_n = \frac{1}{T_0}\left[\int_{-\frac{T_0}{2}}^{\frac{T_0}{2}} f(t)\mathrm{e}^{-\mathrm{j}n\Omega t}\,\mathrm{d}t\right]\bigg|_{\Omega = n\Omega_0} \tag{5.4.11}$$

　　式 $(5.4.11)$ 表明:周期脉冲序列的傅里叶级数的系数 F_n 等于单脉冲的傅里叶变换 $F_0(\mathrm{j}\Omega)$ 在 $n\Omega_0$ 频率点的值乘以 $\frac{1}{T_0}$,因此,利用单脉冲的傅里叶变换式可以很方便地求出周期脉冲序列的傅里叶级数。

　　例 5.4.1　已知周期矩形脉冲信号 $f(t)$ 的幅度为 E,脉宽为 τ,周期为 T_0,基波角频率为 $\Omega_0 = \dfrac{2\pi}{T_0}$,求其傅里叶级数与傅里叶变换。

　　解　因为幅度为 E,脉宽为 τ 的矩形单脉冲 $f_0(t)$ 的傅里叶变换 $F_0(\mathrm{j}\Omega)$ 为

$$F_0(\mathrm{j}\Omega) = E\tau\,\mathrm{Sa}\left(\frac{\Omega\tau}{2}\right)$$

　　由式 $(5.4.10)$ 可以求出周期矩形脉冲信号的傅里叶系数 F_n 为

$$F_n = \frac{1}{T_0}F_0(\mathrm{j}\Omega)\bigg|_{\Omega = n\Omega_0} = \frac{E\tau}{T_0}\,\mathrm{Sa}\left(\frac{n\Omega_0\tau}{2}\right)$$

这样, $f(t)$ 的傅里叶级数为

$$f(t) = \frac{E\tau}{T_0}\sum_{n=-\infty}^{+\infty}\mathrm{Sa}\left(\frac{n\Omega_0\tau}{2}\right)\mathrm{e}^{\mathrm{j}n\Omega_0 t}$$

再由式 $(5.4.4)$ 便可得到 $f(t)$ 的傅里叶变换 $F(\mathrm{j}\Omega)$ 为

$$F(\mathrm{j}\Omega) = 2\pi\sum_{n=-\infty}^{+\infty}F_n\delta(\Omega - n\Omega_0) = E\tau\Omega_0\sum_{n=-\infty}^{+\infty}\mathrm{Sa}\left(\frac{n\Omega_0\tau}{2}\right)\delta(\Omega - n\Omega_0)$$

　　周期矩形脉冲信号的波形及其频谱如图 5.4.4 所示。

　　由此例也可以看出,非周期信号的频谱是连续函数,而周期信号的频谱是离散函数,它由间隔为 Ω_0 的一系列冲激组成,其强度包络的形状与单脉冲频谱的形状相同。

　　以上分析表明,周期信号与非周期信号,傅里叶级数与傅里叶变换,离散谱与连续谱,在一定条件下可以相互转化并统一起来。

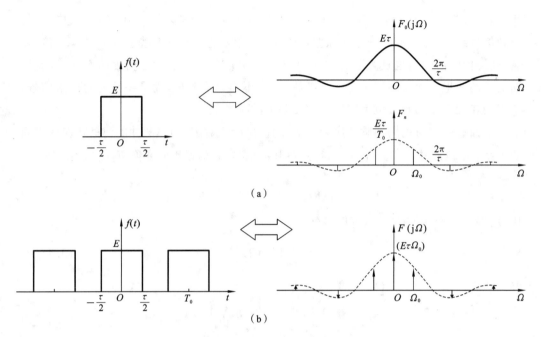

图 5.4.4　周期矩形脉冲信号的波形及其频谱

5.4.2　非周期信号的傅里叶变换与频谱

1. 非周期信号的分解

类似于周期信号,可以把非周期信号 $f(t)$ 分解成三角函数的形式,即

$$f(t) = \frac{1}{2\pi}\int_{-\infty}^{+\infty} F(\mathrm{j}\Omega)\mathrm{e}^{\mathrm{j}\Omega t}\,\mathrm{d}\Omega = \frac{1}{2\pi}\int_{-\infty}^{+\infty} |F(\mathrm{j}\Omega)|\,\mathrm{e}^{\mathrm{j}[\Omega t + \varphi(\Omega)]}\,\mathrm{d}\Omega$$

$$= \frac{1}{2\pi}\int_{-\infty}^{+\infty} |F(\mathrm{j}\Omega)| \cos[\Omega t + \varphi(\Omega)]\mathrm{d}\Omega$$

$$+ \mathrm{j}\,\frac{1}{2\pi}\int_{-\infty}^{+\infty} |F(\mathrm{j}\Omega)| \sin[\Omega t + \varphi(\Omega)]\mathrm{d}\Omega \qquad (5.4.12)$$

若 $f(t)$ 是实函数,$|F(\mathrm{j}\Omega)|$ 和 $\varphi(\Omega)$ 分别是关于频率 Ω 的偶函数和奇函数,因此,式 (5.4.12) 中,第二项积分的被积函数是奇函数,积分值应为零;第一项积分的被积函数是偶函数,故有

$$f(t) = \int_0^{+\infty} \left(\frac{|F(\mathrm{j}\Omega)|}{\pi}\mathrm{d}\Omega \right) \cos[\Omega t + \varphi(\Omega)] \qquad (5.4.13)$$

由式(5.4.13)可以清楚地看出,非周期信号也与周期信号一样,可以分解为许多不同频率、不同相位、振幅为无穷小 $\left(\dfrac{1}{\pi}|F(\mathrm{j}\Omega)\mathrm{d}\Omega|\right)$ 的连续余弦分量之和,换句话说,它包含了从零到无穷大的所有频率分量。

2. 傅里叶变换的条件

这里对傅里叶变换存在的狄利克雷条件进行讨论。如果信号 $f(t)$ 满足绝对可积条件,即

$$\int_{-\infty}^{+\infty} |f(t)|\,\mathrm{d}t < +\infty \qquad (5.4.14)$$

则其傅里叶变换 $F(j\Omega)$ 就存在,并满足反变换式。

证 因为

$$F(j\Omega) = \int_{-\infty}^{+\infty} f(t) e^{-j\Omega t} dt$$

要使 $F(j\Omega)$ 存在,必须满足

$$F(j\Omega) = \int_{-\infty}^{+\infty} f(t) e^{-j\Omega t} dt < +\infty \tag{5.4.15}$$

式(5.4.15)中被积函数 $f(t) e^{-j\Omega t}$ 是变量 t 的函数,其可正可负,因此,对其取绝对值再进行积分,则必有

$$\int_{-\infty}^{+\infty} f(t) e^{-j\Omega t} dt \leqslant \int_{-\infty}^{+\infty} | f(t) e^{-j\Omega t} | dt = \int_{-\infty}^{+\infty} | f(t) | | e^{-j\Omega t} | dt$$

又因为

$$| e^{-j\Omega t} | = 1$$

故有

$$\int_{-\infty}^{+\infty} f(t) e^{-j\Omega t} dt \leqslant \int_{-\infty}^{+\infty} | f(t) | dt \tag{5.4.16}$$

由式(5.4.16)可知,如果 $\int_{-\infty}^{+\infty} | f(t) | dt < +\infty$,则 $F(j\Omega) = \int_{-\infty}^{+\infty} f(t) e^{-j\Omega t} dt$ 必然存在。

3. 单个矩形脉冲信号

已知矩形脉冲信号的表达式为

$$f(t) = E\left[\varepsilon\left(t + \frac{\tau}{2} \right) - \varepsilon\left(t - \frac{\tau}{2} \right) \right] \tag{5.4.17}$$

其中,E 为脉冲幅度;τ 为脉冲宽度。

由傅里叶变换的定义式,有

$$F(j\Omega) = \int_{-\infty}^{+\infty} f(t) e^{-j\Omega t} dt = \int_{-\frac{\tau}{2}}^{\frac{\tau}{2}} E e^{-j\Omega t} dt$$

进一步求积分,得

$$F(j\Omega) = \frac{2E}{\Omega} \sin\left(\frac{\Omega\tau}{2} \right) = E\tau \left[\frac{\sin\left(\frac{\Omega\tau}{2} \right)}{\frac{\Omega\tau}{2}} \right] = E\tau \, \mathrm{Sa}\left(\frac{\Omega\tau}{2} \right) \tag{5.4.18}$$

因此,矩形脉冲信号的幅度谱和相位谱分别为

$$| F(j\Omega) | = E\tau \left| \mathrm{Sa}\left(\frac{\Omega\tau}{2} \right) \right|$$

$$\varphi(\Omega) = \begin{cases} 0, & \dfrac{4n\pi}{\tau} < |\Omega| < \dfrac{2(2n+1)\pi}{\tau} \\[3mm] \pi, & \dfrac{2(2n+1)\pi}{\tau} < |\Omega| < \dfrac{4(n+1)\pi}{\tau} \end{cases} \tag{5.4.19}$$

式中,$n = 0, 1, 2\cdots$。相位谱也可表示成

$$\varphi(\Omega) = \begin{cases} 0, & \mathrm{Sa}\left(\dfrac{\Omega\tau}{2} \right) > 0 \\[3mm] \pi, & \mathrm{Sa}\left(\dfrac{\Omega\tau}{2} \right) < 0 \end{cases}$$

此时 $F(\mathrm{j}\Omega)$ 是实函数,通常用一条 $F(\mathrm{j}\Omega)$ 曲线可以同时表示幅度谱 $|F(\mathrm{j}\Omega)|$ 和相位谱 $\varphi(\Omega)$。矩形脉冲信号的波形及频谱如图 5.4.5 所示。

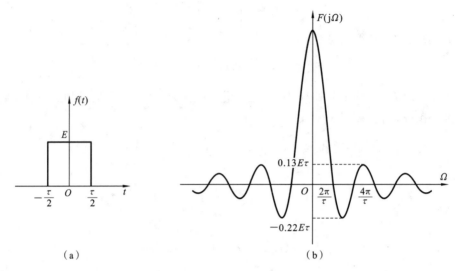

（a）　　　　　　　　　　　　　（b）

图 5.4.5　矩形脉冲信号的波形及频谱

周期性矩形脉冲频谱的包络形状与非周期性单脉冲频谱曲线的形状完全相同,即它们都具有采样信号 $\mathrm{Sa}(t)$ 的形式。

另外,单脉冲信号的频谱也具有收敛性,信号的大部分能量都集中在低频段,它的频带宽度的定义和周期性脉冲的相同。当脉冲持续时间 τ 减小时,零分量频率会随之增大,频谱的收敛速度变慢,这表明脉冲的频带宽度和脉冲持续时间呈反比关系。

4. 指数信号

已知单边指数信号的表达式为 $f(t) = \mathrm{e}^{-at}\varepsilon(t)$,其中,$a$ 为正实数,则此信号的傅里叶变换为

$$F(\mathrm{j}\Omega) = \int_{-\infty}^{+\infty} f(t)\mathrm{e}^{-\mathrm{j}\Omega t}\,\mathrm{d}t = \int_{0}^{+\infty} \mathrm{e}^{-(a+\mathrm{j}\Omega)t} = \frac{1}{a+\mathrm{j}\Omega} = \frac{1}{\sqrt{a^2+\Omega^2}}\mathrm{e}^{-\mathrm{jarctan}\left(\frac{\Omega}{a}\right)}$$

即

$$\mathrm{e}^{-at}\varepsilon(t) \leftrightarrow \frac{1}{a+\mathrm{j}\Omega} \tag{5.4.20}$$

由此得单边指数信号 $f(t)$ 的幅度谱为

$$|F(\mathrm{j}\Omega)| = \frac{1}{\sqrt{a^2+\Omega^2}}$$

相位谱为

$$\varphi(\Omega) = -\arctan\left(\frac{\Omega}{a}\right)$$

图 5.4.6 所示的为单边指数信号及其频谱,只有当 $a > 0$ 时,傅里叶变换才存在;当 $a < 0$ 时,函数 $f(t)$ 不满足绝对可积条件,即积分 $\int_{-\infty}^{+\infty} |\mathrm{e}^{-at}|\,\mathrm{d}t$ 不收敛,傅里叶变换就不存在。

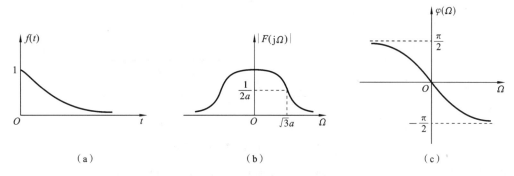

图 5.4.6　单边指数信号及其频谱

例 5.4.2　求双边指数信号 $f(t) = \mathrm{e}^{-a|t|}$ 的傅里叶变换。

解　根据傅里叶变换的定义式,可得

$$F(\mathrm{j}\Omega) = F\{\mathrm{e}^{-a|t|}\} = \int_{-\infty}^{+\infty} \mathrm{e}^{-a|t|} \mathrm{e}^{-\mathrm{j}\Omega t} \mathrm{d}t = \int_{0}^{+\infty} \mathrm{e}^{-at} \mathrm{e}^{-\mathrm{j}\Omega t} \mathrm{d}t + \int_{-\infty}^{0} \mathrm{e}^{at} \mathrm{e}^{-\mathrm{j}\Omega t} \mathrm{d}t$$

$$= \frac{1}{a + \mathrm{j}\Omega} + \frac{1}{a - \mathrm{j}\Omega} = \frac{2a}{a^2 + \Omega^2}$$

即

$$\mathrm{e}^{-a|t|} \leftrightarrow \frac{2a}{a^2 + \Omega^2} \tag{5.4.21}$$

式(5.4.21)为 $f(t)$ 的幅度频谱,其相位谱 $\varphi(\Omega) = 0$。同样,若其傅里叶变换存在,a 亦必须大于零。双边指数信号 $f(t)$ 的波形、频谱如图 5.4.7 所示。

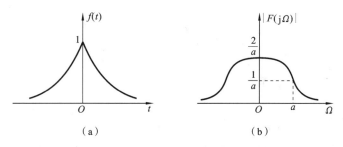

图 5.4.7　双边指数信号波形及其频谱

5. 单位冲激信号

考虑到冲激函数 $\delta(t)$ 的采样性质,可得其傅里叶变换为

$$F(\mathrm{j}\Omega) = \int_{-\infty}^{+\infty} \delta(t) \mathrm{e}^{-\mathrm{j}\Omega t} \mathrm{d}t = \int_{-\infty}^{+\infty} \delta(t) \mathrm{d}t = 1$$

即

$$\delta(t) \leftrightarrow 1 \tag{5.4.22}$$

单位冲激函数及其频谱如图 5.4.8 所示。

上述结果也可由单个矩形脉冲取极限得到。当脉宽 τ 逐渐变窄时,其频谱必然展宽,可以想象,在 $\tau \to 0$ 的过程中,若始终保持 $E\tau = 1$ 不变,最终矩形脉冲信号将变成单位冲激信号 $\delta(t)$,其频谱 $F(\mathrm{j}\Omega)$ 必等于常数 1。

式(5.4.22)表明,单位冲激信号 $\delta(t)$ 在 $(-\infty, +\infty)$ 的整个频率范围内具有恒定的频谱函数,即冲激信号在频域包含了幅度均为 1 的所有频率分量,且相位都为零,因

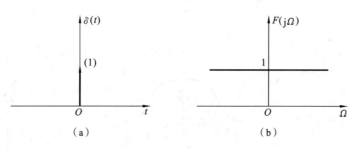

图 5.4.8 单位冲激函数及其频谱

此,又将这种频谱称为均匀谱或白色谱。在时域持续时间无限短的冲激信号,其所占有的频带却为无限宽,这也说明了信号持续时间与其频带宽度呈反比关系。

由冲激偶函数 $\delta(t)$ 的性质

$$\int_{-\infty}^{+\infty} \delta'(t) f(t) \mathrm{d}t = -f'(0)$$

可以推得其频谱函数为

$$F(\mathrm{j}\Omega) = \int_{-\infty}^{+\infty} \delta'(t) \mathrm{e}^{-\mathrm{j}\Omega t} \mathrm{d}t = -\frac{\mathrm{d}}{\mathrm{d}t} \mathrm{e}^{-\mathrm{j}\Omega t}\bigg|_{t=0} = \mathrm{j}\Omega$$

即

$$\delta'(t) \leftrightarrow \mathrm{j}\Omega \tag{5.4.23}$$

同理,由

$$\int_{-\infty}^{+\infty} \delta^{(n)}(t) f(t) \mathrm{d}t = (-1)^n f^{(n)}(0)$$

可得

$$\delta^{(n)}(t) \leftrightarrow (\mathrm{j}\Omega)^n \tag{5.4.24}$$

6. 符号函数

符号函数 $\mathrm{sgn}(t)$ 的表达式为

$$\mathrm{sgn}(t) = \begin{cases} +1, & t > 0 \\ -1, & t < 0 \end{cases} \tag{5.4.25}$$

很明显,这种信号不满足绝对可积条件,但它却存在傅里叶变换,可以通过对奇双边指数信号

$$f_1(t) = \begin{cases} -\mathrm{e}^{at}, & t < 0, \\ \mathrm{e}^{at}, & t > 0, \end{cases} \quad a > 0$$

的频谱取极限,进而求出符号函数 $\mathrm{sgn}(t)$ 的频谱。$f_1(t)$ 的傅里叶变换为

$$F_1(\mathrm{j}\Omega) = \int_{-\infty}^{+\infty} f_1(t) \mathrm{e}^{-\mathrm{j}\Omega t} \mathrm{d}t = \int_{-\infty}^{0} (-\mathrm{e}^{at}) \mathrm{e}^{-\mathrm{j}\Omega t} \mathrm{d}t + \int_{0}^{+\infty} \mathrm{e}^{-at} \mathrm{e}^{-\mathrm{j}\Omega t} \mathrm{d}t$$

进一步积分并化简,可得

$$F_1(\mathrm{j}\Omega) = \frac{-2\mathrm{j}\Omega}{a^2 + \Omega^2} \tag{5.4.26}$$

因为当 $a \to 0$ 时,有 $\lim\limits_{a \to 0} f_1(t) = \mathrm{sgn}(t)$,故符号函数的频谱函数为

$$F(\mathrm{j}\Omega) = \lim\limits_{a \to 0}\left(\frac{-2\mathrm{j}\Omega}{a^2 + \Omega^2}\right) = \frac{2}{\mathrm{j}\Omega} \tag{5.4.27}$$

其幅度谱及相位谱分别为

$$|F(\mathrm{j}\Omega)| = \frac{2}{|\Omega|} \tag{5.4.28}$$

$$\varphi(\Omega) = \begin{cases} \dfrac{\pi}{2}, & \Omega < 0 \\[2mm] -\dfrac{\pi}{2}, & \Omega > 0 \end{cases} \tag{5.4.29}$$

符号函数的波形及其频谱如图 5.4.9 所示。

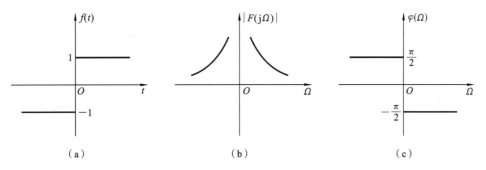

图 5.4.9 符号函数的波形及其频谱

7. 直流信号

对于单位直流信号,其表达式为

$$f(t) = 1, \quad -\infty < t < +\infty \tag{5.4.30}$$

显然,该信号也不满足绝对可积条件,但可利用双边指数信号 $\mathrm{e}^{-a|t|}$ 取极限,求得其傅里叶变换,过程如下。

因为

$$f(t) = \lim_{a \to 0} \mathrm{e}^{-a|t|} = 1$$

且

$$\mathrm{e}^{-a|t|} \leftrightarrow \frac{2a}{a^2 + \Omega^2}$$

故有

$$F(\mathrm{j}\Omega) = \lim_{a \to 0} \frac{2a}{a^2 + \Omega^2} = \begin{cases} 0, & \Omega \neq 0 \\ +\infty, & \Omega = 0 \end{cases}$$

且

$$\int_{-\infty}^{+\infty} \frac{2a}{a^2 + \Omega^2} \mathrm{d}\Omega = \int_{-\infty}^{+\infty} \frac{2}{1 + \left(\dfrac{\Omega}{a}\right)^2} \mathrm{d}\left(\frac{\Omega}{a}\right) = 2\arctan\left(\frac{\Omega}{a}\right)\Big|_{-\infty}^{+\infty} = 2\pi$$

显然,这表明单位直流信号的频谱为一个出现在 $\Omega = 0$ 处且强度为 2π 的冲激函数,即

$$F(\mathrm{j}\Omega) = \lim_{a \to 0} \frac{2a}{a^2 + \Omega^2} = 2\pi\delta(\Omega) \tag{5.4.31}$$

或表示为

$$1 \leftrightarrow 2\pi\delta(\Omega) \tag{5.4.32}$$

同理,容易推出直流信号 E 的频谱为

$$E \leftrightarrow 2\pi E\delta(\Omega) \tag{5.4.33}$$

与前面介绍的冲激信号的频谱正好相反,在时域持续时间无限宽的直流信号在频域所占有的频带宽度却为无限窄。

直流信号的波形及其频谱如图 5.4.10 所示。

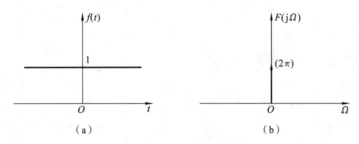

（a） （b）

图 5.4.10 直流信号的波形及其频谱

8. 阶跃信号

阶跃信号 $\varepsilon(t)$ 的定义为

$$\varepsilon(t) = \begin{cases} 1, & t > 0 \\ 0, & t < 0 \end{cases}$$

虽然阶跃信号不满足绝对可积条件,但其傅里叶变换可以由单边指数衰减信号 $e^{-at}\varepsilon(t)$ 的频谱取极限求得,推导过程如下。

因为

$$\varepsilon(t) = \begin{cases} \lim_{a \to 0} e^{-at}, & t > 0 \\ 0, & t < 0 \end{cases}$$

又因为

$$e^{-at}\varepsilon(t) \leftrightarrow \frac{1}{a+j\Omega} = \frac{a}{a^2+\Omega^2} - \frac{j\Omega}{a^2+\Omega^2}$$

所以阶跃信号 $\varepsilon(t)$ 的傅里叶变换为

$$F(j\Omega) = \lim_{a \to 0} \frac{a}{a^2+\Omega^2} + \lim_{a \to 0} \frac{-j\Omega}{a^2+\Omega^2} \qquad (5.4.34)$$

由式(5.4.31)可知,式(5.4.34)的第一项为

$$\lim_{a \to 0} \frac{a}{a^2+\Omega^2} = \pi\delta(\Omega)$$

又由于

$$\lim_{a \to 0} \frac{-j\Omega}{a^2+\Omega^2} = \frac{1}{j\Omega}$$

最后可得

$$\varepsilon(t) \leftrightarrow \pi\delta(\Omega) + \frac{1}{j\Omega} \qquad (5.4.35)$$

单位阶跃信号及其频谱如图 5.4.11 所示。

阶跃信号的频谱也可由直流信号和符号函数的频谱叠加生成,即

$$\varepsilon(t) = \frac{1}{2} + \frac{1}{2}\mathrm{sgn}(t)$$

两边进行傅里叶变换

$$\mathscr{F}[\varepsilon(t)] = \mathscr{F}\left(\frac{1}{2}\right) + \frac{1}{2}\mathscr{F}[\mathrm{sgn}(t)]$$

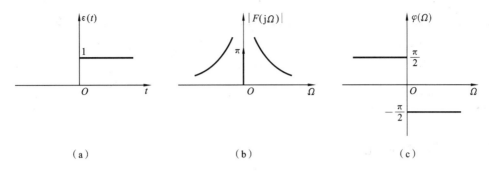

（a）　　　　　　　　　　　（b）　　　　　　　　　　　（c）

图 5.4.11　单位阶跃信号及其频谱

则 $\varepsilon(t)$ 的傅里叶变换为

$$\mathscr{F}\left[\varepsilon(t)\right]=\pi\delta(\Omega)+\frac{1}{\mathrm{j}\Omega} \tag{5.4.36}$$

可见，单位阶跃信号 $\varepsilon(t)$ 的频谱在 $\Omega=0$ 处存在一个冲激函数，这是 $\varepsilon(t)$ 中含有直流分量的缘故。此外，由于 $\varepsilon(t)$ 不是纯直流信号，它在 $t=0$ 的点有跳变，因此在频谱中还出现了其他频率分量。

熟悉上述典型信号的傅里叶变换为进一步掌握信号与系统的频域分析带来很大的方便。表 5.4.1 列出了常用信号的傅里叶变换对。

表 5.4.1　常用信号的傅里叶变换对

$f(t)$	$F(\mathrm{j}\Omega)$
$G_\tau(t)$	$\tau\mathrm{Sa}\left(\dfrac{\Omega\tau}{2}\right)$
$\tau\mathrm{Sa}\left(\dfrac{\tau t}{2}\right)$	$2\pi G_\tau(\Omega)$
$\mathrm{e}^{-at}\varepsilon(t),a>0$	$\dfrac{1}{a+\mathrm{j}\Omega}$
$t\mathrm{e}^{-at}\varepsilon(t),a>0$	$\dfrac{1}{(a+\mathrm{j}\Omega)^2}$
$\mathrm{e}^{-a|t|},a>0$	$\dfrac{2a}{a^2+\Omega^2}$
$\delta(t)$	1
1	$2\pi\delta(\Omega)$
$\delta(t-t_0)$	$\mathrm{e}^{-\mathrm{j}\Omega t_0}$
$\cos(\Omega_0 t)$	$\pi\left[\delta(\Omega+\Omega_0)+\delta(\Omega-\Omega_0)\right]$
$\sin(\Omega_0 t)$	$\mathrm{j}\pi\left[\delta(\Omega+\Omega_0)-\delta(\Omega-\Omega_0)\right]$
$\varepsilon(t)$	$\pi\delta(\Omega)+\dfrac{1}{\mathrm{j}\Omega}$
$\mathrm{sgn}(t)$	$\dfrac{2}{\mathrm{j}\Omega},F(0)=0$
$\dfrac{1}{\pi t}$	$-\mathrm{j}\,\mathrm{sgn}(\Omega)$
$E\mathrm{e}^{\mathrm{j}\Omega_0 t}$	$2\pi E\delta(\Omega-\Omega_0)$

续表

$\delta_\mathrm{T}(t) = \sum\limits_{n=-\infty}^{+\infty} \delta(t-nT_0)$	$\omega_0 \sum\limits_{n=-\infty}^{+\infty} \delta(\Omega-n\Omega_0), \Omega_0 = \dfrac{2\pi}{T_0}$
$\dfrac{t^{n-1}}{(n-1)!}e^{-at}\varepsilon(t), a>0$	$\dfrac{1}{(a+j\Omega)^n}$

5.5 采样定理

1. 时域采样定理

由理想采样信号的频谱 $F_\mathrm{s}(j\Omega)$ 可以看出,如果 $\Omega_\mathrm{s} \geqslant 2\Omega_\mathrm{m}(f_\mathrm{s} \geqslant 2f_\mathrm{m}$ 或 $T_\mathrm{s} \leqslant \dfrac{1}{2f_\mathrm{m}})$,那么频移后,各相邻频谱之间就不会发生混叠,如图 5.5.1(a) 所示。这时就可以利用截止频率为 $\Omega_\mathrm{m} \leqslant \Omega_\mathrm{c} \leqslant \Omega_\mathrm{s}-\Omega_\mathrm{m}$ 的低通滤波器从 $F_\mathrm{s}(j\Omega)$ 中恢复出原信号的频谱 $F(j\Omega)$,即从采样信号 $f_\mathrm{s}(t)$ 中恢复出原信号 $f(t)$。如果 $\Omega_\mathrm{s} < 2\Omega_\mathrm{m}$,那么各频谱将相互重叠,如图 5.5.1(b) 所示,这就无法将它们分离开来,因而也不能恢复出原信号 $f(t)$。

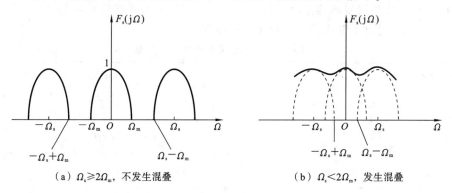

(a) $\Omega_\mathrm{s} \geqslant 2\Omega_\mathrm{m}$, 不发生混叠　　　　　(b) $\Omega_\mathrm{s} < 2\Omega_\mathrm{m}$, 发生混叠

图 5.5.1　混叠现象

一般说来,采样频率 $\Omega_\mathrm{s} = 2\Omega_\mathrm{m}$ 时为临界采样,采样频率 $\Omega_\mathrm{s} > 2\Omega_\mathrm{m}$ 时为过采样,采样频率 $\Omega_\mathrm{s} < 2\Omega_\mathrm{m}$ 时为欠采样。其中,欠采样会引起频谱混叠。

由此可见,要实现无失真地恢复原信号 $f(t)$,必须满足以下两个条件:一是原信号 $f(t)$ 的频谱 $F(j\Omega)$ 应具有有限的带宽,即信号 $f(t)$ 的频谱只在区间 $(-\Omega_\mathrm{m}, \Omega_\mathrm{m})$ 内为有限值,而在此区间之外为零,这样的信号称为有限频带信号,简称带限信号;二是采样间隔不能过大,必须满足 $T_\mathrm{s} \leqslant \dfrac{1}{2f_\mathrm{m}}$。最大的采样间隔 $T_\mathrm{s} = \dfrac{1}{2f_\mathrm{m}}$ 称为奈奎斯特采样间隔,对应的最低允许采样频率 $f_\mathrm{s} = 2f_\mathrm{m}$ 称为奈奎斯特采样速率。

综上所述,将时域采样定理描述如下:当采样间隔满足 $T_\mathrm{s} \leqslant \dfrac{1}{2f_\mathrm{m}}$,或采样频率满足 $f_\mathrm{s} \geqslant 2f_\mathrm{m}$(或 $\Omega_\mathrm{s} \geqslant 2\Omega_\mathrm{m}$)时,一个最高频率为 Ω_m 的带限信号 $f(t)$ 可用等间隔的采样值 $f(nT_\mathrm{s})$ 唯一表示。

可见,只要按照采样定理所要求的采样频率对带限信号 $f(t)$ 进行等间隔采样,所得的采样信号 $f_\mathrm{s}(t)$ 将包含原信号 $f(t)$ 的全部信息,因而可利用 $f_\mathrm{s}(t)$ 完全恢复出原信号。

2. 频域采样定理

根据时域与频域的对称性，可由时域采样定理直接推导出频域采样定理。频域采样定理为：信号 $f(t)$ 是时间受限的信号，即 $-t_{\mathrm{m}} \leqslant t \leqslant t_{\mathrm{m}}$，若在频域中以不大于 $\dfrac{1}{2t_{\mathrm{m}}}$ 的频率间隔对 $f(t)$ 的频谱 $F(\mathrm{j}\Omega)$ 进行采样，则采样后的频谱 $F_{\mathrm{s}}(\mathrm{j}\Omega)$ 可以唯一地表示原信号。

从物理概念上不难理解，因为在频域中对 $F(\mathrm{j}\Omega)$ 进行采样，等效于 $f(t)$ 在时域中重复形成周期信号 $f_{\mathrm{s}}(t)$。只要采样间隔不大于 $\dfrac{1}{2t_{\mathrm{m}}}$，则在时域中波形不会产生混叠，用矩形脉冲作选通信号从周期信号 $f_{\mathrm{s}}(t)$ 中选出单个脉冲就可以无失真地恢复原信号 $f(t)$。

3. 连续时间信号的重建

为了从频谱 $F_{\mathrm{s}}(\mathrm{j}\Omega)$ 中无失真地恢复 $F(\mathrm{j}\Omega)$，选择一幅度为 T_{s}，截止角频率为 $\Omega_{\mathrm{m}} \leqslant \Omega_{\mathrm{c}} \leqslant \Omega_{\mathrm{s}} - \Omega_{\mathrm{m}}$ 的理想低通滤波器，其频率响应为

$$H(\mathrm{j}\Omega) = \begin{cases} T_{\mathrm{s}}, & |\Omega| < \Omega_{\mathrm{c}} \\ 0, & |\Omega| > \Omega_{\mathrm{c}} \end{cases}$$

如图 5.5.2(b) 所示。

利用傅里叶变换的对称性，可以求得理想低通滤波器的冲激响应为

$$h(t) = T_{\mathrm{s}} \frac{\Omega_{\mathrm{c}}}{\pi} \mathrm{Sa}(\Omega_{\mathrm{c}} t)$$

为求解方便，考虑临界采样的情况，选 $\Omega_{\mathrm{c}} = \Omega_{\mathrm{m}} = \dfrac{\Omega_{\mathrm{s}}}{2}$，则 $T_{\mathrm{s}} = \dfrac{2\pi}{\Omega_{\mathrm{s}}} = \dfrac{\pi}{\Omega_{\mathrm{c}}} = \dfrac{\pi}{\Omega_{\mathrm{m}}}$，因此有

$$h(t) = \mathrm{Sa}\left(\frac{1}{2}\Omega_{\mathrm{s}} t\right) = \mathrm{Sa}(\Omega_{\mathrm{m}} t) = \mathrm{Sa}(\pi f_{\mathrm{s}} t)$$

$h(t)$ 的波形如图 5.5.2(e) 所示。因为采样信号为

$$f_{\mathrm{s}}(t) = f(t) \sum_{n=-\infty}^{+\infty} \delta(t - nT_{\mathrm{s}}) = \sum_{n=-\infty}^{+\infty} f(nT_{\mathrm{s}}) \delta(t - nT_{\mathrm{s}})$$

又因为

$$F(\mathrm{j}\Omega) = F_{\mathrm{s}}(\mathrm{j}\Omega) H(\mathrm{j}\Omega)$$

故根据时域卷积定理，可得理想低通滤波器的输出信号为

$$f(t) = f_{\mathrm{s}}(t) * h(t) = \sum_{n=-\infty}^{+\infty} f(nT_{\mathrm{s}}) \delta(t - nT_{\mathrm{s}}) * \mathrm{Sa}(\Omega_{\mathrm{m}} t)$$

$$= \sum_{n=-\infty}^{+\infty} f(nT_{\mathrm{s}}) \mathrm{Sa}[\Omega_{\mathrm{m}}(t - nT_{\mathrm{s}})] \tag{5.5.1}$$

式 (5.5.1) 表明，连续信号 $f(t)$ 可以展开成 $\mathrm{Sa}(\cdot)$ 函数的无穷级数，该级数的系数等于采样值 $f(nT_{\mathrm{s}})$，即在采样信号 $f_{\mathrm{s}}(t)$ 的每个样点处，插入一个峰值为 $f(nT_{\mathrm{s}})$ 的信号 $\mathrm{Sa}[\Omega_{\mathrm{m}}(t - nT_{\mathrm{s}})]$，那么所有 $\mathrm{Sa}(\cdot)$ 函数的合成信号就是原信号 $f(t)$，如图 5.5.2(f) 所示。因此，只要已知各采样值 $f(nT_{\mathrm{s}})$，就能唯一地确定出原信号 $f(t)$。

在此需指出，由于在工程实际中应用的低通滤波器只能做到大致接近理想低通滤波器的特性，因而，即使 $F_{\mathrm{s}}(\mathrm{j}\Omega)$ 中没有频谱混叠现象，实际的滤波器也不可能保证只取出 $F(\mathrm{j}\Omega)$ 的信息，这将导致信号 $f(t)$ 的恢复必然带有一定的失真。

前面在介绍周期信号的傅里叶级数及非周期信号的傅里叶变换的基础上，研究了

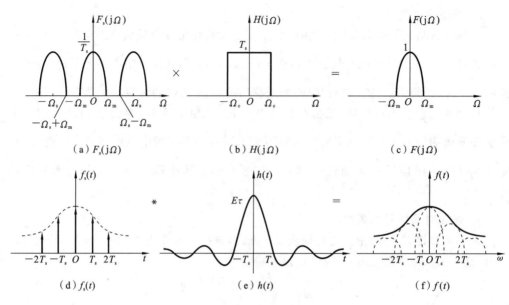

图 5.5.2 采样与重构

周期信号和采样信号的傅里叶变换,现将信号频谱的规律总结如下。

(1) 时域的非周期信号 $f(t)$,其频谱具有连续性,即 $\Omega \in (-\infty, +\infty)$。

(2) 时域的周期信号 $f(t)$,其频谱具有离散性,即 $\Omega = n\Omega_0, n \in \mathbf{Z}$。

(3) 时域的连续信号 $f(t)$,其频谱具有非周期性。

(4) 时域的采样信号 $f(t)$,其频谱具有周期性,重复周期为 $\Omega_s = \dfrac{2\pi}{T_s}$。

图 5.5.2 中,"×"为频域相乘,"*"指时域卷积。上述结论也可以用表 5.5.1 所示的关系表示出来。可以看出,表中时域特性和频域特性的这种对应关系正是由傅里叶变换的对称性质决定的。

表 5.5.1 时域特性与频域特性对应关系

时域	频域	时域	频域
非周期	连续	连续	非周期
周期	离散	离散	周期

5.6 序列的傅里叶分析

5.6.1 周期序列的离散傅里叶级数(DFS)

设 $\tilde{x}(k)$ 是一个周期为 K 的周期序列,即
$$\tilde{x}(k) = \tilde{x}(k+rK), \quad r \text{ 为任意整数}$$
周期序列不是绝对可和的,所以不能用 z 变换来表示,因为在任何 z 值下,其 z 变换都不收敛,也就是

$$\sum_{k=-\infty}^{+\infty} |\tilde{x}(k)| \cdot |z^{-k}| = +\infty$$

但是,正如连续时间周期信号可以用傅里叶级数表示一样,周期序列也可以用离散傅里叶级数来表示,该级数相当于成谐波关系的复指数序列(正弦型序列)之和。也就是说,复指数序列的频率是周期序列 $\widetilde{x}(k)$ 的基频 $(2\pi/K)$ 的整数倍,这些复指数序列 $e_n(k)$ 的形式为

$$e_n(k) = \mathrm{e}^{\mathrm{j}\left(\frac{2\pi}{K}\right)nk} = e_{n+rK}(k) \tag{5.6.1}$$

式中,n、r 为整数。

由式(5.6.1)可知,复指数序列 $e_n(k)$ 对 n 呈现周期性,周期也为 K。也就是说,离散傅里叶级数的谐波成分只有 K 个独立量,这是和连续傅里叶级数的不同之处(后者为无穷多个谐波成分),因而对于离散傅里叶级数,只能取 $n=0$ 到 $K-1$ 的 K 个独立谐波分量,不然就会产生二义性。因而 $\widetilde{x}(k)$ 展成离散傅里叶级数为

$$\widetilde{x}(k) = \frac{1}{K}\sum_{n=0}^{K-1}\widetilde{X}(n)\mathrm{e}^{\mathrm{j}\frac{2\pi}{K}nk} \tag{5.6.2}$$

式中,求和号前所乘的系数 $\frac{1}{K}$ 是习惯上已经采用的常数;$\widetilde{X}(n)$ 是 n 次谐波的系数。下面求解系数 $\widetilde{X}(n)$,这要利用复正弦序列的正交特性,即

$$\frac{1}{K}\sum_{n=0}^{K-1}\mathrm{e}^{\mathrm{j}\frac{2\pi}{K}nk} = \frac{1}{K}\frac{1-\mathrm{e}^{\mathrm{j}\frac{2\pi}{K}rK}}{1-\mathrm{e}^{\mathrm{j}\frac{2\pi}{K}r}} = \begin{cases} 1, & r=mK,m \text{ 为整数} \\ 0, & r \text{ 为其他值} \end{cases} \tag{5.6.3}$$

将式(5.6.2)两端同乘以 $\mathrm{e}^{\mathrm{j}2\pi m/K}$,然后从 $n=0$ 到 $K-1$ 的一个周期内求和,则得

$$\sum_{k=0}^{K-1}\widetilde{x}(k)\mathrm{e}^{-\mathrm{j}\frac{2\pi}{K}nk} = \frac{1}{K}\sum_{k=0}^{K-1}\sum_{n=0}^{K-1}\widetilde{X}(n)\mathrm{e}^{\mathrm{j}\frac{2\pi}{K}(n-r)k} = \sum_{n=0}^{K-1}\widetilde{X}(n)\left[\frac{1}{K}\sum_{k=0}^{K-1}\mathrm{e}^{\mathrm{j}\frac{2\pi}{K}(n-r)k}\right] = \widetilde{X}(r)$$

把 r 换成 n,可得

$$\widetilde{X}(n) = \sum_{k=0}^{K-1}\widetilde{x}(k)\mathrm{e}^{-\mathrm{j}\frac{2\pi}{K}nk} \tag{5.6.4}$$

这就是求 $n=0$ 到 $K-1$ 的 K 个谐波系数 $\widetilde{X}(n)$ 的公式。同时可以看出 $\widetilde{X}(n)$ 也是一个以 K 为周期的周期序列,即

$$\widetilde{X}(n+mK) = \sum_{k=0}^{K-1}\widetilde{x}(k)\mathrm{e}^{-\mathrm{j}\frac{2\pi}{K}(n+mK)k} = \sum_{k=0}^{K-1}\widetilde{x}(k)\mathrm{e}^{-\mathrm{j}\frac{2\pi}{K}nk} = \widetilde{X}(n)$$

这与离散傅里叶级数只有 K 个不同的系数 $\widetilde{X}(n)$ 的说法是一致的。可以看出,时域周期序列 $\widetilde{x}(k)$ 的离散傅里叶级数在频域(即其系数 $\widetilde{X}(n)$)也是一个周期序列。因而 $\widetilde{X}(n)$ 与 $\widetilde{x}(k)$ 是频域与时域的一个周期序列对,式(5.6.2)与式(5.6.4)一起可看作是一对相互表达周期序列的离散傅里叶级数对。

为了表示方便,常常利用复数 W_K 来写这两个式子,W_K 定义为

$$W_K = \mathrm{e}^{-\mathrm{j}\frac{2\pi}{K}} \tag{5.6.5}$$

使用 W_K,式(5.6.4)及式(5.6.2)可表示为

$$\widetilde{X}(n) = \mathrm{DFS}[\widetilde{x}(k)] = \sum_{k=0}^{K-1}\widetilde{x}(k)\mathrm{e}^{-\mathrm{j}\frac{2\pi}{K}kn} = \sum_{k=0}^{K-1}\widetilde{x}(k)W_K^{kn} \tag{5.6.6}$$

$$\widetilde{x}(k) = \mathrm{IDFS}[\widetilde{X}(n)] = \frac{1}{K}\sum_{n=0}^{K-1}\widetilde{X}(n)\mathrm{e}^{\mathrm{j}\frac{2\pi}{K}kn} = \frac{1}{K}\sum_{n=0}^{K-1}\widetilde{X}(n)W_K^{-kn} \tag{5.6.7}$$

式中,$\mathrm{DFS}[\cdot]$ 表示离散傅里叶级数变换,$\mathrm{IDFS}[\cdot]$ 表示离散傅里叶级数反变换。

从上面分析可看出,只要知道周期序列一个周期的内容,其他的内容也就都知道了。所以这种无限长序列实际上只有一个周期中的 K 个序列值有信息。因而周期序列

和有限长序列有着本质的联系。

例 5.6.1 设一序列 $\tilde{x}(k)$ 的周期为 K，其离散傅里叶级数系数为 $\tilde{X}(n)$。$\tilde{X}(n)$ 也是周期为 K 的周期序列，试利用 $\tilde{x}(k)$ 求 $\tilde{X}(n)$ 的离散傅里叶级数系数。

解
$$\tilde{X}(n) = \sum_{k=0}^{K-1} \tilde{x}(k) W_K^{kn}$$

$$\tilde{X}(r) = \sum_{n=0}^{K-1} \tilde{X}(n) W_K^{nr} = \sum_{n=0}^{K-1} \Big[\sum_{k=0}^{K-1} \tilde{x}(k) W_K^{kn} \Big] W_K^{nr} = \sum_{k=0}^{K-1} \tilde{x}(k) \sum_{n=0}^{K-1} W_K^{n(k+r)}$$

因为
$$\sum_{n=0}^{K-1} W_K^{n(k+r)} = \begin{cases} K, & k+r = lK \\ 0, & \text{其他} \end{cases}$$

所以
$$\tilde{X}(r) = K\tilde{x}(-r+lK) = K\tilde{x}(-r) \tag{5.6.8}$$

用 n 替换式（5.6.8）中的 r，即
$$\tilde{X}(n) = K\tilde{x}(-n)$$

5.6.2 离散时间傅里叶变换（DTFT）

设序列的傅里叶变换对为

$$X(\mathrm{e}^{\mathrm{j}\omega}) = \sum_{k=-\infty}^{+\infty} x(k) \mathrm{e}^{-\mathrm{j}\omega k} \tag{5.6.9}$$

$$x(k) = \frac{1}{2\pi} \int_{-\pi}^{+\pi} X(\mathrm{e}^{\mathrm{j}\omega}) \mathrm{e}^{\mathrm{j}\omega k} \, \mathrm{d}\omega \tag{5.6.10}$$

离散时间信号指在离散时间变量时有定义的信号。如果把序列看成模拟信号的采样，采样时间间隔为 T_s，采样频率为 $f_s = 1/T_s$，$\omega_s = 2\pi/T_s$，则离散时间信号可以表示为

$$x(k) = x_a(kT_s) = x_a(t)\Big|_{t=kT_s} \tag{5.6.11}$$

表明离散时间信号仅在 $t = kT_s$ 时有值，在其他时刻没有值。

5.7 离散傅里叶变换及其性质

5.7.1 离散傅里叶变换的定义

离散傅里叶变换（DFT）是周期序列，但是在计算机上实现信号的频谱分析及其他方面的处理工作时，对信号的要求是：在时域和频域都应是离散的，且都应是有限长的。离散傅里叶级数虽然是周期序列，却只有 K 个独立的复值，只要知道它一个周期的内容，其他的内容也就知道了。即把长度为 K 的有限序列 $x(k)$ 看成周期为 K 的周期序列的一个周期，这样利用离散傅里叶级数计算周期序列的一个周期，也就是计算了有限长序列。

设 $x(k)$ 为有限长序列，长度为 K，即 $x(k)$ 只在 $k = 0, 1, \cdots, K-1$ 时有值，在其他 k 值时，$x(k) = 0$。把它看作是周期为 K 的周期序列 $\tilde{x}(k)$ 的一个周期，而把 $\tilde{x}(k)$ 看成是 $x(k)$ 以 K 为周期的周期延拓，即

$$x(k) = \begin{cases} \tilde{x}(k), & 0 \leqslant k \leqslant K-1 \\ 0, & k \text{ 为其他值} \end{cases} \tag{5.7.1}$$

或
$$x(k) = \tilde{x}(k) R_K(k)$$

而 $\tilde{x}(k) = \sum_{r=-\infty}^{+\infty} x(k+rK)$，$-\infty < k < +\infty$，也可写成

$$\tilde{x}(k) = x((k))_K \quad \text{或} \quad x(k) = \tilde{x}(k) R_K(k) \tag{5.7.2}$$

式中，$((k))_K$ 为余数运算符，或称为取模运算(mod)。如果 $((k))_K = k_1$，则表示 k、k_1 和 K 之间的关系为 $k = k_1 + rK$，其中 r 为任意整数。用 $x((k))_K$ 表示 $x(k)$ 以 K 为周期的周期延拓序列。

例 5.7.1 $\tilde{x}(k)$ 是周期为 $K = 9$ 的序列，则有

$$\tilde{x}(8) = x((8))_9 = x(8)$$
$$\tilde{x}(13) = x((13))_9 = x(4)$$
$$\tilde{x}(22) = x((22))_9 = x(4)$$
$$\tilde{x}(-1) = x((-1))_9 = x(8)$$

通常把 $\tilde{x}(k)$ 的第一个周期 $k=0$ 到 $k=K-1$ 定义为"主值区间"，相应地称 $x(k)$ 是 $\tilde{x}(k)$ 的"主值序列"。

同理，对频域的周期序列 $\tilde{X}(n)$ 可以看作是有限长序列 $X(n)$ 的周期延拓，而有限长序列 $X(n)$ 可以看作是周期序列 $\tilde{X}(n)$ 的主值序列，即

$$\tilde{X}(n) = X((n))_K, \quad X(n) = \tilde{X}(n) R_K(n) \tag{5.7.3}$$

从离散傅里叶级数变换和离散傅里叶级数反变换的表达式看出，求和只限定在 $k \in [0, K-1]$ 及 $n \in [0, K-1]$ 的主值区间进行，故完全适用于主值序列 $x(k)$ 和 $X(n)$。回顾离散傅里叶级数变换和离散傅里叶级数反变换的表达式分别为

$$\tilde{X}(n) = \text{DFS}[\tilde{x}(k)] = \sum_{k=0}^{K-1} \tilde{x}(k) (W_K)^{kn} \tag{5.7.4}$$

$$\tilde{x}(k) = \text{IDFS}[\tilde{X}(n)] = \frac{1}{K} \sum_{n=0}^{K-1} \tilde{X}(n) (W_K)^{-kn} \tag{5.7.5}$$

这两个公式的求和都只限定在 $k \in [0, K-1]$ 和 $n \in [0, K-1]$ 的主值区间进行，它们完全适用于主值序列 $x(k)$ 与 $X(n)$，因而可以得到有限长序列的离散傅里叶变换(DFT)及离散傅里叶反变换(IDFT)的定义分别为

$$X(n) = \text{DFT}[x(k)] = \sum_{k=0}^{K-1} x(k) (W_K)^{kn}, \quad 0 \leqslant n \leqslant K-1 \tag{5.7.6}$$

$$x(k) = \text{IDFT}[X(n)] = \frac{1}{K} \sum_{n=0}^{K-1} X(n) (W_K)^{-kn}, \quad 0 \leqslant k \leqslant K-1 \tag{5.7.7}$$

$x(k)$ 和 $X(n)$ 是一个有限长序列的离散傅里叶变换对。式(5.7.6)称为 $x(k)$ 的 K 点离散傅里叶变换，式(5.7.7)称为 $X(n)$ 的 K 点离散傅里叶反变换。已知其中的一个序列，就能唯一地确定另一个序列。这是因为 $x(k)$ 与 $X(n)$ 都是点数为 K 的序列，都有 K 个独立值(可以是复数)，所以信息当然等量。

此外，值得强调的是，在使用离散傅里叶变换时，必须注意所处理的有限长序列都是作为周期序列的一个周期来表示的。换句话说，离散傅里叶变换隐含着周期性。

5.7.2　离散傅里叶变换的性质

本节讨论离散傅里叶变换的一些性质，它们本质上与周期序列的离散傅里叶级数

变换概念有关,而且是由有限长序列及其离散傅里叶变换表达式隐含的周期性得出的。以下讨论的序列都是 K 点有限长序列,用 DFT[·]表示 K 点离散傅里叶变换,且设

$$\text{DFT}[x_1(k)] = X_1(n)$$

$$\text{DFT}[x_2(k)] = X_2(n)$$

1. 线性特性

$$\text{DFT}[ax_1(k) + bx_2(k)] = aX_1(n) + bX_2(n) \tag{5.7.8}$$

式中,a 和 b 为任意常数。该式可根据离散傅里叶变换定义证明。

2. 圆周移位特性

1) 定义

一个长度为 K 的有限长序列 $x(k)$ 的圆周移位定义为

$$y(k) = x((k+m))_K R_K(k) \tag{5.7.9}$$

可以这样来理解上式所表达的圆周移位的含义。首先,将 $x(k)$ 以 K 为周期进行周期延拓得到周期序列 $\tilde{x}(k) = x((k))_K$;再将 $x(k)$ 加以移位得

$$x((k+m))_K = \tilde{x}(k+m) \tag{5.7.10}$$

然后,再对移位的周期序列 $\tilde{x}(k+m)$ 取主值区间($k \in [0, K-1]$)上的序列值,即 $x((k+m))_K R_K(k)$,所以一个有限长序列 $x(k)$ 的圆周移位序列 $y(k)$ 仍然是一个长度为 K 的有限长序列,这一过程可用图 5.7.1(a)(b)(c)(d) 来表达。

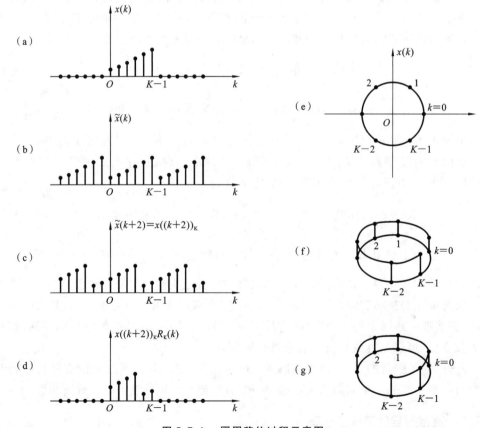

图 5.7.1　圆周移位过程示意图

从图5.7.1可以看出,由于是周期序列的移位,当只观察 $0 \leqslant k \leqslant K-1$ 这一主值区间,某一采样从该区间的一端移出时,与其相同值的采样又从该区间的另一端循环移进。因而,可以想象 $x(k)$ 是排列在一个 K 等分的圆周上,序列 $x(k)$ 的圆周移位,就相当于 $x(k)$ 在此圆周上旋转,如图 5.7.1(e)(f)(g) 所示,因而称为圆周移位。若 $x(k)$ 向左圆周移位,则此圆是顺时针旋转的;若 $x(k)$ 向右圆周移位,则此圆是逆时针旋转的。此外,如果围绕圆周观察几圈,那么看到的就是周期序列 $\tilde{x}(k)$。

2)时域圆周移位定理

设 $x(k)$ 是长度为 K 的有限长序列,$y(k)$ 为 $x(k)$ 圆周移位,即

$$y(k) = x((k+m))_K R_K(k)$$

则圆周移位后的离散傅里叶变换为

$$Y(n) = \mathrm{DFT}[y(k)] = \mathrm{DFT}[x((k+m))_K R_K(k)] = (W_K)^{-mn} X(n) \quad (5.7.11)$$

证　利用周期序列的移位性质,有

$$\mathrm{DFS}[x((k+m))_K] = \mathrm{DFS}[\tilde{x}(k+m)] = (W_K)^{-mn} \tilde{X}(n)$$

再利用离散傅里叶级数变换和离散傅里叶变换关系,有

$$\mathrm{DFT}[x((k+m))_K R_K(k)] = \mathrm{DFT}[\tilde{x}(k+m) R_K(k)]$$
$$= (W_K)^{-mn} \tilde{X}(n) R_K(n) = (W_K)^{-mn} X(n)$$
$$(5.7.12)$$

这表明,有限长序列的圆周移位在离散频域中引入一个和频率成正比的线性相移 $(W_K)^{-nm} = \mathrm{e}^{\left(\mathrm{j}\frac{2\pi}{K}n\right)m}$,而对频谱的幅度没有影响。

3)频域圆周移位定理

频域有限长序列 $X(n)$,也可看成是分布在一个 K 等分的圆周上的移位序列,所以对于 $X(n)$ 的圆周移位,利用频域与时域的对偶关系,可以证明其以下性质。

若

$$X(n) = \mathrm{DFT}[x(k)]$$

则

$$\mathrm{IDFT}[X((n+l))_K R_K(n)] = W_K^{kl} x(k) = \mathrm{e}^{-\mathrm{j}\frac{2\pi}{K}kl} x(k) \quad (5.7.13)$$

这就是调制特性。它说明,时域序列的调制等效于频域的圆周移位。

3. 圆周卷积

设 $x_1(k)$ 和 $x_2(k)$ 都是点数为 K 的有限长序列,$0 \leqslant k \leqslant K-1$,且有

$$\mathrm{DFT}[x_1(k)] = X_1(n)$$
$$\mathrm{DFT}[x_2(k)] = X_2(n)$$

若

$$Y(n) = X_1(n) X_2(n)$$

则

$$y(k) = \mathrm{IDFT}[Y(n)] = \sum_{m=0}^{K-1} x_1(m) x_2((k-m))_K R_K(k)$$
$$= \sum_{m=0}^{K-1} x_2(m) x_1((k-m))_K R_K(k) \quad (5.7.14)$$

一般称式(5.7.14)所表示的运算为 $x_1(k)$ 和 $x_2(k)$ 的 K 点圆周卷积。下面先证明式(5.7.14),再说明其计算方法。

证 这个卷积相当于周期序列$\tilde{x}_1(k)$和$\tilde{x}_2(k)$作周期卷积后再取其主值序列。

先将$\tilde{Y}(n)$周期延拓,即

$$\tilde{Y}(n) = \tilde{X}_1(n)\tilde{X}_2(n)$$

根据离散傅里叶级数的周期卷积公式,有

$$\tilde{y}(k) = \sum_{m=0}^{K-1} \tilde{x}_1(m)\tilde{x}_2(k-m) = \sum_{m=0}^{K-1} x_1((m))_K x_2((k-m))_K$$

由于$0 \leqslant m \leqslant K-1$为主值区间,$x_1((m))_K = x_1(m)$,因此

$$y(k) = \tilde{y}(k)R_K(k) = \sum_{m=0}^{K-1} x_1(m)x_2((k-m))_K R_K(k)$$

将$\tilde{y}(k)$进行简单换元,可证明

$$y(k) = \sum_{m=0}^{K-1} x_2(m)x_1((k-m))_K R_K(k)$$

卷积过程可以用图 5.7.2 来表示。圆周卷积过程中,求和变量以m,k为参变量。先将$x_2(m)$周期化,形成$x_2((m))_K$,再反转形成$x_2((-m))_K$,取主值序列,则得到$x_2((-m))_K R_K(m)$,$x_2((-m))_K R_K(m)$通常称为$x_2(m)$的圆周反转。对$x_2(m)$圆周反转的序列圆周右移k,形成$x_2((k-m))_K R_K(m)$,当$k=0,1,\cdots,K-1$时,分别将$x_1(m)$与$x_2((k-m))_K R_K(m)$相乘,并在$m \in [0,K-1]$的区间内求和,便得到圆周卷积$y(k)$。

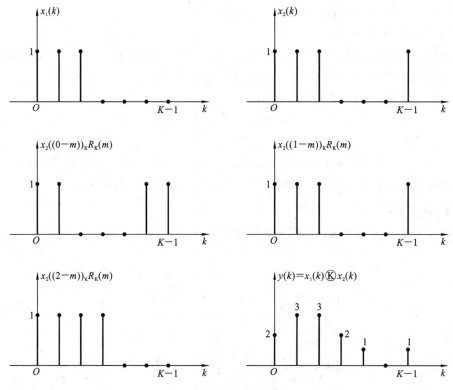

图 5.7.2　圆周卷积过程示意图

可以看出,它和周期卷积过程是一样的,只不过这里需要取主值序列。特别要注意,两个长度小于或等于K的序列的K点圆周卷积长度仍为K,这与一般的线性卷积不

同。圆周卷积用符号 Ⓚ 来表示。圆周内的 K 表示所作的是 K 点圆周卷积。

$$y(n) = x_1(n) Ⓚ x_2(k) = \sum_{m=0}^{K-1} x_1(m) x_2((k-m))_K R_K(k)$$

或

$$y(n) = x_2(n) Ⓚ x_1(k) = \sum_{m=0}^{K-1} x_2(m) x_1((k-m))_K R_K(k)$$

利用时域与频域的对称性,可以证明频域圆周卷积定理。证明如下。

若

$$y(k) = x_1(k) x_2(k)$$

$x_1(k)$、$x_2(k)$ 皆为 K 点有限长序列,则

$$Y(n) = \mathrm{DFT}[y(k)] = \frac{1}{K} \sum_{l=0}^{K-1} X_1(l) X_2((n-l))_K R_K(n)$$

$$= \frac{1}{K} \sum_{l=0}^{K-1} X_2(l) X_1((n-l))_K R_K(n) \tag{5.7.15}$$

即时域序列相乘,乘积的离散傅里叶变换等于各个离散傅里叶变换的圆周卷积再乘以 $\frac{1}{K}$。

4. 有限长序列的线性卷积与圆周卷积

时域圆周卷积在频域上相当于两序列的离散傅里叶变换的乘积,而计算离散傅里叶变换可以采用它的快速算法——快速傅里叶变换,因此圆周卷积与线性卷积相比,计算速度可以大大加快。但是实际问题大多总是要求线性卷积。例如,信号通过线性时不变系统,其输出就是输入信号与系统的单位脉冲响应的线性卷积,如果信号以及系统的单位脉冲响应都是有限长序列,那么是否能用圆周卷积运算来代替线性卷积运算而不失真呢?下面来讨论这个问题。

设 $x_1(k)$ 是 K_1 点的有限长序列,$0 \leqslant m \leqslant K_1 - 1$,$x_2(k)$ 是 K_2 点的有限长序列,$0 \leqslant m \leqslant K_2 - 1$。

(1) $x_1(k)$ 与 $x_2(k)$ 的线性卷积。

$x_1(k)$ 与 $x_2(k)$ 的线性卷积为

$$y_1(k) = x_1(k) * x_2(k) = \sum_{m=-\infty}^{+\infty} x_1(m) x_2(k-m)$$

$$= \sum_{m=0}^{K_1-1} x_1(m) x_2(k-m) \tag{5.7.16}$$

$x_1(m)$ 的非零区间为 $0 \leqslant m \leqslant K_1 - 1$,$x_2(k-m)$ 的非零区间为 $0 \leqslant k-m \leqslant K_2 - 1$。将两个不等式相加,得 $0 \leqslant k \leqslant K_1 + K_2 - 2$。

在上述区间外,不是 $x_1(m) = 0$,就是 $x_2(k-m) = 0$,因而 $y_1(k) = 0$。所以 $y_1(k)$ 是 $K_1 + K_2 - 1$ 点有限长序列,即线性卷积的长度等于参与卷积的两序列的长度之和减1。例如,如图5.7.3所示,$x_1(k)$ 为 $K_1 = 4$ 的矩形序列(见图5.7.3(a)),$x_2(k)$ 为 $K_2 = 5$ 的矩形序列(见图5.7.3(b)),则它们的线性卷积 $y_1(k)$ 为 $K = K_1 + K_2 - 1 = 8$ 的点的有限长序列(见图5.7.3(c))。

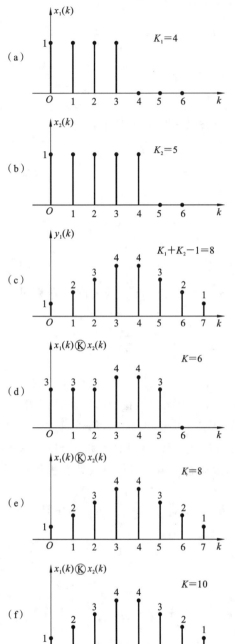

图 5.7.3　线性卷积与圆周卷积

(2) $x_1(k)$ 与 $x_2(k)$ 的圆周卷积。

先进行 K 点的圆周卷积，再讨论 K 取何值时，圆周卷积才能代表线性卷积。

设 $y(k) = x_1(k) \textcircled{K} x_2(k)$ 是两序列的 K 点圆周卷积，$K \geqslant \max[K_1, K_2]$，这就要将 $x_1(k)$ 与 $x_2(k)$ 都看成是 K 点的序列。在这 K 个序列值中，$x_1(k)$ 只有前 K_1 个是非零值，后 $K - K_1$ 个均为补充的零值。同样，$x_2(k)$ 只有前 K_2 个是非零值，后 $K - K_2$ 个均为补充的零值。故

$$y(k) = x_1(k) \textcircled{K} x_2(k)$$
$$= \sum_{m=0}^{K-1} x_1(m) x_2 \left((k-m) \right)_K R_K(k)$$

$$(5.7.17)$$

为了分析其圆周卷积，先将序列 $x_1(k)$ 与 $x_2(k)$ 以 K 为周期进行周期延拓，即

$$\tilde{x}_1(k) = x_1 \left((k) \right)_K = \sum_{n=-\infty}^{+\infty} x_1(k+nK)$$

$$\tilde{x}_2(k) = x_2 \left((k) \right)_K = \sum_{r=-\infty}^{+\infty} x_2(k+rK)$$

它们的周期卷积序列为

$$\tilde{y}(k) = \sum_{m=0}^{K-1} \tilde{x}_1(m) x_2 (k-m) K$$
$$= \sum_{m=0}^{K-1} x_1(m) \sum_{r=-\infty}^{+\infty} x_2(k+rK-m)$$
$$= \sum_{r=-\infty}^{+\infty} \sum_{m=0}^{K-1} x_1(m) x_2(k+rK-m)$$
$$= \sum_{r=-\infty}^{+\infty} y_1(k+rK)$$

$$(5.7.18)$$

式中，$y_1(k)$ 就是式(5.7.16)的线性卷积。

由式(5.7.18)表明，$\tilde{x}_1(k)$ 与 $\tilde{x}_2(k)$ 的周期卷积是 $x_1(k)$ 与 $x_2(k)$ 线性卷积的周期延拓，周期为 K。

前面已经分析了 $y_1(k)$ 具有 $K_1 + K_2 - 1$ 个非零值。因此可以看到，如果周期卷积的周期 $K < K_1 + K_2 - 1$，那么 $y_1(k)$ 的周期延拓就必然有一部分非零序列值要交叠起来，从而出现混叠现象。只有在 $K \geqslant K_1 + K_2 - 1$ 时，才没有交叠现象。这时，在 $y_1(k)$ 的周期延拓 $\tilde{y}_1(k)$ 中，每一个周期 K 内，前 $K_1 + K_2 - 1$ 个序列值正好是 $y_1(k)$ 的全部非零序列值，而剩下的 $K - (K_1 + K_2 - 1)$ 个点上的序列值都是补充的零值。

圆周卷积正是周期卷积取主值序列,即

$$y(k) = x_1(k) Ⓚ x_2(k) = \tilde{y}(k) R_K(k)$$

因此

$$y(k) = \Big[\sum_{r=-\infty}^{+\infty} y_1(k+rK) \Big] R_K(k) \tag{5.7.19}$$

所以使圆周卷积等于线性卷积且不产生混叠的必要条件为

$$K \geqslant K_1 + K_2 - 1 \tag{5.7.20}$$

满足此条件,就有

$$y(k) = y_1(k)$$

即

$$x_1(k) Ⓚ x_2(k) = x_1(k) * x_2(k)$$

例 5.7.2 一个有限长序列为

$$x(k) = \delta(k) + 2\delta(k-5)$$

(1) 计算序列 $x(k)$ 的 10 点离散傅里叶变换。

(2) 若序列 $y(k)$ 的离散傅里叶变换为

$$Y(n) = e^{j2n\frac{2\pi}{10}} X(n)$$

式中,$X(n)$ 是 $x(k)$ 的 10 点离散傅里叶变换,求序列 $y(k)$。

(3) 若 10 点序列 $y(k)$ 的 10 点离散傅里叶变换为

$$Y(n) = X(n) W(n)$$

式中,$X(n)$ 是序列 $x(k)$ 的 10 点离散傅里叶变换;$W(n)$ 是序列 $\omega(k)$ 的 10 点离散傅里叶变换,且

$$\omega(k) = \begin{cases} 1, & 0 \leqslant k \leqslant 6 \\ 0, & 其他 \end{cases}$$

求序列 $y(k)$。

解 (1) $x(k)$ 的 10 点离散傅里叶变换为

$$\begin{aligned} X(n) &= \sum_{k=0}^{K-1} x(k) W_K^{kn} = \sum_{k=0}^{10-1} \big[\delta(k) + 2\delta(k-5) \big] W_{10}^{kn} \\ &= 1 + 2 W_{10}^{5n} = 1 + 2 e^{-j\frac{2\pi}{10}5n} \\ &= 1 + 2(-1)^n, \quad 0 \leqslant n \leqslant 9 \end{aligned}$$

(2) $X(n)$ 乘以一个 W_K^{kn} 形式的复指数相当于 $x(k)$ 圆周移位 m 点。本题中 $m=2$,$x(k)$ 向左圆周移位了 2 点,就有

$$y(k) = x((k+2))_{10} R_{10}(k) = 2\delta(k-3) + \delta(k-8)$$

(3) $X(n)$ 乘以 $W(n)$ 相当于 $x(k)$ 与 $\omega(k)$ 的圆周卷积。为了进行圆周卷积,可以先计算线性卷积再将结果周期延拓并取主值序列。$x(k)$ 与 $\omega(k)$ 的线性卷积为

$$z(k) = x(k) * \omega(k) = \{1,1,1,1,1,3,3,2,2,2,2,2\}$$

圆周卷积为

$$y(k) = \Big[\sum_{r=-\infty}^{+\infty} z(k+10r) \Big] R_{10}(k)$$

在 $0 \leqslant k \leqslant 9$ 求和中,仅有序列 $z(k)$ 和 $z(k+10)$ 有非零值,用表列出 $z(k)$ 和 $z(k+10)$ 的值,对 $k = 0, 1, \cdots, 9$ 求和,得到如表 5.7.1 所示结果。

表 5.7.1 $z(k)$ 和 $z(k+10)$ 的值

k	0	1	2	3	4	5	6	7	8	9	10	11
$z(k)$	1	1	1	1	1	3	3	2	2	2	2	2
$z(k+10)$	2	2	0	0	0	0	0	0	0	0	0	0
$y(k)$	3	3	1	1	1	3	3	2	2	2	—	—

所以 10 点圆周卷积为

$$y(k) = \{3,3,1,1,1,3,3,2,2,2\}$$

5. 共轭对称特性

设 $x^*(k)$ 为 $x(k)$ 的共轭复序列，则

$$\mathrm{DFT}[x^*(k)] = X^*((-n))_K R_K(n) = X^*((K-n))_K R_K(n)$$
$$= X^*(K-n), \quad 0 \leqslant n \leqslant K-1 \tag{5.7.21}$$

且

$$X(K) = X(0)$$

证
$$\mathrm{DFT}[x^*(k)] = \sum_{k=0}^{K-1} x^*(k) W_K^{kn} R_K(n) = \left[\sum_{k=0}^{K-1} x(k) W_K^{-kn}\right]^* R_K(n)$$
$$= X^*((-n))_K R_K(n) = \left[\sum_{k=0}^{K-1} x(k) W_K^{(K-n)k}\right]^* R_K(n)$$
$$= X^*((K-n))_K R_K(n)$$
$$= X^*(K-n), \quad 0 \leqslant n \leqslant K-1$$

这里利用了

$$W_K^{kK} = \mathrm{e}^{-\mathrm{j}\frac{2\pi}{K}kK} = \mathrm{e}^{-\mathrm{j}2\pi k} = 1$$

因为 $X(n)$ 的隐含周期性，故有 $X(K) = X(0)$。

用同样的方法可以证明

$$\mathrm{DFT}[x^*((-k))_K R_K(k)] = \mathrm{DFT}[x^*((K-k))_K R_K(k)] = X^*(n)$$

也即

$$\mathrm{DFT}[x^*(K-k)] = X^*(n) \tag{5.7.22}$$

序列傅里叶变换的对称性是指关于坐标原点的纵坐标的对称性。离散傅里叶变换也有类似的对称性，但在离散傅里叶变换中，涉及的序列 $x(k)$ 及其离散傅里叶变换 $X(n)$ 均为有限长序列，且定义区间为 $[0, K-1]$，所以这里的对称性是指关于 $\frac{K}{2}$ 点的对称性。

设有限长序列 $x(k)$ 的长度为 K 点，则它的圆周共轭对称分量 $x_{ep}(k)$ 和圆周共轭反对称分量 $x_{op}(k)$ 分别定义为

$$x_{ep}(k) = \frac{1}{2}[x(k) + x^*(K-k)] \tag{5.7.23}$$

$$x_{op}(k) = \frac{1}{2}[x(k) - x^*(K-k)] \tag{5.7.24}$$

则二者满足

$$x_{ep}(k) = x_{ep}^*(K-k), \quad 0 \leqslant k \leqslant K-1 \tag{5.7.25}$$

$$x_{\mathrm{op}}(k) = -x_{\mathrm{op}}^*(K-k), \quad 0 \leqslant k \leqslant K-1 \tag{5.7.26}$$

与任何实函数都可以分解成偶对称分量和奇对称分量一样,任何有限长序列 $x(k)$ 都可以表示成其圆周共轭对称分量 $x_{\mathrm{ep}}(k)$ 和圆周共轭反对称分量 $x_{\mathrm{op}}(k)$ 之和,即

$$x(k) = x_{\mathrm{ep}}(k) + x_{\mathrm{op}}(k), \quad 0 \leqslant k \leqslant K-1 \tag{5.7.27}$$

由式(5.7.27)可得圆周共轭对称分量及圆周共轭反对称分量的离散傅里叶变换分别为

$$\mathrm{DFT}[x_{\mathrm{ep}}(k)] = \mathrm{Re}[X(n)] \tag{5.7.28}$$

$$\mathrm{DFT}[x_{\mathrm{op}}(k)] = \mathrm{jIm}[X(n)] \tag{5.7.29}$$

证 $\mathrm{DFT}[x_{\mathrm{ep}}(k)] = \mathrm{DFT}\left[\dfrac{1}{2}(x(k) + x^*(K-k))\right]$

$$= \frac{1}{2}\mathrm{DFT}[x(k)] + \frac{1}{2}\mathrm{DFT}[x^*(K-k)]$$

利用式(5.7.22),可得

$$\mathrm{DFT}[x_{\mathrm{ep}}(k)] = \frac{1}{2}[X(n) + X^*(n)] = \mathrm{Re}[X(n)]$$

则式(5.7.28)得证。同理可证式(5.7.29)。

下面讨论序列实部与虚部的离散傅里叶变换。若用 $x_{\mathrm{r}}(k)$ 及 $x_{\mathrm{i}}(k)$ 分别表示有限长序列 $x(k)$ 的实部及虚部,即

$$x(k) = x_{\mathrm{r}}(k) + \mathrm{j}x_{\mathrm{i}}(k) \tag{5.7.30}$$

式中,

$$x_{\mathrm{r}}(k) = \mathrm{Re}[x(k)] = \frac{1}{2}[x(k) + x^*(k)] \tag{5.7.31}$$

$$\mathrm{j}x_{\mathrm{i}}(k) = \mathrm{jIm}[x(k)] = \frac{1}{2}[x(k) - x^*(k)] \tag{5.7.32}$$

则有

$$\mathrm{DFT}[x_{\mathrm{r}}(k)] = X_{\mathrm{ep}}(n) = \frac{1}{2}[X(n) + X^*(K-n)] \tag{5.7.33}$$

$$\mathrm{DFT}[\mathrm{j}x_{\mathrm{i}}(k)] = X_{\mathrm{op}}(n) = \frac{1}{2}[X(n) - X^*(K-n)] \tag{5.7.34}$$

式中,$X_{\mathrm{ep}}(n)$ 为 $X(n)$ 的圆周共轭对称分量,$X_{\mathrm{ep}}(n) = X_{\mathrm{ep}}^*(K-n)$;$X_{\mathrm{op}}(n)$ 为 $X(n)$ 的圆周共轭反对称分量,$X_{\mathrm{op}}(n) = -X_{\mathrm{op}}^*(K-n)$。

证 $\mathrm{DFT}[x_{\mathrm{r}}(k)] = \dfrac{1}{2}\{\mathrm{DFT}[x(k)] + \mathrm{DFT}[x^*(k)]\}$

利用式(5.7.21),有

$$\mathrm{DFT}[x_{\mathrm{r}}(k)] = \frac{1}{2}[X(n) + X^*(K-n)] = X_{\mathrm{ep}}(n)$$

这说明复序列实部的离散傅里叶变换等于序列离散傅里叶变换的圆周共轭对称分量。同理可证式(5.7.34)。式(5.7.34)说明复序列虚部乘以 j 的离散傅里叶变换等于序列离散傅里叶变换的圆周共轭反对称分量。

此外,根据上述共轭对称特性可以证明有限长实序列离散傅里叶变换的共轭对称特性。

若 $x(k)$ 是实序列,这时 $x(k) = x^*(k)$,两边进行离散傅里叶变换,并利用式

(5.7.21)，有

$$X(n) = X^* ((K-n))_K R_K(n) = X^* (K-n) \tag{5.7.35}$$

由式(5.7.35)可以看出 $X(n)$ 只有圆周共轭对称分量。

若 $x(k)$ 是纯虚序列，则显然 $X(n)$ 只有圆周共轭反对称分量，即满足

$$X(n) = -X^* ((K-n))_K R_K(n) = -X^* (K-n) \tag{5.7.36}$$

上述两种情况，不论哪一种，只要知道一半数目 $X(n)$ 就可以了，另一半可利用对称性求得，这些性质在计算离散傅里叶变换时可以节约运算，提高效率。

6. 离散傅里叶变换形式下的帕塞瓦尔定理

帕塞瓦尔定理离散傅里叶变换形式为

$$\sum_{k=0}^{K-1} x(k) y^*(k) = \frac{1}{K} \sum_{n=0}^{K-1} X(n) Y^*(n) \tag{5.7.37}$$

证　$$\sum_{k=0}^{K-1} x(k) y^*(k) = \sum_{k=0}^{K-1} x(k) \left[\frac{1}{K} \sum_{n=0}^{K-1} Y(n) W_K^{-nk} \right]^*$$

$$= \frac{1}{K} \sum_{n=0}^{K-1} Y^*(n) \sum_{k=0}^{K-1} x(k) W_K^{nk} = \frac{1}{K} \sum_{n=0}^{K-1} X(n) Y^*(n)$$

如果令 $y(k) = x(k)$，则式(5.7.37)变成

$$\sum_{k=0}^{K-1} x(k) x^*(k) = \frac{1}{K} \sum_{n=0}^{K-1} X(n) X^*(n)$$

即

$$\sum_{k=0}^{K-1} |x(k)|^2 = \frac{1}{K} \sum_{n=0}^{K-1} |X(n)|^2 \tag{5.7.38}$$

这表明一个序列在时域计算的能量与在频域计算的能量是相等的。

5.8　信号时频分析特点及应用

FS 表示傅里叶级数，用于分析连续周期信号，时域上任意连续的周期信号可以分解为无限多个正弦信号之和，在频域上就表示为离散非周期的信号，即时域连续周期信号具有对应于频域离散非周期的特点。

FT 表示傅里叶变换，用于分析连续非周期信号，由于信号是非周期的，它必包含各种频率的信号，所以具有时域连续非周期对应于频域连续非周期的特点。

DTFT 表示离散时间傅里叶变换，用于离散非周期序列分析，由于信号是非周期序列，它必包含了各种频率的信号，所以离散非周期信号变换后的频谱为连续的，即有时域离散非周期信号具有对应于频域连续周期的特点。

DFS 表示离散傅里叶级数，它用于离散周期序列信号分析，其频域也是周期离散的，这些频域离散成份表示了离散周期序列所包含的频率分量，因此，离散周期信号的DFS 结果是无限长的。

DFT 表示离散傅里叶变换，它是对 DFS 在频域的周期离散表征中取主值区间得到的，因此，信号的 DFT 在频域是有限长且离散的。在处理过程中，DFT 将有限长序列作为周期序列的一个周期来看待，所以 DFT 隐含了周期性。

连续傅里叶级数把一个连续时间信号转换成了一个离散谐波数列，而连续傅里叶

变换把一个连续时间信号转换成了一个连续频率函数。它们都把原信号从时域信号变成另外一种形式,但是所包含的信息不变。

傅里叶级数的一个显著缺点就是,它只能描述无限时间的周期信号。傅里叶变换就是为了使其能够描述所有周期和非周期的无限信号而导出的,因而它是对傅里叶级数的一种拓展。几种傅里叶变换信号对照表如表 5.8.1 所示。

表 5.8.1 几种傅里叶变换信号对照表

变 换 对		时 域 特 点		频 域 特 点	
FS	$X(n)=\dfrac{1}{T_0}\displaystyle\int_{-T_0/2}^{T_0/2}x(t)\mathrm{e}^{-\mathrm{j}\Omega nt}\,\mathrm{d}t$ $x(t)=\displaystyle\sum_{n=-\infty}^{+\infty}X(n)\mathrm{e}^{\mathrm{j}\Omega nt}$	连续	周期	非周期	离散
FT	$X(\mathrm{j}\Omega)=\displaystyle\int_{-\infty}^{+\infty}x(t)\mathrm{e}^{-\mathrm{j}\Omega t}\,\mathrm{d}t$ $x(t)=\dfrac{1}{2\pi}\displaystyle\int_{-\infty}^{+\infty}X(\mathrm{j}\Omega)\mathrm{e}^{\mathrm{j}\Omega t}\,\mathrm{d}\Omega$	连续	非周期	非周期	连续
DTFT	$X(\mathrm{e}^{\mathrm{j}\omega})=\displaystyle\sum_{k=-\infty}^{+\infty}X(k)\mathrm{e}^{-\mathrm{j}\omega k}$ $x(k)=\dfrac{1}{2\pi}\displaystyle\int_{-\pi}^{+\pi}X(\mathrm{e}^{\mathrm{j}\omega})\mathrm{e}^{\mathrm{j}\omega k}\,\mathrm{d}\omega$	离散	非周期	周期	连续
DFS	$\widetilde{X}(n)=\displaystyle\sum_{k=0}^{K-1}\widetilde{x}(k)\mathrm{e}^{-\mathrm{j}\frac{2\pi}{K}kn}$ $\widetilde{x}(k)=\dfrac{1}{K}\displaystyle\sum_{n=0}^{K-1}\widetilde{X}(n)\mathrm{e}^{\mathrm{j}\frac{2\pi}{K}kn}$	离散	周期	周期	离散
DFT	$X(n)=\displaystyle\sum_{k=0}^{K-1}x(k)W_K^{kn}$ $x(k)=\dfrac{1}{K}\displaystyle\sum_{n=0}^{K-1}X(n)W_K^{-kn}$	离散	非周期	非周期	离散

可以看出,时域的连续函数对应于频域是非周期的频谱函数,而频域的离散频谱对应于时域的周期时间函数;时域的连续对应于频域是非周期的谱,而时域的非周期性对应于频域是连续的谱密度函数;时域的离散化对应于频域的周期延拓,而时域的非周期对应于频域是连续的。

信号的时域和频域分析已经广泛运用于通信、雷达、探测、控制、生物医学、机械、图像处理、光学、军事,以及宇宙探索等多方面。

最后,给出一些常见的信号的时域和频域分析应用。

在信号时域分析方面,雷达脉冲信号测量距离是一种典型的应用。雷达发射雷达信号至空间中,发射的雷达电磁波信号遇到物体,物体就将反射雷达发射的信号,形成雷达回波。雷达检测到回波,通过回波时域参数,即时域时延,计算出相应的被探测物体距离雷达的距离。

图 5.8.1 所示的是一组噪声环境中的典型的雷达信号脉冲串。关于雷达测量距离的具体应用,读者可以参考雷达方面相关书籍。

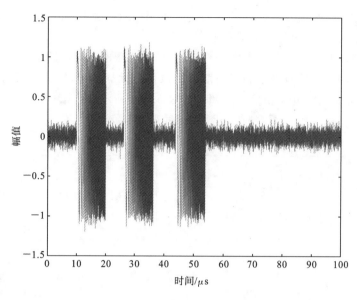

图 5.8.1 雷达信号脉冲串

在信号频域分析方面，信号去噪是一种典型的应用。在实际工程中，所获取的信号往往是不纯净的，即信号被噪声污染。正如本章之前所提到的，白噪声在时域是杂乱无章的，因此，一般情况下，往往难以直接在时域对含噪信号的参数特性进行分析，但通过信号频域去噪，可以有效改善信号时域表征。图 5.8.2 给出了利用频率滤波去噪的过程。

图 5.8.2(a) 所示的是含噪信号，可以看出，该信号是杂乱无章的，图 5.8.2(b) 所示的是该信号通过频域变换后的滤波过程，即将频域信号部分滤出，噪声部分则被去掉，图 5.8.2(c) 所示的则是滤波去噪后信号的时域图，对比图 5.8.2(a)，可以明显看出，信号变得有规律了。滤波处理等方法，感兴趣的读者可以阅读相关参考书籍。

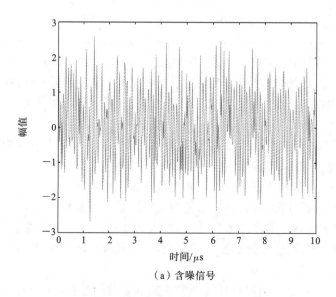

（a）含噪信号

图 5.8.2 利用频率滤波去噪的过程

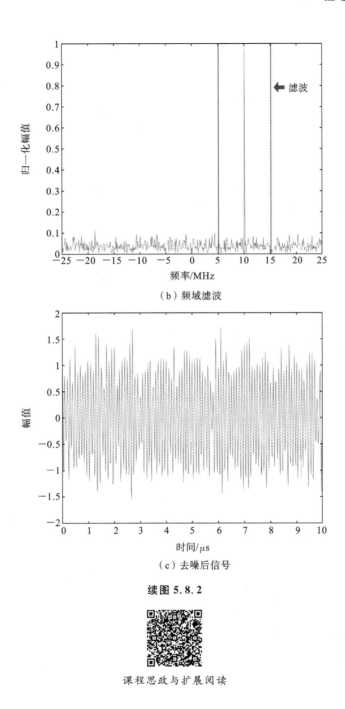

（b）频域滤波

（c）去噪后信号

续图 5.8.2

课程思政与扩展阅读

5.9 本章小结

本章针对时域周期信号和非周期信号，研究了相应的信号频域分析方法，即傅里叶级数和傅里叶变换。在信号正交分解的数学理论基础上，首先给出了周期信号的频谱分析，再拓展至非周期信号，研究了傅里叶变换。

针对连续时间信号的频域分析，本章研究了频域分析的性质，并给出了一些典型信号傅里叶变换结果，这些性质和典型信号傅里叶变换结果是频域分析在工程应用中的基础,许多实际应用都是基于这些理论的变形和拓展而进行的。另外,针对时域连续信号,研究了采样定理,并给出了时域和频域无失真采样的条件。

针对采样后的离散信号,分别研究了周期序列和离散时间信号的频域分析,进一步,给出了离散傅里叶变换的定义和相应的变换性质。这些性质已经广泛运用于当今许多数字信号处理系统之中,熟练掌握这些性质将有助于后期对数字信号处理的学习,提升工程实际应用能力。

扩展阅读部分主要提供了在本章介绍的信号频域分析基础上,后续不同信号与信息处理学科的分支发展内容,列出了在新一代通信、医学信号处理、宇宙深空通信、军事电子战和数字图像处理方面的视频、文档和学习资源,以供感兴趣的读者进一步拓展相应的知识面,提升实际应用能力。

习　题　5

基础题

5.1　周期信号 $f(t) = \sum\limits_{n=1}^{+\infty} \dfrac{6}{n} \sin^2\left(\dfrac{n\pi}{2}\right) \cos(1600n\pi t)$。

(1) 求基频 Ω 和周期 T;

(2) 求傅里叶级数的系数 a_n、b_n、A_n、φ_n 和 $\dot{F}_n$;

(3) 判断 $f(t)$ 呈何对称性。

5.2　已知信号

$$f(t) = \begin{cases} A, & -\dfrac{T}{4} < t \leqslant \dfrac{T}{4} \\ -A, & -\dfrac{T}{2} < t \leqslant -\dfrac{T}{4}, \dfrac{T}{4} < t \leqslant \dfrac{T}{2} \end{cases}$$

且对于所有的 t,存在 $f(t) = f(t+T)$。求方波的三角傅里叶级数,并解释为什么只包含余弦项。

5.3　如图所示的是周期信号 $x(t)$ 的双边幅度频谱和相位频谱。

(1) 判断信号的傅里叶级数中的谐波频率;

(2) 判断周期信号(如果有的话)中的对称性;

(3) 写出信号的傅里叶级数的三角形式;

(4) 求信号的功率。

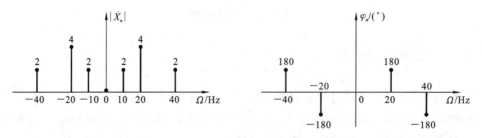

题 5.3 图

5.4　求下列信号的傅里叶变换 $F(j\Omega)$。

(1) $f(t) = e^{-2|t-1|}$;　　　　　　　　　(2) $f(t) = e^{-2t}\cos(2\pi t)\varepsilon(t)$;

(3) $f(t) = \dfrac{\sin 2\pi(t-2)}{\pi(t-2)}$。

5.5　用门函数和三角脉冲表示如图所示的信号,并求出它们的傅里叶变换。

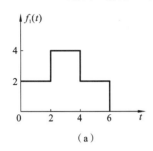
（a）

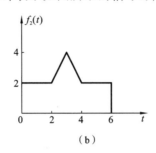
（b）

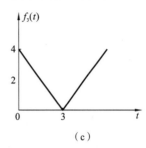
（c）

题 5.5 图

5.6　用傅里叶变换的微分性质求如图所示能量信号的傅里叶变换。

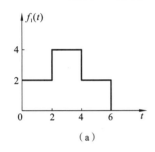
（a）

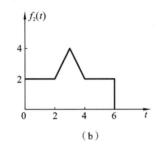
（b）

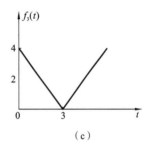
（c）

题 5.6 图

5.7　求下列信号的傅里叶变换 $F(\mathrm{j}\Omega)$。

(1) $f(t) = \mathrm{Sa}(t) * \mathrm{Sa}(2t)$；

(2) $f(t) = 2tG_1(t)$；

(3) $f(t) = te^{-2t}\varepsilon(t)$；

(4) $f(t) = 2e^{2t}\varepsilon(-t)$。

5.8　已知信号 $f_1(t)$ 是最高频率分量为 2 kHz 的带限信号,$f_2(t)$ 是最高频率分量为 3 kHz 的带限信号。根据采样定理,求下列信号的奈奎斯特采样频率 f_N。

(1) $f_1(t) * f_2(t)$；

(2) $f_1(t)\cos(1000\pi t)$。

5.9　求系列频谱 $F(\mathrm{j}\Omega)$ 的傅里叶变换 $f(t)$。

(1) $F(\mathrm{j}\Omega) = 2[\delta(\Omega-1) - \delta(\Omega+1)] + 3[\delta(\Omega-2\pi) + \delta(\Omega+2\pi)]$；

(2) $F(\mathrm{j}\Omega) = \mathrm{Sa}\left(\dfrac{\Omega}{8}\right)\cos\Omega$；

(3) $F(\mathrm{j}\Omega) = \dfrac{e^{-\mathrm{j}\Omega/2}}{1+\mathrm{j}\Omega}\cos\left(\dfrac{\Omega}{2}\right)$；

(4) $F(\mathrm{j}\Omega) = \dfrac{\sin(3\Omega)}{\Omega}e^{\mathrm{j}\left(3\Omega+\frac{\pi}{2}\right)}$。

5.10　利用傅里叶变换的性质证明下列等式。

(1) $\displaystyle\int_{-\infty}^{+\infty} \dfrac{1}{(a^2+x^2)}\mathrm{d}x = \dfrac{\pi}{2a^3}$；

(2) $\displaystyle\int_{-\infty}^{+\infty} \dfrac{\sin^4 ax}{x^4}\mathrm{d}x = \dfrac{2}{3}\pi a^3$。

5.11　求下列序列的离散傅里叶变换。

(1) $\{1,1,-1,-1\}$；

(2) $\{1,\mathrm{j},-1,-\mathrm{j}\}$；

(3) $x(k) = c^k, 0 \leqslant k \leqslant N-1$；

(4) $x(k) = \sin(2\pi k/N)R_N(k)$。

提高题

5.12　已知周期信号 $f(t) = \sum\limits_{n=1}^{+\infty} \dfrac{6}{n} \sin\left(\dfrac{n\pi}{2}\right) \sin\left(100n\pi t + n\dfrac{\pi}{3}\right)$。

(1) 求其基频 Ω 和周期 T；

(2) 求傅里叶级数的系数 a_n、b_n、A_n、φ_n 和 $\dot{F}_n$。

(3) 判断在 $f(t)$ 中存在的对称性。

5.13　已知周期信号 $f(t) = \sum\limits_{n=-\infty}^{+\infty} \dfrac{1}{1+jn\pi} e^{j(3\pi nt/2)}$。

(1) 求其基频 Ω 和周期 T；

(2) 求 $f(t)$ 在区间 $(0, T)$ 上的平均值；

(3) 确定三次谐波分量的幅度的相位；

(4) 用余弦函数表示傅里叶级数的三次谐波分量。

5.14　如图所示的是周期信号 $y(t)$ 的单边幅度频谱和相位频谱。

(1) 判断信号的傅里叶级数中的谐波；

(2) 判断周期信号(如果有的话)中的对称性；

(3) 写出信号傅里叶级数的三角形式；

(4) 求信号的功率。

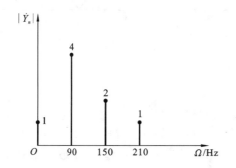 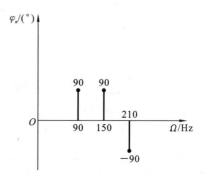

题 5.14 图

5.15　求下列信号的傅里叶变换 $F(j\Omega)$。

(1) $f(t) = \varepsilon(1 - |t|)\,\mathrm{sgn}(t)$；　　　　(2) $f(t) = \cos^2(2\pi t)\,\mathrm{Sa}(2t)$；

(3) $f(t) = t^2 \varepsilon(t)\varepsilon(1-t)$；　　　　(4) $f(t) = e^{-2t}\varepsilon(t)\varepsilon(1-t)$。

5.16　已知 $f(t)$ 的傅里叶变换 $F(j\Omega) = 2G_4(\Omega)$，利用性质求出并画出它的幅度频谱和相位频谱。

(1) $y(t) = f'(t)$；　　　　(2) $y(t) = tf(t)$；

(3) $y(t) = f(t) * f(t)$；　　　　(4) $y(t) = f(t)\cos(t)$。

5.17　已知 $f(t) \overset{\mathscr{F}}{\longleftrightarrow} F(j\Omega)$，其中，$f(t) = te^{-2t}\varepsilon(t)$。不用计算 $F(j\Omega)$，求对应于下列频谱的时间函数。

(1) $X(j\Omega) = F(j2\Omega)$；　　　　(2) $X(j\Omega) = F(\Omega - 1) + F(\Omega + 1)$；

(3) $X(j\Omega) = F'(j\Omega)$；　　　　(4) $X(j\Omega) = j\Omega F(j2\Omega)$。

5.18　求下列频谱 $F(j\Omega)$ 的傅里叶反变换 $f(t)$。

(1) $F(j\Omega) = 2[\delta(\Omega - 1) - \delta(\Omega + 1)] + 3[\delta(\Omega - 2\pi) - \delta(\Omega + 2\pi)]$；

(2) $F(j\Omega) = \mathrm{Sa}(\Omega/8)\cos\Omega$；

(3) $F(j\Omega) = \left(\dfrac{e^{-j\Omega/2}}{1+j\Omega}\right)\cos(\Omega/2)$；

(4) $F(j\Omega) = \dfrac{\sin(3\Omega)}{\Omega}e^{j\left(3\Omega+\frac{\pi}{2}\right)}$。

5.19　求周期信号 $f(t)$ 的傅里叶变换 $F(j\Omega)$，并画出其幅度频谱 $|F(j\Omega)|$ 和相位频谱 $\varphi(\Omega)$。

(1) $f(t) = 3+2\cos(10\pi t)$；

(2) $f(t) = 3\cos(10\pi t)+6\cos\left(20\pi t+\dfrac{\pi}{4}\right)$。

5.20　信号 $f(t) = \mathrm{Sa}(4000\pi t)$ 是间隔为 T_s 的冲激串采样。当采样间隔为下列值时，判断采样信号的频谱图是否混叠。

(1) $T_s = 0.2$ ms；(2) $T_s = 0.25$ ms；(3) $T_s = 0.4$ ms。

5.21　已知序列

$$x(k) = \begin{cases} a^k, & 6 \leqslant k \leqslant 9 \\ 0, & k \text{ 为其他值} \end{cases}$$

求其 10 点和 20 点离散傅里叶变换。

综合题

5.22　已知信号 $f(t) = t\,\dfrac{\sin(\pi t)}{\pi t}\,\dfrac{\sin(2\pi t)}{\pi t}$，求 $\displaystyle\int_{-\infty}^{+\infty}\left[f(t)\right]^2\mathrm{d}t$ 的值。

5.23　信号 $f(t)$ 如图所示，其傅里叶变换为 $f(t)\overset{\mathscr{F}}{\leftrightarrow}F(j\Omega)$。

(1) 求 $F(0)$；

(2) 求 $\displaystyle\int_{-\infty}^{+\infty}F(j\Omega)\mathrm{d}\Omega$。

5.24　求如图所示信号的傅里叶级数。

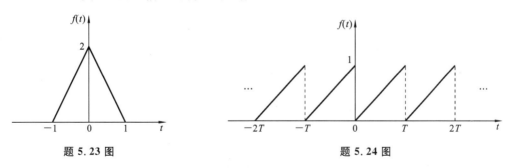

题 5.23 图　　　　　　　　　　题 5.24 图

5.25　已知一个实连续信号 $f(t)$ 的傅里叶变换为 $F(j\Omega)$，$F(j\Omega)$ 的模满足

$$\ln|F(j\Omega)| = -|\Omega|$$

若已知 $f(t)$ 是：(1) 时间的偶函数；(2) 时间的奇函数。在这两种情况下分别求 $f(t)$。

5.26　如图所示的调制系统，若输入信号 $f(t) = \dfrac{1}{2\pi}\mathrm{Sa}^2\left(\dfrac{t}{2}\right)$。试画出图示的 $y_1(t)$、$y_2(t)$ 和 $y(t)$ 的频谱图，或写出频域表达式。

5.27　已知 $e^{-|t|}\overset{\mathscr{F}}{\leftrightarrow}\dfrac{2}{1+\Omega^2}$。证明 $\displaystyle\sum_{n=-\infty}^{+\infty}e^{-|n|} = \sum_{n=-\infty}^{+\infty}\dfrac{2}{1+(2n\pi)^2}$。

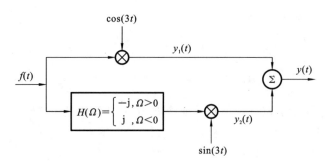

题 5.26 图

5.28　对信号 $f(t) = \mathrm{Sa}^2(\pi B_s t) = \left[\dfrac{\sin(\pi B_s t)}{\pi B_s t}\right]^2$，以采样间隔分别为 $T = \dfrac{1}{2B_s}$ 和

$T = \dfrac{1}{B_s}$ 进行理想采样，试画出采样后所得序列的频谱，并作比较。

5.29　序列 $x(k)$ 为
$$x(k) = 2\delta(k) + \delta(k-1) + \delta(k-3)$$
计算 $x(k)$ 的 5 点离散傅里叶变换，然后对得到的序列求平方：
$$Y(n) = X^2(n)$$
求 $Y(n)$ 的 5 点离散傅里叶变换反变换。

6

系统频域分析

线性时不变系统的频域分析方法是一种变换域分析方法，它把求解时域中的问题通过傅里叶变换转换成频域中的问题。整个分析过程在频域内进行，因此它主要用于研究信号频谱通过系统后产生的变化，利用频域分析方法可以分析系统的频率响应、波形失真等实际问题。系统频域分析方法为求解 LTI 系统的响应提供了便利。

本章主要介绍连续时间系统与离散时间系统的频域分析方法、无失真传输系统与理想滤波器，并给出了采样定理在系统中的应用。

6.1 连续时间系统的频域分析

6.1.1 LTI 连续时间系统的频域分析

在时域时，LTI 连续时间系统的激励 $f(t)$ 和响应 $y(t)$ 之间的关系是时域卷积关系，即

$$y(t) = f(t) * h(t) \tag{6.1.1}$$

式中，$h(t)$ 为 LTI 系统的单位冲激响应。式(6.1.1)是 LTI 系统的时域基本关系。根据卷积定理，在频域中，上述的时域关系可转换成频域的相乘关系，即

$$Y(j\Omega) = F(j\Omega)H(j\Omega) \tag{6.1.2}$$

式中，$H(j\Omega)$ 为 LTI 连续时间系统的频率响应；$Y(j\Omega)$ 和 $F(j\Omega)$ 分别为响应和激励信号的频谱。式(6.1.2)是 LTI 连续时间系统的频域响应与激励信号变换关系。

在一般的分析或求解 LTI 系统问题中，通常已知 LTI 系统的时域表示和激励信号，希望得到系统的响应信号。对于这类问题，一种显然的选择是用时域卷积方法直接求解 LTI 系统的响应。如果用频域方法求解，只要把激励信号 $f(t)$ 及 LTI 系统的单位冲激响应 $h(t)$ 进行傅里叶变换，变换成它的频域表示，再利用式(6.1.2)，求得响应信号的频域表示，最后通过傅里叶反变换，求出响应信号的时域表达式和画出波形。

例 6.1.1 描述某系统的微分方程为

$$y'(t) + 2y(t) = f(t)$$

求激励 $f(t) = e^{-t}\varepsilon(t)$ 时系统的响应。

解 设 $y(t) \overset{\mathscr{F}}{\leftrightarrow} Y(j\Omega)$，$f(t) \overset{\mathscr{F}}{\leftrightarrow} F(j\Omega)$，对方程两边同时取傅里叶变换，得

$$j\Omega Y(j\Omega) + 2Y(j\Omega) = F(j\Omega)$$

由上式可得该系统的频率响应为

$$H(j\Omega) = \frac{Y(j\Omega)}{F(j\Omega)} = \frac{1}{2+j\Omega}$$

由 $f(t) = e^{-t}\varepsilon(t)$，可得 $F(j\Omega) = \frac{1}{j\Omega+1}$，故有

$$Y(j\Omega) = F(j\Omega)H(j\Omega) = \frac{1}{(2+j\Omega)(1+j\Omega)}$$

根据部分分式展开法，对其取傅里叶反变换，得

$$y(t) = (e^{-t} - e^{-2t})\varepsilon(t)$$

数字化例题及程序代码(1)

6.1.2　微分方程表示的 LTI 连续时间系统的频率响应

对用 N 阶线性常系数微分方程

$$\sum_{k=0}^{N} a_k y^{(k)}(t) = \sum_{k=0}^{M} b_k f^{(k)}(t) \tag{6.1.3}$$

描述的 LTI 连续时间系统，它的频率响应可以直接由方程写出。假设 $f(t)$、$y(t)$ 存在傅里叶变换，其傅里叶变换分别为 $F(j\Omega)$ 和 $Y(j\Omega)$。对微分方程(6.1.3)两边分别取傅里叶变换，即

$$\mathscr{F}\left\{\sum_{k=0}^{N} a_k y^{(k)}(t)\right\} = \mathscr{F}\left\{\sum_{k=0}^{M} b_k f^{(k)}(t)\right\}$$

利用变换的线性性质，得

$$Y(j\Omega)\sum_{k=0}^{N} a_k (j\Omega)^k = X(j\Omega)\sum_{k=0}^{M} b_k (j\Omega)^k$$

由此，得到这类 LTI 连续时间系统的系统函数 $H(j\Omega)$ 为

$$H(j\Omega) = \frac{Y(j\Omega)}{F(j\Omega)} = \frac{\displaystyle\sum_{k=0}^{M} b_k (j\Omega)^k}{\displaystyle\sum_{k=0}^{N} a_k (j\Omega)^k} \tag{6.1.4}$$

式中，$H(j\Omega)$ 为 $j\Omega$ 的有理函数。

例 6.1.2　试求如下微分方程表征的因果 LTI 系统的单位冲激响应：

$$y''(t) + 4y'(t) + 3y(t) = f'(t) + 2f(t)$$

解　按照式(6.1.4)，该系统的频率响应为

$$H(j\Omega) = \frac{j\Omega+2}{(j\Omega)^2 + 4j\Omega + 3} = \frac{j\Omega+2}{(j\Omega+1)(j\Omega+3)} = \frac{0.5}{j\Omega+1} + \frac{0.5}{j\Omega+3}$$

对它求傅里叶反变换，得

$$h(t) = 0.5e^{-t}\varepsilon(t) + 0.5e^{-3t}\varepsilon(t)$$

6.1.3　频率特性表征的 LTI 系统性质

1. LTI 系统的记忆性和无记忆性

如果限于稳定 LTI 系统，只有 $h(t) = c\delta(t)$ 的 LTI 连续时间系统才是无记忆的，任

何其他稳定 LTI 系统都是有记忆的。因此,只有频率响应都等于一个复常数的稳定 LTI 系统才是无记忆的,即若满足

$$H(j\Omega)=c \tag{6.1.5}$$

则为无记忆的稳定 LTI 系统,否则,都是有记忆的。

进一步,对于实的无记忆稳定 LTI 系统,从频域上看,其幅频响应为正实数,其相频响应为 0 或 $\pm\pi$。

2. LTI 系统的因果性

在时域中,若是因果的 LTI 连续时间系统,其单位冲激响应必须满足

$$h(t)=0, \quad t<0 \tag{6.1.6}$$

因果时间函数($t=0$ 处不包含冲激及其导数)的傅里叶变换的实部和虚部分别满足各自的希尔伯特变换关系,故在频域 Ω 上,因果性没有简单和直观的反应,但鉴于傅里叶变换与双边拉普拉斯变换的关系,可以把 LTI 系统的频域响应转换到复频域中,按照系统函数收敛域特性,判断 LTI 系统是否是因果系统。

3. LTI 系统的稳定性

依据 LTI 连续时间系统的 $h(t)$ 来判断 LTI 系统是否稳定的条件为

$$\int_{-\infty}^{+\infty}|h(t)|\mathrm{d}t<+\infty \tag{6.1.7}$$

它与连续时间傅里叶变换的狄利克雷条件 1(即要求连续时间信号 $x(t)$ 绝对可积)是等价的,故对于 LTI 连续时间系统,可依据频率响应 $H(j\Omega)$ 来判定系统是否稳定,其条件是具有有界的幅频响应,即

$$|H(j\Omega)|<+\infty, \quad -\infty<\Omega<+\infty \tag{6.1.8}$$

按此条件,若频率响应包含了冲激,如积分器和累加器的频率响应,系统就不稳定。另外,微分器的频率响应 $H(j\Omega)=j\Omega$ 也不满足式(6.1.8),故它是不稳定的。

4. LTI 系统的逆系统

对于单位冲激响应为 $h(t)$ 的 LTI 连续时间系统,要从时域中判断其是否可逆,就要看是否存在另一个单位冲激响应为 $h_{\mathrm{inv}}(t)$ 的 LTI 系统,使之满足

$$h(t)*h_{\mathrm{inv}}(t)=\delta(t) \tag{6.1.9}$$

若式(6.1.9)成立,则系统可逆,且逆系统就是单位冲激响应为 $h_{\mathrm{inv}}(t)$ 的 LTI 连续时间系统。一般情况下,在时域中用式(6.1.9)来判断 LTI 系统是否可逆,但确定其逆系数比较困难,因为它涉及求解一个无限卷积积分和无限求和方程。不过时域中的卷积运算在频域中可转化成相乘运算,因此,在频域中求反卷积只涉及代数运算,这就十分简单了。

通过傅里叶变换,式(6.1.9)就变成了

$$H(j\Omega)H_{\mathrm{inv}}(j\Omega)=1 \tag{6.1.10}$$

式中,$H(j\Omega)$ 为 $h(t)$ 的傅里叶变换。

6.1.4　LTI 系统互联的频率响应

1. LTI 系统的级联

若两个 LTI 连续时间系统的单位冲激响应为 $h_1(t)$ 和 $h_2(t)$,它们级联后的 LTI 系

统的单位冲激响应为 $h(t)$,则有

$$h(t) = h_1(t) * h_2(t) \tag{6.1.11}$$

若两个级联的系统都有频率响应,并假设分别为 $H_1(j\Omega)$ 和 $H_2(j\Omega)$,则它们级联成的频率响应为两个频率响应的乘积,即

$$H(j\Omega) = H_1(j\Omega) H_2(j\Omega) \tag{6.1.12}$$

2. LTI 系统的并联

在时域中,两个 LTI 系统并联后系统的单位冲激响应等于两个冲激响应之和,即

$$h(t) = h_1(t) + h_2(t) \tag{6.1.13}$$

若两个级联的系统都有频率响应,并假设分别为 $H_1(j\Omega)$ 和 $H_2(j\Omega)$,则它们并联成的频率响应为两个频率响应之和,即

$$H(j\Omega) = H_1(j\Omega) + H_2(j\Omega) \tag{6.1.14}$$

显然,上述两个 LTI 系统级联和并联的结论可以推广到多个 LTI 系统级联和并联的情况。

3. LTI 系统的反馈互联

两个 LTI 系统构成的反馈系统也是一个 LTI 系统,如图 6.1.1 所示。

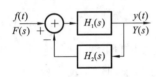

图 6.1.1 两个 LTI 系统构成的反馈系统

在时域中,反馈系统的单位冲激响应与反馈互联的两个 LTI 系统的单位冲激响应之间,没有像级联和并联那样简单的显式关系,只能得到它们之间满足的一个卷积方程。这使得时域中分析反馈互联比较困难,但在频域中,它们的系统函数和频率响应之间存在着简单的显式关系。

若两个 LTI 系统既因果又稳定,则反馈系统的频率响应 $H(j\Omega)$ 为

$$H(j\Omega) = \frac{H_1(j\Omega)}{1 + H_1(j\Omega) H_2(j\Omega)} \tag{6.1.15}$$

式中,$H_1(j\Omega)$ 和 $H_2(j\Omega)$ 为构成反馈系统的两个 LTI 系统的频率响应。式(6.1.15)称为线性反馈系统的基本关系式,它再次体现出频域方法相比时域方法的优点。

综合上面讨论的 LTI 系统三种互联的变换域关系,就可以组成一个复杂、互联 LTI 系统的各个频率响应,方便求出整个系统的频率响应。

6.2 无失真传输系统与理想滤波器

6.2.1 无失真传输系统

在信号传输过程中,为了不丢失信息,系统应该不失真地传输信号。

所谓失真,是信号通过系统时,其响应波形发生了畸变,与原激励信号波形不一样。而如果信号通过系统只引起时间延迟及幅度增减,而形状不变,则称不失真。能够不失真传输信号的系统称为无失真传输系统,也称理想传输系统。信号通过无失真传输系统如图 6.2.1 所示。无失真传输系统的响应波形与激励相比,只有幅度大小及时延的不同,而形状不变。

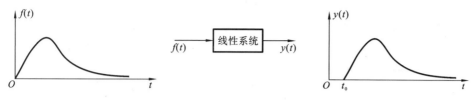

图 6.2.1 信号通过无失真传输系统

若系统发生失真,通常有两种:线性失真和非线性失真。

线性失真为信号通过线性系统产生的失真,它包括两方面:一是振幅失真,系统对信号中各频率分量的幅度产生不同程度的衰减(或放大),使各频率分量之间的相对幅度关系发生了变化;二是相位失真,系统对信号中各频率分量产生的相移与频率不成正比,使各频率分量在时间轴上的相对位置发生了变化。这两种失真都不会使信号产生新的频率分量。因此,线性失真在响应 $y(t)$ 中不会产生新频率,也即组成响应 $y(t)$ 的各频率分量在激励信号 $f(t)$ 中都含有,只不过各频率分量的幅度、相位不同而已。

非线性失真是由信号通过非线性系统产生的,特点是,信号通过系统后产生了新的频率分量。

工程设计针对不同的实际应用,对系统有不同的要求。对传输系统一般要求不失真,但对信号进行处理时失真往往是必要的。在通信、电子技术中失真的应用也十分广泛,如各类调制技术就是利用非线性系统,产生所需的频率分量;而滤波则是提取所需要的频率分量,衰减其余部分。

本节从时域、频域两个方面来讨论线性系统所引起的失真,即振幅、相位失真的情况。

设激励信号为 $f(t)$,响应为 $y(t)$,则系统无失真时,响应信号为

$$y(t) = kf(t-t_0) \tag{6.2.1}$$

式中,k 为系统的增益;t_0 为延迟时间;k 与 t_0 均为常数。

由式(6.2.1)得到理想传输系统的时域不失真条件:一是幅度乘以 k 倍,二是波形滞后 t_0。对于线性时不变系统,因为 $y(t) = f(t) * h(t)$,故式(6.2.1)可以表示为

$$y(t) = f(t) * k\delta(t-t_0) \tag{6.2.2}$$

所以无失真传输系统的单位冲击响应为

$$h(t) = k\delta(t-t_0) \tag{6.2.3}$$

式(6.2.3)两边取傅里叶变换,可得

$$F[h(t)] = H(j\Omega) = ke^{-j\Omega t_0} = |H(j\Omega)|e^{-j\varphi(\Omega)} \tag{6.2.4}$$

对应的幅频特性及相频特性如图 6.2.2 所示。

式(6.2.4)是理想传输系统的频域不失真条件。它要求系统具有无限宽的均匀带宽,幅频特性在全频域内为常数;相移与频率成正比,即相频特性是通过原点的直线。

信号通过无失真传输系统的延时时间是相位特性的斜率。实际应用中相频特性也常用群时延表示,群时延定义为

$$\tau = -\frac{d\varphi(\Omega)}{d\Omega} \tag{6.2.5}$$

由式(6.2.3)和式(6.2.5)不难得到信号传输不产生相位失真的条件是群时延为常数。

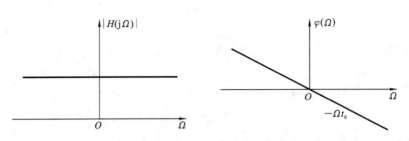

图 6.2.2 无失真传输系统的幅频特性和相频特性

例 6.2.1 已知某传输系统的幅频特性及相频特性如图 6.2.3 所示,激励为 $f(t)$,响应为 $y(t)$,求:

(1) 给定激励 $f_1(t)=2\cos(10\pi t)+\sin(12\pi t)$ 及 $f_2(t)=2\cos(10\pi t)+\sin(26\pi t)$ 时的响应 $y_1(t)$、$y_2(t)$;

(2) $y_1(t)$、$y_2(t)$ 有无失真? 若有,指出为何种失真。

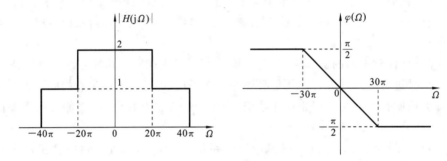

图 6.2.3 某传输系统的幅频特性及相频特性

解 由图 6.2.3 可得该系统的振幅函数、相位函数分别为

$$|H(\mathrm{j}\Omega)|=\begin{cases}2, & |\Omega|\leqslant 20\pi \\ 1, & 20\pi<|\Omega|\leqslant 40\pi \\ 0, & 其他\end{cases}$$

$$\varphi(\Omega)=\begin{cases}-\dfrac{\pi}{2}, & \Omega>30\pi \\[2mm] -\dfrac{\Omega}{60}, & |\Omega|\leqslant 30\pi \\[2mm] \dfrac{\pi}{2}, & \Omega<-30\pi\end{cases}$$

由振幅函数、相位函数可知:

信号频率在 $|\Omega|\leqslant 20\pi$ 时,系统增益为 $k=2$;

信号频率在 $20\pi<|\Omega|\leqslant 40\pi$ 时,系统增益为 $k=1$;

信号频率在 $|\Omega|>40\pi$ 时,系统增益为 $k=0$;

信号频率在 $|\Omega|\leqslant 30\pi$ 时,系统相移与频率成正比,其时延 $t_0=1/60$;

信号频率在 $\Omega<-30\pi$ 时,系统相移与频率不成正比,为 $\pi/2$;

信号频率在 $\Omega>30\pi$ 时,系统相移与频率不成正比,为 $-\pi/2$。

由无失真传输条件可知,激励信号在 $|\Omega|\leqslant 20\pi$ 或 $20\pi\leqslant|\Omega|\leqslant 30\pi$ 时,响应信号将无失真。利用频域分析方法可得激励为 $x_1(t)$ 时的响应为

$$y_1(t) = 2\{2\cos[10\pi(t-t_0)] + \sin[12\pi(t-t_0)]\}$$

$$= 2\left[2\cos\left(10\pi t - \frac{10\pi}{60}\right) + \sin\left(12\pi t - \frac{12\pi}{60}\right)\right]$$

$$= 4\cos\left(10\pi t - \frac{\pi}{6}\right) + 2\sin\left(12\pi t - \frac{\pi}{5}\right)$$

激励信号 $|\Omega| \leqslant 20\pi$ 时,响应信号 $y_1(t)$ 无失真。激励为 $x_2(t)$ 时的响应为

$$y_2(t) = 4\cos\left(10\pi t - \frac{\pi}{6}\right) + \sin\left(26\pi t - \frac{13\pi}{30}\right) \neq kx_2(t - t_0)$$

激励信号 $|\Omega| \leqslant 30\pi$ 时,响应信号 $y_2(t)$ 有幅度失真。

从例 6.2.1 可以得知,在实际应用时,虽然系统不满足全频域无失真传输要求,但在一定条件及范围内可以为无失真传输。这表明系统可以具有分段无失真或线性性质,这种性质在工程中被广泛应用。

6.2.2 理想滤波器

信号的滤波是信号处理中一个最基本的处理手段,它在信号的分离、信号的增强,以及信号的去噪等方面都具有重要作用。设信号 $f(t)$ 的频谱函数为 $F(j\Omega)$,将 $F(j\Omega)$ 与某个特定的频谱函数 $H(j\Omega)$ 相乘,得

$$Y(j\Omega) = F(j\Omega)H(j\Omega)$$

由此得到一个新的信号 $y(t)$。此过程称为滤波。

从频率的角度对原始信号进行过滤,即通过改变频率成分,达到如下目的:

(1) 突出有效信号;

(2) 压制无效信号;

(3) 提取或分离特定信号。

能够使信号在规定范围内的频率成分完全通过,而在其他范围内的频率成分完全压制的滤波器,称为理想滤波器。

理想低通滤波器的频谱函数和单位冲激响应分别为

$$H(j\Omega) = \begin{cases} k\mathrm{e}^{-j\Omega t_0}, & |\Omega| \leqslant \Omega_0 \\ 0, & |\Omega| > \Omega_0 \end{cases} \tag{6.2.6}$$

$$h(t) = \frac{1}{2\pi}\int_{-\Omega_0}^{\Omega_0} k\mathrm{e}^{j\Omega(t-t_0)}\mathrm{d}\Omega = k\frac{\sin[\Omega_0(t-t_0)]}{\pi(t-t_0)} \tag{6.2.7}$$

式中,Ω_0 为截止频率。理想低通滤波器的幅频特性和相频特性如图 6.2.4 所示。

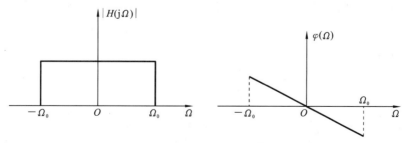

图 6.2.4 理想低通滤波器的幅频特性和相频特性

从理想低通滤波器的频率特性可以看出,对于频率低于 Ω_0 的所有信号,系统能无失真传输,而对于频率高于 Ω_0 的信号,系统能完全压制,所以 $|\Omega| < \Omega_0$ 的频率范围称

为通带，$|\Omega|>\Omega_c$ 的频率范围称为阻带。只有在通带内理想低通滤波器才能满足无失真传输条件。

数字化例题及程序代码(2)

6.2.3 物理可实现系统条件

物理可实现系统在时域必须满足条件：

$$h(t)=0, \quad t<0$$

而在频域中，佩利和维纳已经证明，系统的幅频响应必须满足以下条件：

$$\left.\begin{array}{l} \displaystyle\int_{-\infty}^{+\infty} |H(\mathrm{j}\Omega)|^2\mathrm{d}\Omega < +\infty \\[3mm] \displaystyle\int_{-\infty}^{+\infty} \frac{|\ln|H(\mathrm{j}\Omega)||}{1+\Omega^2}\mathrm{d}\Omega < +\infty \end{array}\right\} \tag{6.2.8}$$

佩利-维纳定理是物理可实现系统的必要条件。一个物理可实现系统的幅频响应 $|H(\mathrm{j}\Omega)|$，除了在频域上的有限点集外不能为零外，它在任意有限频带范围内也不能是常数，并且其通带到阻带的过渡带不能过于陡峭。

6.3 离散时间系统的频域分析

6.3.1 离散时间系统的频率特性定义

离散时间系统实现把激励序列映射为响应序列的运算。根据卷积定理可知，信号在时域的卷积对应着频域上其激励与冲激相乘，在频域的卷积对应着时域上其激励与冲激相乘。因此，可以从这个性质来探究离散信号的频域分析。一个离散时间系统如图 6.3.1 所示。

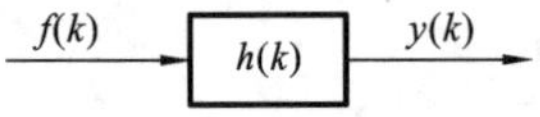

$$f(k) \longrightarrow \boxed{h(k)} \longrightarrow y(k)$$

图 6.3.1 一个离散时间系统

在时域中，一个线性时不变系统可以由它的单位脉冲响应 $h(k)$ 来表示。对于一个给定的激励 $f(k)$，其响应 $y(k)$ 为

$$y(k) = f(k)*h(k) = \sum_{m=-\infty}^{+\infty} f(m)\cdot h(k-m) \tag{6.3.1}$$

在频域上可以表示为

$$Y(\mathrm{e}^{\mathrm{j}\omega})=X(\mathrm{e}^{\mathrm{j}\omega})\cdot H(\mathrm{e}^{\mathrm{j}\omega}) \tag{6.3.2}$$

则

$$H(\mathrm{e}^{\mathrm{j}\omega})=\frac{Y(\mathrm{e}^{\mathrm{j}\omega})}{X(\mathrm{e}^{\mathrm{j}\omega})} \tag{6.3.3}$$

$H(\mathrm{e}^{\mathrm{j}\omega})$ 称为系统的频率响应。

6.3.2 因果系统

一个因果系统是指系统的响应 $y(k)$ 只与当前时刻以及之前的激励有关，即 $f(k)$，

$f(k-1)$，$f(k-2)$，…。由式(6.3.1)可知，$y(k)$可以表示为

$$y(k) = f(k) * h(k) = \sum_{m=-\infty}^{+\infty} h(m) \cdot f(k-m)$$

$$= \sum_{m=-\infty}^{-1} h(m) \cdot f(k-m) + \sum_{m=0}^{+\infty} h(m) \cdot f(k-m) \tag{6.3.4}$$

若要使 $y(k)$ 与将来时刻的激励无关，则线性时不变系统是因果系统的充分必要条件是

$$h(k) = 0, \quad k < 0 \tag{6.3.5}$$

由此，可以定义当 $k<0$ 时，$h(k)=0$ 的序列是因果序列。

6.3.3 稳定系统

稳定系统需要满足有界激励产生有界响应的条件，即存在一个有限正值 B_x，使下式成立：

$$|f(k)| \leqslant B_x < +\infty, \quad k \text{ 为任意数} \tag{6.3.6}$$

则激励 $f(k)$ 是有界的。稳定性要求对于某个固定的有界激励，都有固定的有限正数 B_y 使下式成立：

$$|y(k)| \leqslant B_x < +\infty, \quad k \text{ 为任意数} \tag{6.3.7}$$

线性时不变系统稳定的充分必要条件则是单位冲激响应绝对可和，即满足

$$\sum_{k=-\infty}^{+\infty} |h(k)| < +\infty \tag{6.3.8}$$

当系统是稳定系统时，$H(e^{j\omega})$ 才存在。

例 6.3.1 判断以下系统是否为因果系统，并且说明理由。

(1) $T[f(k)] = \sum_{m=k-k_0}^{k+k_0} f(m)$；　　　　(2) $T[f(k)] = f(k-k_0)$；

(3) $T[f(k)] = e^{f(k)}$；　　　　(4) $T[f(k)] = f(k)g(k)$。

解 (1) 当 $k_0=0$ 时，$T[f(k)]=f(k)$，由定义可知，系统的响应只与当前的激励有关，故系统为因果系统。

当 $k_0 \neq 0$ 时，$T[f(k)] = \sum_{m=k-k_0}^{k} f(m) + \sum_{m=k+1}^{k+k_0} f(m)$，可以看出，此时系统的响应与当前及之前和之后的激励有关，因此该系统是非因果系统。

(2) 当 $k_0 \geqslant 0$ 时，$k-k_0 \leqslant k$，由定义可知，系统的响应只与当前及之前的激励有关，故系统为因果系统。

当 $k_0 < 0$ 时，$k-k_0 > k$，由定义可知，系统的响应与之后的激励有关，故系统为非因果系统。

(3) 系统的响应只与当前的激励有关，故由定义可知，该系统为因果系统。

(4) 系统的响应只与当前的激励有关，故由定义可知，该系统为因果系统。

6.3.4 频率响应的意义

一个稳定系统，当激励序列是一个频率为 ω_0 的复正弦序列时，有

$$f(k) = e^{j\omega_0 k}, \quad -\infty < k < +\infty \tag{6.3.9}$$

线性时不变系统的单位冲激响应为 $h(k)$,则这个系统的响应为

$$y(k) = f(k) * h(k) = \sum_{m=-\infty}^{+\infty} h(m) f(k-m) = \sum_{m=-\infty}^{+\infty} h(m) e^{j\omega_0(k-m)}$$

$$= e^{j\omega_0 k} \sum_{m=-\infty}^{+\infty} h(m) e^{-j\omega_0 m} = e^{j\omega_0 k} H(e^{j\omega_0}) \tag{6.3.10}$$

可以看出,$H(e^{j\omega})$ 描述了复正弦序列通过线性时不变系统后幅度和相位随着频率 ω 的变化而变化情况,因此 $H(e^{j\omega})$ 是线性时不变系统的频率响应,是其单位冲激响应的傅里叶变换。有

$$H(e^{j\omega}) = \mathscr{F}\{h(k)\} = \sum_{k=-\infty}^{+\infty} h(k) e^{-j\omega k} \tag{6.3.11}$$

$$H(e^{j\omega}) = |H(e^{j\omega})| e^{j\arg[H(e^{j\omega})]} = H(\omega) e^{j\varphi(\omega)} = H_X(e^{j\omega}) + jH_R(e^{j\omega}) \tag{6.3.12}$$

式中,$H(\omega) = |H(e^{j\omega})|$ 为频率响应的振幅响应或幅度响应;$\arg[H(e^{j\omega})] = \arctan\left\{\dfrac{\text{Im}[H(e^{j\omega})]}{\text{Re}[H(e^{j\omega})]}\right\}$ 为频率响应的相位响应。

由复正弦函数的周期性可以看出,离散时间线性时不变系统的频率响应是以 2π 为周期的连续周期复函数。因此只需要在长为 2π 的频率区间内分析 $H(e^{j\omega})$ 便足够了,一般在 $-\pi \leqslant \omega < \pi$ 或者是 $0 \leqslant \omega < 2\pi$ 区间内给出 $H(e^{j\omega})$ 的频率特性。对于这一区间,低频在靠近于 0 和 2π 左右的频率,高频则是靠近 π 左右的频率。其他频率可以根据这一区间以 2π 为周期进行拓展分析。

例 6.3.2 设激励为 $f(k) = A\cos(\omega_0 k + \varphi)$,若系统的频率响应为 $H(e^{j\omega})$,求线性时不变系统的响应。

解 根据欧拉公式,可以将 $f(k)$ 进行如下变换:

$$f(k) = A\cos(\omega_0 k + \varphi) = \frac{A}{2}\left[e^{j(\omega_0 k + \varphi)} + e^{-j(\omega_0 k + \varphi)}\right]$$

$$= \frac{A}{2} e^{j\varphi} e^{j\omega_0 k} + \frac{A}{2} e^{-j\varphi} e^{-j\omega_0 k} = f_1(k) + f_2(k)$$

$f_1(k)$ 对应的系统响应为

$$y_1(k) = T[f_1(k)] = \frac{A}{2} e^{j\varphi} e^{j\omega_0 k} H(e^{j\omega_0})$$

$f_2(k)$ 对应的系统响应为

$$y_2(k) = T[f_2(k)] = \frac{A}{2} e^{-j\varphi} e^{-j\omega_0 k} H(e^{-j\omega_0})$$

由线性时不变系统符合叠加性原理可知

$$y(k) = y_1(k) + y_2(k) = \frac{A}{2}\left[e^{j\varphi} e^{j\omega_0 k} H(e^{j\omega_0}) + e^{-j\varphi} e^{-j\omega_0 k} H(e^{-j\omega_0})\right] \tag{6.3.13}$$

若 $h(k)$ 是实序列,那么 $H(e^{j\omega})$ 满足共轭对称条件,即

$$H(e^{j\omega}) = H^*(e^{-j\omega})$$

所以

$$|H(e^{j\omega})| = |H(e^{-j\omega})|$$

$$\arg[H(e^{j\omega})] = -\arg[H(e^{-j\omega})]$$

式(6.3.13)可变形为

$$y(k) = \frac{A}{2} \mid H(\mathrm{e}^{\mathrm{j}\omega_0}) \mid \mathrm{e}^{\mathrm{jarg}[H(\mathrm{e}^{\mathrm{j}\omega_0})]} \mathrm{e}^{\mathrm{j}\varphi} \mathrm{e}^{\mathrm{j}\omega_0 k} + \frac{A}{2} \mid H(\mathrm{e}^{-\mathrm{j}\omega_0}) \mid \mathrm{e}^{\mathrm{jarg}[H(\mathrm{e}^{-\mathrm{j}\omega_0})]} \mathrm{e}^{-\mathrm{j}\varphi} \mathrm{e}^{-\mathrm{j}\omega_0 k}$$

$$= \frac{A}{2} \mid H(\mathrm{e}^{\mathrm{j}\omega_0}) \mid [\mathrm{e}^{\mathrm{j}(\varphi+\omega_0 k+\mathrm{arg}[H(\mathrm{e}^{\mathrm{j}\omega_0})])} + \mathrm{e}^{-\mathrm{j}(\varphi+\omega_0 k+\mathrm{arg}[H(\mathrm{e}^{\mathrm{j}\omega_0 k})])}]$$

$$= A \mid H(\mathrm{e}^{\mathrm{j}\omega_0}) \mid \cos\{\varphi + \omega_0 k + \mathrm{arg}[H(\mathrm{e}^{\mathrm{j}\omega_0})]\} \tag{6.3.14}$$

可以看出,当系统的激励为余弦序列的时候,响应为同频率的余弦序列,幅度在原来的基础上受到 $\mid H(\mathrm{e}^{\mathrm{j}\omega}) \mid$ 的加权,相位则是激励相位和系统相位之和,即

$$\mid Y(\mathrm{e}^{\mathrm{j}\omega}) \mid = \mid F(\mathrm{e}^{\mathrm{j}\omega}) \mid \cdot \mid H(\mathrm{e}^{\mathrm{j}\omega}) \mid \tag{6.3.15}$$

$$\mathrm{arg}[Y(\mathrm{e}^{\mathrm{j}\omega})] = \mathrm{arg}[F(\mathrm{e}^{\mathrm{j}\omega})] + \mathrm{arg}[H(\mathrm{e}^{\mathrm{j}\omega})] \tag{6.3.16}$$

这就是线性时不变系统的基本特性。

6.4　采样定理在系统中的应用

6.4.1　语音信号处理系统

1. 语音信号

实际生活遇到的信号多种多样,如广播信号、电视信号、雷达信号、通信信号、导航信号等。上述这些信号大部分是模拟信号,也有小部分是数字信号。模拟信号是自变量的连续函数,自变量可以是一维的,也可以是二维或多维的。大多数情况下,一维模拟信号的自变量是时间变量,经过时间上的离散化即采样,完成采样定理的全过程。

由于语音信号是模拟信号,而计算机只能处理和记录二进制的数字信号,因此,由自然语音而得的音频信号必须经过采样、量化和编码,变成二进制数据后才能送到计算机进行再编辑和存储。语音信号响应时,则与上述过程相反。

语音信号在时域内,具有"短时性"的特点,即在总体上,语音信号的特征是随着时间变化而变化的,但在一段较短的时间间隔内,语音信号保持平稳。在频域内,语音信号的频谱分量主要集中在 300~3400 Hz 的范围内。利用这个特点,可以按 8 kHz 的采样率对语音信号进行采样,得到离散的语音信号。

2. 语音信号处理

语音信号处理要经过语音信号的采样、频谱分析、加干扰噪声、滤波器设计、滤波和图形用户界面设计等几个步骤。我们可以利用 MATLAB 来采样语音信号,将它赋值给某一向量,再将该向量看作一个普通的信号,对其进行快速傅里叶变换以实现频谱分析,再依据实际情况对它进行滤波,然后还可以通过 sound 命令对语音信号进行回放,以便在听觉上感受声音的变化。语音信号处理所需要用到的理论依据有以下方面。

（1）采样定理。

采样定理又称为奈奎斯特采样定理,内容详见第 5 章 5.5 节。采样是将时间上连续的模拟信号变成一系列时间上离散的采样序列的过程。采样定理要解决的是能否由此采样序列无失真地恢复出模拟信号。对一个频带受限的、时间连续的模拟信号采样,当采样速率达到一定的数值时,就能根据它的采样值无失真地恢复原模拟信号。这也意味着,传输模拟信号不一定传输模拟信号本身,只需传输采样信号即可。在进行A/D

（模/数）信号的转换过程中，当采样频率大于受测信号最高频率的 2 倍时，才能正确地重建它。一般实际应用中要保证采样频率为信号最高频率的 5～10 倍。

（2）采样频率。

采样频率是指计算机每秒钟采样多少个声音样本，是描述声音文件的音质、音频，衡量声卡、声音文件的质量标准。采样频率的单位为 Hz（赫兹）。采样频率的倒数是采样周期或者采样时间，它是采样之间的时间间隔。采样频率的高低决定了声音失真程度的大小，采样频率越高，即采样的时间间隔越短，则在单位时间内计算机得到的声音样本数据越多，对声音的还原就越真实。

为保证声音不失真，采样频率应该在 40 kHz 左右。采样频率一般有三种：44.1 kHz（是最常见的采样率标准，每秒采样 44100 次，用于光盘（CD）品质的音乐，可以达到很好的听觉效果）；22.05 kHz（适用于语音和中等品质的音乐，目前大多数网站都选用这样的采样频率）；11.25 kHz（播放小段声音的最低标准，是光盘品质的四分之一）。对于高于 48 kHz 的采样频率，人耳已无法辨别出来了，所以在计算机上没有多少使用价值。

（3）量化位数。

量化位数是每个采样点能够表示的数据范围，常用的有 8 b、12 b、16 b 等。采样精度分 8 b 字长量化（低品质）、16 b 字长量化（高品质），16 b 字长量化是最常见的采样精度。"采样频率"和"量化位数"是数字化声音的两个最基本要素，相当于视频中的屏幕大小（如 800 * 600）和颜色分辨率（如 24 b）。

（4）语音的录入与打开。

在 MATLAB 软件系统中，[y, fs, bits] = wavread('Blip', [N1 N2]) 用于读取语音，采样值放在向量 y 中，fs 表示采样频率（Hz），bits 表示采样位数。[N1 N2] 表示读取从 N1 点到 N2 点的值（若只有一个 N 的点，则表示读取前 N 点的采样值）。在新版 MATLAB 软件系统中，可以使用 audioread 函数读取语音。sound(x, fs, bits) 用于对声音的回放。向量 x 代表了一个信号。

图 6.4.1 所示的是基于计算机的语音信号采样过程，声卡可以完成语音波形的 A/D 转换，获得 .wav 文件，为后续的处理储备原材料。

图 6.4.1　基于计算机的语音采样过程

（5）语音信号的时域分析。

语音信号是一种非平稳的时变信号，它携带着各种信息。在语音编码、语音合成、语音识别和语音增强等语音处理中无一例外需要提取语音包含的各种信息。语音信号分析的目的就在于方便、有效地提取并表示语音信号所携带的信息。语音信号分析可以分为时域分析和变换域分析等处理方法，其中时域分析是最简单的方法。

（6）语音信号的频域分析。

语音信号的频域分析就是分析语音信号的频域特征。从广义上讲，语音信号的频域分析包括语音信号的频谱、功率谱、倒频谱、频谱包络等分析，而常用的频域分析方法有带通滤波器组法、傅里叶变换法、线性预测法等几种。

通常认为，语音是一个受周期脉冲或随机噪声源激励的线性系统的响应。响应频谱是声道系统频率响应与激励源频谱的乘积。傅里叶变换分析方法能完善地解决许多信号分析和处理的问题。它不但可以很方便地确定其对正弦或复指数和的响应,还能使信号的某些特性变得更明显,因此,信号的傅里叶变换在信号的分析与处理中起着重要的作用。

在 MATLAB 的信号处理工具箱中函数 fft()和函数 ifft()用于快速傅里叶变换和反变换。函数 fft()用于序列快速傅里叶变换,其调用格式为 y=fft(x),其中,x 是序列,y 是序列的快速傅里叶变换;函数 fft()的另一种调用格式为 y=fft(x,N),式中,x,y 含义同前,N 为正整数。函数执行 N 点的快速傅里叶变换,若 x 为向量且长度小于 N,则函数 fft()将 x 补零至长度 N;若向量 x 的长度大于 N,则函数 fft()截短 x 使之长度为 N。

(7)数字滤波器的设计步骤。

不论是无限冲激响应(IIR)滤波器还是有限冲激响应(FIR)滤波器的设计都包括以下三个步骤。

① 按照实际任务的要求,确定滤波器的性能指标。

② 用一个因果、稳定的离散线性时不变系统的系统函数去逼近这一性能指标。根据不同的要求可以用无限冲激响应系统函数,也可以用有限冲激响应系统函数去逼近。

③ 利用有限精度算法实现系统函数,包括结构选择、字长选择等。

(8)图形用户界面基本概念。

图形用户界面(graphical user interface,GUI)是由窗口、按键、菜单、文字说明等对象构成的一个用户界面。用户通过一定的方法(如鼠标、键盘)选择激活这些对象,实现计算、绘图等。

创建图形用户界面须具有以下三类基本元素。

① 组件:图形化控件(如按钮、编辑框、列表框等)、静态元素(如文本字符串)、菜单和坐标系。

② 图形窗口:图形用户界面的每一个组件都须安排在图形窗口中。

③ 回应:如用户用鼠标单击或用键盘激励信息,程序都要有相应的动作。

3. 语音信号处理流程图

图 6.4.2 所示的是语音信号处理流程图。附件 6-1 提供了一个语音信号处理系统示例的 MATLAB 程序源代码。

附件 6-1

语音信号处理的步骤如下。

(1)采样、读取原始语音信号。

利用 MATLAB 中的"wavread"命令采样语音信号,将它赋值给某一向量,再对其进行采样,记住采样频率和采样点数。Wavread()函数几种调用格式如下。

① y=wavread(file)。

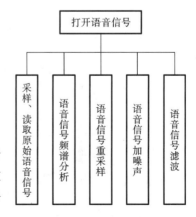

图 6.4.2 语音信号处理流程图

功能说明：读取 file 所规定的.wav 文件，返回采样值并放在向量 y 中。

② [y,fs,nbits]＝wavread(file)。

功能说明：采样值放在向量 y 中，fs 表示采样频率(Hz)，nbits 表示采样位数。

③ y＝wavread(file,N)。

功能说明：读取前 N 点的采样值放在向量 y 中。

④ y＝wavread(file,[N1,N2])。

功能说明：读取从 N1 点到 N2 点的采样值放在向量 y 中。

首先用手机录制一段音频信号，然后用软件将其转换为 MATLAB 接受的格式".wav"。录制的语音信号文件命名为"misic.wav"。

（2）语音信号频谱分析。

找到语音信号的频谱图进行分析，使用 MATLAB 绘制该语音信号的频谱图，观察频谱图，找出读入声音信号的频率范围。由采样定理可知，如果需要重建声音信号，需产生一个周期冲激串，其冲激幅度就是采样得到的样本值，给冲激串加上一个增益即可恢复原声音信号。

（3）语音信号重采样。

对读入的音频数据进行不同速率的采样，通过播放采样后的结果，验证是否会对信号的质量产生影响。

（4）语音信号加噪声。

给语音信号加上噪声，观察加上噪声后的信号时域和频域的变化。

（5）语音信号滤波。

设计滤波器，比较滤波前后信号时域和频域的变化。

图 6.4.3 所示的是对截取的某一段原始语音信号的时域和频谱图的展示。使用 MATLAB 中的快速傅里叶变换函数 fft()，绘制出声音文件的时域波形和频域波形并进行分析，观察可得声音信号的主要频率范围为 0～2500 Hz。

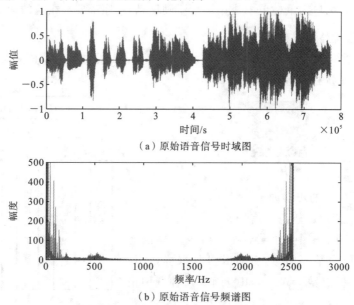

（a）原始语音信号时域图

（b）原始语音信号频谱图

图 6.4.3　原始语音信号时域和频谱图

　　图 6.4.4、图 6.4.5 所示的分别是对原始语音信号以 4 kHz 和 8 kHz 采样的时域和频谱图。图 6.4.3 所示声音信号的主要频率范围为 0～2500 Hz,根据采样定理可知,只要采样频率大于或等于有效信号最高频率的 2 倍,采样值就可以包含原始信号的所有信息,被采样的信号就可以不失真地还原成原始信号,所以该声音的采样频率应不小 5 kHz。当采样频率小于 2 倍的上限频率时,信号失真严重,丢失了很多信号变化的细节。当采样频率大于或等于声音信号的上限频率时,采样信号能较为准确地还原声音信号,也验证了采样定理。

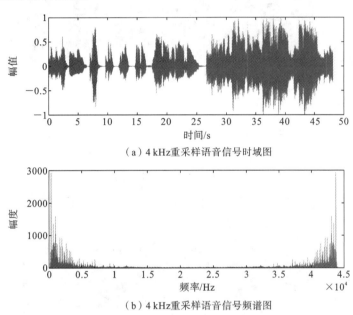

（a）4 kHz重采样语音信号时域图

（b）4 kHz重采样语音信号频谱图

图 6.4.4　对原始语音信号以 4 kHz 采样的时域和频谱图

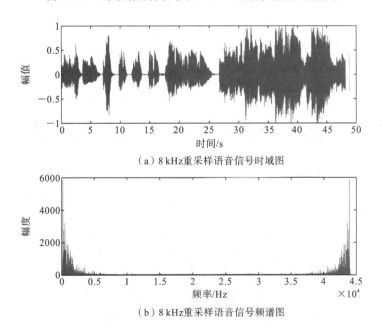

（a）8 kHz重采样语音信号时域图

（b）8 kHz重采样语音信号频谱图

图 6.4.5　对原始语音信号以 8 kHz 采样的时域和频谱图

图 6.4.6 所示的是高斯白噪声的时域波形图。

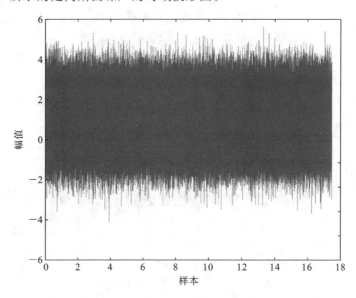

图 6.4.6 高斯白噪声的时域波形图

图 6.4.7 所示的是原始语音信号加入噪音后的信号波形和频谱图。

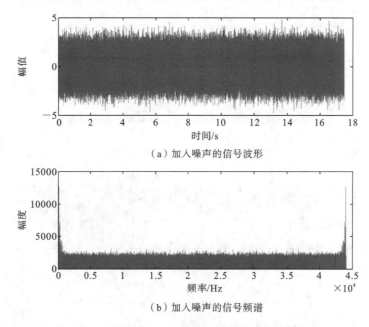

（a）加入噪声的信号波形

（b）加入噪声的信号频谱

图 6.4.7 原始信号加入噪声后的信号波形和频谱图

巴特沃兹滤波器的特点是通频带内的频率响应曲线最大限度平坦，没有起伏，而在阻频带内则逐渐下降为零。在振幅的对数、对角频率的波形图上，从某一边界角频率开始，振幅随着角频率的增加而逐步减小，趋向负无穷大。

图 6.4.8 所示的是设计的巴特沃兹低通滤波器频率响应曲线图。

图 6.4.9 所示的是滤波前后加入噪声的信号波形和频谱图。

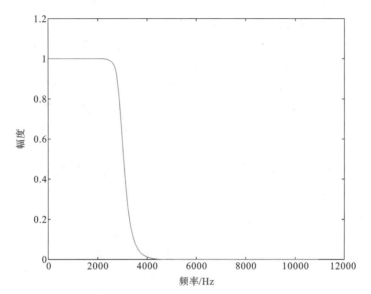

图 6.4.8 设计的巴特沃兹低通滤波器频率响应曲线图

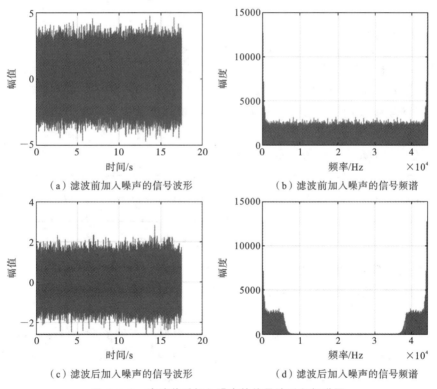

（a）滤波前加入噪声的信号波形　　　　（b）滤波前加入噪声的信号频谱

（c）滤波后加入噪声的信号波形　　　　（d）滤波后加入噪声的信号频谱

图 6.4.9 滤波前后加入噪声的信号波形和频谱图

6.4.2 视频信号处理

1. 视频信号的分类

根据每一帧图像的产生形式,视频可分为影像视频和动画两类。

（1）影像视频。

影像视频的特点是,信息容量大且信息冗余度高,因此,要求采样和数据传输速率较高,但也可以采用压缩技术来减少存储视频的数据。

帧速:视频的帧速为每秒内包含的图像帧数。根据视频制式帧速有 30 f/s(帧每秒)(NTSC)和 25 f/s(PAL,SECAN)两种。

数据容量:分辨率为 640×480 像素,256 色的一帧图像,其数据容量约为 0.3 MB,对于 NTSC(美国国家电视系统委员会)视频制式来说,若要达到 30 f/s 的活动图像,所需的存储量为 9 MB/s,这样,一张 650 MB 的光盘只能存储大约播放 70 s 的图像数据,而且光盘数据传输速率也必须达到 9 MB/s 才能满足要求。

视频的质量:活动图像的视频的质量取决于采样原始图像的质量和视频压缩数据的倍数。

(2)动画。

用计算机实现的动画有造型动画和帧动画两种。帧动画是由一幅幅连续的画面组成的图像或图形序列产生的。造型动画则是对每一个活动的对象分别进行设计,赋予每个对象一些特征(形状、大小、颜色等),然后用这些对象组成完整画面而产生的。

计算机制作动画时,只需做好主动作画面,其余中间画面都可以由计算机的内插功能来完成。

2. 视频信号处理

视频信号处理是指使用相关的硬件和软件在计算机上对视频信号进行接收、采样、编码、压缩、存储、编辑、显示和回放等多种处理操作。视频处理的结果使一台多媒体计算机可以作为一台电视机来观看电视节目,亦可以使计算机中的 VGA(视频图形阵列)显示信号编码为电视信号,在电视机上显示计算机处理数据的结果,另外,也可以通过接收、采样、压缩、编辑等处理将视频信号存储为视频文件,供多媒体计算机系统使用。图 6.4.10 所示的是视频信号处理流程图。

图 6.4.10　视频信号处理流程图

3. 视频信号的获取

视频信号的获取是在一定的时间以一定的速度对单帧视频信号或动态连续地对多帧视频信号进行接收,采样后形成数字化数据的处理过程。单幅画面采样时,将激励的视频信息定格,并将定格后的单幅画面采样到的数据以多种图形文件格式进行存储。对于多幅连续采样,可以对激励的视频信号实时、动态地接收和编码压缩,并以文件形式加以存储。在捕获一般连续视频画面时,可以根据视频源的制式采用 25～30 f/s 的采样速率对视频信号进行采样。对于电视、电影等影像视频来说,在对视频信号采样的同时必须采样同步播放的音频数据,并且将视频和音频有机地结合在一起,形成一个统一体,并以动态视频文件(.ai 格式)进行存储。

视频信号的获取主要分为两种方式:一是通过数字化设备(如数码摄像机、数码照相机、数字光盘等)获得。二是模拟视频设备(如摄像机、录像机等)响应的模拟信号,再由视频采样卡将其转换成数字视频存入计算机,以便计算机进行编辑、播放等各种操作。播放和转录既可以使用专门采样软件,也可以使用视频编辑软件,当采样完所有需要的内容之后,就可以开始编辑。

4. 视频信号的采样

视频信号分为两类:一类是亮度信号,用 Y 表示;另一类是色差信号,有两种,分别用 C_B、C_R 表示。视频信号的采样是指,把随时间连续变化的模拟信号转换成在时间上离散的一系列脉冲信号的过程。根据采样定理,对于带宽为 f_m 的信号 $f(t)$,如果其采样频率为 f_m 的 2 倍以上时,则可以利用截止频率为 f_m 的理想低通滤波器将原信号从采样信号中恢复出来。对于标准清晰度的电视信号,视频亮度信号(Y 信号)带宽为 6 MHz,Y 信号的采样频率为 13.5 MHz,在亚采样 4:2:2 模式下色差信号的采样频率为 6.75 MHz。采样有两种方法:第一种是,对图像亮度及色差信号采用相同采样频率采样;第二种是,对亮度及色差信号分别采用不同采样频率采样。采样格式主要有三种,通常使用"Y:U:V"的形式表示,Y、U 和 V 分别代表亮度 Y、色差 U 和色差 V 的样本数。

这种采样方法的基本依据是,人的视觉系统具有两种特性。第一种,人眼对色度信号的敏感程度比对亮度信号敏感程度低,利用这个特性可以把图像中表达颜色的信号去掉一些而使人不察觉。第二种,人眼对图像细节的分辨能力有一定的限度,利用这个特性可以把图像中的高频信号去掉而使人感觉不到差别。

依据这两个特性可以对色差信号进行压缩以节省带宽,这就是彩色亚采样。

彩色亚采样主要有 4:2:2 和 4:2:0 两种采样模式,如图 6.4.11 和图 6.4.12 所示,其中白色的为亮度信号 Y,灰色和黑色的分别为色差信号 C_B 和 C_R。数字视频采样与静态图像的数字化不同,视频信号的数字化不仅要在空间上进行采样,还要在时间上进行采样。

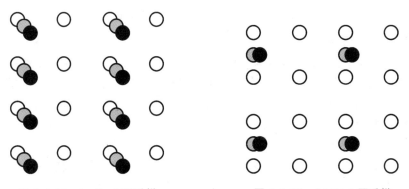

图 6.4.11 4:2:2亚采样   图 6.4.12 4:2:0亚采样

(1) 4:2:2 彩色亚采样。

在垂直方向,色差信号与亮度信号清晰度相同,每行均有色差信号与亮度信号;而在水平方向,每四个亮度信号对应两个 C_B 和两个 C_R,且色差 C_B、C_R 与奇数序号的亮度信号一起传输。这种色差信号的亚采样可使视频数据量减少 1/3,但就人眼视觉来看,视频质量几乎没有下降,它大多用于视频处理和内容制作。

(2) 4:2:0 彩色亚采样。

在 4:2:2 彩色亚采样的基础上进一步降低色差带宽,即在垂直与水平方向上,色差信号 C_B、C_R 都是亮度信号 Y 的 1/2,且传输时与奇数序号的亮度信号同步传输。这种色差信号的亚采样可使视频数据量减少 1/2,而对人眼视觉的视频质量下降较小,多用于视频压缩传输。

5. 视频信号的量化

视频信号的量化采用 8b 模式,使用均匀量化的方法。对于亮度信号,共有 220 个量化级,黑电平在第 16 级,白峰在 235 级;对于每个色度信号,共有 224 个量化级,由于色差信号是双极性的,而 A/D 变换器需要单极性信号,所以色差信号需要平移,零电平位于 0~255 的量化级中心,即 128 级,色度信号的最大正电平为 240 级,最大负电平为 16 级。亮度信号 Y 的量化如图 6.4.13 所示,色度信号 C_B、C_R 的量化如图 6.4.14 所示。

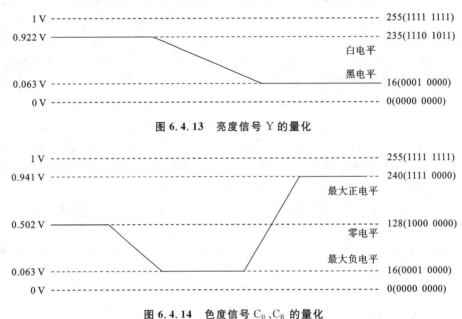

图 6.4.13 亮度信号 Y 的量化

图 6.4.14 色度信号 C_B、C_R 的量化

6. 编码和压缩

数字化视频信号的数据量极大,这对于多媒体系统来说,要求海量的存储容量和实时传输技术。目前,虽然计算机外存储容量已经达到 GB 数量级,但也只能存储几分钟的视频播放量,对于能支持 23~27 MB/s 数据传输速率(相当于 PAL(逐行倒相)制式、NTSC 制式视频信号传输速率)的计算机也不多,如果不能达到这样的数据传输速率,就会导致大量数据的丢失,从而影响视频采样和播放的质量。例如,对于 PAL 制式视频信号,如果在采样过程中不能保持 25 f/s 画面的采样速率就会丢帧,那么当存储的视频信息重新播放时,就会导致显示画面的不连贯性,从而出现抖动现象。

对视频信号进行编码压缩处理是减少数字化视频数据量的有效措施。在视频采样和数字化进程中,对图画进行实时压缩,在被存储的视频数据进行回放的过程中,对图画进行解压缩处理,以适应计算机视频数据的存储和传输的要求。

7. 编辑与回放

1)编辑

在对视频信号进行数字化采样后,用户可以对它进行编辑、加工,以达到用户的应用要求。例如,用户可以对视频信号进行删除、复制、改变采样频率、改变视频(或音频)格式等操作,将其改变成用户所需要的显示形式,压缩后存入硬盘。

2)回放

回放是指将存储的数字化视频数据通过实时解压缩恢复成原来的视频影像在计算

机屏幕上显示重现的过程。由于数字视频数据量庞大,因此视频的回放与屏幕显示的速度和质量密切相关,即与显示卡的质量有关。目前,在多媒体系统中通常用图形加速器代替普通显示卡来播放真彩色图像和数字视频。图像加速器使用专用电路和芯片来提高显示速度。目前广泛使用的是 32 b 的图形加速器,但 64 b 及 128 b 图形加速器将是未来的发展方向。图形加速器上的视频存储器数量决定显示分辨率和色彩深度,显示每个像素所需的字节数乘以屏幕的分辨率即是所需的视频存储器的大小。例如,256色图像每个像素需要 1 B 的容量,64 色图像每个像素需要 2 B 的容量,而真彩色图像的每个像素需要 3 B 的容量。

8. 视频图像提取示例

本例程的 MATLAB 源程序代码请见附件 6-2。图 6.4.15 所示的是 512×512 像素的原图。

附件 6-2

图 6.4.15　512×512 像素的原图

图 6.4.16 所示的是每两位采样一位的 256×256 像素的图像。

图 6.4.16　每两位采样一位的 256×256 像素的图像

图 6.4.17 所示的是每四位采样一位的 128×128 像素的图像。

图 6.4.17　每四位采样一位的 128×128 **像素的图像**

图 6.4.18 所示的是每八位采样一位的 64×64 像素的图像。

图 6.4.18　每八位采样一位的 64×64 **像素的图像**

课程思政与扩展阅读

6.5　本章小结

　　本章给出了 LTI 连续时间系统与 LTI 离散时间系统的频域分析方法,为分析与求解 LTI 系统的频率响应提供了便利。同时,对无失真传输系统与理想滤波器进行了介绍,并给出了物理可实现系统的条件。最后,给出了采样定理分别在语音信号处理系统和视频图像处理系统中的应用实例。

　　在随后的"课程思政与扩展阅读"中,读者可以进一步了解到傅里叶与奈奎斯特的生平事迹,以及系统频域分析方法在通信中的两个应用,包括信号的调制与解调、频分复用。另外,"课程思政与扩展阅读"还给出了一些相关视频及网络资源。

习　题　6

基础题

6.1　求下列信号的傅里叶变换:

(1) $\mathrm{e}^{-2(t-1)}\varepsilon(t-1)$；　　　　　(2) $\dfrac{\mathrm{d}}{\mathrm{d}t}[\varepsilon(-2-t)+\varepsilon(t-2)]$。

6.2　求下列信号的傅里叶反变换：

(1) $X_1(\mathrm{j}\Omega)=2\pi\delta(\Omega)+\pi\delta(\Omega-4\pi)+\pi\delta(\Omega+4\pi)$；

(2) $X_2(\mathrm{j}\Omega)=\begin{cases}2, & 0\leqslant\Omega\leqslant 2\\ -2, & -2\leqslant\Omega<0\\ 0, & |\Omega|>2\end{cases}$。

6.3　某线性连续系统如图所示，其中 $h_1(t)=\varepsilon(t)$，$h_2(t)=\delta(t-1)$，$h_3(t)=\delta(t-3)$。

试求系统的冲激响应 $h(t)$。

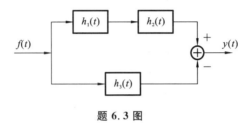

题 6.3 图

6.4　如果系统的单位冲激响应为 $h(t)$，激励信号 $f(t)$ 得到的响应为 $y(t)$，则 $y(t)=\displaystyle\int_{-\infty}^{+\infty}x(\tau)h(t-\tau)\mathrm{d}\tau$，证明 $Y(\mathrm{j}\Omega)=F(\mathrm{j}\Omega)H(\mathrm{j}\Omega)$。

6.5　已知描述某连续时间系统的微分方程为

$$\frac{\mathrm{d}y^2(t)}{\mathrm{d}t^2}+4\frac{\mathrm{d}y(t)}{\mathrm{d}t}+4y(t)=\frac{\mathrm{d}f(t)}{\mathrm{d}t}+2f(t)$$

求系统频率响应 $H(\mathrm{j}\Omega)$。

6.6　已知一稳定的连续时不变系统可以用下面的常微分方程描述：

$$\frac{\mathrm{d}y^2(t)}{\mathrm{d}t^2}+4\frac{\mathrm{d}y(t)}{\mathrm{d}t}+3y(t)=\frac{\mathrm{d}f(t)}{\mathrm{d}t}+2f(t)$$

求 $h(t)$。

6.7　求微分方程 $y''(t)+3y'(t)+2y(t)=f'(t)$ 的频率响应 $H(\mathrm{j}\Omega)$。

6.8　求微分方程 $y''(t)+5y'(t)+6y(t)=f'(t)+4f(t)$ 的频率响应 $H(\mathrm{j}\Omega)$。

6.9　某连续时不变系统的频率响应为

$$H(\mathrm{j}\Omega)=\frac{2-\mathrm{j}\Omega}{2+\mathrm{j}\Omega}$$

若激励 $f(t)=\cos(2t)$，求系统响应 $y(t)$。

6.10　已知某连续时不变连续时间系统可用下式微分方程描述：

$$\frac{\mathrm{d}y(t)}{\mathrm{d}t}+2y(t)=f(t)$$

利用傅里叶变换求激励信号为 $\varepsilon(t)$ 作用下的响应 $y(t)$。

6.11　如图所示系统框图，求 $H(\mathrm{j}\Omega)$。

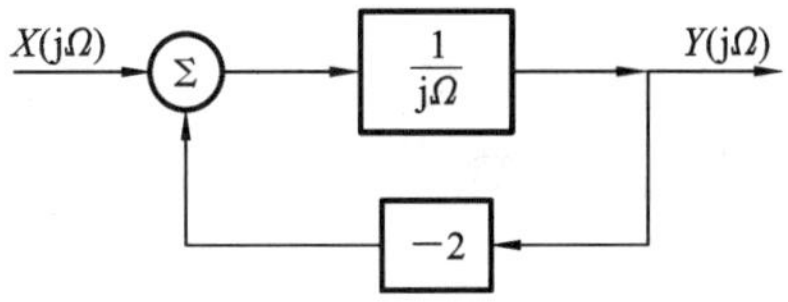

6.12　已知某系统频率响应为

题 6.11 图

$$H(\mathrm{j}\Omega) = \begin{cases} -\mathrm{jsgn}(\Omega), & |\Omega| \leqslant \Omega_0 \\ 0, & |\Omega| > \Omega_0 \end{cases}$$

试求其冲激响应 $h(t)$。

6.13 已知系统的频域系统函数为 $H(\mathrm{j}\Omega) = \dfrac{\mathrm{j}\Omega}{-\Omega^2 + \mathrm{j}5\Omega + 6}$，求 $h(t)$。

6.14 写出下列各系统的系统函数 $H(\mathrm{j}\Omega)$ 和单位冲激响应 $h(t)$。

(1) 单位延迟器；(2) 倒相器；(3) 微分器；(4) 积分器。

6.15 已知描述某线性时不变系统的微分方程为 $y''(t) + 3y'(t) + 2y(t) = f(t)$，求系统的频率响应。

6.16 已知某线性时不变系统的冲激响应为 $h(t) = (\mathrm{e}^{-t} - \mathrm{e}^{-2t})\varepsilon(t)$，求系统的频率响应。

6.17 对于某线性时不变系统，激励为 $f(t) = \mathrm{e}^{-t}\varepsilon(t)$，响应为 $y(t) = \mathrm{e}^{-t}\varepsilon(t) + \mathrm{e}^{-2t}\varepsilon(t)$，求频率响应 $H(\mathrm{j}\Omega)$ 和单位冲激响应 $h(t)$。

6.18 已知某线性时不变系统的微分方程为 $y''(t) + 3y'(t) + 2y(t) = 3f'(t) + 4f(t)$，激励为 $f(t) = \mathrm{e}^{-3t}\varepsilon(t)$，求系统的零状态响应。

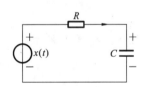

题 6.19 图

6.19 如图所示 RC 电路系统，激励电压源为 $x(t)$，响应电压 $y(t)$ 为电容两端的电压 $v_c(t)$，电路的初始状态为零。求系统的频率响应 $H(\mathrm{j}\Omega)$ 和冲激响应 $h(t)$。

6.20 已知某线性时不变系统的频率响应为 $H(\mathrm{j}\Omega) = \dfrac{1 - \mathrm{j}\Omega}{1 + \mathrm{j}\Omega}$，求系统的幅度响应 $|H(\mathrm{j}\Omega)|$ 和相位响应 $\varphi(\Omega)$，并判断该系统是否为无失真传输系统。

6.21 求下列信号的傅里叶变换：

(1) $\left(\dfrac{1}{2}\right)^{k-1} \varepsilon(k-1)$；   (2) $\left(\dfrac{1}{2}\right)^{|k-1|}$。

6.22 对于 $-\pi \leqslant \omega < \pi$，求下列周期信号的傅里叶变换：

(1) $\sin\left(\dfrac{\pi}{3}k + \dfrac{\pi}{4}\right)$；   (2) $2 + \cos\left(\dfrac{\pi}{6}k + \dfrac{\pi}{8}\right)$。

6.23 求下列信号的傅里叶反变换：

(1) $X_1(\mathrm{e}^{\mathrm{j}\omega}) = \displaystyle\sum_{k=-\infty}^{+\infty} \left[2\pi\delta(\omega - 2k\pi) + \pi\delta\left(\omega - \dfrac{\pi}{2} - 2k\pi\right) + \pi\delta\left(\omega + \dfrac{\pi}{2} - 2k\pi\right) \right]$；

(2) $X_2(\mathrm{e}^{\mathrm{j}\omega}) = \begin{cases} 2\mathrm{j}, & 0 < \omega \leqslant \pi \\ -2\mathrm{j}, & -\pi < \omega \leqslant 0 \end{cases}$

6.24 一个线性时不变系统的单位采样响应为

$$h(k) = \left(\dfrac{1}{3}\right)^k \varepsilon(k)$$

试求这个系统对复指数 $x(k) = \mathrm{e}^{\mathrm{j}k\pi/4}$ 的响应。

6.25 已知线性时不变系统的单位脉冲响应 $h(k)$ 以及激励 $f(k)$ 的关系为

$$h(k) = f(k) = \varepsilon(k) - \varepsilon(k-4)$$

用频域分析方法求响应 $y(k)$。

6.26 已知线性时不变系统的单位脉冲响应为 $h(k) = 2^k[\varepsilon(k) - \varepsilon(k-4)]$，系统

激励为 $f(k)=\delta(k)-\delta(k-2)$,用频域分析方法求响应 $y(k)$。

6.27 已知线性时不变系统的单位脉冲响应为 $h(k)=\left(\dfrac{1}{2}\right)^{k}\varepsilon(k)$,系统激励为 $f(k)=\varepsilon(k)-\varepsilon(k-5)$,用频域分析方法求出 $y(k)$。

6.28 考虑一个因果稳定线性时不变系统,其激励 $f(k)$ 和响应 $y(k)$ 通过如下二阶差分方程所关联:$y(k)-\dfrac{1}{6}y(k-1)-\dfrac{1}{6}y(k-2)=f(k)$,求该系统的频率响应及单位脉冲响应。

6.29 一个单位脉冲响应 $h_{1}(k)=\left(\dfrac{1}{3}\right)^{k}\varepsilon(k)$ 的线性时不变系统与另一单位脉冲响应为 $h_{2}(k)$ 的因果线性时不变系统并联,并联后的频率响应为

$$H(e^{j\omega})=\frac{-12+5e^{-j\omega}}{12-7e^{-j\omega}+e^{-j2\omega}}$$

求 $h_{2}(k)$。

6.30 求下列系统的频率响应,并画出它们的幅频特性:

(1) $y(k)=\dfrac{1}{2}[f(k)+f(k-1)]$; (2) $y(k)=\dfrac{1}{2}[f(k)-f(k-1)]$。

6.31 已知系统的单位脉冲响应为 $h(k)=a^{k}\varepsilon(k)$,$0<a<1$,激励序列为

$$f(k)=\delta(k)+2\delta(k-2)$$

用系统频域分析方法求出响应序列 $y(k)$。

6.32 已知某线性时不变因果系统在激励 $f(k)=\left(\dfrac{1}{2}\right)^{k}\varepsilon(k)$ 时的零状态响应为

$$y(k)=\left[3\left(\frac{1}{2}\right)^{k}+2\left(\frac{1}{3}\right)^{k}\right]\varepsilon(k)$$

求该系统的系统函数 $H(z)$。

6.33 求系统函数 $H(z)=\dfrac{9.5z}{(z-0.5)(10-z)}$ 在 $0.5<|z|<10$ 收敛域情况下系统的单位脉冲响应,并说明系统的稳定性与因果性。

6.34 研究一个线性时不变系统,其脉冲响应 $h(k)$ 和激励 $f(k)$ 分别为

$$h(k)=\begin{cases}a^{k}, & k\geqslant0\\0, & k<0\end{cases}, \quad a\neq1$$

$$f(k)=\begin{cases}1, & 0\leqslant k\leqslant K-1\\0, & \text{其他}\end{cases}$$

分别用直接计算方法和频域分析方法求响应 $y(k)$。

6.35 已知系统的单位脉冲响应为 $h(k)=a^{k}\varepsilon(k)$,$0<a<1$,激励序列为

$$f(k)=\delta(k)+2\delta(k-2)$$

用频域分析方法求出系统响应序列 $y(k)$。

6.36 已知系统函数为

$$H(z)=\frac{-\dfrac{3}{2}z^{-1}}{\left(1-\dfrac{1}{2}z^{-1}\right)(1-2z^{-1})}, \quad 2<|z|\leqslant+\infty$$

求系统的单位脉冲响应及系统性质。

6.37 已知系统函数为

$$H(z) = \frac{-\frac{3}{2}z^{-1}}{\left(1-\frac{1}{2}z^{-1}\right)(1-2z^{-1})}, \quad \frac{1}{2}<|z|<2$$

求系统的单位脉冲响应及系统性质。

6.38 设有一系统,其激励响应关系由以下差分方程确定:

$$y(k) - \frac{1}{2}y(k-1) = f(k) + \frac{1}{2}f(k-1)$$

设该系统是因果的。

(1) 求该系统的单位脉冲响应;

(2) 求激励 $f(k) = e^{j\pi k}$ 的响应。

6.39 若序列 $h(k)$ 是实因果序列,其傅里叶变换的实部为 $H_R(e^{j\omega}) = 1 + \cos\omega$。求序列 $h(k)$ 及其傅里叶变换 $H(e^{j\omega})$。

6.40 考虑一个因果系统,它的激励响应满足差分方程:

$$y(k) = 0.5y(k-1) + f(k)$$

判断该系统为无限冲激响应系统还是有限冲激响应系统。

提高题

6.41 已知某连续时间系统的系统函数为 $H(s) = \frac{1}{s+1}$,该系统属于高通、低通、带通及带阻的哪一种?

6.42 已知连续时不变系统的频率响应为

$$H(j\Omega) = \begin{cases} -j, & \Omega > 0 \\ j, & \Omega < 0 \end{cases}$$

求对信号 $f(t) = A\cos(\Omega_0 t) + B\sin(\Omega_0 t)(t \in \mathbf{R})$ 的响应 $y(t)(\Omega_0 > 0)$。

6.43 已知下列关系:

$$y(t) = f(t) * h(t) \text{ 和 } g(t) = f(3t) * h(3t)$$

并已知 $f(t)$ 的傅里叶变换为 $F(j\Omega)$,$h(t)$ 的傅里叶变换为 $H(j\Omega)$,利用傅里叶变换性质证明 $g(t) = Ay(Bt)$,并求出 A 和 B 的值。

6.44 有一个因果线性时不变系统,其频率响应为 $H(j\Omega) = \frac{1}{j\Omega+3}$,对于某一特定的激励 $f(t)$,观察到该系统的响应为 $y(t) = e^{-3t}\varepsilon(t) - e^{-4t}\varepsilon(t)$,求 $f(t)$。

6.45 信号 $f(t) = \varepsilon(t) - \varepsilon(t-1)$ 通过线性时不变系统的零状态响应为 $y(t) = \delta(t+1) + \delta(t-1)$,试求如图所示信号 $g(t)$ 通过该系统的响应 $y_g(t)$。

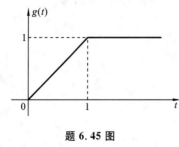

题 6.45 图

6.46 求 $\frac{\sin(2\pi t)}{2\pi t} * \frac{\sin(8\pi t)}{8\pi t}$。

6.47 若信号 $f(t)$ 通过某滤波器时其响应为

$$y(t) = a^{-\frac{1}{2}} \int_{-\infty}^{+\infty} f(\tau) g\left(\frac{\tau-t}{a}\right) d\tau, \ a \text{ 为不等于 0 的常}$$

数,且设 $g(t)$ 的傅里叶变换 $G(j\Omega)$ 已知。求该滤波器的频率响应。

6.48 已知某线性时不变系统的模拟框图如图

所示,其中单位冲激响应为

$$h_1(t) = \frac{\mathrm{d}}{\mathrm{d}t}\left[\frac{\sin(4\Omega_0 t)}{\pi t}\right]$$

$$h_2(t) = \delta(t-2\pi)$$

$$h_3(t) = \frac{\sin(2\Omega_0 t)}{\pi t}$$

试求系统函数 $H(\mathrm{j}\Omega) = \dfrac{R(\mathrm{j}\Omega)}{E(\mathrm{j}\Omega)}$,式中 $R(\mathrm{j}\Omega)$ 和 $E(\mathrm{j}\Omega)$ 分别为 $r(t)$ 和 $e(t)$ 的傅里叶变换。

6.49 某线性时不变连续时间系统的单位冲激响应为 $h(t) = \dfrac{\sin(\pi t)\sin(2\pi t)}{\pi t^2}$,若激励信号为 $f(t) = 1 + \cos(2\pi t) + \sin(6\pi t)$,试求整个系统的响应 $y(t)$。

6.50 求如图所示电路中,响应电压 $u_2(t)$ 对激励电流 $i_s(t)$ 的频率响应为 $H(\mathrm{j}\Omega)$,为了能无失真地传输,试确定 R_1、R_2 的值。

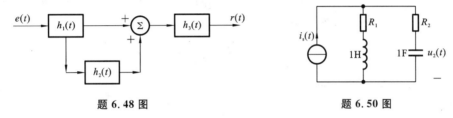

题 6.48 图	题 6.50 图

6.51 如图所示系统中,$f(t) = a_0 + a_1 \mathrm{e}^{\mathrm{j}\Omega_0 t} + a_1 \mathrm{e}^{-\mathrm{j}\Omega_0 t}$,$p(t) = \cos(\Omega_0 t)$,$h(t) = \dfrac{\sin\left(\dfrac{\Omega_0}{2}t\right)}{\pi t}$,求响应 $y(t)$。

6.52 如图所示系统中,

$$x(t) = \sum_{n=-\infty}^{+\infty} \mathrm{e}^{\mathrm{j}2nt}, \quad n \in \mathbf{Z}, \quad s(t) = \cos(2t), \quad H(\mathrm{j}\Omega) = \begin{cases} \dfrac{1}{2}, & |\Omega| \leqslant 3 \text{ rad/s} \\ 0, & |\Omega| > 3 \text{ rad/s} \end{cases}$$

求响应 $y(t)$。

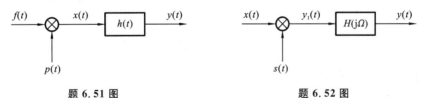

题 6.51 图	题 6.52 图

6.53 已知系统的频率响应为

$$H(\mathrm{j}\Omega) = \begin{cases} \mathrm{e}^{\mathrm{j}\pi/2}, & -6 < \Omega < 0 \\ \mathrm{e}^{-\mathrm{j}\pi/2}, & 0 < \Omega < 6 \\ 0, & \text{其他} \end{cases}$$

系统激励为 $f(t) = \dfrac{\sin(3t)}{t}\cos(5t)$,求系统的响应 $y(t)$。

6.54 考虑一线性时不变系统,其频率响应为

$$H(\mathrm{e}^{\mathrm{j}\omega}) = \mathrm{e}^{-\mathrm{j}\omega/2}, \quad |\omega| < \pi$$

试判断该系统是否是因果的,说明理由。

6.55 考虑如图所示的线性时不变系统的互联,其中,

$$h_1(k)=\delta(k-1), \quad H_2(e^{j\omega})=\begin{cases}1, & |\omega|\leqslant\pi/2 \\ 0, & \pi/2<|\omega|\leqslant\pi\end{cases}$$

求这个系统的频率响应和单位脉冲响应。

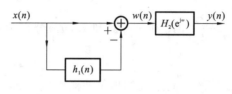

题 6.55 图

6.56 考虑如图所示的线性时不变系统的互联。

(1) 用 $H_1(e^{j\omega}),H_2(e^{j\omega}),H_3(e^{j\omega})$ 和 $H_4(e^{j\omega})$ 表示整个系统的频率响应。

(2) 如果 $h_1(k)=\delta(k)+2\delta(k-2)+\delta(k-4),h_2(k)=h_3(k)=(0.2)^k\varepsilon(n),h_4(k)=\delta(k-2)$,求出整个系统的频率响应。

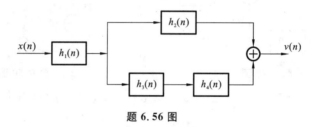

题 6.56 图

6.57 有一因果稳定线性时不变系统,具有如下性质:

$$\left(\frac{4}{5}\right)^k\varepsilon(k)\to k\left(\frac{4}{5}\right)^k\varepsilon(k)$$

求该系统的频率响应 $H(j\omega)$ 和差分方程。

6.58 某线性时不变系统,初始状态为零,在激励 $f_1(k)$ 的作用下,产生的响应为

$$y_1(k)=-2\varepsilon(-k-1)+\left(\frac{1}{2}\right)^k\varepsilon(k)$$

式中,$f_1(k)$ 的 Z 变换为 $X_1(z)=\dfrac{1-\dfrac{2}{3}z^{-1}}{1-z^{-1}}$,试求该系统的系统函数及激励 $f_2(k)=\left(\dfrac{1}{3}\right)^k\varepsilon(k)$,求该系统的响应 $y_2(k)$。

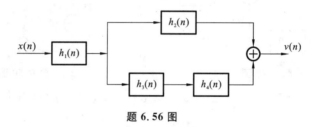

题 6.59 图

6.59 如图所示的系统,$f(t)=\displaystyle\sum_{n=-\infty}^{+\infty}e^{jn\Omega t},n=0,\pm1,\pm2,\cdots(\Omega=1\text{ rad/s}),s(t)=\cos t$,频率响应为 $H(j\Omega)=\begin{cases}e^{-j\frac{\pi}{3}\Omega}, & |\Omega|<1.8\text{ rad/s} \\ 0, & |\Omega|>1.8\text{ rad/s}\end{cases}$,试求系统的响应。

6.60 已知某 LTI 系统的系统函数初始状态为 $y(0_-)=0,y'(0_-)=2$,激励为 $f(t)=\varepsilon(t)$,求该系统的完全响应。

综合题

6.61　稳定的因果线性时不变系统激励响应关系由下列微分方程确定：

$$\frac{\mathrm{d}^2 y(t)}{\mathrm{d}t^2}+6\frac{\mathrm{d}y(t)}{\mathrm{d}t}+8y(t)=2f(t)$$

（1）求系统的冲激响应 $h(t)$；

（2）求系统的频率响应函数 $H(\mathrm{j}\Omega)$；

（3）当激励为 $f(t)=\mathrm{e}^{-2t}\varepsilon(t)$ 时，计算响应 $y(t)$。

6.62　如图所示的带通滤波电路，求其电压比函数 $H(\mathrm{j}\Omega)=\dfrac{U_2(\mathrm{j}\Omega)}{U_1(\mathrm{j}\Omega)}$。

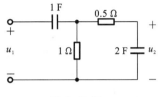

题 **6.62** 图

6.63　已知某高通系统的幅频特性和相频特性如图所示，其中，$\Omega_c=80\pi$。

（1）计算该系统的单位冲激响应 $h(t)$。

（2）若激励信号为 $f(t)=1+0.5\cos(60\pi t)+0.2\cos(120\pi t)$，求该系统的稳态响应 $y(t)$。

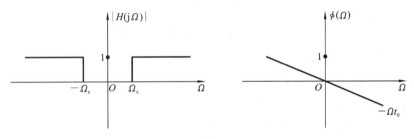

题 **6.63** 图

6.64　考虑如图所示的系统，其中，$h_1(t)=\dfrac{\mathrm{d}}{\mathrm{d}t}\left(\dfrac{\sin(\Omega_c t)}{2\pi t}\right)$，$H_2(\mathrm{j}\Omega)=\mathrm{e}^{-\mathrm{j}\frac{2\pi\Omega}{\Omega_c}}$，$h_3(t)=\dfrac{\sin(3\Omega_c t)}{\pi t}$，$h_4(t)=\varepsilon(t)$。

（1）求 $H_1(\mathrm{j}\Omega)$；

（2）求整个系统的单位冲激响应；

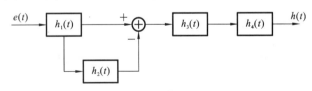

题 **6.64** 图

（3）求激励为 $f(t)=\sin(2\Omega_c t)+\cos\dfrac{\Omega_c t}{2}$ 时的响应。

6.65　考虑如图所示系统，其中，$e(t)$ 是周期 $T=\dfrac{2\pi}{\Omega_0}$ 的实周期信号，其傅里叶级数为 $e(t)=\sum\limits_{n=-\infty}^{+\infty}E_n\mathrm{e}^{\mathrm{j}n\Omega_0 t}$，$p(t)=\cos(\Omega_0 t)$，$h(t)=\dfrac{\Omega_0}{2\pi}\mathrm{Sa}\left(\dfrac{\Omega_0 t}{2}\right)$。

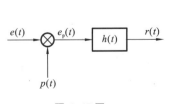

题 **6.65** 图

（1）求系统响应 $y(t)$。

（2）若把 $p(t)$ 改为 $\sin(\Omega_0 t)$，重新求响应 $y(t)$。

（3）基于（1）和（2）的结果请回答：如果要求分别确定一个周期信号 $e(t)$ 任一个傅里叶系数 E_k 的实部和虚部，应如何选择 $p(t)$？

6.66 已知某一 LTI 连续时间系统的单位冲激响应 $h(t)$ 为

$$h(t)=2\mathrm{e}^{-t}\varepsilon(t)-\mathrm{e}^{-2t}\varepsilon(t)$$

（1）写出描述该系统的微分方程；

（2）用积分器等运算单元画出实现该系统的直接 2 型结构；

（3）当系统的激励为 $f(t)=\mathrm{e}^t\varepsilon(t)$ 时，求系统的响应 $y(t)$；

（4）根据零极点图定性地画出系统的幅频特性 $|H(\mathrm{j}\Omega)|$。

6.67 假设关于一个系统函数为 $H(s)$，单位冲激响应为 $h(t)$ 的因果、稳定的 LTI 系统，给出下列信息：

（1）$H(1)=\dfrac{1}{6}$；

（2）当激励为 $\varepsilon(t)$ 时，响应信号是绝对可积的；

（3）当激励为 $t\varepsilon(t)$ 时，响应信号不是绝对可积的；

（4）信号 $\dfrac{\mathrm{d}^2}{\mathrm{d}t^2}h(t)+3\dfrac{\mathrm{d}}{\mathrm{d}t}h(t)+2h(t)$ 是有限持续的；

（5）$H(s)$ 在无穷远只有一个零点。

解答下列问题：

（1）试确定 $H(s)$，画出零极点图，并标明收敛域；

（2）求出该系统的单位冲激响应 $h(t)$；

（3）若激励为 $f(t)=\mathrm{e}^{2t}(-\infty<t<+\infty)$，求系统的响应 $y(t)$；

（4）写出表征该系统的线性常系数微分方程；

（5）画出该系统的模拟框图。

6.68 某 LTI 连续时间因果系统由下列微分方程描述：

$$y''(t)+5y'(t)+6y(t)=f''(t)-f'(t)-2f(t)$$

（1）求系统的系统函数 $H(s)$，并指出其收敛域，该系统是否稳定？

（2）当系统的激励为 $f(t)=\varepsilon(t)$ 时，确定系统的响应 $y(t)$。

（3）该系统是否是因果、稳定的逆系统，为什么？

（4）画出该系统的直接 2 型结构框图。

6.69 已知某 LTI 连续时间系统在激励信号 $f(t)=\mathrm{e}^{-2t}\varepsilon(t)$ 作用下的全响应为

$$y(t)=(2t\mathrm{e}^{-2t}+5t\mathrm{e}^{-2t})\varepsilon(t)$$

若初始条件为 $y(0^-)=2$，$y'(0^-)=1$，求该系统的零激励响应和零状态响应。

6.70 已知系统框图如图所示，其中，$G_1(t)$ 为宽度等于 1 的矩形脉冲函数，子系统的单位脉冲相应为

$$h_1(t)=\sum_{n=-\infty}^{+\infty}\delta(t-2n),\quad h_2(t)=\dfrac{\sin\left(\dfrac{3\pi}{2}t\right)}{\pi t}$$

系统激励为 $e(t)=\cos(\pi t)(-\infty<t<+\infty)$。注：$G_1(t)=\begin{cases}1,&|t|<\dfrac{1}{2}\\0,&\text{其他}\end{cases}$。

（1）求子系统响应 $\omega(t)$ 的傅里叶变换；

（2）证明 $\omega(t)$ 傅里叶系数 $W_n = \dfrac{1}{\pi(1-n^2)}\cos\dfrac{n\pi}{2}$；

（3）求系统的稳态响应 $r(t)$。

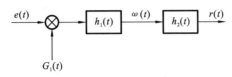

题 6.70 图

7

信号与系统分析理论在工程领域的应用

该章结合目前社会经济发展新形式和新技术下的工程领域热点,主要介绍信号与系统分析理论在通信系统、钢轨波磨检测、脑电信号采样与处理分析,以及人工智能领域中的应用,另外介绍相关行业的最新研究内容、分析手段与方法。内容由浅入深、由简单到复杂,阐述工程问题分析方法、复杂工程问题的解决方案,以及如何使用现代工具研究和解决工程问题。

7.1 在通信系统中的应用

通信是信息的传递,是指由一地向另一地进行信息的传输与交换,其目的是传输消息。现代通信技术主要有移动通信、光纤通信、卫星通信、数字微波、电话网、支撑网、智能网、数据通信与数据网、综合业务数字网、异步转移模式、互联网协议、接入网等。从某种意义上来讲,信号就是用来传递信息、传递数据的一种物理形式。在通信系统中,发送端的信息需要经过处理、变换,再经信道传递出去,在接收端通过逆过程处理还原出信息。本节以模拟载波与数字载波通信系统中的调制技术、5G 通信系统信号处理为例说明信号与系统理论在通信系统中的应用。

7.1.1 模拟载波与数字载波通信系统基本框架

1. 模拟载波通信系统框架

模拟载波通信系统的基本框架如图 7.1.1 所示。图中信源模块是将原非电信号(如语音、文字、图像等)经过转换和处理后转化为模拟电信号,此信号即为待传输的基带信号。调制器的功能是使用模拟调制技术将基带信号的频谱搬移到更高的频率,形成适合在信道中传输的频带信号。信道是指信号传输媒介,如有线传输系统中的双绞线、同轴电缆、光纤等,无线传输系统中的各种电磁波。解调器的功能是从接收端所接收的频带信号中恢复出基带信号。信宿是将基带信号还原出原始信息,如语音、文字、图像等。噪声源一般是为了方便分析,而将通信过程中各阶段产生的噪声与干扰抽象而成的,集中加入信道中的噪声。

在模拟载波通信系统中,信号需要经过调制来提高传输效率和传输质量。调制就是利用信号频域分析中的频移定理研制的,其作用是实现信号的频谱搬迁,把信号转换成适合在信道中传输的形式。调制分为基带调制和载波调制(即带通调制)等两种,大

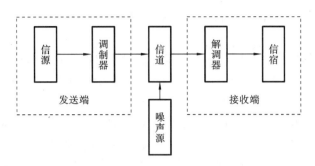

图 7.1.1 模拟载波通信系统的基本框架

多数通信系统均采用载波调制的模式。本节以无线通信系统为例,阐述信号频移定理的应用与分析。无线通信系统载波调制主要有以下优点。

(1)降低天线尺寸,提高传输性能。无线传输中,信号以电磁波的形式通过天线向外辐射。根据电磁理论,为了获得较好的辐射效率,天线长度应大于信号波长的1/4。基带信号频率较低、波长较长,若直接传输基带信号,所需的天线长度要高达几十千米。假设基带信号频率为 5 kHz,则该基带信号的波长约为 60 km,此时,所设计的天线长度至少需要 12 km。若使用载波调制,把基带信号的频谱搬移到较高的载波频率上,则可以以较短的天线长度和较小的发射功率来辐射电磁波,从而提高传输性能。例如,全球移动通信(GSM)系统使用 900 MHz 频段,此时天线长度仅约为 8 cm。

(2)实现多路复用,提高传输效率。通信系统信道带宽通常远大于需要传输信号的带宽,载波调制可以将多个基带信号搬移到不同的载频上,将信道划分为多个子信道,实现信道多路复用,可提高信道利用率。

(3)扩展信号带宽,提高系统抗干扰、抗衰减能力。

2. 数字载波通信系统框架

数字载波通信系统框架如图 7.1.2 所示。模拟载波通信系统信源转换出的模拟电信号需经过 A/D 转换,转换成数字信号再进行传输,这种使用数字信号作为载体传输信息的系统称为数字载波通信系统。与模拟载波通信系统相比,数字载波通信系统增加了信源编码、信道编码、信道译码和信源译码四个部分,其功能简述如下。

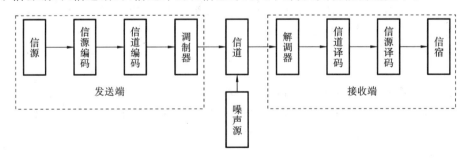

图 7.1.2 数字载波通信系统框架

信源编码:首先实现模拟信号数字化(即 A/D 转换),然后通过某种编码技术用尽可能少的数字脉冲来表示信源产生的信息,提高信号传输的有效性。

信道编码:加入纠错机制,提高数字通信的可靠性。

信道译码:信道编码的逆过程,恢复信源序列。

信源译码:信源编码的逆过程,先恢复原始数字信息,再经过 D/A(数/模)转换,还原出原始电信号。

数字通信的早期历史是与电报的发展联系在一起的,随着计算机与通信技术的发展,数字载波通信逐渐成为主流。与模拟载波通信系统相比,数字载波通信具有以下优点。

(1)抗干扰能力强。在数字载波通信中,传输的信号幅度是离散的,以二进制为例,信号的取值只有"0"或"1"两个,这样接收端只需判别两种状态。虽然信号在传输过程中受到噪声的干扰,必然会产生波形失真,但只要噪声的大小不足以影响判决的正确性,就能正确接收。而在模拟载波通信中,传输的信号幅度是连续变化的,一旦叠加上噪声,即使噪声很小,也很难消除。

(2)差错可控。数字信号在传输过程中出现的错误,可通过纠错编码技术来控制,以提高传输的可靠性。

(3)易加密。数字信号与模拟信号相比,它容易加密和解密。因此,数字载波通信系统保密性好。

(4)易于与现代技术相结合。由于计算机技术、数字存储技术、数字交换技术,以及数字处理技术等现代技术飞速发展,许多设备、终端接口采用的均是数字信号,因此极易与不同数字载波通信系统相连接。

7.1.2 频移定理在模拟调制中的应用

上面介绍了模拟载波通信系统基本组成。这里将以模拟载波通信系统的模拟调制中的幅度调制与解调为例,说明系统对信号的调制处理过程。幅度调制就是通过调制信号(通信系统需要传递的信息,即图 7.1.1 中的信源)去控制高频载波的振幅,使其随调制信号作线性变化的过程。

下面主要针对标准幅度调制、双边带幅度调制、单边带幅度调制,以及解调技术进行分析阐述。为了便于理解,先定义以下内容。

设正弦载波为

$$c(t) = A\cos(\omega_c t + \phi_0) \tag{7.1.1}$$

式中,A 为载波幅度;ω_c 为载波角频率;ϕ_0 为载波初始相位(为了方便讨论,一般会简化公式,假定 ϕ_0 为 0,但不失讨论的一般性)。

幅度调制信号(称为已调信号)一般为

$$s_m(t) = Am(t)\cos(\omega_c t) \tag{7.1.2}$$

式中,$m(t)$ 为基带调制信号(是系统需要传输的信息)。

假设调制信号 $m(t)$ 的傅里叶变换(即频谱)为 $M(j\omega)$,对式(7.1.2)进行傅里叶变换可得到已调信号 $s_m(t)$ 的频谱 $S_m(j\omega)$ 为

$$
\begin{aligned}
S_m(j\omega) &= \mathscr{F}\left[Am(t)\cos(\omega_c t)\right] = \mathscr{F}\left[Am(t)\frac{e^{j\omega_c t} - e^{-j\omega_c t}}{2}\right] \\
&= \frac{A}{2} \times \frac{1}{2\pi} M(j\omega) * \left[2\pi\delta(\omega - \omega_c) + 2\pi\delta(\omega + \omega_c)\right] \\
&= \frac{A}{2}\{M[j(\omega + \omega_c)] + M[j(\omega - \omega_c)]\} \tag{7.1.3}
\end{aligned}
$$

由时域表达式(7.1.2)可知:载波信号的幅度 $Am(t)$ 是随调制信号 $m(t)$ 的变化而

变化的。由式(7.1.3)可知：在频谱结构上，已调信号的频谱是基带信号在频域内左右平移而得到的。

1. 标准幅度调制

标准幅度就是常规双边带调制而成的幅度，简称调幅（Amplitude Modulation，AM）。假设调制信号 $m(t)$ 的平均值为 0，将其叠加一个直流偏量 A_0 后与载波相乘（见图 7.1.3），即可形成标准幅度调制信号，其时域表达式为

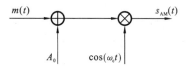

图 7.1.3　标准幅度调制框图

$$s_{AM}(t)=[A_0+m(t)]\cos(\omega_c t)=A_0\cos(\omega_c t)+m(t)\cos(\omega_c t) \qquad (7.1.4)$$

式中，A_0 为外加的直流分量；$m(t)$ 是需要传输的信息，可以是确知信号，也可以是随机信号。

若 $m(t)$ 为确知信号，则调幅信号的频谱为

$$S_{AM}(j\omega)=\mathscr{F}[A_0\cos(\omega_c t)+m(t)\cos(\omega_c t)]=\mathscr{F}\left[A_0\frac{e^{j\omega_c t}+e^{-j\omega_c t}}{2}+m(t)\frac{e^{j\omega_c t}+e^{-j\omega_c t}}{2}\right]$$

$$=A_0\pi[\delta(\omega+\omega_c)+\delta(\omega-\omega_c)]+\frac{1}{2}\{M[j(\omega+\omega_c)]+M[j(\omega-\omega_c)]\}$$

$$(7.1.5)$$

式中，$M(j\omega)$ 为调制信号 $m(t)$ 的傅里叶变换（即信号频谱）。

$$|m(t)|_{\max}\leqslant A_0 \qquad (7.1.6)$$

调幅信号的波形和频谱（幅度谱）如图 7.1.4 所示（注意此图中调制信号波形与其频谱不存在对应关系）。由波形可以看出，当满足式(7.1.6)时，调幅信号的包络与调制信号 $m(t)$ 的形状完全一样。因此，用包络检波的方法很容易恢复出原始调制信号。如果不满足此式(7.1.6)，就会出现"过调幅"现象。这时若仍采用包络检波方法解调，就会使信号产生失真。此时需要采取其他的解调方法，如同步检波。若 $m(t)$ 为随机信号，则已调信号的频域表达式必须用功率谱描述（后续通信原理课程将有详细阐述）。

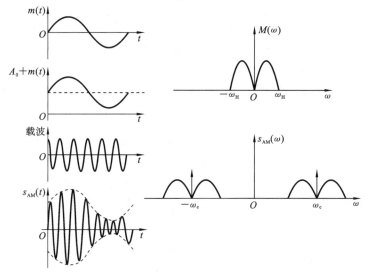

图 7.1.4　调幅信号的波形和频谱

由频谱可以看出,调幅信号由载波分量、上边带、下边带三部分组成。上边带的频谱结构与原始调制信号的频谱结构相同,下边带是上边带的镜像,因此,调幅信号是有载波分量的双边带信号,它的带宽是基带信号带宽的 2 倍。下面计算调幅信号在 1 Ω 电阻上的平均功率,它等于 $s_{AM}(t)$ 的均方值。当 $m(t)$ 为确知信号时,$s_{AM}(t)$ 的均方值等于其平方的时间平均,即

$$
\begin{aligned}
P_{AM} &= \frac{1}{T}\int_{-\frac{T}{2}}^{\frac{T}{2}} s_{AM}^2(t)\mathrm{d}t = \frac{1}{T}\int_{-\frac{T}{2}}^{\frac{T}{2}}\{[A_0+m(t)]^2\cos^2(\omega_c t)\}\mathrm{d}t\\
&= \frac{1}{T}\int_{-\frac{T}{2}}^{\frac{T}{2}}\{[A_0^2+m^2(t)+2A_0 m(t)]\cos^2(\omega_c t)\}\mathrm{d}t\\
&= \frac{1}{T}\int_{-\frac{T}{2}}^{\frac{T}{2}}\left\{[A_0^2+m^2(t)+2A_0 m(t)]\frac{\cos(2\omega_c t)+1}{2}\right\}\mathrm{d}t
\end{aligned}
\tag{7.1.7}
$$

通常假设调制信号的平均值为 0,即 $\frac{1}{T}\int_{-\frac{T}{2}}^{\frac{T}{2}} m(t)\mathrm{d}t = 0$。此时,式(7.1.7)积分可得

$$
P_{AM} = \frac{A_0^2}{2} + \frac{\overline{m^2(t)}}{2} = P_c + P_s
\tag{7.1.8}
$$

式中,$P_c = \dfrac{A_0^2}{2}$ 为载波功率;$P_s = \dfrac{\overline{m^2(t)}}{2} = \dfrac{\frac{1}{T}\int_{-\frac{T}{2}}^{\frac{T}{2}} m^2(t)\mathrm{d}t}{2}$ 为边带功率。

由式(7.1.8)可知,调幅信号的总功率包括载波功率和边带功率两部分。只有边带功率才与调制信号有关。也就是说,载波分量并不携带信息。有用功率(用于传输有用信息的边带功率)占总功率的比例为

$$
\eta_{AM} = \frac{P_s}{P_{AM}} = \frac{\overline{m^2(t)}}{A_0^2+\overline{m^2(t)}}
\tag{7.1.9}
$$

式中,η_{AM} 为调制效率。当调制信号为单频率余弦信号,即 $m(t)=A_m\cos(\omega_m t)$ 时,$\overline{m^2(t)}=A_m^2/2$。此时有

$$
\eta_{AM} = \frac{\overline{m^2(t)}}{A_0^2+\overline{m^2(t)}} = \frac{A_m^2}{2A_0^2+A_m^2}
\tag{7.1.10}
$$

在"满调幅"($|m(t)|_{\max}=A_0$,也称为 100% 调制)条件下,调制效率的最大值仅为 $\eta_{AM}=1/3$。因此,调幅信号的功率利用率比较低。

调幅信号调制的优点在于系统结构简单,价格低廉。所以调幅信号现在仍然广泛用于无线电广播系统中。

2. 双边带调制

在调幅信号中,载波分量并不携带信息,信息完全由边带传送(见图 7.1.3),如果在调幅信号调制模型中将直流抑制(去掉直流),即可得到一种高调制效率的调制方式——双边带抑制载波(double side band with suppressed carrier,DSB-SC)调制,简称

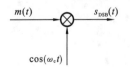

图 7.1.5 双边带调制原理框图

双边带(double-side band,DSB)调制。双边带调制又称为平衡调幅,其原理框图如图 7.1.5 所示。调制信号时域表达式为

$$
s_{DSB}(t) = m(t)\cos(\omega_c t)
\tag{7.1.11}
$$

式中,假设 $m(t)$ 的平均值为零。双边带信号的频谱与

调幅信号相近,只是没有了在±ω_c处的δ函数,即

$$S_{DSB}(\omega) = \mathscr{F}\left[m(t)\frac{e^{j\omega_c t} + e^{-j\omega_c t}}{2}\right] = \frac{1}{2}\{M(j(\omega+\omega_c)) + M[j(\omega-\omega_c)]\}$$

$$(7.1.12)$$

双边带信号波形和频谱示意图如图 7.1.6 所示。

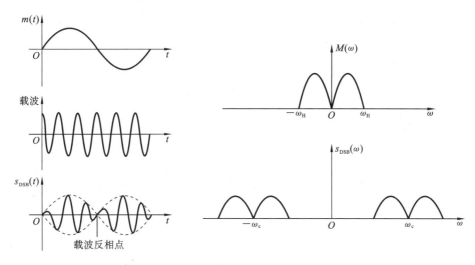

图 7.1.6 双边带信号波形和频谱示意图

与调幅信号相比,因为不存在载波分量,双边带信号的调制效率是 100%,即全部功率都用于信息传输。但由于双边带信号的包络不再与调制信号的变化规律一致,因此不能采用简单的包络检波来恢复调制信号。双边带信号的解调需要采用相干解调方法(也称为同步检波方法)。

双边带信号虽然节省了载波功率,但是它所需要的传输带宽仍是调制信号的 2 倍,从频谱利用率角度看,仍然不经济。从图 7.1.6 可以看出,双边带信号两个边带的任意一个都包含了 $M(j\omega)$ 的所有频谱成分,因此可以考虑仅传输其中一个边带即可。这样既节省发送功率,还节省一半传输频带,这种方式称为单边带调制。下面分析单边带调制中的信号处理。

双边带调制

3. 单边带调制

单边带(single side band,SSB)信号是将双边带信号的一个边带滤掉形成的。根据滤除方法的不同,产生单边带信号的方法有滤波法和相移法。相移法的推导过程较为复杂,后续的课程中将会详细讲述。这里以滤波法为例,分析单边带调制信号的处理过程。

产生单边带信号最直观的方法是,先产生一个双边带信号,然后让其通过一个边带滤波器,滤除其中的一个边带,即可得到单边带信号。这种方法称为滤波法,它是最简单也是最常用的方法。滤波法单边带信号调制框图如图 7.1.7 所示。

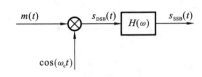

图 7.1.7　滤波法单边带信号调制框图

$H(j\omega)$是单边带滤波器的频率特性,若它具有如下理想高通特性:

$$H(j\omega)=H_{USB}(j\omega)=\begin{cases}1, & |\omega|>\omega_c \\ 0, & |\omega|\leqslant\omega_c\end{cases}$$

(7.1.13)

则可以滤除下边带(lower side band,LSB),保留上边带(up side band,USB)。若$H(j\omega)$具有如下理想低通特性:

$$H(j\omega)=H_{LSB}(j\omega)=\begin{cases}1, & |\omega|<\omega_c \\ 0, & |\omega|\geqslant\omega_c\end{cases}$$

(7.1.14)

则可以滤除上边带,保留下边带。对图 7.1.7 所示的系统进行分析可知,系统输出$s_{SSB}(t)$信号的频谱为

$$S_{SSB}(j\omega)=\mathscr{F}[s_{DSB}(t)*h(t)]=S_{DSB}(j\omega)\cdot H(j\omega)$$

(7.1.15)

图 7.1.8 所示的是用滤波法形成上边带信号的频谱图。

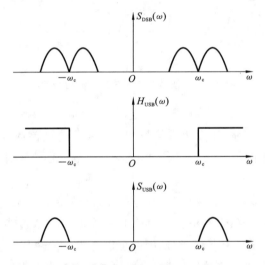

图 7.1.8　用滤波法形成上边带信号的频谱图

单边带调制与解调

4. 相干解调

解调是调制的逆过程,其作用是从接收的已调信号中恢复出原基带信号(即调制信号)。解调的方法可分为两类:相干解调和非相干解调(包络检波)。为了便于理解,首先根据上述调制方式,归纳出线性调制的一般模型,再重点介绍相干解调。

1) 线性调制的一般模型

线性调制(滤波法)一般模型如图 7.1.9 所示,该模型由一个相乘器和一个冲激响应为$h(t)$的滤波器组成。其输出已调信号在时域和频域分别为

$$s_m(t) = [m(t)\cos(\omega_c t)] * h(t) \tag{7.1.16}$$

$$S_m(j\omega) = \frac{1}{2}\{M(j(\omega+\omega_c)) + M[j(\omega-\omega_c)]\}H(j\omega) \tag{7.1.17}$$

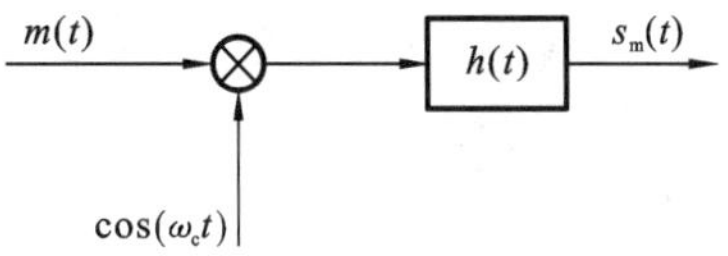

图 7.1.9　线性调制(滤波法)
一般模型

在该模型中,只要适当选择滤波器的特性 $H(j\omega)$,就可以得到各种幅度调制信号。如果将式(7.1.16)展开,就可以得到另一种形式的时域表达式:

$$s_m(t) = s_I(t)\cos(\omega_c t) + s_Q(t)\sin(\omega_c t) \tag{7.1.18}$$

式中,

$$\begin{cases} s_I(t) = h_I(t) * m(t), h_I(t) = h(t)\cos(\omega_c t) \\ s_Q(t) = h_Q(t) * m(t), h_Q(t) = h(t)\sin(\omega_c t) \end{cases} \tag{7.1.19}$$

式(7.1.18)表明,$s_m(t)$ 可以等效为两个互相正交调制分量的合成。由此可以得到图 7.1.10 所示的等效模型,该模型称为线性调制(相移法)一般模型,它同样适用于所有线性调制。

2) 相干解调

相干解调也称同步检波。解调与调制的实质一样,都是利用了频移定理。调制是把基带信号的频谱搬移到载波位置上,这一过程可以通过一个相乘器与载波相乘来实现。解调则是调制的反过程,即把在载频位置的已调信号的频谱搬回原基带位置上,因此同样可以用相乘器与载波相乘来实现。相干解调的一般模型如图 7.1.11 所示。

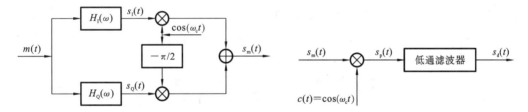

图 7.1.10　线性调制(相移法)一般模型　　图 7.1.11　相干解调的一般模型

相干解调时,为了无失真地恢复原基带信号,接收端必须提供一个与接收的已调载波严格同步(同频同相)的本地载波(称为相干载波),它与接收的已调信号相乘后,经过低通滤波器取出低频分量,即可得到原基带调制信号。

相干解调适用于所有线性调制信号。由式(7.1.18)可知,送入解调器的已调信号的一般表达式为

$$s_m(t) = s_I(t)\cos(\omega_c t) + s_Q(t)\sin(\omega_c t) \tag{7.1.20}$$

与同频同相的相干载波 $c(t)$ 相乘后得

$$s_p(t) = s_m(t)\cos(\omega_c t) = [s_I(t)\cos(\omega_c t) + s_Q(t)\sin(\omega_c t)]\cos(\omega_c t)$$

$$= \frac{1}{2}s_I(t) + \frac{1}{2}s_I(t)\cos(2\omega_c t) + \frac{1}{2}s_Q(t)\sin(2\omega_c t) \tag{7.1.21}$$

经过低通滤波器后得

$$s_d(t) = \frac{1}{2}s_I(t) \tag{7.1.22}$$

由式(7.1.19)和图 7.1.10 可知,$s_1(t)$是信号 $m(t)$通过全通滤波器 $H_1(j\omega)$后的结果。因此,$s_d(t)$就是解调输出,即

$$s_d(t) = \frac{1}{2}s_1(t) \propto m(t) \tag{7.1.23}$$

由此可见,相干解调器适用于所有线性调制信号的解调,即对于调幅信号、双边带信号、单边带信号都是适用的。只是调幅信号的解调结果中含有直流成分 A_0,在解调后加上一个简单的隔直流电容即可。

7.1.3 频移定理在数字载波调制中的应用

要将数字信号在带通信道中传输,就必须用数字基带信号对载波进行调制,以使信号与信道的特性相匹配。这种用数字基带信号控制载波,把数字基带信号变换为数字带通信号(已调信号)的过程称为数字调制。在接收端,解调器把带通信号还原成数字基带信号的过程称为数字解调。

一般来说,数字载波调制的基本原理与模拟调制的基本原理相同,但是数字信号有离散取值的特点,因此通常利用数字信号的离散取值特点通过开关键控载波,来实现数字调制。常见的数字调制方法包括振幅键控(amplitude shift keying,ASK)、频移键控(frequency shift keying,FSK)和相移键控(phase shift keying,PSK)。本小节将介绍二进制振幅键控(2ASK)和二进制频移键控(2FSK)的信号处理与分析方法。

1. 二进制振幅键控

振幅键控是利用载波的幅度变化来传递数字信息,而其频率和初始相位保持不变的调制方法。在二进制振幅键控中,载波的振幅只有两种变换状态,分别对应二进制信息的"0","1"。一种常用的也是最简单的二进制振幅键控方式称为通断键控(on off keying,OOK),其表达式为

$$e_{ook}(t) = \begin{cases} A\cos(\omega_c t), & \text{以概率 } P \text{ 发送"1"时} \\ 0, & \text{以概率 } 1-P \text{ 发送"0"时} \end{cases} \tag{7.1.24}$$

二进制振幅键控/通断键控典型波形如图 7.1.12 所示。载波在二进制基带信号 $s(t)$的控制下变化,某一种符号("0"或"1")用"有"或"没有"载波信号来表示。

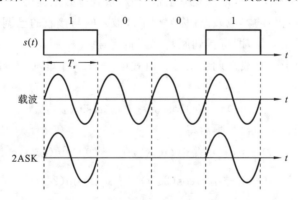

图 7.1.12 二进制振幅键控/通断键控典型波形

二进制振幅键控信号的一般表达式为

$$e_{2\text{ASK}}(t) = s(t)\cos(\omega_c t) \tag{7.1.25}$$

式中,

$$s(t) = \sum_n a_n g(t - nT_s) \tag{7.1.26}$$

式中,T_s 表示单个符号"0"或"1"的持续时间;$g(t)$ 为持续时间 T_s 的基带脉冲波形。为简便起见,通常假设 $g(t)$ 是高度为 1、宽度为 T_s 的矩形脉冲;a_n 是第 n 个符号的电平取值,若取

$$a_n = \begin{cases} 1, & \text{概率为 } P \\ 0, & \text{概率为 } 1-P \end{cases} \tag{7.1.27}$$

则对应的二进制振幅键控信号就是通断键控信号。二进制振幅键控/通断键控信号的产生方法通常有两种:模拟调制法(相乘器法)和数字键控法,相应的调制器原理框图如图 7.1.13 所示。图 7.1.13(a)所示的就是一般模拟振幅调制法,用乘法器实现;图 7.1.13(b)所示的是数字键控法,其中的开关电路受 $s(t)$ 控制。

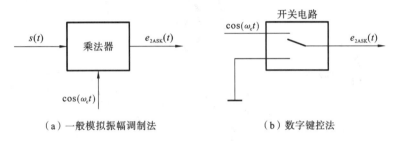

（a）一般模拟振幅调制法　　　　　（b）数字键控法

图 7.1.13　二进制振幅键控/通断键控信号的调制器原理框图

与模拟通信系统中调幅信号的解调方法一样。二进制振幅键控/通断键控信号也有两种基本的解调方法:非相干解调和相干解调,相应的接收系统组成框图如图7.1.14 所示。

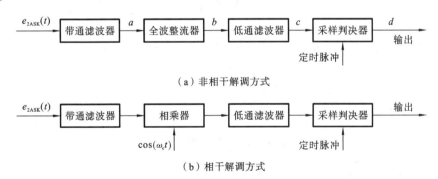

（a）非相干解调方式

（b）相干解调方式

图 7.1.14　二进制振幅键控/通断键控信号的接收系统组成框图

与模拟信号的接收系统相比,这里增加了一个采样判决器,这对于提高数字信号的接收性能是必要的。图 7.1.15 所示的是二进制振幅键控/通断键控信号非相干解调过程的时间波形。

由于二进制振幅键控信号是随机的功率信号,故研究它的频谱特性时,应该讨论它的功率谱密度。在此不再赘述,详见通信原理课程。

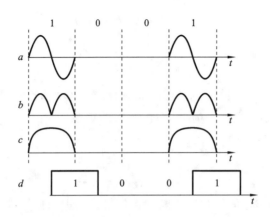

图 7.1.15 二进制振幅键控/通断键控信号非相干解调过程的时间波形

二进制振幅键控

2. 二进制频移键控

频移键控是利用载波的频率变化来传递数字信息的。在二进制频移键控中,载波的频率随二进制基带信号在 f_1 和 f_2 两个频率点间变化,故表达式为

$$e_{2FSK}(t)=\begin{cases}A\cos(\omega_1 t+\varphi_n), & 发送"1"时 \\ A\cos(\omega_2 t+\theta_n), & 发送"0"时\end{cases} \quad (7.1.28)$$

二进制频移键控信号的功率谱密度示意图如图 7.1.16 所示。

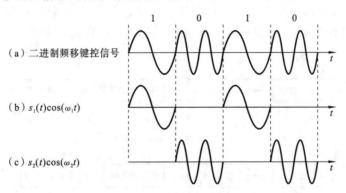

图 7.1.16 二进制频移键控信号的功率谱密度示意图

由图 7.1.16 可看出:二进制频移键控信号的波形(见图 7.1.16(a))可以分解为图 7.1.16(b)所示的波形和图 7.1.16(c)所示的波形。也就是说,一个二进制频移键控信号可以看成是两个不同载频的二进制频移键控信号的叠加,因此,二进制频移键控信号的时域表达式又可写成

$$e_{2FSK}(t)=\left[\sum_n a_n g(t-nT_s)\right]\cos(\omega_1 t+\varphi_n)+\left[\sum_n \overline{a_n} g(t-nT_s)\right]\cos(\omega_2 t+\theta_n)$$

$$(7.1.29)$$

式中,$g(t)$ 为单个矩形脉冲,脉宽为 T_s;φ_n 和 θ_n 分别是第 n 个符号码元(1 或 0)的初始相位;

$$a_n = \begin{cases} 1, & \text{概率为 } P \\ 0, & \text{概率为 } 1-P \end{cases}$$

$\overline{a_n}$ 是 a_n 的反码,若 $a_n = 1$,则 $\overline{a_n} = 0$;若 $a_n = 0$,则 $\overline{a_n} = 1$,于是有

$$\overline{a_n} = \begin{cases} 1, & \text{概率为 } 1-P \\ 0, & \text{概率为 } P \end{cases} \tag{7.1.30}$$

在频移键控中,φ_n 和 θ_n 不携带信息。为简化公式,通常可令 φ_n 和 θ_n 为零。因此,二进制频移键控信号的表达式可简化为

$$e_{2FSK}(t) = s_1(t)\cos(\omega_1 t) + s_2(t)\cos(\omega_2 t) \tag{7.1.31}$$

式中,

$$\begin{cases} s_1(t) = \sum_n a_n g(t - nT_s) \\ s_2(t) = \sum_n \overline{a_n} g(t - nT_s) \end{cases} \tag{7.1.32}$$

二进制频移键控信号的产生方法主要有两种。一种可以采用模拟调频电路来实现;另一种可以采用键控法来实现,即在二进制基带矩形脉冲序列的控制下采用选通开关对两个不同的独立振荡器进行选通,使其在每一个码元 T_s 期间输出 f_1 或 f_2 两个载波之一,如图 7.1.17 所示。这两种方法产生二进制频移键控信号的差异在于:由调频法产生的二进制频移键控信号在相邻码元之间的相位是连续变化的。这是一类特殊的频移键控,称为连续相位频移键控。而键控法产生的二进制频移键控信号,是由电子开关在两个独立的频率源之间转换形成的,故相邻码元之间的相位不一定连续。

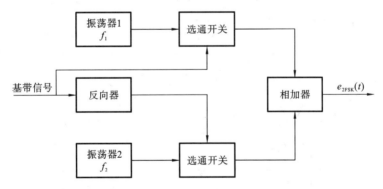

图 7.1.17 键控法产生二进制频移键控信号的原理框图

二进制频移键控信号的常用解调方法是采用非相干解调和相干解调,二进制频移键控信号解调原理框图如图 7.1.18 所示。其解调原理是将二进制频移键控信号分解为上下两路二进制振幅键控分别进行解调,然后进行判决。这里的采样判决是直接比较两路信号采样值的大小,可以不专门设置门限。判决规则应该与调制规则相呼应,调制时若规定"1"符号对应载波频率 f_1,则接收时上支路的样值较大,应判为"1";反之则判为"0"。

除此之外,二进制频移键控信号还有其他解调方法,如鉴频法、差分检测法、过零检测法等。图 7.1.19 所示的是过零检测法原理图及各点时间波形。过零检测的原理基于二进制频移键控信号的过零点数随不同频率而异,通过检测过零点数目的多少,从而区分两个不同频率的信号码元。如图 7.1.19 所示,二进制频移键控信号经限幅、微分、

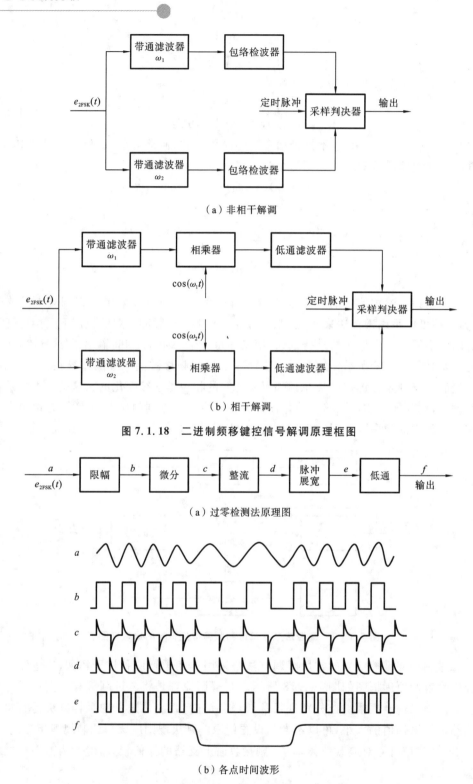

（a）非相干解调

（b）相干解调

图 7.1.18   二进制频移键控信号解调原理框图

（a）过零检测法原理图

（b）各点时间波形

图 7.1.19   过零检测法原理图及各点时间波形

整流后形成与频率变化相对应的尖脉冲序列,这些尖脉冲的密集程度反映了信号的频率高低,尖脉冲的个数就是信号过零点数。把这些尖脉冲换成较宽的矩形脉冲,以增大其直流分量,该直流分量的大小和信号频率的高低成正比。然后经低通滤波器取出此直流分量,这样就完成了频率与幅度的变换,从而根据直流分量的幅度区别,还原出数字信号"1"和"0"。

对于相位不连续的二进制频移键控信号,可以看成是由两个不同载频的二进制振幅键控信号叠加的产物,因此,二进制频移键控频谱可以近似看成是中心频率分别为 f_1 和 f_2 的两个二进制振幅键控频谱的组合。根据这一个思路,可以直接利用二进制振幅键控频谱的结果来分析二进制频移键控的频谱。

二进制频移键控

7.1.4 5G 移动通信系统中的信号处理简介

移动通信系统是利用无线电波传输信息(如语音、图像、文字、视频等)的系统。回顾移动通信的发展历程,每一代移动通信系统都可以通过标志性能力指标和核心关键技术来定义。移动通信系统经过多年爆发式增长,经历了 1G、2G、3G、4G 和 5G 时代。1G(第 1 代移动通信系统)采用频分多址(frequency division multiple access ,FDMA)技术,只能提供模拟语音业务;2G(第 2 代移动通信系统)主要采用时分多址(time division multiple access ,TDMA)技术,可提供数字语音和低速数据业务;3G(第 3 代移动通信系统)以码分多址(code division multiple access ,CDMA)技术为技术特征,用户峰值速率达到每秒几十兆位,可以支持多媒体数据业务;4G(第 4 代移动通信系统)以正交频分多址(orthogonal frequency division multiple access,OFDMA)技术为核心,用户峰值数据传输速率可达 100 Mb/s 至 1 Gb/s,能够支持各种移动宽带数据业务。

通信技术和计算机技术的迅猛发展使得各种新型应用(如虚拟现实、增强现实、人工智能、三维媒体、超高清视频等)不断涌现,无线网络所承载的数据量陡增。与此同时,移动网络已成为现代生活的必需,购物、娱乐、社交等无一不需要移动网络。而现有 4G 难以满足这样的需求,新一代移动通信系统——第 5 代移动通信系统(fifth-generation,5G)作为相关解决方案已开始应用。

5G 应用深入到社会的各个领域,作为基础设施为社会提供全方位的服务,促进各行各业的转型与升级。5G 的主要特点如下。

(1)5G 提供光纤般的接入速度,"零"时延的使用体验,使信息突破时空限制,为用户即时呈现。

(2)5G 提供千亿设备的连接能力,极佳的交互体验,实现人与万物的智能互联。

(3)5G 提供超高流量密度、超高移动性支持,让用户随时随地获得一致的性能体验。

(4)超百倍的能效提升和比特成本降低,保证产业的可持续发展。

超高速率、超低时延、超高移动性、超强连接能力、超高流量密度,加上能效和成本超百倍改善,5G 实现了"信息随心至,万物触手及"。

移动通信系统是利用无线电波传输信息的。本节简单介绍无线电波段划分及主要应用。无线电波是频率介于 3 Hz 和 3000 GHz 之间的电磁波,也称射频电波,简称射频、射电。不同频率段的无线电波具有不同的传播特性,可实现各种通信应用需求。

1. 无线电波长、频率划分与应用

无线电频谱是一种宝贵的自然资源。我国将 3 Hz～3000 GHz 范围内的频率列为无线电频谱。由于技术条件的限制,目前仅在几十吉赫以下的频谱得到了应用。在已用的频谱范围内,尽量通过科学管理和技术手段对其充分利用。在我国,国家无线电管理部门代表国家对整个无线电频率从宏观上作出统一部署和长远计划。国际上负责无线电管理的机构是国际电信联盟下设的无线电通信部门。在国际电信联盟的要求下,无线电通信部门划分频段、分配频率,使各种无线电业务在指定的频段内充分、合理利用。表 7.1.1 主要介绍在 3 Hz～300 GHz 频率范围内无线电波段划分、传播特性和主要用途。

表 7.1.1　无线电波段划分、传播特性和主要用途

名称	甚低频	低频	中频	高频	甚高频	超高频	特高频	极高频
符号	VLF	LF	MF	HF	VHF	UHF	SHF	EHF
频率	3～30 kHz	30～300 kHz	0.3～3 MHz	3～30 MHz	30～300 MHz	0.3～3 GHz	3～30 GHz	30～300 GHz
波段	超长波	长波	中波	短波	米波	分米波	厘米波	毫米波
波长	10～100 km	1～10 km	100 m～1 km	10～100 m	1～10 m	0.1～1 m	1～10 cm	1～10 mm
传播特性	空间波为主	地波为主	地波与天波	天波与地波	空间波	空间波	空间波	空间波
主要用途	海岸潜艇通信;远距离通信;超远距离导航	越洋通信;中距离通信;地下岩层通信;远距离导航	船用通信;业余无线电通信;移动通信;中距离导航	远距离短波通信;国际定点通信	电离层散射(30～60 MHz);流星余迹通信;人造电离层通信(30～144 MHz);对空间飞行体通信;移动通信	小容量微波中继通信(352～420 MHz);对流层散射通信(700～10000 MHz);中容量微波通信(1700～2400 MHz)	大容量微波中继通信(3600～4200 MHz);大容量微波中继通信(5850～8500 MHz);数字通信;卫星通信;国际海事卫星通信(1500～1600 MHz)	再入大气层时的通信;波导通信

在移动通信系统中频段一般是对称的,分为上行(手机到基站)和下行(基站到手机)。在移动通信领域,中国通信行业四大运营商(中国移动、中国联通、中国电信和中国广电)的频率分配如表 7.1.2 所示。

5G 通信网络的关键技术主要涵盖三块:大规模多输入多输出(multiple input multiple output,MIMO)技术、毫米波通信技术以及设备到设备(device to device,D2D)通信技术。大规模多输入多输出技术是通过新型多天线技术来提高频谱效率的,同时也可对时分双工和频分双工进行操作,通过应用源天线阵列和波束智能赋形,来实现对用户之间信息传输的稳定支持。毫米波通信技术通过应用全新的无线电接入技术(radio access technology,RAT),基于长期演进(long term evolution,LTE)技术使得 5G 通信

表 7.1.2 中国通信行业四大运营商的频率分配(单位:MHz,Tx:上行,Rx:下行)

技术时代	2G(GSM900,GSM1800 网络)	3G(移动:TD-SCDMA;联通:WCDMA;电信:CDMA2000)	4G(移动:LTE-TDD;联通:LTE-FDD;电信:LTE-FDD;)	5G
中国移动	Tx:885~909,1710~1725	1880~1900 和 2010~2025	1880~1900,2320~2370,2575~2635	2515~2675 的 160 MHz 频谱资源;4800~4900 的 100 MHz 频谱资源
	Rx:930~954,1805~1820			
中国联通	Tx:909~915,1745~1755	Tx:1940~1955	2300~2320 MHz、2555~2575 MHz	3500~3600 的 100 MHz 频谱资源
	Rx:954~960,1840~1850	Rx:2130~2145		
中国电信	—	Tx:1920~1935	2370~2390 MHz、2635~2655 MHz	3400~3500 的 100 MHz 频谱资源
		Rx:2110~2125		
中国广电	—	—	—	4.9 GHz 频段 50 MHz 频谱资源

能在尚未充分开发的毫米波频段上(3~60 GHz)进行通信,大幅提升传输容量。设备到设备通信通过利用设备到设备的设备作为中继,使得其他远离基站的设备也能连入蜂窝网络,进而提高通信距离。

2. 5G 通信高速数据传输系统简介

5G 通信高速数据传输系统硬件平台主要由独立本振 x64 模块、高性能 AD/DA(模数/数模)模块、高性能 FPGA(现场可编程门阵列)+DSP(数字信号处理)+GPU(中央处理单元)模块等组成。图 7.1.20 所示的为 5G 通信高速数据传输系统图。图 7.1.20中 RF 是指通道的射频信号,IQ 是正交平衡调幅信号,AD/DA 是模数/数模转

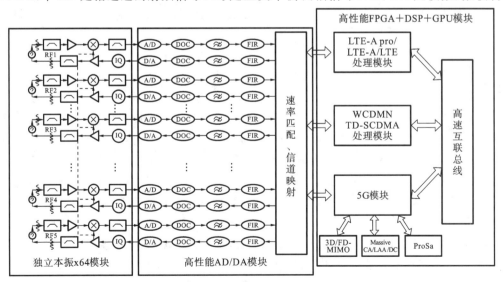

图 7.1.20 5G 通信高速数据传输系统图

换电路，FIR 是有限冲激滤波器。该系统设计主要目标是：(1) 在大带宽情况下如何保证信号的频率响应、群时延特性和带外抑制设计指标；(2) 精确的设计将中频信号无差别地解调为 IQ 数据流；(3) 5G 通信的带宽要求更高的中频以及采样速率，设计应考虑如何保证高速采样下的相关指标和可靠性。

本振模块设计的重点环节是带宽高性能的第一本振设计。由模拟电路知识可知，整机的相噪指标主要取决于第一本振（设计原理图见图 7.1.21）。5G 通信有新标准、新技术方案，对射频通路的信号质量也提出了高相噪要求，所以用于变频的第一本振信号的相噪就需要很高的相噪指标，才能不带来额外的测试误差和不确定性，一般要求 −133 dBc/Hz 的超高相噪指标。其中，射频模块的频率范围在 400 MHz～6 GHz 内变化，兼容其他通信制式。为了不影响正交频分多址（orthogonal frequency division multiple access，OFDMA）和单载波频分多址（single carrier frequency division multiple access，SC-FDMA）信号的质量及 IEEE 802.11 a/b/g/n/ac 测试的要求，射频信号带宽将大于 160 MHz，带内平坦度小于 0.5 dB。

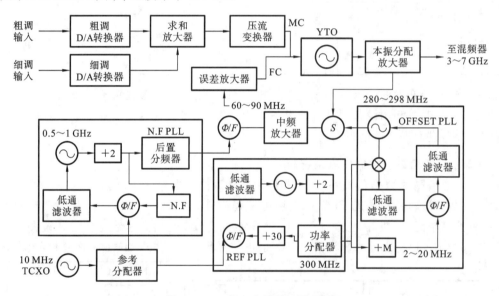

图 7.1.21 第一本振设计原理图

高速数据接收通道的主要功能是将频率范围在 400 MHz～6 GHz 的射频信号下变频到适合的固定中频频率上，以供宽带中频处理模块和信号分析模块处理。接收通道信号处理方案如图 7.1.22 所示。射频信号输入首先前置低噪声放大器，提升小信号接收的灵敏度，然后经过一个程控步进衰减器，该衰减器主要功能是根据信号电平调节衰减量，确保满足后端电路处理要求。其后，信号经过一个低通滤波器，滤除测量频率范围以外的干扰信号，以免引起假响应。滤波后的信号进入多频段混频通道（第一混频器），这里采用高中频的上变频方案，可有效解决镜像、泄漏等问题，混频后产生第一中频。相应的第一本振需要提供宽带高本振信号，该本振信号经过锁相环与 10 MHz 频率参考鉴相完成锁定。混频后的信号经过一个带通滤波器，滤除混频器产生的其他杂散信号，同时考虑到需要处理的带宽大于 160 MHz，其 1 dB 带宽设定为 320 MHz。经过带通滤波器后的信号进入二次混频通道（第二混频器），与固定本振频率信号混频，混频后产生第二中频。将第一中频信号变频到第二中频的低中频频率上，经过相关的滤

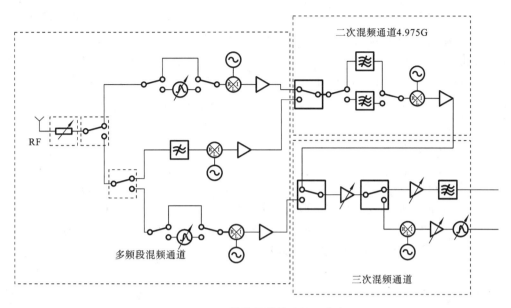

图 7.1.22　接收通道信号处理方案

波处理后送入三次混频通道,再经过一系列杂散抑制、幅度补偿和端口匹配,最后输送给信号分析模块。

高速数据发射通道的主要功能是由基带发生器模块为当前要实现的调制类型提供相应格式的基带信号,然后送给射频源的调制电路,产生载波为 400 MHz～6 GHz 的 OFDMA 数字调制信号。移动通信系统中的长期演进技术升级版下行链路采用正交频分复用多址方式实现。正交频分复用多址技术以子载波为单位进行频率资源的分配。载波聚合技术可以通过聚合多个 20 MHz 的单元载波实现高达 100 MHz 的系统带宽,通过媒体访问控制层汇聚来实现最多载波数目的聚合功能,其具体实现方式是在高速现场可编程门阵列处理单元中采用优化的数字下变频(digital down convert,DDC)和数字上变频(digital up convert,DUC)算法,将各载波的频谱搬移到合适的位置,然后再进行后续的处理,发射信号处理方案如图 7.1.23 所示。

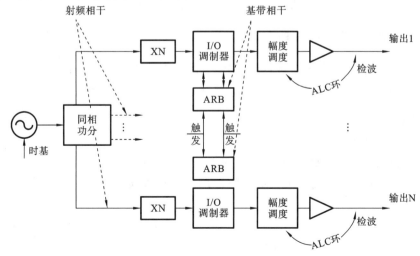

图 7.1.23　发射信号处理方案

射频合成器模块产生 400 MHz～6 GHz 的载波信号,然后同相功分成多路,保证多输入多输出 8×4 信号同相处理,后送给 I/O 调制器的 I/O 端口。同时中频基带模块的输出信号送给 I/O 调制器的基带信号输入端口;I/O 调制器输出射频端口的信号为 400 MHz～6 GHz 的下行调制信号,该信号再通过多波段射频滤波器组和数字稳幅电路,最终传送至天线。

7.2 在钢轨波磨检测中的应用

钢轨波浪形磨耗简称钢轨波磨,是钢轨投入使用后,由于钢轨接触而在轨顶面产生的沿纵向分布的、周期性类似波浪形状的不平顺现象,是轨道损伤的主要形式。钢轨波磨不但危及行车安全,还产生大量的噪声,甚至导致列车脱轨。因此,快速有效的测量和周期性的维护对减缓钢轨波磨非常必要。

钢轨波磨是一种空间分布的随机波形,波长范围从几十毫米到百余米,波长越长幅值越大,要将其完全准确地检测出来是很困难的。由于车辆动力学性能不同,不同速度的车辆只对一定波长范围的钢轨波磨有响应。在高速条件下,20～70 m 的钢轨波磨,将使固有频率较低的车体发生激振;一般铁路或重载铁路(速度 80～120 km/h)主要对中波长(5～12 m)钢轨波磨加以限制;高速铁路或动车组特别重视对短波长(30～1000 mm)钢轨波磨的控制,以避免形成共振。因此,通常设置钢轨波磨检测的全波段为 30 mm～70 m。

长期以来,钢轨波磨检测大多采用专用卡尺进行人工采样测量,检测效率低。随着轨道交通技术的发展,提出了各种新型的钢轨波磨检测方法,主要包括弦测法、惯性基准法和机器视觉法等。弦测法利用多个位移传感器构造出的弦测值与钢轨波磨值间的固有传递函数关系,再设计相应的逆滤波器来对弦测值进行二次处理,使得输出波形逼近钢轨波磨的真实情形。惯性基准法是计算加速度计安装点相对惯性坐标系的位移来确定钢轨波磨的。加速度计一般安装在构架上,并在轴箱上安装光电位移计,测量轴箱相对加速度计安装点的位移。随着光电技术的发展,考虑在弦测法或惯性基准法中采用光电摄像和图像处理技术来获得位移信号,以提高检测精度。

7.2.1 傅里叶变换在弦测法中的应用

弦测法将车体作为测量基准,利用钢轨上两测点的连线作为测量弦,中间测点到该弦的垂直距离作为钢轨波磨的测量值。与惯性基准法相比,弦测法最大的优势是测量值不受行车速度的影响。

1. 两点弦测法

两点弦测法检测点位置分布及系统原理如图 7.2.1 所示。

假设轨道实际不平顺值为 $f(x)$,系统测量的弦测值为 $y(x)$,则由图 7.2.1(b) 可得

$$y(x) = f(x) - f(x-L) \tag{7.2.1}$$

式中,L 为弦长。

对式(7.2.1)两边针对 x 作傅里叶变换,则

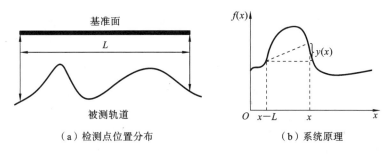

（a）检测点位置分布　　　　（b）系统原理

图 7.2.1　两点弦测法检测点位置分布及系统原理

$$Y(j\omega) = F(j\omega) - F(j\omega)e^{-j\omega L} = F(j\omega)(1 - e^{-j\omega L}) = F(j\omega)H(j\omega) \quad (7.2.2)$$

式中，$H(j\omega)$ 为系统频率响应函数，$H(j\omega) = 1 - e^{-j\omega L}$；$\omega$ 为角频率；λ 为波长，$\lambda = \dfrac{2\pi}{\omega}$。

若弦长 $L = 2$ m，针对不同波长的轨道不平顺，系统频率响应幅值和相位如表 7.2.1 所示。

表 7.2.1　$L = 2$ m 时不同波长下系统频率响应幅值和相位

λ 值/m	2	4	8	12	20
$\omega = \dfrac{2\pi}{\lambda}$	π	$\pi/2$	$\pi/4$	$\pi/6$	$\pi/10$
幅值 $\lvert H(j\omega) \rvert$	0	2	$\sqrt{2}$	1	0.62
相位	0	0	$\pi/4$	$\pi/3$	$2\pi/5$

由表 7.2.1 可以看出，弦测法系统输出虽然仍含有长波长的成分，但是被衰减了。另外，在波长 $\lambda_k = \dfrac{\lambda}{k}$，$k = 0, 1, 2, \cdots$，时频率响应幅值为零。

2. 三点弦测法

按照弦长分割比例不同，三点弦测法又分为三点等弦法和三点偏弦法两种。三点等弦系统构成及原理如图 7.2.2 所示。

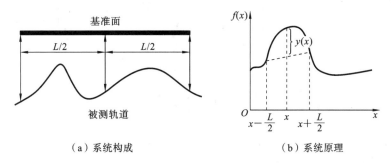

（a）系统构成　　　　（b）系统原理

图 7.2.2　三点等弦系统构成及原理

由图 7.2.2(b) 可知，轨道实际不平顺值 $f(x)$ 和弦测值 $y(x)$ 之间的关系为

$$y(x) = f(x) - \left[\frac{1}{2}f\left(x - \frac{L}{2}\right) + \frac{1}{2}f\left(x + \frac{L}{2}\right) \right] \quad (7.2.3)$$

对式(7.2.3)两边作傅里叶变换可得

$$Y(j\omega) = F(j\omega) - \left[\frac{1}{2}F(j\omega)e^{-\frac{j\omega L}{2}} + \frac{1}{2}F(j\omega)e^{\frac{j\omega L}{2}} \right] = F(j\omega) - F(j\omega)\cos\left(\frac{\omega L}{2}\right)$$

$$= F(\mathrm{j}\omega)\left[1-\cos\left(\frac{\omega L}{2}\right)\right] = F(\mathrm{j}\omega)H(\mathrm{j}\omega) \tag{7.2.4}$$

式中，$H(\mathrm{j}\omega)=1-\cos\left(\dfrac{\omega L}{2}\right)$ 为系统频率响应函数。

三点偏弦系统构成及原理如图 7.2.3 所示。

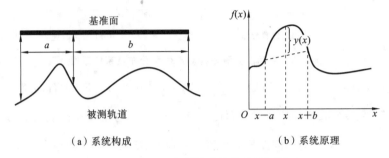

（a）系统构成　　　　　　　　（b）系统原理

图 7.2.3　三点偏弦系统构成及原理

由图 7.2.3(b)可知，轨道实际不平顺值 $f(x)$ 和弦测值 $y(x)$ 之间的关系为

$$y(x)=f(x)-\frac{b}{L}f(x-a)-\frac{a}{L}f(x+b) \tag{7.2.5}$$

对式(7.2.5)两边作傅里叶变换可得

$$Y(\mathrm{j}\omega)=F(\mathrm{j}\omega)-\frac{b}{L}F(\mathrm{j}\omega)\mathrm{e}^{-\mathrm{j}\omega a}-\frac{a}{L}F(\mathrm{j}\omega)\mathrm{e}^{\mathrm{j}\omega b}=F(\mathrm{j}\omega)\left(1-\frac{b}{L}\mathrm{e}^{-\mathrm{j}\omega a}-\frac{a}{L}\mathrm{e}^{\mathrm{j}\omega b}\right)$$

$$=F(\mathrm{j}\omega)H(\mathrm{j}\omega) \tag{7.2.6}$$

式中，$H(\mathrm{j}\omega)=1-\dfrac{b}{L}\mathrm{e}^{-\mathrm{j}\omega a}-\dfrac{a}{L}\mathrm{e}^{\mathrm{j}\omega b}$ 为系统频率响应函数。

设定弦长 $L=330\ \mathrm{mm}$，弦长分割比 $a:b=1:10$ 时。用 MATLAB 编程，绘制出的三种方法（两点弦测法、三点等弦法和三点偏弦法）的传递函数的幅频特性如图 7.2.4 所示。由图 7.2.4 可知，测量波形不能完全反映轨道不平顺状态。

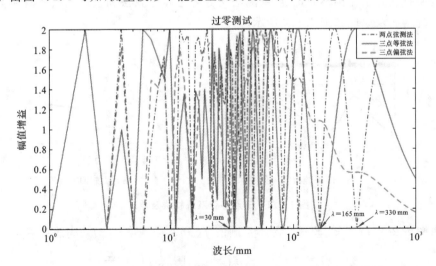

图 7.2.4　MATLAB 编程绘制出的三种方法的传递函数的幅频特性

若想保证检测波形逼近轨道真实状态，则要求在规定的波长范围内其频率响应满足

$$|H(\mathrm{j}\omega)|=1$$

因此,在检测系统中需要增加逆滤波设计,以保证上面条件成立。

弦测法仿真程序

7.2.2　设计逆滤波器复原轨道不平顺

逆滤波法对弦测法测量值进行二次处理。采用此方法对弦测结果进行逆滤波处理,可对不同波长波形进行相应的复原。由于轨道不平顺的波长成分非常复杂,范围很宽,而且从原理上可看出,用逆滤波法进行不同波长波形的完全复原是不可能的,只能对限制频带内的波形进行复原。恰当地选取对列车振动影响较大的那些频带进行复原,这种逆滤波的方法具有重要意义和实用价值。

假设逆滤波器的频率响应函数为 $H_i(\mathrm{j}\omega)$,根据 7.2.1 小节的分析可知

$$\begin{cases} H(\mathrm{j}\omega)H_i(\mathrm{j}\omega)=\mathrm{e}^{-\mathrm{j}a\omega}, & \omega_1\leqslant\omega\leqslant\omega_2 \\ H(\mathrm{j}\omega)=0, & \text{其他} \end{cases} \tag{7.2.7}$$

式中,a 为常数,表示复原波形在时域的时延;$\left[\dfrac{2\pi}{\omega_2},\dfrac{2\pi}{\omega_1}\right]$ 为钢轨波磨检测有效波段。可根据式(7.2.7)对逆滤波器进行设计,保证系统具有上述特性,以复原轨道不平顺。上述的逆滤波器可通过设计有限冲击响应(finite impulse response,FIR)滤波器或其他类型滤波器来实现。在 $H(\mathrm{j}\omega)=0$ 时,逆滤波失效。

7.2.3　利用傅里叶级数合成复原轨道不平顺方法

利用傅里叶级数合成复原轨道不平顺方法是把连续、随机的轨道不平顺曲线近似看成周期、离散的频谱组成的,把它拆分成若干个对应频率特性 $H(\mathrm{j}\omega)$ 的正弦波,形成测定波形 $y(x)$ 的正弦频谱 $Y(\mathrm{j}\omega)$,分别在对应频率域内计算 $F(\mathrm{j}\omega)=\dfrac{Y(\mathrm{j}\omega)}{H(\mathrm{j}\omega)}$;再将 $F(\mathrm{j}\omega)$ 作傅里叶反变换,然后可合成连续波形,即轨道实际不平顺值 $f(x)$。$y(x)$ 根据傅里叶级数展开为

$$y(x)=\sum_{k=-\infty}^{+\infty} Y_k\mathrm{e}^{\mathrm{j}\omega_k x} \tag{7.2.8}$$

式中,$Y_k=\dfrac{1}{T}\displaystyle\int_0^T y(x)\mathrm{e}^{-\mathrm{j}\omega_k x}\mathrm{d}x$;$\omega_k=\dfrac{2\pi k}{T}$,$k=0,\pm1,\pm2,\cdots$。

根据频率特性可以求出 $F_k=\dfrac{Y_k}{H(\mathrm{j}\omega_k)}$,故轨道实际不平顺值计算公式为

$$f(x)=\sum_{k=-\infty}^{+\infty} F_k\mathrm{e}^{\mathrm{j}x\omega_k} \tag{7.2.9}$$

由式(7.2.9)可以恢复出原波形。

需要注意的是,在 $H(\mathrm{j}\omega_k)=0$ 时是不可恢复出原波形的。即使 $H(\mathrm{j}\omega_k)$ 不为 0 但非常接近于 0 时,由于其对弦测波形直接扩大 $\dfrac{1}{H(\mathrm{j}\omega_k)}$ 倍,会使不平顺数据骤然放大,引

起波形剧烈振荡,影响复原波形的可靠性。这种情况下,必须设定 $H(j\omega_k)$ 的下限值,以避免过度放大。

7.2.4 惯性基准法

惯性基准法是测量系统在运动的车体内建立一个惯性参考基准,利用位移传感器来测量轨道相对于基准的位置,从而得到钢轨顶面在惯性坐标系内的相对位置的方法。惯性基准法检测示意图如图 7.2.5 所示。

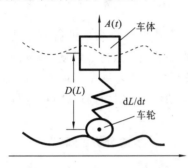

图 7.2.5 惯性基准法检测示意图

设 $A(t)$ 代表车体的垂直振动加速度,它是由安装在车体地板上的加速度计来测量的,车体的振动和冲击相对较小,最大不超过几个重力加速度(g)。$D(L)$ 代表轴箱与车体之间的垂向相对位移,它是由安装在轴箱和加速度计之间的位移传感器来测量的,对加速度 $A(t)$ 作相应的积分处理就可得到加速度计安装点的运动轨迹,与 $D(L)$ 作代数运算即可得到轨道顶面的轨迹 $P(L)$。计算公式如下:

$$P(L) = \iint A(t) \left(\frac{dL}{dt} \right) dt^2 - D(L) \qquad (7.2.10)$$

式中,$\dfrac{dL}{dt} = v$ 为列车运行速度。

惯性基准法在理论上能够满足测量要求,但是由于轨道不平顺引起的轴箱加速度动态范围很大,若要测出 0.1~50 m 波长的不平顺,分辨精度为 1 mm,则需要测量的加速度动态范围是 0.00139~3119 m/s^2,实现起来比较困难。

7.2.5 机器视觉方法

随着计算机技术和图像处理技术的发展,利用激光图像检测最先在北美和欧洲发达国家得到研究应用,20 世纪 90 年代我国铁道科学研究院(简称铁科院)和一些高校也开始了对该方法的探索式研究。该方法利用面阵相机和高强度的线激光构成的结构光系统来实现断面轮廓的检测,流程如图 7.2.6 所示。线下对相机内参和系统外参进行标定后,线上作业时,激光光束投射到轨道内侧,在与光平面成一定角度的位置安装面阵相机对其进行摄像,然后影像信息传输到计算机,通过二值化、光条中心线的提取,图像坐标系到世界坐标系的转换等过程,得到真实大小的钢轨轮廓,再与标准轮廓进行配准,即可求得断面磨耗。

目前铁路线上使用的基于激光图像法的典型设备有美国 KLD Labs 公司的 ORAIN 廓形检测系统和铁科院 CRH380A-001 轨道检测系统(见图 7.2.7),它开启了钢轨断面磨耗检测非接触、自动化的新纪元。

此外,随着传感器技术的发展,结合位置敏感元件(position sensitive detector,PSD)和线激光器的二维数字激光位移传感器已逐渐应用到钢轨断面廓形的测量中。它采用光学三角法原理,如图 7.2.8 所示,发射透镜将线激光平行投射在物体表面,在另一个角度采用接收透镜接收反射激光光斑,用位置敏感元件测出光斑像的位置。

位置敏感元件的结构如图 7.2.9 所示,它基于横向光电效应,当入射光照到光敏面

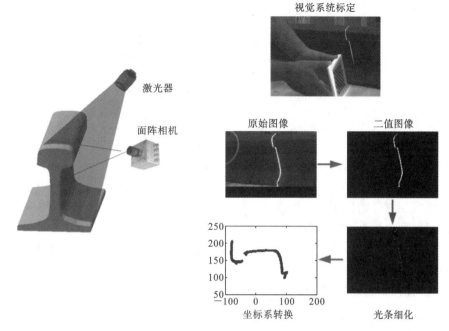

图 7.2.6　激光图像法

（a）KLD Labs公司的ORAIN廓形检测系统

（b）铁科院CRH380A-001轨道检测系统

图 7.2.7　基于激光图像法的钢轨断面磨耗动态检测系统

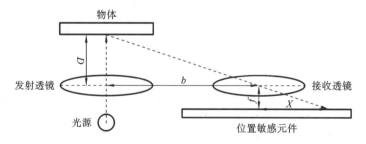

图 7.2.8　光学三角法原理

上不同位置时,两端电极的光电流会跟着发生变化,其大小与光敏面上光点到两极的距离成正比。设两端电流分别为 I_1, I_2,光敏面中点到电极的距离为 L,光点到接收透镜中点的距离为 X,则有

$$X/L = (I_1 - I_2)/[L(I_1 - I_2)] \tag{7.2.11}$$

另一方面,设发射透镜到物体的距离为 D,接收透镜到位置敏感元件的距离为 f,

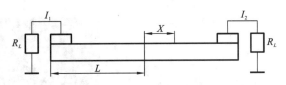

图 7.2.9　位置敏感元件的结构

两透镜中心的距离为 b，根据光学传播原理，有

$$D/b = f/X \qquad (7.2.12)$$

将式(7.2.11)和式(7.2.12)联立求解，可得

$$D = bf(I_1 + I_2)/[L(I_1 + I_2)]$$

这样就能测得物体至激光传感器的距离。线激光器发射多个光点到物体上，依次相连即可得到物体表面轮廓的二维平面坐标。

相对图 7.2.6 所示的激光图像法复杂的图像处理过程，激光位移法(见图 7.2.10)可以直接得到钢轨断面轮廓的二维数字坐标，在检测精度和采样频率上都有大幅度的提升，抗干扰性能更好，更适合工业环境下的应用需求。

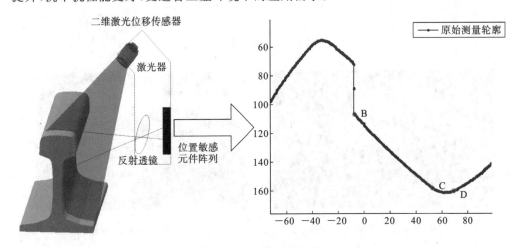

图 7.2.10　激光位移法

7.3　在脑电信号采样与处理分析中的应用

1924 年，贝格首先记录并分析了脑电图。脑电图是脑神经细胞电生理活动在大脑皮层或头皮表面的总体反映。脑电信号包含了大量的生理与疾病信息，在临床医学方面，脑电信号不仅可为某些脑疾病提供诊断依据，而且还为某些脑疾病提供了有效的治疗手段。在工程应用方面，人们也尝试用脑机接口(brain computer interface，BCI)，将人对不同的感觉、运动或认知活动产生的不同的脑电信号，有效地提取和分类出来，从而达到某种控制目的。但由于脑电信号是不具备各态历经性的非平稳随机信号，而且其背景噪声也很强，因此脑电信号的分析和处理一直是非常吸引人但又是具有相当难度的研究课题。脑电信号研究方式也从单一的波形描述、脑电地形图到多形态分析，不少国内外的科研机构从单独脑电信号研究的初步探索阶段迈向以脑电信号分析为研究对象的综合研究阶段。

脑电信号的参数通常有频率、幅值、形态、周期性与同步性等。脑电信号按频率划分主要有 δ 波、θ 波、α 波、β 波等四种。δ 波 0.5～4 Hz,幅值在 20～200 μV。该波主要在额区产生、出现,在少儿智力发育不成熟的阶段、成年人在深度睡眠或缺氧时常见。θ 波 4～8 Hz,幅值在 20～50 μV,颞区多见,两侧对称,该波在成年人困倦时出现,与神经抑制有关。α 波 8～14 Hz,幅值在 20～100 μV。该波在人清醒安静状态下出现在后头部位,枕区节律幅度较大,多数呈圆钝或正弦样。人睁眼、积极思考问题、接受其他刺激,特别是视觉注意时,α 波会消失,称为 α 阻断。β 波 14～30 Hz,幅值在 5～20 μV。β 波是在人正常清醒状态下的大脑活动快波,幅度较低、分布广泛。α 波被阻断时会出现 β 波,代表大脑皮层的兴奋。脑电信号(α 波、β 波、θ 波、δ 波)波形如图 7.3.1 所示。

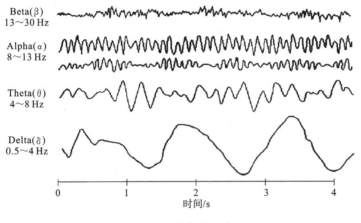

图 7.3.1　脑电信号波形

7.3.1　脑电信号采样前端电路与系统分析

用于脑电信号分析的仪器设备通常是脑磁图仪或者脑电图机。而脑磁图仪因其体积庞大、价格昂贵,只为专业机构使用。脑电图机的普及相对容易,更易为用户接受。脑电信号是极其微弱的生物信号,频率集中在 0.5～100 Hz 内,幅值只有 5～100 μV。因此脑电信号极易被淹没在噪声之中。噪声包括外部噪声(如 50 Hz 工频干扰、环境中高压电源的噪声、人体与电流耦合的噪声等)和内部噪声(如电极引出信号时的噪声、元器件内部的热噪声等)。此外,小信号的放大也是难点之一。要将脑电信号放大至能被 A/D 转换器所识别的大小,整个系统至少需要达到上万倍的增益。

脑电信号前端电路的主要任务就是对脑电信号进行滤噪及放大,其主要原理框图如图 7.3.2 所示。下面对脑电信号前端电路各模块进行设计与系统分析。

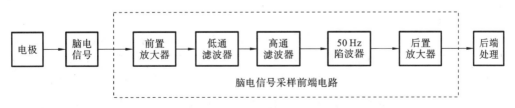

图 7.3.2　脑电信号前端电路主要原理框图

1. 前置放大器电路设计与分析

前置放大器电路设计是整个脑电数据采样系统的关键环节。脑电信号只有微伏数量级,需要放大上万倍。但是初次放大不宜过大,此时噪声没有被滤除,对脑电信号的影响极大,过度放大极易使噪声淹没有效信息。要设计出高质量的脑电信号放大器,则要求前置放大器必须具有高输入阻抗、高共模抑制比(common mode rejection ratio, CMRR)、低噪声、非线性度小、抗干扰能力强,以及合适的频带和动态范围等性能。器件可选择具有仪表放大器结构的 AD620 或 INA128 等。AD620 是一种只用一个外部电阻就能设置放大倍数为 1~1000 倍的低功耗、高精度仪表放大器。采用 AD620 的前置放大器电路如图 7.3.3 所示。

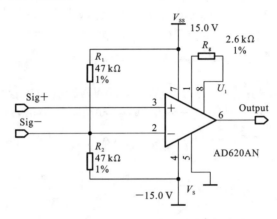

图 7.3.3 采用 AD620 的前置放大器电路

AD620AN 是一款低成本、高精度仪表放大器,仅需要一个外部电阻 R_g 来设置增益,增益范围为 1~10000。根据 AD620AN 的特性,外部电阻值的选取由

$$R_g = \left(\frac{49.4}{G-1}\right) + 1 \tag{7.3.1}$$

确定。此外,AD620AN 采用 8 引脚小外形集成电路(SOIC)封装和双列直插式(DIP)封装,尺寸小于分立式设计,并且功耗较低(最大电源电流仅为 1.3 mA),具有很好的直流特性和交流特性,最大输入失调电压漂移为 1 μV,其共模抑制比大于 93 dB。在 1 kHz 处输入电压噪声为 9 nV/Hz。在 0.1~10 Hz 范围内输入电压噪声的峰-峰值为 0.28 μV,输入电流噪声为 0.1 pA/Hz。在上述设计电路中,电阻 R_1 和 R_2 用来提供偏置电压,模块的增益 G(放大倍数)为

$$G = \left(\frac{49.4}{R_g}\right) + 1 \tag{7.3.2}$$

若 $R_g = 2.6$ kΩ,计算得增益为 $G = 20$。此环节系统函数为

$$H(s) = 20 \tag{7.3.3}$$

2. 低通滤波器电路设计与分析

低通滤波器(low-pass filter,LPF)的作用是使低频信号能正常通过,而超过设定临界值的高频信号则被阻隔、减弱。由于脑电信号是极其微弱的生物信号,频率主要集中在 100 Hz 以下,所以在脑电信号前端采样系统中需要设计一个截止频率为 100 Hz 的低通滤波器,用来滤除大于 100 Hz 的信号。低通滤波器电路如图 7.3.4 所示。

由图 7.3.4 可改画出此低通滤波器电路的 s 域等效电路,如图 7.3.5 所示。

由图 7.3.5 可知,该电路是由两节 RC 滤波器电路和同相比例放大器电路组成,其特点是输入阻抗高,输出阻抗低。同相比例放大器电路的电压增益就是低通滤波器的

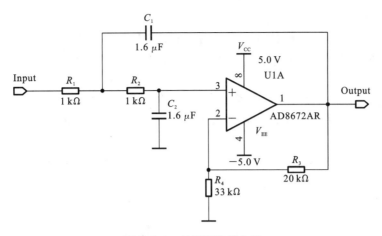

图 7.3.4 低通滤波器电路

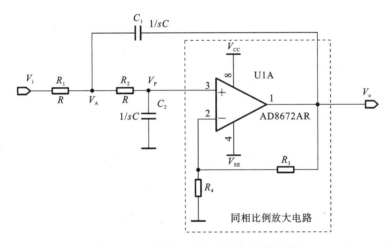

图 7.3.5 低通滤波器电路的 s 域等效电路

带通电压增益,即

$$A_o = A_{VF} = \frac{R_3}{R_4} + 1 \tag{7.3.4}$$

集成运算放大器的同相输入端电压为

$$V_P(s) = \frac{V_o}{A_{VF}} \tag{7.3.5}$$

根据理想运算放大器特点可知, $V_P(s)$ 和 $V_A(s)$ 满足

$$V_P(s) = \frac{V_A(s)}{R_2 + \frac{1}{sC_2}} \times \frac{1}{sC_2} = \frac{V_A(s)}{R_2 C_2 s + 1} \tag{7.3.6}$$

对于节点 A,应用 KCL 可得

$$\frac{V_i(s) - V_A(s)}{R_1} - [V_A(s) - V_o(s)]sC_1 - \frac{V_A(s) - V_P(s)}{R_2} = 0 \tag{7.3.7}$$

由于上述电路中 R_1 和 R_2 的取值相等,故 C_1 和 C_2 的取值相等,即

$$R_1 = R_2 = R, \quad C_1 = C_2 = C \tag{7.3.8}$$

将式(7.3.4)～式(7.3.8)联立求解,可得低通滤波器系统函数为

$$H(s)=\frac{V_{\mathrm{o}}}{V_{\mathrm{i}}}=\frac{A_{\mathrm{VF}}}{1+(3-A_{\mathrm{VF}})sCR+(sCR)^{2}} \tag{7.3.9}$$

代入电路中所给出的具体数值计算可得

$$H(s)=\frac{1}{0.00000159s^{2}+0.00138s+0.6211} \tag{7.3.10}$$

由上述系统函数可直接写出低通滤波器频率特性为

$$H(\mathrm{j}\omega)=\frac{V_{\mathrm{o}}}{V_{\mathrm{i}}}=\frac{A_{\mathrm{VF}}}{1+(3-A_{\mathrm{VF}})\omega CR\mathrm{j}+(\mathrm{j}\omega CR)^{2}}=\frac{A_{\mathrm{VF}}}{1-(\omega CR)^{2}+(3-A_{\mathrm{VF}})\omega CR\mathrm{j}} \tag{7.3.11}$$

直流($\omega=0$)时的幅频值为

$$H_{0}=H(\mathrm{j}0)=\frac{V_{\mathrm{o}}}{V_{\mathrm{i}}}=\frac{A_{\mathrm{VF}}}{1+(3-A_{\mathrm{VF}})0CR\mathrm{j}+(\mathrm{j}0CR)^{2}}=A_{\mathrm{VF}} \tag{7.3.12}$$

根据截止频率的定义:随着频率增大,其幅值下降到零频的$\frac{\sqrt{2}}{2}$倍时的频率即为截止频率,此时式(7.3.11)可写成

$$H(\mathrm{j}\omega_{\mathrm{c}})=\frac{A_{\mathrm{VF}}}{1-(\omega_{\mathrm{c}}CR)^{2}+(3-A_{\mathrm{VF}})\omega_{\mathrm{c}}CR\mathrm{j}}=\frac{\sqrt{2}}{2}A_{\mathrm{VF}} \tag{7.3.13}$$

式(7.3.13)除以式(7.3.12),然后两边取对数可得

$$20\lg\left|\frac{H(\mathrm{j}\omega_{\mathrm{c}})}{H_{0}}\right|=20\lg\frac{1}{\sqrt{[1-(\omega_{\mathrm{c}}CR)^{2}]^{2}+[(3-A_{\mathrm{VF}})\omega_{\mathrm{c}}CR]^{2}}}=-3\text{ dB} \tag{7.3.14}$$

式(7.3.14)中代入图7.3.4的电路中所设计的数据,可计算出系统截止频率为

$$f_{\mathrm{c}}\approx100.7451\text{ Hz}$$

图7.3.6所示的是低通滤波器在 MATLAB R2016a 软件中的仿真结果。从图7.3.6可以看到,当幅度从最大值下降至3 dB时,频率在101 Hz左右,满足设计要求。

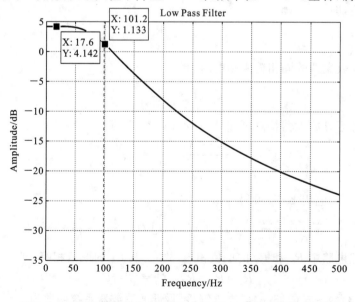

图 7.3.6 低通滤波器在 MATLAB R2016a 软件中的仿真结果

由于在仿真电路设计、实际电路设计,以及系统函数求解过程中,存在模型误差和计算误差,因此,仿真结果、计算结果,以及实际测量结果之间不可能完全相同。通常电路设计会引入误差范围,只要测量结果误差值没有超出误差范围,就算达到了设计目标。

低通滤波电路 MATLAB 程序

3. 高通滤波器电路设计与分析

高通滤波器(high-pass filter,HPF)又称低截止滤波器、低阻滤波器。它是允许高于某一截止频率的频率通过,而大大衰减较低频率成分的一种滤波器。由于脑电信号的频率主要集中在 0.5 Hz 以上,所以在脑电信号前端采样系统中需要设计一个截止频率为 0.5 Hz 的高通滤波器电路。图 7.3.7 为二阶有源高通滤波器电路。

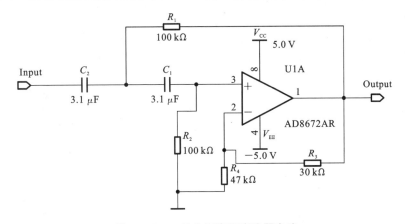

图 7.3.7　二阶有源高通滤波器电路

图 7.3.7 所示的高通滤波器电路的 s 域等效电路如图 7.3.8 所示。

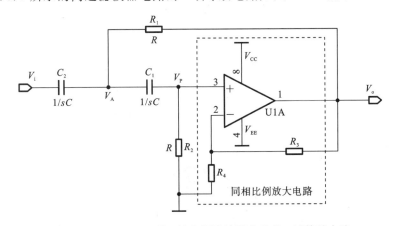

图 7.3.8　图 7.3.7 所示的高通滤波器电路的 s 域等效电路

图 7.3.7 所示的二阶高通滤波器电路与二阶低通滤波器电路在电路结构上存在对偶关系,即将二阶有源低通滤波器电路中的 R 和 C 位置互换,则可得到二阶有源高通

滤波器电路。从二阶低通滤波器电路的传递函数可推导出二阶高通滤波器电路的传递函数。故可求得二阶有源高通滤波器电路的系统函数为

$$H(s) = \frac{A_{VF}(sCR)^2}{1+(3-A_{VF})sCR+(sCR)^2} \tag{7.3.15}$$

式中，$A_{VF}=1+\dfrac{R_3}{R_4}$。

式(7.3.15)代入图7.3.8所示电路的具体数值计算可得

$$H(s) = \frac{1.64s^2}{s^2+4.32s+10.24} \tag{7.3.16}$$

令$s=j\omega$，代入式(7.3.16)可得系统的幅频响应为

$$20\lg\left|\frac{H(j\omega)}{H_{+\infty}}\right| = 20\lg\frac{1}{\sqrt{\left[1-(\frac{1}{\omega CR})^2\right]^2+\left[\frac{(3-A_{VF})}{\omega CR}\right]^2}} \tag{7.3.17}$$

类同低通滤波器截止频率的计算方法，可算出高通滤波器的截止频率。当$20\lg\left|\dfrac{H(j\omega)}{H_{+\infty}}\right|=-3$ dB时，计算得到高通滤波器的截止频率为$f_c\approx0.495$ Hz。

图7.3.9所示的是高通滤波器的MATLAB仿真结果。从图7.3.9可以看到，当幅度从最大值下降至3 dB时，频率在0.5 Hz左右，满足设计要求。

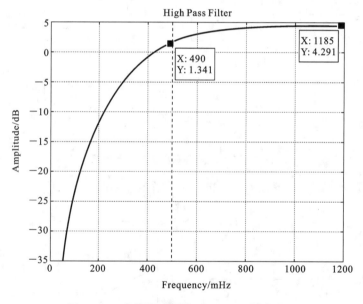

图7.3.9　高通滤波器的 MATLAB 仿真结果

高通滤波电路 MATLAB 程序

4. 50 Hz 陷波器电路

陷波器又称带阻滤波器，用于抑制或衰减某一频率段的信号，而让该频段外的所有信号通过。在脑电信号测量中，常会受到 50 Hz 的工频干扰，所以通常在脑电信号前端

采样系统的前端电路中设计陷波器电路,抑制工频干扰。常见的有双 T 型陷波器滤波电路,它是由截止频率为 f_1 的 RC 低通滤波器和截止频率为 f_2 的 RC 高通滤波器并联而成的。当满足条件 $f_1 < f_2$ 时,即为带阻滤波器。当输入信号通过电路时,只有 $f < f_1$ 和 $f > f_2$ 的信号可通过,$f_1 < f < f_2$ 的信号被阻断。图 7.3.10 所示的为有源双 T 型 50 Hz 陷波器滤波电路。

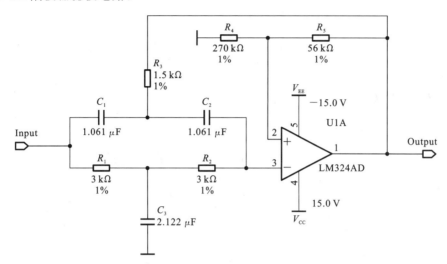

图 7.3.10　有源双 T 型 50 Hz 陷波器滤波电路

图 7.3.10 所示的陷波器的 s 域模型如图 7.3.11 所示。

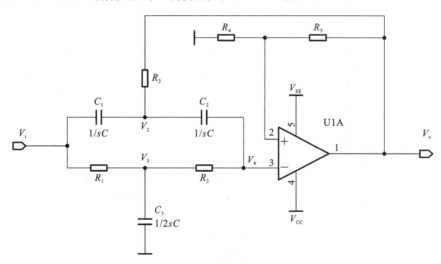

图 7.3.11　图 7.3.10 所示的陷波器的 s 域模型

如图 7.3.11 所示,陷波器电路由一个双 T 型结构网络和一个放大器电路组成。R_1,R_2,R_3 和 C_1,C_2,C_3 构成了最基本的双 T 型结构,可视为由两个单 T 型网络并联而成:一个单 T 型网络由两个电阻(R_1 与 R_2)和电容 C_3 组成一个低通滤波器;另一个单 T 型网络由两个电容 $C(C_1$ 与 C_2)和电阻 R_3 组成一个高通滤波器。在上述设计中,利用 KCL 相关电路知识可得

$$A_{VF} = \frac{R_5}{R_4} + 1 \tag{7.3.18}$$

$$V_o = A_{VF} V_4 \tag{7.3.19}$$

$$(V_i - V_2)sC = \frac{2(V_2 - A_{VF}V_4)}{R} + (V_2 - V_4)sC \tag{7.3.20}$$

$$\frac{V_i - V_3}{R} = 2V_3 sC + \frac{V_3 - V_4}{R} \tag{7.3.21}$$

$$\frac{V_3 - V_4}{R} + (V_2 - V_4)sC = 0 \tag{7.3.22}$$

将公式(7.3.18)~式(7.3.22)联立求解,可得陷波器系统函数为

$$H(s) = \frac{A_{VF}(s^2 + 1/(CR)^2)}{s^2 + (4 - 2A)s/(RC) + 1/(CR)^2} \tag{7.3.23}$$

代入具体数值计算可得

$$H(s) = \frac{s^2 + 9.8702 \times 10^4}{0.8282s^2 + 4.1247 \times 10^2 s + 8.1747 \times 10^4} \tag{7.3.24}$$

图 7.3.12 所示的是陷波器在 MATLAB R2016a 软件中的仿真结果。从系统频率特性可以看出:该陷波器电路能够很好地抑制 50 Hz 的工频信号,能满足设计要求。

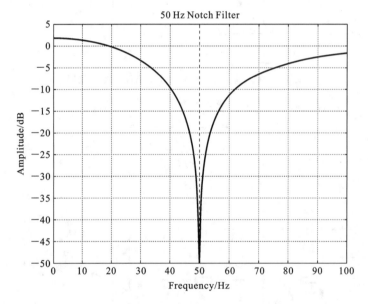

图 7.3.12　陷波器在 MATLAB R2016a 软件中的仿真结果

50 Hz 陷波器电路 MATLAB 程序

5. 后置放大器电路设计与分析

脑电信号经过前置放大器电路、高通滤波器电路、低通滤波器电路,以及 50 Hz 陷波器电路处理后,还需要第二级放大器电路才能达到系统设计要求。后置放大器电路设计增益大约为 500。后置放大器电路如图 7.3.13 所示。

如图 7.3.13 所示,后置放大器电路为一个同相放大器电路,电路的增益(放大倍

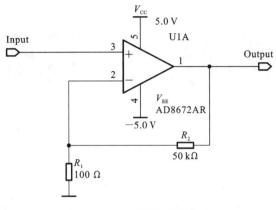

图 7.3.13 后置放大器电路

数)$G=\dfrac{R_2}{R_1}+1$,在后置放大器电路中 R_1、R_2 的值分别为 $100\ \Omega$、$50\ k\Omega$,计算得到增益为 $G=501$。

7.3.2 视觉诱发脑电信号的处理流程

7.3.1 小节介绍了脑电信号采样前端电路的设计。通常,建立起针对特定目标识别的脑电信号采样与处理模型,就可寻求复杂视觉刺激条件下意识与特征信号的关系,迅速、准确地提取脑电信号关于目标识别的有用信息或大脑功能模式,然后进行分类,确定其对应的特定目标识别或大脑功能研究。

诱发脑电信号的视觉目标识别系统主要包含:实验范式、脑电信号采样、脑电信号存储、脑电信号预处理、特征提取、特征识别、特征分类与评估、数据分割等几部分。脑电信号的视觉目标识别系统一般框图如图 7.3.14 所示。下面对系统中的主要几个模块进行阐述。

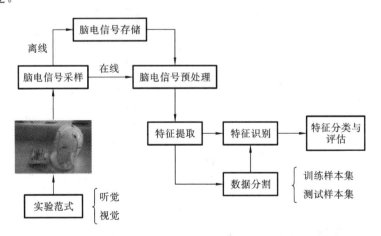

图 7.3.14 视觉诱发脑电信号的视觉目标识别系统一般框图

1. 实验范式

在实验进行之前,首先要进行实验设计和脑电信号采样。实验设计应当注意以下几个因素:控制无关变量、控制主观因素、自变量具有有效性、采样覆盖面广。例如,为了研究大脑的高级认知功能,设计一个短时视觉记忆实验范式。短时视觉记忆实验过程如图 7.3.15 所示。

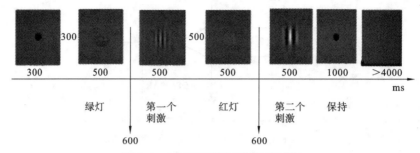

300   500   500   500   500   1000   >4000

ms

绿灯   第一个   红灯   第二个   保持
        刺激   刺激

600   600

图 7.3.15　短时视觉记忆实验过程

　　实验范式包括五个实验事件:绿灯、第一个刺激、红灯、第二个刺激和保持。紧跟绿灯之后的第一个刺激是需要记住的,在保持时间之后,受试者有 4 s 时间回忆并通过简单操作再复现所记的图像,同时采用相关软件计算、量化受试者记忆后所复现的刺激与需要记住的真实刺激的相差程度,以此来作为记忆性能的描述。绿灯和红灯的出现次序可进行随机切换,即可绿灯先出现,也可红灯先出现。每个受试者进行 160 次测试,其中绿灯或红灯先出现的测试次数相等,各为 80 次。

　　为了数据分析更准确且有代表性,采样的数据样本尽量覆盖样本的分布范围。电极放置按国际 10-20 系统,同时样本采样时间长度要适中,保证被采样人的情绪集中稳定。同时,在试验过程中,要保持外界安静,视觉目标清晰无误,观察时间相同等。实验采样了 129 个电极通道的实验数据,电极分布图如图 7.3.16 所示。

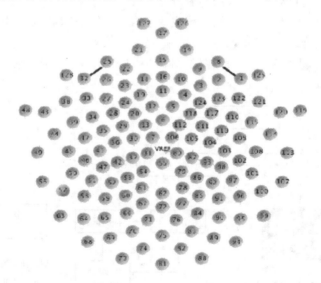

图 7.3.16　电极分布图

2. 脑电信号采样及脑电信号存储

　　脑电信号采样系统主要为脑电图仪。脑电图仪是专门用于测量和记录脑电图的装置,其工作原理为:放置在头皮的电极能够检测出微弱的脑电信号,常为 5~100 μV,频率一般在 0.1~100 Hz 内,其通过电极导联、耦合到差动放大器上,进行 10000~100000 倍的放大,然后使用关系型数据库建立实用型生理电数据分析的处理平台。脑电信号存储系统对采样来的海量生理电数据、各种模型,以及配置信息进行存储,并支持快速、便捷的查询和管理。最后由与其配套的计算机的记录系统记录下脑电信号数据。

3. 脑电信号预处理

由于脑电信号很容易受到噪声的影响。而记录过程伴有大量的强干扰噪声,包括非神经源噪声和神经源噪声。非神经源噪声有眼动伪迹、肌电干扰、工频干扰等;而神经源噪声主要包括自发的与意念无关的信号,或者与特征脑电信号无关的其他特征信号。因此,预处理的目的实际上是尽可能只保留与模式识别有关的脑电信号。脑电滤波、消噪是脑电信号处理与分析中必须首先考虑的重要问题,常用的方法包括:有限冲激响应滤波、无限冲激响应滤波、卡尔曼滤波、罗伯斯特-卡尔曼滤波、非线性滤波、直接相减、自适应干扰消除、基线校正、截取数据段、主成分分析、独立成分分析等或者多种方法的融合运用。

4. 特征提取与特征识别

脑电信号提取特征的主要方法包含共空间模式(common spatial pattern,CSP)、自回归模型(autoregressive model,AR)、小波变换(wavelet transform,WT)、功率谱密度(power spectral density,PSD)、混沌法、多维统计分析等方法。脑电信号具有非平稳、非线性等较为突出的频域特征,这决定了对其比较适用时域分析方法、非线性方法等进行识别。近年来,波形特征描述、自回归模型、傅里叶变换、时频分析、高阶谱分析、小波变换、人工神经网络、非线性动力学分析等脑电信号识别方法得到了深入研究。其中时频分析、高阶谱分析、人工神经网络和非线性动力学分析等四种方法应用最为广泛。

5. 特征分类与评估

分类算法的任务是将表征神经电活动的特征信号映射为指定的类别,反映大脑当前的活动模式。评价分类算法的性能主要有分类正确率、计算速度、推广性、可伸缩性、模型描述的简洁性和可解释性等。分类算法的性能直接决定系统性能。在离线情况下,分类正确率通常是分类器最重要的指标。而在线情况下,除了分类正确率高外,推广能力好、计算速度快也是分类器的关键要素。常用的分类器有线性分类器、神经网络分类器、非线性贝叶斯分类器、近邻分类器和组合分类器等。

7.3.3　脑机接口信号处理方法

脑机接口是一种基于计算机的系统,可实时获取、分析脑电信号并将其转换为输出命令,以实现对外部设备的控制。脑机接口提供了不依赖外周神经和肌肉组织的全新人机交互通道,在人机信息交互与控制、脑状态监测、教育与游戏等领域有着广泛的应用前景。随着神经科学、传感器技术、生物兼容性材料和嵌入式计算等技术的不断发展,脑机接口技术日趋成熟,并得到了国内外的广泛关注。例如,美国国防高级研究计划局于 2018 年 3 月发布"下一代非手术神经技术"项目征询书,旨在开发高分辨率的非手术双向神经接口,能够读取脑电信号和向大脑写入信号,并具备面向健康人群应用的可行途径。在 2018 年世界机器人大会的主论坛上,中国电子学会发布了包含智能脑机交互技术的《新一代人工智能领域十大最具成长性技术展望(2018-2019)》。

脑机接口旨在大脑和计算机之间构造一条独立于人体正常肌肉组织和外周神经系统的输出通道。人的大脑可通过这条信息输出通道向计算机输入信息和命令,以达到直接控制外部设备的目的。而这一接口的实现,有赖于这些能反映人的大脑活动和状态的先进设备,包括脑电图、大脑皮层电位图、正电子发射成像、功能性核磁共振成像、脑磁图和近红外光谱等。脑电图的时间分辨率高、测量简单和快速、使用方便、价格相对较低、受环境限制少、可以做到无创记录脑电信号等特点,非常适合应用于脑机接口的研究中。

脑机接口在现实生活中也有着非常高的研究价值,一方面它在康复医疗领域发挥着巨大的作用,可以帮助患有重度神经系统疾病的运动障碍患者或者肌肉严重损伤的患者获得直接与外部环境交流和沟通的能力;另一方面它在人工智能和科技越来越发达的今天,在军事、娱乐等领域也有着广阔的发展空间。

在康复医疗领域,诱导大脑神经可塑性脑机接口可以帮助那些大脑各项功能仍然正常而肢体严重残疾或者瘫痪的患者恢复运动能力,这些康复系统主要依赖于使用者自主想象训练来恢复运动能力。相关研究表明运动想象在很大程度上可以帮助中风患者的上肢完成功能康复。另有研究结果显示,运动想象模态的脑机接口可以帮助脑卒患者的注意力得到显著的增强。

脑机接口不同于正常人的生理活动,脑机接口不需要肌肉组织和外周神经系统的参与,只需要能检测出反映人脑目的性的特异性信号作为输出命令即可。与普通的交互通信控制系统相似,信号输入、脑电信号处理、信号输出组成了整个系统的三大模块。脑机接口主要分为脑电信号采样、脑电信号预处理、特征提取、特征分类、控制命令等几个模块,如图 7.3.17 所示。

图 7.3.17 脑机接口系统结构图

1. 脑电信号采样

脑机接口系统的第一步是脑电信号获取,它通过硬件采样用户的脑电信号。采样硬件在一定程度上决定了所获取脑电信号的质量及最终的脑机接口控制效果。脑电信号的获取主要有两种方式,一种通过将电极直接接触头皮表面获取脑电信号,另一种通过将电极植入大脑皮层内获取脑电信号。相比之下,前者采样方式操作简单,且对使用者没有损伤;后者则会对使用者的头皮形成一定的损伤,后者优点则是由于没有头皮层的干扰,信噪比相对较高。但是随着脑电信号处理技术的发展,由颅骨和头皮产生的干扰噪声可以进行很大程度的滤除。因此,现在通用的脑电信号的采样方式是佩戴电极帽,让电极直接接触头皮。脑电信号采样设备一般由脑电信号感知器、信号隔离放大器、A/D 转换器和滤波器组成,脑电信号经过专用脑电信号放大器放大,然后将模拟连续信号转换为数字信号,再滤波,最后将初始滤波后的脑电信号输入到计算机中进行进一步的脑电信号处理。

2. 脑电信号预处理

脑电信号非常微弱,一般在微伏数量级,由于头骨和脑皮层噪声的混入,再加上眼电、肌电干扰和 50 Hz 市电工频干扰,信噪比比较低,一般低于 -10 dB。因为噪声相对纯净的脑电信号幅度比较大,所以在对脑电信号进行特征提取之前,必须进行预处理,减少噪声的影响,提高脑电信号的信噪比。

3. 特征提取

特征提取是对脑电信号矩阵进行一系列处理得到与使用者想象最直接相关的信息或者与刺激模态最相近的信息的过程,它对后续的分类有着非常大的影响。

如果提取的特征能很好地代表纯净的脑电信号,则可以提高分类准确率。特征提取方法主要有三种:时域特征提取法、频域特征提取法和空间特征提取法。时域特征提取法主要提取与时间有关的脑电特征,如自回归模型。频域特征提取法主要是以傅里叶变换、小波变换、希尔伯特反变换等方法为基础的提取方法及其改进方法。空间特征提取法主要是指共空间模式的方法,它主要通过不同地形上的脑电电极空间滤波来完成信号特征的提取。

4. 特征分类

如何将提取出的脑电信号特征转化为使用者想象的正确识别目标?进行正确的特征分类是主要任务。在脑机接口系统中,分类器的选择比较重要:要有较高的时间分辨率,能实时地分析出使用者的意图;要保证分类的正确率,这是判定一个分类器质量的关键因素;要有可靠性。常见的应用于脑机接口的分类器包括贝叶斯网络分类器、K最近邻(K-nearest neighbor,KNN)分类器、支持向量机分类器、线性分类器等。

5. 控制命令

脑机接口的最终目的是将使用者的想象转换为对外部设备的控制信号,以达到大脑与外界环境的直接交流,所以将分类识别出的目标转换为对外部设备的控制命令同样非常重要。同时,控制命令的输出以及操作命令的实现在一定程度上会反馈给使用者,形成一个正反馈的过程,这可以帮助使用者通过调整大脑的状态不断完善脑机接口过程。

7.4　在人工智能领域中的应用

人工智能(artificial intelligence,AI)是研究、开发用于模拟、延伸和扩展人类智能的理论、方法、技术及应用系统的一门新的技术科学。尼尔森教授对人工智能的定义:"人工智能是关于知识的学科——怎样表示知识以及怎样获得知识并使用知识的科学。"美国麻省理工学院的温斯顿教授认为:"人工智能就是研究如何使计算机去做过去只有人才能做的智能工作。"这些说法反映了人工智能学科的基本思想和基本内容,即人工智能是研究人类智能活动规律,构造具有一定智能的人工系统,研究如何让计算机去完成以往需要人的智力才能胜任的工作,也就是研究如何应用计算机来模拟人类某些智能行为的基本理论、方法和技术。近30年来人工智能获得了迅速的发展,在很多学科领域都获得了广泛应用,并取得了丰硕的成果。目前,人工智能热门技术有以下方面。

(1)语音识别:听写人类语言,并将其转换为对计算机应用方面有用的形式。目前用于互动语音响应系统和移动应用中。

(2)虚拟助手:既包括简单的聊天机器人,也包括可以与人类联网沟通的先进系统。目前用于客户服务和支持,以及智能家居管理工具中。

(3)机器学习平台:提供算法、应用程序接口(application programming interface,API)、开发和训练工具包、数据,以及计算能力,从而设计、训练计算模型并将其发展成为应用、流程和机器。目前广泛用于企业应用中,大部分都包含预测或分类功能。

(4)文本分析和自然语言处理:自然语言处理技术利用统计和机器学习方法去理解语句的结构、含义、情绪和意图。目前用于欺诈探测和信息安全,多种自动化助手,以及非结构化数据的挖掘中。

(5)深度学习平台:一种特殊形式的机器学习平台,包含多层的人工神经网络。目前主要用于基于大数据集的模式识别和分类中。

(6)生物信息:更多人机之间的自然互动,包括但不限于图像和触控识别、语音和身体语言。目前主要用于市场研究中。

(7)机器处理自动化:使用脚本和其他方法实现人类操作的自动化,以支持更高效的商业流程。目前用于某些人力成本高昂或低效的任务和流程中。

(8)人工智能优化硬件:用于运行人工智能计算任务、经过专门设计与架构的图形处理单元和应用。目前用于改变深度学习的应用中。

7.4.1 在语音识别中的处理与应用

语音识别技术是以语音为研究对象,旨在让机器通过识别和理解过程把语音信号转变为相应的文本或命令,以此实现与机器进行自然语音通信的技术。如常见的应用场景有智能手机的语音助手和各大互联网厂商推出的智能音箱等。

语音识别的方法一般有四种:基于声道模型和语音知识的方法、模式匹配的方法、统计模型方法,以及利用人工神经网络的方法。基于动态时间规整(dynamic time warping,DTW)算法的语音识别是模式匹配方法之一,该算法基于动态规划(dynamic programming,DP)的思想,解决了发音长短不一的模式匹配问题,通常用于孤立词识别。本小节通过对几组特定字(词)的语音识别系统的实现过程来阐述基于动态时间规整算法的特定孤立词识别的方法与技术,了解信号与系统理论相关知识在语音识别领域的运用。

语音识别系统的原理框图如图7.4.1所示。从图7.4.1可以看出,语音识别系统从本质上来说,是一种模式识别系统,它包括特征提取、模式匹配、模板库等基本单元。语音输入通过传声器转变成电信号,经过预处理,语音信号的特征被提取出来,并在此基础上建立模板库,这个过程也是系统的训练过程。因为语音输入信号是一种非平稳信号,外部干扰较大,只有经过预处理,才能对其进行特征提取,建立模板库。系统的识别过程是将输入的语音信号特征与模板库进行比较,根据判决规则,找出最优的与输入

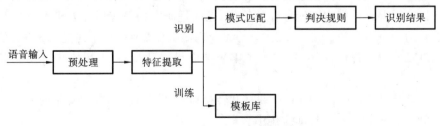

图 7.4.1 语音识别系统的原理框图

语音信号相匹配的模板,并给出计算机的识别结果。

1. 语音信号采样

语音信号实际上都是模拟信号,所以在对语音信号进行数字处理之前,需要将模拟语音信号 $s(t)$ 以采样周期 T 采样,将其离散化为 $s(n)$,采样周期的选取应根据模拟语音信号的带宽(依据奈奎斯特采样定理)来确定,以避免信号的频域混叠失真。语音信号的频率范围通常是 $300\sim3400$ Hz,一般情况下,取采样率为 8 kHz 即可。实际中获得数字语音的途径一般有两种:正式的和非正式的。正式的是指大公司或语音研究机构发布的被大家认可的语音数据库,非正式的则是研究者个人用录音软件或硬件电路加传声器随时随地录制的一些发音和语句。

本小节中,语音信号的采样通过 Windows 操作系统或者手机的"录音机"功能完成,语音文件格式是. wav、m4a 等文件存储格式。在 MATLAB 环境中,使用 audioread(file)函数读入语音文件。图 7.4.2 所示的是孤立词"你好"的训练语音 1a. wav 的信号波形。

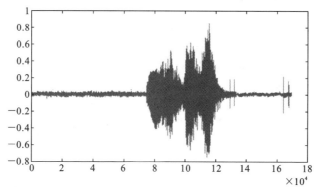

图 7.4.2　孤立词"你好"的训练语音 1a. wav 的信号波形

2. 语音信号预处理

语音信号预处理包括预加重、分帧和加窗等,下面分别介绍它们的处理方法。

1）预加重

对输入的数字语音信号进行预加重,其目的是对语音的高频部分进行加重,去除口唇辐射的影响,增加语音的高频分辨率。而语音从口唇辐射会有 6 dB/2 倍频程的衰减,因此对语音信号进行处理之前,希望能按照 6 dB/2 倍频程的比例对信号加以提升,以使得输出信号的电平相近似。当用数字电路来实现 6 dB/2 倍频程预加重时,可采用以下差分方程所定义的数字滤波器:

$$Y(n)=X(n)-aX(n-1) \tag{7.4.1}$$

式中,系数 a 常在 $0.9\sim1$ 之间选取。取 $a=0.98$ 时,图 7.4.3 所示的为预加重滤波器的幅频特性和相频特性。

高通滤波器幅频和相频特性实现代码

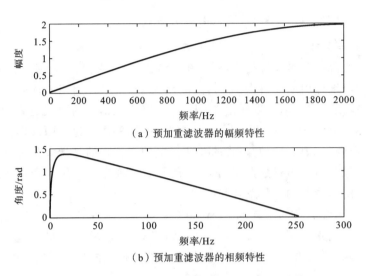

（a）预加重滤波器的幅频特性

（b）预加重滤波器的相频特性

图 7.4.3 预加重滤波器的幅频特性和相频特性

2）分帧

语音信号是一种典型的非平稳信号，它的均值函数和自相关函数随时间的变化会发生较大的变化。但研究表明，语音信号具有短时平稳性，即短时间内频谱特性保持平稳。所以可以以时间（通常情况下，约 10～30 ms）进行划分，将一段完整的语音信号分成很多段，每一段作为语音信号处理的最小单位，称为帧，整个过程称为分帧。帧与帧之间一般是有交叠部分的，称为帧移，帧移一般为帧长的 1/3～1/2，其目的是防止两帧之间的不连续，如图 7.4.4 所示。在 MATLAB 环境中，分帧最常使用的函数是 enframe(x, len, inc)，其中，x 表示语音输入信号，len 表示帧长，inc 表示帧移。

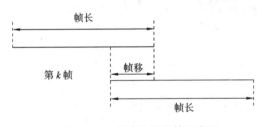

图 7.4.4 语音信号分帧示意图

3）加窗

为了保持语音信号的短时平稳性，利用窗函数来减少由截断处理导致的吉布斯效应。一般在计算梅尔频率倒谱系数（mel frequency cepstral coefficients，MFCC）需要用到汉明窗，其窗函数为

$$w(n) = \begin{cases} 0.5 - 0.46\cos\dfrac{2\pi n}{N-1}, & 0 \leqslant n < N \\ 0, & \text{其他} \end{cases} \tag{7.4.2}$$

式中，N 为窗长，一般等于帧长。

另外，还有一种常用的矩形窗，其窗函数为

$$w(n) = \begin{cases} 1, & 0 \leqslant n < N \\ 0, & \text{其他} \end{cases} \tag{7.4.3}$$

在 MATLAB 环境中，若要实现加窗，将分帧后的语音信号乘上窗函数即可。加窗的结果是尽可能呈现出一个连续的波形，减少剧烈的变化。上面提到的两种窗（矩形窗和汉明窗）的时域、频域波形如图 7.4.5 和图 7.4.6 所示，此时取 $N = 61$。

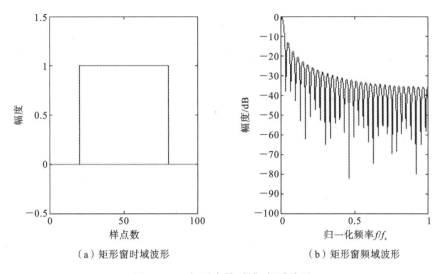

（a）矩形窗时域波形　　　　　　　　（b）矩形窗频域波形

图 7.4.5　矩形窗的时域、频域波形

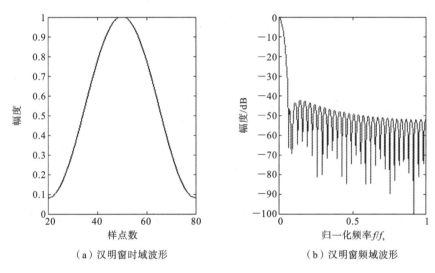

（a）汉明窗时域波形　　　　　　　　（b）汉明窗频域波形

图 7.4.6　汉明窗的时域、频域波形

矩形窗和汉明窗、时域频域波形实现代码

对比图 7.4.5 和图 7.4.6 两图可以看出,矩形窗的主瓣宽度小于汉明窗的,具有较高的频谱分辨率,但是矩形窗的旁瓣峰值较大,因此其频谱泄漏比较严重。相比较,虽然汉明窗的主瓣宽度较宽,约是矩形窗的 2 倍,但是它的旁瓣衰减较大,具有更平滑的低通特性,能够在较高的程度上反映短时信号的频率特性。

3. 短时语音信号时频域特征分析

1）短时能量

语音和噪声的主要区别在它们的能量上。语音段的能量比噪声段的大。语音段的能量是噪声段能量叠加语音声波能量的和。第 n 帧语音信号的短时能量 E_n 的定义为

$$E_n = \sum_{m=0}^{N-1} X_n^2(m) \tag{7.4.4}$$

式中，X_n 为原样本序列在窗函数所取出的第 n 段短时语音；N 为帧长。

2）短时平均幅值

短时能量的一个主要问题是 E_n 对信号电平值过于敏感。由于需要计算信号样值的平方和，在定点实现时很容易产生溢出。为了克服这个缺点，在许多场合将 E_n 用下式代替：

$$E_n = \sum_{m=0}^{N-1} |X_n(m)| \tag{7.4.5}$$

3）短时过零率

短时过零率表示一帧语音信号波形穿过横轴（零电平）的次数。对于连续语音信号，过零意味着时域波形通过时间轴；而对于离散信号，如果相邻的采样值改变符号，则称为过零。过零率就是样本改变符号的次数，定义语音信号 $X_n(m)$ 的短时过零率 Z_n 为

$$Z_n = \frac{1}{2} \sum_{m=0}^{N-1} \left| \mathrm{sgn}[X_n(m)] - \mathrm{sgn}[X_n(m-1)] \right| \tag{7.4.6}$$

$$\mathrm{sgn}[x] = \begin{cases} 1, & x>0 \\ 0, & x=0 \\ -1, & x<0 \end{cases} \tag{7.4.7}$$

清音的能量多集中在较高的频率上，它的平均过零率要高于浊音的，故短时过零率可以用来区分清音、浊音和无音。图 7.4.7 所示的为"你好"的语音信号波形、短时能量和短时过零率图，其中"Speech"表示语音信号波形，"Energy"表示短时能量，"ZCR"表示短时过零率（相关程序可参考基于动态时间规整语音识别部分）。

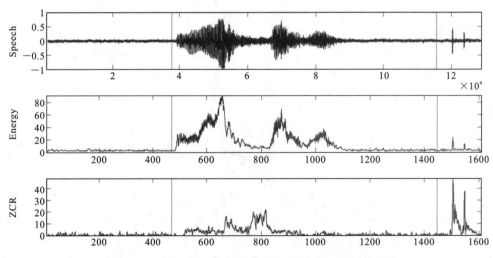

图 7.4.7 "你好"语音信号波形、短时能量和短时过零率图

4）短时自相关处理

自相关函数用于衡量信号自身时间波形的相似性。因为清音和浊音的发声机理不同，所以它们在波形上会存在较大的差异。浊音的时间波形呈现一定的周期性，波形之间的相似性较好；清音的时间波形呈现出随机噪声的特性，杂乱无章，样点间的相似性较差。这样可以利用短时自相关函数来测定语音的相似特性。

时域离散的确定信号的自相关函数定义为

$$R(k) = \sum_{m=-\infty}^{+\infty} x(m)x(m+k) \tag{7.4.8}$$

时域离散的随机信号的自相关函数定义为

$$R(k) = \lim_{n \to +\infty} \frac{1}{2N+1} \sum_{m=-N}^{N} x(m)x(m+k) \tag{7.4.9}$$

若信号为一周期信号,周期为 P,根据周期信号的自相关函数也是一个同样周期的周期信号,则有

$$R(k) = R(k+P) \tag{7.4.10}$$

5) 频谱能量分析

由于信号在时域上的变换通常很难看出信号的特性,所以通常将它转换为频域上的能量分布来观察,不同的能量分布,就能代表不同语音的特性。所以在乘上汉明窗后,每帧还必须再经过快速傅里叶变换,以得到在频谱上的能量分布。对分帧加窗后的各帧信号进行快速傅里叶变换得到各帧的频谱,然后对语音信号的频谱取模平方得到语音信号的功率谱。语音信号的离散傅里叶变换为

$$X_a(k) = \sum_{n=0}^{N-1} x(n) \mathrm{e}^{-\frac{\mathrm{j}2\pi k}{N}} \tag{7.4.11}$$

式中,$x(n)$ 为输入的语音信号;N 为傅里叶变换的点数。

6) 短时傅里叶变换

短时傅里叶变换是研究非平稳信号最广泛的方法,在时频域分析中有非常重要的地位。短时傅里叶变换的思想是选择一个时频局部化窗函数,移动的窗函数把信号分成小的时间间隔,再用傅里叶变换分析每一个间隔,确定间隔存在的频率。

由于语音信号可看作短时平稳信号,故可采用短时傅里叶分析。语音信号某一帧的短时傅里叶变换的定义为

$$X_n(\mathrm{e}^{\mathrm{j}\omega}) = \sum_{m=-\infty}^{+\infty} x(m)\omega(n-m)\mathrm{e}^{-\mathrm{j}\omega m} \tag{7.4.12}$$

式中,n 为离散时间;ω 为连续频率。n 和 ω 均为短时傅里叶变换的变量,$\omega(n-m)$ 是窗函数。不同的窗函数,得到不同的傅里叶变换的结果。

4. 语音信号端点检测

语音信号起止点的判别是任何一个语音识别系统必不可少的组成部分。因为只有准确地找出语音段的起始点和终止点,才有可能使采样到的数据是真正要分析的语音信号。这样不但减少了数据量、运算量和处理时间,同时也有利于系统识别率的改善。端点检测最常见的方法是短时能量短时过零率双门限端点检测。

短时能量短时过零率双门限端点检测的理论基础是,在信噪比不是很低的情况下,语音片段的短时能量相对较大,过零率相对较小,而非语音片段的短时能量相对较小,过零率相对较大。因为语音信号能量绝大部分包含在低频带内,而噪声信号通常能量较小且含有较高频段的信息。

5. 基于动态时间规整的语音识别

1) 语音识别特征参数提取

语音识别的一个重要步骤是特征提取,有时也称为前端处理,与之相关的内容则是

特征间的距离度量。所谓特征提取,即对不同的语音寻找其内在特征,由此判别未知语音。特征的选择对识别效果至关重要,特征参数的主要特点如下。

(1) 提取的特征参数能有效代表语音特征,具有良好的区分性。

(2) 各阶参数之间有良好的独立性。

(3) 计算方便,有高效的计算方法,以保证语音识别的实时实现。

近年来,梅尔频率倒谱系数得到了广泛应用。根据人耳听觉机理的研究发现,人耳对不同频率的声波有不同的听觉敏感度。200~5000 Hz 的语音信号对语音的清晰度影响最大。两个响度不等的声音作用于人耳时,响度较高的频率成分的存在会影响到人耳对响度较低的频率成分的感受,使其变得不易察觉,这种现象称为掩蔽效应。由于频率较低的声音在内耳蜗基底膜上行波传递的距离大于频率较高声音的距离,故一般来说,低音容易掩蔽高音,而高音掩蔽低音较困难。在低频处的声音掩蔽的临界带宽较高频的要小,所以我们可从低频到高频这一段频带内按临界带宽的大小由密到疏设计一组带通滤波器,对输入信号进行滤波。将每个带通滤波器输出的信号能量作为信号的基本特征,对此特征经过进一步处理后就可以作为语音的输入特征。梅尔频率倒谱系数是在梅尔标度频率域提取出来的倒谱参数,梅尔标度描述了人耳频率的非线性特性,它与频率的关系为

$$\mathrm{Mel}(f) = 2595 \times \lg\left(1 + \frac{f}{700}\right) \tag{7.4.13}$$

其计算过程如下。

(1) 将信号进行短时傅里叶变换,得到短时语音信号频谱。根据语音信号的二元激励模型,语音可看作一个受准周期脉冲或随机噪声源激励的线性系统的输出。输出频谱是声道系统的频率响应与激励源频谱的乘积,一般标准的傅里叶变换用于周期及平稳随机信号的表示,但不能直接用于语音信号的表示,根据式(7.4.12)计算信号频谱。

(2) 计算能量谱,即求频谱幅度的平方,然后采用一组三角滤波器在频域对能量进行带通滤波。这组带通滤波器的中心频率是按梅尔频率刻度均匀排列:间隔 150 mel,带宽 300 mel。每个三角滤波器的中心频率的两个底点的频率分别等于相邻的两个滤波器的中心频率,即每两个相邻的滤波器的过渡带相互搭接,且频率响应之和为1。滤波器的个数通常与临界带数相近。假设滤波器为 M,滤波后得到的输出为 $X(k)$,$k = 1, 2, \cdots, M$。

(3) 对滤波器输出 $x(k)$ 取对数,然后作 $2M$ 点的傅里叶反变换即可得到梅尔频率倒谱系数。由于对称性,此变换可简化为

$$C_n = \sum_{k=1}^{M} \lg X(k) \cos\left[\pi(k - 0.5)\frac{n}{M}\right], \quad n = 1, 2, \cdots, L \tag{7.4.14}$$

这里梅尔频率倒谱系数的个数 L 通常取最低的 12~16。

2) 动态时间规整算法的约束条件

模式匹配方法的语音识别算法需要解决的一个关键问题是,说话人对同一个词的两次发音不可能完全相同,这些差异不仅包括音强的大小、频谱的偏移,更重要的是,发音时音节长短不相同,两次发音的音节不存在线性对应关系。设参考模板有 M 帧向量 $\{\boldsymbol{R}(1), \boldsymbol{R}(2), \cdots, \boldsymbol{R}(m), \cdots, \boldsymbol{R}(M)\}$,$\boldsymbol{R}(m)$ 为第 m 帧的语音特征向量,测试模板有 N 帧向量 $\{\boldsymbol{T}(1), \boldsymbol{T}(2), \cdots, \boldsymbol{T}(n), \cdots, \boldsymbol{T}(N)\}$,$\boldsymbol{T}(n)$ 是第 n 帧的语音特征向量。$d(\boldsymbol{T}(i_n),$

$R(i_m)$)表示 T 中第 i_n 帧特征与 R 中第 i_m 帧特征之间的距离,通常用欧几里得距离表示。直接匹配是,假设测试模板和参考模板长度相等,即 $i_n = i_m$;线性时间规整技术假设说话速度是按不同说话单元的发音长度等比例分布的,即 $i_n = (N/M)i_m$。显然上面两种假设都不符合实际语音的发音情况,需要一种更加符合实际情况的非线性时间规整技术。动态时间规整是把时间规整和距离测度计算结合起来的一种非线性规整技术,它寻找一个规整函数 $i_m = \varphi(i_m)$,将测试向量的时间轴 n 非线性地映射到参考模板的时间轴 m 上,并使该函数满足

$$D = \min_{\varphi(i_m)} \sum_{i_n=1}^{N} d(T(i_n), \varphi(i_m)) \qquad (7.4.15)$$

D 是处于最优时间规整情况下两向量的距离。因为动态时间规整不断地计算两向量的距离以寻找最优的匹配路径,所以得到的是两向量匹配时累计距离最小所对应的规整函数,保证了它们之间存在的最大声学相似性。动态时间规整算法的实质就是运用动态规划的思想,利用局部最优化的处理来自动寻找一条路径,沿着这条路径,两个特征向量之间累积失真量最小,从而避免由于时长不同而可能引入的误差。

动态时间规整算法要求参考模板与测试模板采用相同类型的特征向量、相同的帧长、相同的窗函数和相同的帧移。为了防止不加限制使用式(7.4.15)找出的最优路径很可能使两个根本不同的模式之间的相似性很大,在动态路径搜索中规整函数必须加一些限制。通常规整函数必须满足以下三个约束条件。

(1) 边界限制。

待比较的语音已经进行精确的端点检测,在这种情况下,规整发生在起点帧和端点帧之间,反映在规整函数上就是

$$\left.\begin{array}{l} \varphi(1) = 1 \\ \varphi(N) = M \end{array}\right\} \qquad (7.4.16)$$

(2) 单调性限制。

由于语音在时间上的顺序性,规整函数必须保证匹配路径不违背语音信号各部分的时间顺序,即规整函数必须满足

$$\varphi(i_n+1) > \varphi(i_n) \qquad (7.4.17)$$

(3) 连续性限制。

有些特殊的音素有时会对正确的识别起到很大的帮助,某个音素的差异很可能就是区分不同的发音单元的依据,为了保证信息损失最小,规整函数一般规定不允许跳过任何一点,即

$$\varphi(i_n+1) - \varphi(i_n) \leqslant 1 \qquad (7.4.18)$$

3) 动态时间规整算法基本思路

动态时间规整算法的原理图如图 7.4.8 所示,把测试模板的各个帧号 $n = 1 \sim N$ 在一个二维直角坐标系的横轴上标出,把参考模板的各帧 $m = 1 \sim M$ 在纵轴上标出,通过这些表示帧号的整数坐标画出一些纵横线即可形成一个网格,网格中的每一个交叉点 (t_i, r_j) 表示测试模板中某一帧与参考模板中某一帧的交汇。

动态时间规整算法分两步进行,一是计算两个模板各帧之间的距离,即求出帧匹配距离矩阵,二是在帧匹配距离矩阵中找出一条最佳路径。搜索这条路径的过程可以描述如下:搜索从(1,1)点出发,局部路径约束如图 7.4.9 所示。

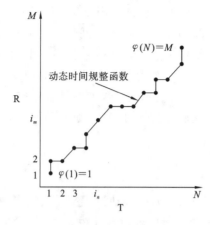

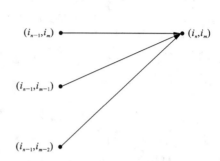

图 7.4.8　动态时间规整算法的原理图　　　　图 7.4.9　局部约束路径

点 (i_n, i_m) 可达到的前一个节点只可能是 (i_{n-1}, i_m)、(i_{n-1}, i_{m-1}) 和 (i_{n-1}, i_{m-2})。那么 (i_n, i_m) 一定选择这三个距离中的最小者所对应的点作为其前续节点,这时此路径的累积距离为

$$D(i_n, i_m) = d(T(i_n), R(i_m)) + \min\{D(i_{n-1}, i_m), D(i_{n-1}, i_{m-1}), D(i_{n-1}, i_{m-2})\}$$

$$(7.4.19)$$

令 $D(1,1)=0$,这样从点 $(1,1)$ 出发搜索,反复递推,直到点 (N,M) 就可以得到最优路径,而且 $D(N,M)$ 就是最佳匹配路径所对应的匹配距离。在进行语音识别时,将测试模板与所有参考模板进行匹配,得到的最小匹配距离 $D_{\min}(N,M)$ 所对应语音即为识别结果。

4) 动态时间规整算法实现

实现动态时间规整算法的程序设计思路如下:

```
function dist=dtw(t,r)
n=size(t,1);
m=size(r,1);
% 帧匹配距离矩阵
d=zeros(n,m);
for i=1:n
for j=1:m
    d(i,j)=sum((t(i,:)-r(j,:)).^2);
end
end
% 累积距离矩阵
D=ones(n,m)* realmax;
D(1,1)=d(1,1);
% 动态规划
for i=2:n
for j=1:m
    D1=D(i-1,j);
    if j>1
        D2=D(i-1,j-1);
```

```
else
    D2=realmax;
end
if j>2
    D3=D(i-1,j-2);
else
    D3=realmax;
end
D(i,j)=d(i,j)+min([D1,D2,D3]);
    end
    end
    dist=D(n,m);
```

以上程序,可以分为以下几步来完成。

第一步:申请两个 $n \times m$ 的矩阵 $\boldsymbol{D}$ 和 $\boldsymbol{d}$,分别为累计距离和帧匹配距离。这里 n 和 m 为测试模板与参考模板的帧数。

第二步:通过一个循环,计算两个模板的帧匹配距离矩阵 $\boldsymbol{d}$。

第三步:进行动态规划,为每个节点 (i,j) 都计算其三个可能的前续节点的累计距离 D_1, D_2, D_3。考虑到边界问题,有些前续节点可能不存在,需要加入一些判断条件。

第四步:利用最小值函数 min,找到三个前续节点的累计距离的最小值作为累计距离,与当前帧的匹配距离 $d(i,j)$ 相加,作为当前节点的累计距离。该计算过程一直达到节点 (n,m),并将 $D(n,m)$ 输出,作为模板匹配的结果。

基于 DTW 语音识别代码

7.4.2　在雷达辐射源信号识别中的应用

雷达辐射源识别是将雷达侦察所获得的雷达信号的特征参数与已知雷达的技术性能进行比较,从而实时地辨认出发射此信号的雷达的类型,并确定这种雷达的用途、载体、威胁等级和识别可信度。

雷达辐射源识别本质上就是人工智能领域比较流行的深度学习分类与识别的问题。可以根据先验知识和实际应用场景的差异,将雷达辐射源识别细分为有监督分类识别和无监督聚类识别问题。雷达辐射源无监督聚类识别问题是指对于接收到的雷达辐射源信号样本,在没有信号样本与雷达辐射源类别相对应的条件下,通过无监督聚类学习,将信号样本进行划分,划分为若干个辐射源信号样本的集合。雷达辐射源有监督分类识别问题是指对已知雷达辐射源类别训练样本进行训练,然后对未知类别样本进行测试,判断雷达辐射源是归属于哪一类。

本小节介绍基于短时傅里叶变换和基于卷积神经网络(convolutional neural network,CNN)的深度学习算法对雷达辐射源进行识别的方法。首先模拟产生 8 类雷达辐射源信号,然后通过短时傅里叶变换将原信号转换为时频域信号,提取雷达信号的时频分布,最后应用卷积神经网络对处理后的数据提取不同雷达信号的特征,然后进行识别分类。

1. 模拟产生雷达辐射源信号

雷达信号根据其调制方式大致可分为线性调频类信号、线性调频连续波类信号、编码类信号和复合调制类信号等 4 类。8 类雷达辐射源信号分别为线性调频（LFM）信号、线性调频连续波（LFM-CW）信号、线性调频抑制载波（LFM-BC）信号、弗兰克线性调频（Frank-LFM）信号、S 型非线性调频（NLFM）信号、Costas 编码信号、P3 码编码信号、频移键控/相移键控（FSK/PSK）信号。

1) LFM 信号、LFM-CW 信号、LFM-BC 信号、Frank-LFM 信号、S 型 NLFM 信号的产生

线性调频信号生成表达式为

$$s(t) = A \cdot g\left(\frac{t}{T}\right) e^{j(2\pi f_0 t + \pi \mu t^2 + \varphi_0)}, \quad 0 \leqslant t \leqslant T \tag{7.4.20}$$

式中，函数 $g\left(\dfrac{t}{T}\right) = \begin{cases} 1, & 0 \leqslant t \leqslant T \\ 0, & \text{其他} \end{cases}$ 为门函数；A 为信号幅度；T 为线性调频信号的持续时间；f_0 为起始频率；φ_0 为初始相位；$\mu = B/T$ 为调频斜率，B 为 LFM 信号带宽。

线性调频信号的瞬时频率为

$$f(t) = f_0 + \frac{\mu t}{2} \tag{7.4.21}$$

识别分析设置信号幅度为 $A = 1$，起始频率为 $f_0 = 3$ GHz，采样频率为 $f_s = 1024$ MHz，脉冲宽度为 $T = 25$ μs，带宽为 $B = 20$ MHz，初始相位为 $\varphi_0 = 0$。此时能模拟产生出 LFM 信号。

通过调整带宽 B 来改变式(7.4.20)中调频斜率 μ 的大小，以分别产生 LFM 信号、LFM-CW 信号、LFM-BC 信号、Frank-LFM 信号、S 型 NLFM 信号五类样本数据信号。

2) FSK/PSK 信号的产生

FSK/PSK 信号生成表达式为

$$k(t) = A \sum_{k=0}^{K-1} \sum_{i=0}^{N_p-1} e^{j(2\pi f_k t + \theta_i + \varphi_0)} g_0(t - kT_f - iT_p) \tag{7.4.22}$$

式中，$f_k(k = 0, 1, \cdots, k-1)$ 为跳频序列；$g_0 = \begin{cases} 1, & 0 \leqslant t \leqslant T_p \\ 0, & \text{其他} \end{cases}$；$\varphi_0$ 为初始相位；$\theta_i = \pi c_i$ 为调制相位，$c_i \in \{c_0, c_1, \cdots, c_{N_p-1}\}$ 为信号码元，采用二相编码。若信号的持续周期为 T_1，则 $T_1 = KT_f$，表示将宽度为 T_1 等分成 K 个子脉冲；然后再将子脉冲等分成 N_p 个宽度为 T_p 的跳频子脉冲，即 $T_f = N_p T_p$。

识别分析中设置信号幅度为 $A = 1$，起始频率为 $f_0 = 3$ GHz，采样频率为 $f_s = 1024$ MHz，跳频子脉冲宽度为 $T_p = 1$ μs，FSK 序列采用 Costas 序列，即 [2 1 5 3 4]，PSK 采用 5 位巴克(Barker)码 [1 1 1 −1 1]，初始相位 $\varphi_0 = 0$。

3) P3 码编码信号的产生

P3 码编码信号的生成表达式为

$$p(t) = A \sum_{k=0}^{N_c-1} c_k \cdot g\left(\frac{t - k\tau_c}{\tau_c}\right) \cdot e^{j(2\pi f_0 t + \varphi_0)}, \quad 0 \leqslant t \leqslant T \tag{7.4.23}$$

式中，f_0 为起始频率；φ_0 为初始相位；$g\left(\dfrac{t}{\tau_c}\right) = \begin{cases} 1, & 0 \leqslant t \leqslant \tau_c \\ 0, & t > \tau_c \end{cases}$；$N_c$ 为码元数；τ_c 为码元宽度；$T = N_c \tau_c$ 为线性调频信号的脉冲持续时间，表示将持续时间为 T 的雷达信号分成 N_c 个相同宽度的码元。$c_k = e^{j\varphi_k}$，P3 码的第 k 个码元相位表示为 $\varphi_k = \dfrac{\pi k^2}{N_c}$（$k = 0, 1,$

$2,\cdots,N_c-1$）。

识别分析中设置信号幅度为 $A=1$，起始频率为 $f_0=3$ GHz，采样频率为 $f_s=1024$ MHz，脉冲宽度 $\tau_c=1$ μs，$N_c=25$，初始相位 $\varphi_0=0$。

4）数据模拟产生

根据式（7.4.20）～式（7.4.23），对 LFM 信号、LFM-CW 信号、LFM-BC 信号、Frank-LFM 信号、S 型 NLFM 信号这 5 类信号通过改变 B 的值从而调整调频斜率 μ 的大小来产生，样本数各为 100 个，5 类信号的参数设置如表 7.4.1 所示。

表 7.4.1 5 类信号的参数设置

	LFM 信号	LFM-CW 信号	LFM-BC 信号	Frank-LFM 信号	S 型 NLFM 信号
B	25 MHz	30 MHz	35 MHz	40 MHz	45 MHz
μ	40×10^{12} Hz/s	24×10^{12} Hz/s	14×10^{12} Hz/s	8×10^{12} Hz/s	7.2×10^{12} Hz/s

对 Costas 编码信号、P3 码编码信号、FSK/PSK 信号的编码进行全排列，各产生 500 个数据样本，取前 100 个样本。据此可得总共 800 个样本数据，将 8 类雷达辐射源信号的实部波形提取出来，如图 7.4.10 所示。

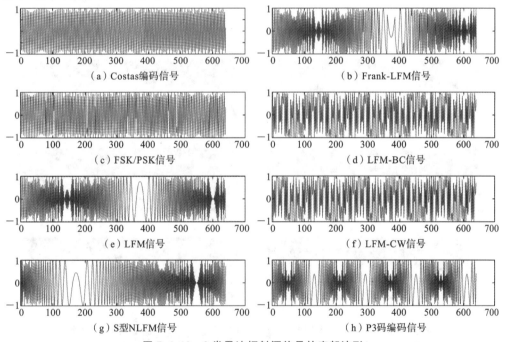

（a）Costas编码信号 （b）Frank-LFM信号

（c）FSK/PSK信号 （d）LFM-BC信号

（e）LFM信号 （f）LFM-CW信号

（g）S型NLFM信号 （h）P3码编码信号

图 7.4.10 8 类雷达辐射源信号的实部波形

信号产生及 STFT 的程序代码

5）数据装配

上面所产生的 8 类雷达辐射源信号样本数据记为

$$L=\{(s_i(t),w_i)\mid i\in\Psi\} \qquad\qquad (7.4.24)$$

式中，$s_i(t)$ 表示第 i 个雷达辐射源信号样本数据，$s_i(t)=[s_i(0),s_i(1),\cdots,s_i(N-1)]^T$ 是采样点个数为 N 的第 i 个雷达信号的时序表示；$w_i\in\{0,1,\cdots,C-1\}$ 表示第 i 个雷达信号样本 $s_i(t)$ 的类别，共有 $C=8$ 类雷达信号；Ψ 是样本的索引集合。

2. 雷达辐射源信号的短时傅里叶变换

根据式(7.4.12)，可计算雷达辐射源信号的短时傅里叶变换为

$$\text{STFT}_i(n,k)=\sum_{m=0}^{N-1}s_i(m)w(n-m)e^{-j\frac{2\pi}{N}km} \tag{7.4.25}$$

式中，n 表示变换过程中的时间变量；k 为频率变量；N 为窗函数长度；m 为时间的中间变量，表示一个定值；$w(\cdot)$ 为窗函数。$\text{STFT}_i(n,k)$ 具有 2 维结构，雷达辐射源信号波形经过短时傅里叶变换得到的频谱图能够描述雷达信号的时频特性，但是对于不同雷达信号的分类识别问题仍然需要提取具有区分性的特征表示。因此，本文提出了建立卷积神经网络模型来解决该问题。

识别分析中采用汉明窗，窗长 N 为 256，$s(\cdot)$ 信号长度为 25600，重叠点数为 128 个采样点，窗滑动次数为 199。每个样本经过短时傅里叶变换之后会生成 $32*199$ 的二维图像。图 7.4.11 所示的是图 7.4.10 中的 8 类雷达辐射源信号实部波形经过短时傅里叶变换之后的实部频谱图。同理，对雷达辐射源信号虚部波形计算短时傅里叶变换之后可得到相对应的虚部频谱图。

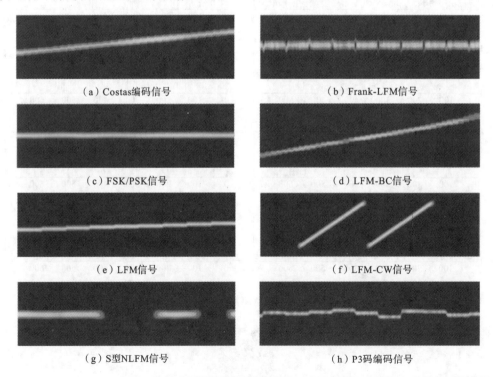

（a）Costas编码信号　　　　　　　　　　（b）Frank-LFM信号

（c）FSK/PSK信号　　　　　　　　　　（d）LFM-BC信号

（e）LFM信号　　　　　　　　　　（f）LFM-CW信号

（g）S型NLFM信号　　　　　　　　　　（h）P3码编码信号

图 7.4.11　图 7.4.10 中的 8 类雷达辐射源信号实部波形经过短时傅里叶变换之后的实部频谱图

3. 雷达辐射源信号识别的卷积神经网络结构设计

经过短时傅里叶变换得到的频谱图能够描述雷达信号的时频特性，但是对于不同雷达信号的分类、识别问题仍然需要提取比较具有区分性的特征，所以设计卷积神经网络以提高识别率。

1) 卷积神经网络中的基本操作

卷积神经网络是近年发展起来,并广泛应用于图像处理和识别等领域的一种多层神经网络。当前较为常用的一种卷积神经网络结构包括卷积层、池化层和激活函数。卷积层利用卷积核对输入数据集进行特征筛选处理,可以采用 Full 卷积、Same 卷积和 Valid 卷积。采用卷积操作能够约减权值连接,引入稀疏或局部连接,以此带来的权值共享策略能够极大地减少参数数目,同时增加数据量,从而避免深度网络出现过拟合现象,且卷积操作具有平移不变特性,能够使筛选的特征保留原有拓扑,并且具有很强的鲁棒性。池化层是对特征类型和空间的聚合,降低特征空间维度,可以减少运算量并刻画卷积层输出特征的平移不变特性,减少下一层数据输入维度,进而有效减少下一层的输入参数及计算量,有效控制网络的过拟合风险。激活函数是在深度网络中加入的一种非线性操作,应用层级间的非线性映射使得整个网络的非线性刻画能力得以提升。

（1）卷积计算。

假设图像是一幅 5×5 的二值图像（见图 7.4.12(b)），卷积核为 3×3 大小（见图 7.4.12(a)），步长为 1 的计算方法是卷积核从左往右、从上往下以步长 1 移动,每移动一步,计算卷积和并作为相应位置像素值填充。步长为 1 的卷积计算如图 7.4.12 所示:图 7.4.12(b)中灰色块图像与图 7.4.2(a)中卷积核相乘后相加,计算公式如图 7.4.12 中底部所示,得到第一个像素值（卷积特征值）为 4。以步长 1 依此运算可得最后的特征图如图 7.4.12(g)所示,其大小为 3×3。若步长为 2,则卷积核左右、上下移动 2 像素距离后再计算,如图 7.4.13 所示,此时特征图大小为 2×2。

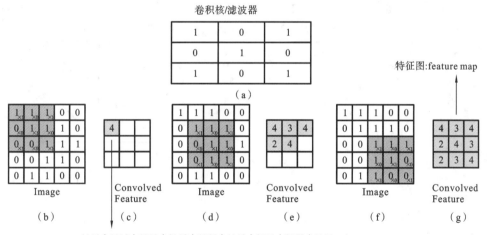

$$1\times1+1\times0+1\times1+0\times0+1\times1+1\times0+0\times1+0\times0+1\times1=4$$

图 7.4.12　步长为 1 的卷积计算

（2）池化操作。

最大池化操作是最常用的形式。若池化的窗口大小为 k,则池化后特征参数会减少到 $1/k$。池化操作一般有三种:最大池化、平均池化和随机池化。图 7.4.14 所示的是 $k=2$ 时最大池化和平均池化示意图。

（3）激活函数。

常用的激活函数有 softmax( )函数、relu( )函数（修正线性单元）、softplus( )函数（relu 的光滑逼近）、logistic( )

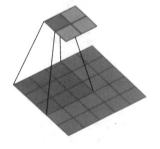

图 7.4.13　步长为 2 的特征图

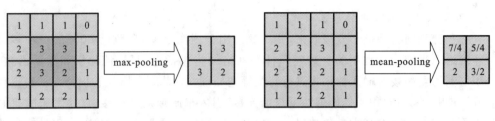

（a）最大池化　　　　　　　　　　　　（b）平均池化

图 7.4.14　$k=2$ 时最大池化和平均池化示意图

函数和 tanh() 函数等。下面介绍 softmax() 函数。

由前面的分析知道,雷达辐射源信号的种类是 8 类,输出结果是 0~7,模型可能推测出某信号是线性调频信号的概率为 80%,是线性调频连续信号的概率为 10%,是其他类型信号的概率更小,总体概率加起来等于 1。这是一个使用 softmax() 函数的经典案例。softmax() 函数可以用来给不同的对象分配概率,其表达式为

$$\mathrm{softmax}\,(x)_i = \frac{\mathrm{e}^{x_i}}{\sum\limits_j \mathrm{e}^{x_j}} \tag{7.4.26}$$

假设卷积神经网络的输出值为 $[1,5,3]$。则计算概率为

$$\mathrm{e}^1 = 2.718,\quad \mathrm{e}^5 = 148.413,\quad \mathrm{e}^3 = 20.086,\quad \mathrm{e}^1 + \mathrm{e}^5 + \mathrm{e}^3 = 171.217$$

$$p_1 = \frac{\mathrm{e}^1}{\mathrm{e}^1 + \mathrm{e}^5 + \mathrm{e}^3} = 0.016,\quad p_2 = \frac{\mathrm{e}^5}{\mathrm{e}^1 + \mathrm{e}^5 + \mathrm{e}^3} = 0.867,\quad p_3 = \frac{\mathrm{e}^3}{\mathrm{e}^1 + \mathrm{e}^5 + \mathrm{e}^3} = 0.117$$

其他激活函数表达式和波形如表 7.4.2 所示。

表 7.4.2　其他激活函数表达式和波形

函数名称	表达式	波形
relu() 函数	$f(x) = \begin{cases} 0, & x < 0 \\ x, & x \geqslant 0 \end{cases}$	
softplus() 函数	$f(x) = \ln(1 + \mathrm{e}^x)$	
logistic() 函数	$f(x) = \dfrac{1}{1 + \mathrm{e}^{-x}}$	
tanh() 函数	$f(x) = \dfrac{\mathrm{e}^x - \mathrm{e}^{-x}}{\mathrm{e}^x + \mathrm{e}^{-x}}$	

2）雷达信号识别中的卷积神经网络结构设计

基于卷积神经网络的雷达信号识别可描述为

$$S_i = f(\text{STFT}_i, \sigma) \tag{7.4.27}$$

式中，$f(\cdot)$ 是卷积神经网络建模时的映射函数；STFT_i 是输入的雷达辐射源信号短时傅里叶变换频谱图；σ 表示网络的待学习参数。模型采用 softmax() 损失函数作为分类目标函数，对雷达辐射源信号进行分类识别。经过 softmax() 函数得到的预测概率为输出的网络预测类别概率，计算公式为

$$P_{\eta y} = \frac{e^{\eta y}}{\sum\limits_{y=1}^{k} e^{\eta y}} \tag{7.4.28}$$

式中，η 为雷达辐射源信号特征；y 为分类中的某一类；k 为分类的总数；P 为分类器的预测概率。

对经过短时傅里叶变换后的二维双通道（实部、虚部）频谱图进行识别分析，设计其卷积神经网络结构如表 7.4.3 所示。

表 7.4.3　二维双通道频谱图卷积神经网络结构

Network	Type	Input Size	Number	Filter	Pad	Stride
M2d2	conv1	$2 \times 32 \times 200$	32	3×3	(1,1)	(1,1)
	pool1	$32 \times 32 \times 200$	—	4×8	0	(4,8)
	conv2	$32 \times 8 \times 25$	64	3×3	(1,1)	(1,1)
	pool2	$64 \times 8 \times 25$	—	4×8	0	(4,8)
	fc3	—	128			
	Fc4	—	8	—	—	—
	Params	28224				
	Complexity	7372800				

表中 Filter 为卷积核大小；Number 为卷积核的个数，也称为特征图个数；Pad 为延拓尺寸；Stride 为卷积过程中的步长。在所有分析中所选取的池化层均为最大值池化，从表 7.4.3 可以看出，M2d2 网络参数在 3 万左右。M2d2 的网络架构图如图 7.4.15 所示。

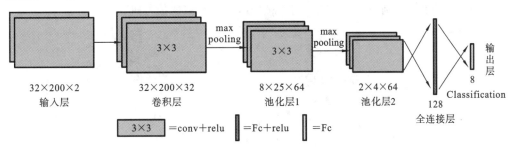

图 7.4.15　M2d2 的网络架构图

Type 中的各个参数含义如下。

convX：conv 代表卷积层，X 代表第几层，卷积神经网络中每层卷积层由若干卷积

单元组成,每个卷积单元的参数都是通过反向传播算法最优化得到的。卷积运算的目的是提取输入的不同特征,第一层卷积层可能只能提取一些低级的特征,如边缘、线条和角等层级,更多层的网络能从低级特征中迭代,提取更复杂的特征。

poolX:pool 代表池化层,X 代表第几层,池化是卷积神经网络中另一个重要的概念,它实际上是一种形式的降采样。有多种不同形式的非线性池化函数,而其中最大池化是最为常见的。它是将输入的图像划分为若干个矩形区域,对每个子区域输出最大值。直觉上,这种机制有效的原因在于,在发现一个特征之后,它的精确位置远不及它和其他特征的相对位置的关系重要。池化层会不断地减小数据空间的大小,因此参数的数量和计算量也会下降,这在一定程度上也控制了过拟合。通常来说,卷积神经网络的卷积层之间都会周期性地插入池化层。池化层通常会分别作用于每个输入的特征并减小其大小。目前最常用形式的池化层是每隔 2 个元素从图像划分出的区块,然后对每个区块中的 4 个数取最大值。这将会减少 75% 的数据量。

FcX:Fc 代表全连接层,X 代表第几层,全连接层在整个卷积神经网络中起到"分类器"的作用。如果说卷积层、池化层和激活函数层等操作是将原始数据映射到层特征空间的话,全连接层则起到将学到的"分布式特征表示"映射到样本标记空间的作用。在实际使用中,全连接层可由卷积操作实现:对前层是全连接的全连接层可以转化为卷积核为 1×1 的卷积;而前层是卷积层的全连接层可以转化为卷积核为 $h \times w$ 的全局卷积,h 和 w 分别为前层卷积结果的高和宽。

4. 实验仿真与分析

卷积神经网络 M2d2 模型结构在训练过程中选择迭代次数为 2000,批操作大小为 16,选择学习率为 0.01,每隔 2000 次降低为原来的 $\frac{1}{2}$,总共训练 1000 次。动量和权重衰减系数分别为 0.9 和 0.000005。将样本数据分成测试集与训练集,其结果如表 7.4.4 所示。

表 7.4.4 M2d2 模型测试结果

模　　型	训练集准确率	测试集准确率
M2d2	100%	87.5%

经过短时傅里叶变换之后卷积神经网络确实具有区分性的特征,具有较好的分类性能,可以有效地识别不同的雷达辐射源信号,可以对雷达信号进行分类。

信号识别程序代码(Python 语言)

课程思政与扩展阅读

7.5　本章小结

本章主要介绍信号与系统相关理论与方法在不同工程领域中的应用。通信系统的调制技术是信号与系统中频移定理的典型应用。本章7.1节从模拟与数字通信系统的一般处理框架着手,阐述了调幅、双边带、单边带、振幅键控、频移键控调制技术如何运用频移定理对信号进行处理,信号处理前后时频域特点,以及解调还原信号的方法。最后,介绍了移动通信中的5G技术特点、移动通信系统中无线频段分配,以及5G信号处理主要流程。

7.2节主要介绍钢轨波磨检测方法中的两点弦测法、三点等弦法、三点偏弦法如何采用傅里叶变换理论进行信号分析,还介绍了惯性基准法以及最新的检测方法与系统。

7.3节从脑电信号的采样电路着手,对脑电信号的前端采样电路进行了设计,通过理论计算和仿真对系统特性进行了较深入的分析。最后通过两个应用场景介绍了对脑电信号处理的方法与目标。

7.4节主要介绍信号与系统理论在人工智能领域的应用,先介绍了人工智能领域的重要内容之一的语音识别技术:从语音信号的采样、预处理、时频域分析方法、语音端点检测几个方面阐述相关理论知识的运用,还介绍了经典的动态时间规整算法的实现过程。接着介绍基于深度学习平台的雷达辐射源信号的识别:从雷达信号的模拟产生、雷达信号的短时傅里叶变换、卷积神经网络结构设计、特征提取与识别分析等内容阐述了信号处理理论在实际研究中的应用。

以上章节中的主要内容提供了相关MATLAB程序链接,理论联系实际,采用现代工具与手段开展研究与探索,进行系统方案设计,为初步的产品设计提供了流程与思路。

扩展阅读部分主要提供了人工智能领域、脑电信号处理应用、5G、图像处理、华为事件等方面的专题介绍、应用展示视频与文档资料,以拓展学习者视角与知识运用深度,帮助学生采用现代信息技术快速了解、获取、运用知识,提高学生的信息素养。

习 题 7

7.1 采样语音信号,任选调制解调方式,完成语音信号的传输,还原语音信号并播放(建议采用MATLAB工具完成)。

7.2 请参考相关文献,用MATLAB设计逆滤波器复原钢轨表面不平顺。

7.3 根据本章7.2节内容及参数,用电路仿真软件multisim仿真、分析脑电信号前端处理电路并制作相关实物,比较仿真与实际电路之间的异同。

7.4 采样语音信号,建立相关数据库,用动态时间规整算法识别语音并用文本形式表示出来(建议采用MATLAB工具完成)。

7.5 根据7.4.2小节内容,模拟生成3～5类雷达辐射源信号,设计相关方法完成对雷达辐射源信号的识别。

参 考 答 案

习题 1 答案

1.1　（1）

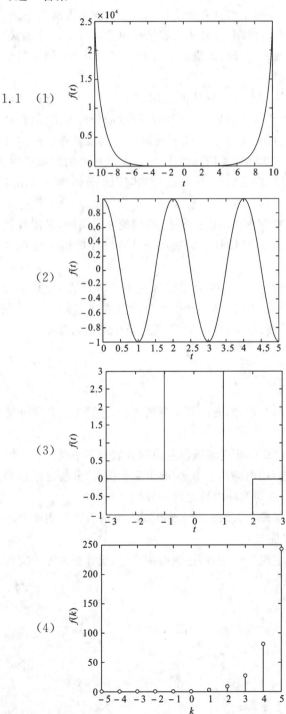

（2）

（3）

（4）

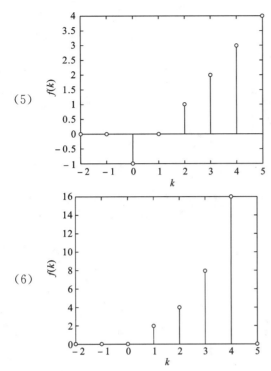

（5）

（6）

1.2　AC。

1.3　（1）是，$T=\dfrac{2\pi}{5}$；　（2）是，$T=\dfrac{\pi}{4}$；　（3）否；　（4）是，$N=8$；　（5）是，$N=30$；

（6）否。

1.4　（1）$\delta'(t)+2\delta(t)$；　（2）4；　（3）4；　（4）$4\delta(t)+3\varepsilon(t)$。

1.5　（1）$U''_L(t)+\dfrac{R}{L}U'_L(t)+\dfrac{1}{LC}U_L(t)=Ri''_s(t)+\dfrac{1}{C}i'_s(t)$；

（2）$i''(t)+\dfrac{R}{L}i'(t)+\dfrac{1}{LC}i(t)=i''_s(t)$。

1.6　（1）$y''(t)+a_2y'(t)-a_1y(t)=b_2f''(t)-b_1f'(t)$；

（2）$y(k)-3y(k-2)=4f(k)-5f(k-1)+2f(k-2)$。

1.7　（1）

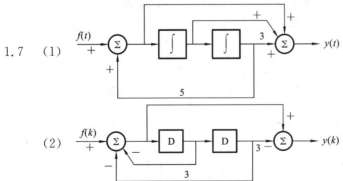

（2）

1.8　（1）线性,时变,因果；

（2）线性,时变,因果；

（3）非线性,时不变,因果；

（4）线性,时变,非因果。

1.9 $y(t)=3e^{-t}+1.5\cos(\pi t),t\geqslant 0$。

1.10 $y(k)=[3(0.7)^k+8]\varepsilon(k)$。

1.11 (1)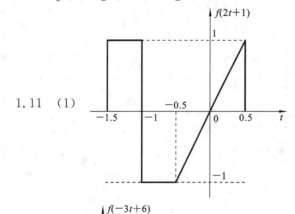

(2)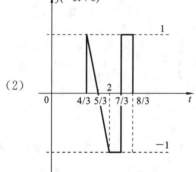

1.12 $y(t)=(21e^{-t}-12e^{-2t}+15)\varepsilon(t)$。

1.13 (1) 线性,时变; (2) 非线性,非时变; (3) 线性,时变。

1.14 (1)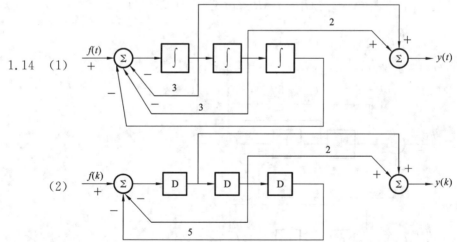

(2)

习题 2 答案

2.1 (1) $2e^{-2t}-e^{-3t},t\geqslant 0$; (2) $2e^{-t}\cos(2t),t\geqslant 0$; (3) $(2t-1)e^{-t}+e^{-2t},t\geqslant 0$。

2.2 (1) $y(0_+)=0,y'(0_+)=1$; (2) $y(0_+)=-6,y'(0_+)=29$;

  (3) $y(0_+)=-2,y'(0_+)=12$。

2.3 (1) $\left[1-\dfrac{2}{\sqrt{3}}e^{-0.5t}\sin\left(\dfrac{\sqrt{3}}{2}t+\dfrac{\pi}{3}\right)\right]\varepsilon(t)$; (2) $\left[1-\dfrac{2}{\sqrt{3}}e^{-0.5t}\sin\left(\dfrac{\sqrt{3}}{2}t+\dfrac{\pi}{3}\right)\right]\varepsilon(t)$。

2.4　(1) $y_{zi}(t)=(2\mathrm{e}^{-t}-\mathrm{e}^{-3t})\varepsilon(t)$,$y_{zs}(t)=\left(\dfrac{1}{3}-\dfrac{1}{2}\mathrm{e}^{-t}+\dfrac{1}{6}\mathrm{e}^{-3t}\right)\varepsilon(t)$,全响应略。

　　　(2) $y_{zi}(t)=(4t+1)\mathrm{e}^{-2t}\varepsilon(t)$,$y_{zs}(t)=[-(t+2)\mathrm{e}^{-2t}+2\mathrm{e}^{-t}]\varepsilon(t)$,全响应略。

2.5　$h(t)=(4\mathrm{e}^{-3t}-3\mathrm{e}^{-2t})\varepsilon(t)$,$g(t)=\left(-\dfrac{4}{3}\mathrm{e}^{-3t}+\dfrac{3}{2}\mathrm{e}^{-2t}-\dfrac{1}{6}\right)\varepsilon(t)$。

2.6　(1) 2;　(2) 6;　(3) 4。

2.7　略；

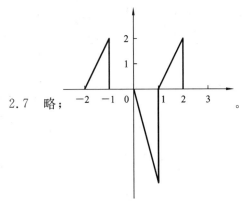

2.8　(1) $\dfrac{1}{3}\left(-\dfrac{1}{3}\right)^{k}\varepsilon(k)$;　(2) $-2\delta(k)+[4(-1)^{k}-6(-2)^{k}]\varepsilon(k-1)$;

　　　(3) $\left[\cos\left(\dfrac{k\pi}{2}\right)+2\sin\left(\dfrac{k\pi}{2}\right)\varepsilon(k)\right]$。

2.9　(1) $y_{zi}(k)=-2(-2)^{k}\varepsilon(k)$,$y_{zs}(k)=0.5[(-2)^{k}+2^{k}]\varepsilon(k)$,

　　　　$y(k)=y_{zi}(k)+y_{zs}(k)$;

　　　(2) $y_{zi}(k)=[(-4k-7)(-1)^{k}]\varepsilon(k)$,

　　　　$y_{zs}(k)=[(0.5k+0.75)(-1)^{k}+0.25]\varepsilon(k)$,

　　　　$y(k)=y_{zi}(k)+y_{zs}(k)$。

2.10　(1) $h(k)=\delta(k)[k(2)^{k}-(-1)^{k}]\varepsilon(k)$,$g(k)=\left[2(2)^{k}-\dfrac{1}{2}(-1)^{k}-\dfrac{3}{2}\right]\varepsilon(k)$;

　　　　(2) $h(k)=\left[3(0.5)^{k}-3\left(-\dfrac{1}{3}\right)^{k}\right]\varepsilon(k)$,$g(k)=\left[21(0.5)^{k}-5\left(-\dfrac{1}{3}\right)^{k}+27\right]\varepsilon(k)$。

2.11　(1) $y_{zs}(k)=(k+1)\varepsilon(k)$;

　　　　(2) $y_{zs}(k)=(k+1)\varepsilon(k)-2(k-3)\varepsilon(k-4)+(k-7)\varepsilon(k-8)$;

　　　　(3) $y_{zs}(k)=[2-(0.5)^{k}]\varepsilon(k)-[2-(0.5)^{k-5}]\varepsilon(k-5)$。

2.12　(1) 3;　(2) 2;　(3) 0。

2.13　略。

2.14　(1) $k=2$;　(2) $y_{zi}(t)=(4\mathrm{e}^{-t}-3\mathrm{e}^{-2t})\varepsilon(t)$。

2.15　$2\{4t[\varepsilon(t)-\varepsilon(t-2)]-4(t-1)[\varepsilon(t-1)-\varepsilon(t-3)]+8\varepsilon(t-2)-8\varepsilon(t-3)\}$。

2.16~2.18　略。

习题 3 答案

3.1　(1) $F_1(s)=\dfrac{1}{s^2}$;　　　(2) $F_2(s)=\dfrac{1}{2s}\mathrm{e}^{-\frac{1}{2}s}$;　　　(3) $F_3(s)=\dfrac{s-1}{s^2+1}$;

　　　(4) $F_4(s)=\dfrac{s}{(s+1)^2+1}$;　(5) $F_5(s)=\dfrac{s+4}{s^3+3s^2+2s}$;　(6) $F_6(s)=\dfrac{1-\mathrm{e}^{-2s}}{s+1}$;

(7) $F_7(s) = \frac{1}{4}e^{-\frac{1}{2}s}$;　　　(8) $F_8(s) = \frac{2-s}{\sqrt{2}(s^2+4)}$。

3.2　$\frac{s+1}{(s+1)^2+4}e^{-\frac{1}{2}(s+1)}$。

3.3　$\frac{2s}{2s^2+5s+2}$。

3.4　(1) $f_1(0_+) = -2, f_1(+\infty) = 0$;　(2) $f_2(0_+) = 2, f_2(+\infty) = 0$。

3.5　(1) $F_1(s) = \frac{1}{2s^2+s}$;　(2) $F_2(s) = \frac{2}{s^2-1}e^{-\frac{1}{2}(s+3)}$。

3.6　(1) $f_1(t) = (2e^{-t} - e^{-2t})\varepsilon(t)$;

　　(2) $f_2(t) = e^{-3t}\cos\sqrt{2}t\varepsilon(t)$;

　　(3) $f_3(t) = [2e^{-3t}\cos(\sqrt{2}t) - 2\sqrt{2}e^{-3t}\sin(\sqrt{2}t) - e^{-2t}]\varepsilon(t)$;

　　(4) $f_4(t) = (4e^{-2t} - 3e^{-t} + te^{-t})\varepsilon(t)$;

　　(5) $f_5(t) = (e^{-t} + t - 1)\varepsilon(t)$;

　　(6) $f_6(t) = \left[\frac{1}{5}e^{-t} - \frac{1}{5}\cos(2t) + \frac{1}{10}\sin(2t)\right]\varepsilon(t)$。

3.7　略。

3.8　$\frac{z}{(z-1)^2}$。

3.9　$\frac{z^N}{z^N-1}$。

3.10　(1) $F_1(z) = \frac{z^4-4z+3}{z^3(z-1)^2}, |z|>1$;　(2) $F_2(z) = \frac{z}{z-\frac{2}{5}}, |z|>\frac{2}{5}$;

　　(3) $F_3(z) = \frac{-2}{5z-2}, |z|<\frac{2}{5}$;　　　(4) $F_4(z) = \frac{z}{z-\frac{1}{2}}, |z|<\frac{1}{2}$;

　　(5) $F_5(z) = \frac{\frac{1}{4}}{z\left(z-\frac{1}{2}\right)}, |z|>\frac{1}{2}$;　(6) $F_6(z) = \frac{z(z^2-3z+4)}{(z-1)^3}, |z|>1$;

　　(7) $F_7(z) = \frac{\frac{1}{\sqrt{2}}(z^2+z)}{z^2+1}, |z|>1$;　(8) $F_8(z) = \frac{z^2-\frac{1}{\sqrt{2}}z}{z^2-\sqrt{2}z+1}, |z|>1$。

3.11　(1) $(4^k-3^k)\varepsilon(k)$;　(2) $(-4^k)\varepsilon(-k-1) - 3^k\varepsilon(k)$;　(3) $(3^k-4^k)\varepsilon(-k-1)$。

3.12　(1) $f_1(k) = (2^{k+1}-3^k)\varepsilon(k)$;

　　(2) $f_2(k) = 2(2^k-1)\varepsilon(k)$;

　　(3) $f_3(k) = \frac{1}{4}(2^k - (-2)^k)\varepsilon(k)$;

　　(4) $f_4(k) = [-2(-2)^k - (2k-1)(-1)^k]\varepsilon(k)$;

　　(5) $f_5(k) = (k-1)^2\varepsilon(k)$;

　　(6) $f_6(k) = \frac{1}{5}\left[(-1)^k - 2^k\cos\frac{\pi k}{2} + 2^{k-1}\sin\frac{\pi k}{2}\right]\varepsilon(k)$。

3.13　(1) $f(0) = 1, f(\infty) = 2$;　　(2) $f(0) = 2, f(\infty) = 0$。

3.14 $F(z) = \dfrac{-\dfrac{1}{6}z}{z^2 - \dfrac{5}{6}z + \dfrac{1}{6}}, f(0) = 0$。

3.15 $F_2(s) = 2F_1(s)(1 - e^{-2s})$。

3.16 (1) $F_1(s) = \dfrac{\pi}{s(s^2 + \pi^2)}$; (2) $F_2(s) = \ln\dfrac{1}{s(s+a)}$;

(3) $F_3(s) = \dfrac{1}{1 - e^{-sT}}$; (4) $F_4(s) = \dfrac{s+2}{2s^2}e^{-\frac{1}{2}s}$。

3.17 $\dfrac{1}{s^2 + 1}$。

3.18 略。

3.19 (1) $F_1(s) = \dfrac{6(s-4)}{(s^2 - 8s + 34)^2}$; (2) $F_2(s) = \dfrac{2e^{-\frac{1}{2}s}}{s^2 - 8s + 24}$。

3.20 (1)(2)的序列相同,$f(k) = \left\{\cdots, \dfrac{1}{2}, \underset{\underset{k=0}{\uparrow}}{\dfrac{3}{4}}, -\dfrac{11}{8}, \dfrac{39}{16}, \cdots\right\}$

3.21 略。

3.22 (1) $\dfrac{z-1}{z}F(z)$; (2) $F(z)$; (3) $F(z^{\frac{1}{2}})$。

3.23 $\dfrac{4}{3}(0.5)^k\varepsilon(k) + \dfrac{4}{3}(2)^k\varepsilon(-k-1)$。

3.24 $F(z) = \dfrac{z^2}{\left(z - \dfrac{1}{2}\right)\left(z - \dfrac{1}{3}\right)}$。

3.25 略。

3.26 略。

3.27 $\Psi_{ff}(z) = Z[\phi_{ff}(k)] = \displaystyle\sum_{n=-\infty}^{\infty} \dfrac{1}{2\pi j}i\oint_c F\left(\dfrac{z}{v}\right)F(v)v^{n-1}\,dv$。

3.28 (1) $x_1(k) = \dfrac{1}{k}2^{-k}\varepsilon(-k-1)$; (2) $x_2(k) = -\dfrac{1}{k}2^{-k}\varepsilon(k)$。

习题 4 答案

4.1 $h(t) = (-2e^{-t} + 3e^{-2t})\varepsilon(t)$。

4.2 (1) $\dfrac{1}{2}(1 + e^{-2t})\varepsilon(t)$; (2) $y_{zi}(t) = (1-t)e^{-2t}\varepsilon(t)$。

4.3 $H(s) = \dfrac{2s+4}{s^2 + 2s + 4}$。

4.4 (1) $y_{zi}(t) = (5e^{-2t} - 4e^{-3t})\varepsilon(t)$, $y_{zs}(t) = \left(\dfrac{1}{2} - \dfrac{3}{2}e^{-2t} + e^{-3t}\right)\varepsilon(t)$;

(2) $y_{zi}(t) = (e^{-2t} - e^{-3t})\varepsilon(t)$, $y_{zs}(t) = \left(\dfrac{3}{2}e^{-t} - 3e^{-2t} + \dfrac{3}{2}e^{-3t}\right)\varepsilon(t)$。

4.5 (1) $y_{zi}(t) = (4e^{-t} - 3e^{-2t})\varepsilon(t)$, $y_{zs}(t) = (2 - 3e^{-t} + e^{-2t})\varepsilon(t)$;

(2) $y_{zi}(t) = (3e^{-t} - 2e^{-2t})\varepsilon(t)$, $y_{zs}(t) = [3e^{-t} - (2t+3)e^{-2t}]\varepsilon(t)$。

4.6　$u(t) = \dfrac{2}{\sqrt{3}} e^{-t} \sin(\sqrt{3}t) \varepsilon(t)$ V。

4.7　$y(k) - \dfrac{5}{6} y(k-1) + \dfrac{1}{6} y(k-2) = 2x(k) - \dfrac{3}{2} x(k-1) + \dfrac{1}{6} x(k-2)$。

4.8　$H(z) = \dfrac{2.5z^2 - 1.125}{z^2 - 0.25}$。

4.9　(1) $H(z) = \dfrac{z^2}{z^2 + 3z + 2}$，$h(k) = [-(-1)^k + 2(-2)^k] \varepsilon(k)$；

　　(2) $y_{zi}(k) = [4(-1)^k - 4(-2)^k] \varepsilon(k)$，

　　$y_{zs}(k) = \left[\dfrac{1}{6} - \dfrac{1}{2}(-1)^k + \dfrac{4}{3}(-2)^k\right] \varepsilon(k)$，

　　$y(k) = \left[\dfrac{1}{6} + \dfrac{7}{2}(-1)^k - \dfrac{8}{3}(-2)^k\right] \varepsilon(k)$。

4.10　(1) $(0.9)^{k+1} \varepsilon(k)$；　　(2) $[-(-1)^k + 2^k] \varepsilon(k)$。

4.11　(1) $[1 + 0.9(0.9)^k] \varepsilon(k)$；　　(2) $\left[-\dfrac{1}{2} + \dfrac{1}{2}(-1)^k + 2^k\right] \varepsilon(k)$。

4.12　$y_{zi}(k) = \left[\dfrac{1}{2}(-1)^k - 2^k\right] \varepsilon(k)$，$y_{zs}(k) = \left(-\dfrac{1}{2} + \dfrac{1}{6}(-1)^k + \dfrac{4}{3} \times 2^k\right) \varepsilon(k)$，

　　$y(k) = \left[-\dfrac{1}{2} + \dfrac{2}{3}(-1)^k + \dfrac{1}{3} \times 2^k\right] \varepsilon(k)$。

4.13　$y_{zi}(k) = [-2(0.2)^k + 3(0.5)^k] \varepsilon(k)$，

　　$y_{zs}(k) = [-40(0.4)^k - 10(0.2)^k + 50(0.5)^k] \varepsilon(k)$，

　　$y(k) = [-40(0.4)^k - 12(0.2)^k + 53(0.5)^k] \varepsilon(k)$。

4.14　(1) 稳定；　(2) 不稳定；　(3) 不稳定；　(4) 稳定。

4.15　(1) $H(s) = \dfrac{5s(s^2 + 4s + 5)}{s^3 + 5s^2 + 16s + 30}$；　(2) $H(s) = \dfrac{3s(s^2 + 9)}{s^4 + 20s^2 + 64}$。

4.16　$K < 4$。

4.17　不稳定，图略。

4.18　(1) $H(z) = \dfrac{2z^2 - z}{z^2 + z - \dfrac{3}{4}}$；零点为 $0, 0.5$；极点为 $-1.5, 0.5$；

　　(2) $H(z) = \dfrac{\dfrac{1}{2}z^2 + z}{z^2 - \dfrac{1}{2}z + \dfrac{1}{8}}$；零点为 $0, -2$；极点为 $0.25 \pm j0.25$。

4.19　$-1.5 < K < 0$。

4.20　略。

4.21　略。

4.22　(1) -2；　(2) 4。

4.23　(1) $H(s) = \dfrac{2s^2 - 1}{s^3 + 4s^2 + 5s + 6}$；　(2) $H(s) = \dfrac{3s + 2}{s^3 + 3s^2 + 2s}$。

4.24　(1) $H(s) = \dfrac{s(s+1)}{s^2 + 5s + 2}$；　(2) $H(s) = \dfrac{s(s+2)}{s^3 + 6s^2 + 10s + 6}$。

4.25　略。

4.26　略。

4.27　略。

4.28　略。

4.29　$f(t)=\left(1+\dfrac{1}{2}\mathrm{e}^{-2t}\right)\varepsilon(t)$。

4.30　$g(t)=(1-\mathrm{e}^{-2t}+2\mathrm{e}^{-3t})\varepsilon(t)$。

4.31　$h(t)=\left(\dfrac{1}{2}-2\mathrm{e}^{-t}+\dfrac{3}{2}\mathrm{e}^{-2t}\right)\varepsilon(t)$。

4.32　$h(t)=\dfrac{1}{3}(2+\mathrm{e}^{-3t})\varepsilon(t)$。

4.33　$a=-3,b=-6,c=6$。

4.34　(1) $-2\delta(k)+\left(\dfrac{1}{2}\right)^{k}\varepsilon(k)$；　　　(2) $2\left[\left(\dfrac{1}{2}\right)^{k}-1\right]\varepsilon(k)$。

4.35　(1) $H(z)=\dfrac{2(z+1)}{z(z+0.1)}$；　(2) $h(k)=10\delta(k-1)-8\,(-0.1)^{k-1}\varepsilon(k-1)$。

4.36　$H(z)=\dfrac{2z^{2}+0.5}{z^{2}+z-0.75}$；$y(k)+y(k-1)-0.75y(k-2)=2f(k)+0.5f(k-2)$

　　　或 $y(k+2)+y(k+1)-0.75y(k)=2f(k+2)+0.5f(k)$。

4.37　$k\left(\dfrac{1}{2}\right)^{k-1}\varepsilon(k)$。

4.38　$y_{zs}(k)=2\varepsilon(k-1)$。

4.39　$a=4,b=-16,c=8$。

4.40　$a_{0}=0.4,a_{1}=-0.3,b_{1}=-0.5,b_{2}=0.5$。

4.41　$i(t)=\dfrac{U_{0}}{3}\left[2\delta(t)+\dfrac{1}{3}\mathrm{e}^{-\frac{t}{3}}\right]\varepsilon(t)$ A，$u_{R}(t)=\dfrac{U_{0}}{3}\mathrm{e}^{-\frac{t}{3}}\varepsilon(t)$ V。

4.42　$h(t)=2\delta'(t)-2\delta(t)+2\mathrm{e}^{-t}\varepsilon(t)$，$g(t)=2\delta(t)-2\mathrm{e}^{-t}\varepsilon(t)$。

4.43　$i_{R}(t)=(1-2\mathrm{e}^{-t}\sin t)\varepsilon(t)$。

4.44　$g(t)=\displaystyle\sum_{n=0}^{\infty}\sin[\pi(t-n)]\varepsilon(t-n)$，图略。

4.45　$H(z)=\dfrac{15z-6}{3z-1}$，图略。

4.46　(1) $h(k)=0.4\left[(0.5)^{k}-(-2)^{k}\right]\varepsilon(k)$；

　　　(2) $h(k)=0.4\,(0.5)^{k}\varepsilon(k)+0.4\,(-2)^{k}\varepsilon(-k-1)$，

　　　$y_{zs}(k)=\left[0.2\,(0.5)^{k}+\dfrac{1}{3}(-0.5)^{k}\right]\varepsilon(k)+\dfrac{8}{15}(-2)^{k}\varepsilon(-k-1)$。

4.47　(1) $H(s)=\dfrac{-3(s^{2}+s+1)}{s^{2}+2s+2}$；

　　　(2) $y''(t)+2y'(t)+2y(t)=-3[f''(t)+f'(t)+f(t)]$；

　　　(3) 稳定。

4.48　(1) $H(z)=\dfrac{2+10z}{5z^{2}+5z+2}$；

　　　(2) $5y(k)+5y(k-1)-6y(k-2)=-f(k-2)+10f(k-1)$；

　　　(3) 不稳定。

习题 5 答案

5.1 (1) 基频 $\Omega = 1600\pi$ rad/s; $T = \dfrac{2\pi}{T} = \dfrac{1}{800} = 1.25$ ms。

(2) 傅里叶级数的系数

$$a_n = \frac{6}{n}\sin^2\left(\frac{n\pi}{2}\right) = \begin{cases} 6/n, & n \text{ 为奇数} \\ 0, & n \text{ 为偶数} \end{cases}, \quad b_n = 0$$

$$A_n = a_n, \quad \varphi_n = 0, \quad \dot{F}_n = 0.5a_n;$$

(3) $f(t)$ 对称性:偶对称和半波对称。

5.2 画出的 $f(t)$ 波形如题 5.2 解图所示。

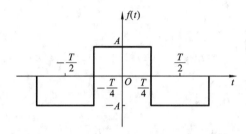

题 5.2 解图

从波形图看出,$f(t)$ 是偶对称和半波对称,所以傅里叶级数只含余弦项的奇次谐波,无直流,即 $a_0 = 0, b_0 = 0$。

$$a_n = \frac{4}{T}\int_0^{\frac{T}{4}} A\cos(n\Omega t)\,\mathrm{d}t - \frac{4}{T}\int_{\frac{T}{4}}^{\frac{T}{2}} A\cos(n\Omega t)\,\mathrm{d}t = \frac{4}{n}\frac{A}{\pi}\sin\left(\frac{n\pi}{2}\right)$$

方波的三角傅里叶级数为 $f(t) = \dfrac{4A}{\pi}\displaystyle\sum_{n=1}^{\infty}\frac{1}{n}\sin\left(\frac{n\pi}{2}\right)\cos(n\Omega t)$。

5.3 (1) 谐波频率分别是 10 Hz,20 Hz,40 Hz;

(2) 谐波的相位或为零或为 $\pm 180°$,表示只含有余弦项,所以也就是周期信号具有对偶性;

(3) 傅里叶级数的三角形式为

$$x(t) = 4\cos(20\pi t) - 8\cos(40\pi t) - 4\cos(80\pi t)$$

(4) 由于频谱是双边的,所以信号的功率为

$$P = \sum |X_n|^2 = (4 + 16 + 4 + 4 + 16 + 4)\text{ W} = 48\text{ W}$$

5.4 (1) 已知 $e^{-2|t|} \leftrightarrow \dfrac{4}{4+\Omega^2}$,根据时移性质,有 $e^{-2|t-1|} \leftrightarrow \dfrac{4}{4+\Omega^2}e^{-j\Omega}$。

(2) $e^{-2t}\varepsilon(t) \leftrightarrow \dfrac{1}{2+j\Omega}$,根据调制定理有

$$e^{-2t}\cos(2\pi t)\varepsilon(t) \leftrightarrow \frac{1}{2}\left[\frac{1}{2+j(\Omega+2\pi)} + \frac{1}{2+j(\Omega-2\pi)}\right]$$

所以
$$F(j\Omega) = \frac{j\Omega+2}{(j\Omega+2)^2 + 4\pi^2}$$

(3)
$$f(t) = \frac{\sin 2\pi(t-2)}{\pi(t-2)} = 2\text{Sa}[2\pi(t-2)]$$

已知 $G_\tau(t) \leftrightarrow \tau\text{Sa}\left(\dfrac{\Omega\tau}{2}\right)$,根据对偶性质得

$$\tau \mathrm{Sa}\left(\frac{\tau t}{2}\right) \leftrightarrow 2\pi G_\tau(\Omega)$$

令 $\tau=4\pi$,可得 $4\pi\mathrm{Sa}(2\pi t)\leftrightarrow 2\pi G_{4\pi}(\Omega)$,根据时移性质,有

$$G_1(t-0.5)\leftrightarrow \mathrm{Sa}\left(\frac{\Omega}{2}\right)\mathrm{e}^{-\mathrm{j}0.5\Omega}$$

5.5　(1) $f(t)=2G_6(t-3)+2G_2(t-3)$,已知 $G_\tau(t)\leftrightarrow \tau\mathrm{Sa}\left(\frac{\omega\tau}{2}\right)$,所以

$$G_6(t-3)\leftrightarrow 6\mathrm{Sa}(3\omega)\mathrm{e}^{-\mathrm{j}3\omega},\quad G_2(t-3)\leftrightarrow 2\mathrm{Sa}(\omega)\mathrm{e}^{-\mathrm{j}3\omega}$$

(2) $f(t)=2G_6(t-3)+2Q_1(t-3)$,已知 $Q_\tau(t)\leftrightarrow T\mathrm{Sa}^2\left(\frac{\omega T}{2}\right)$,所以

$$F(\mathrm{j}\omega)=12\mathrm{Sa}(3\omega)\mathrm{e}^{-\mathrm{j}3\omega}+2\mathrm{Sa}^2(\omega/2)\mathrm{e}^{-\mathrm{j}3\omega}=2\mathrm{e}^{-\mathrm{j}3\omega}\left[6\mathrm{Sa}(3\omega)+\mathrm{Sa}^2(\omega/2)\right]$$

(3) 因为 $f(t)=4G_6(t-3)-4Q_3(t-3)$,所以

$$F(\mathrm{j}\omega)=24\mathrm{Sa}(3\omega)\mathrm{e}^{-\mathrm{j}3\omega}-12\mathrm{Sa}^2(3\omega/2)\mathrm{e}^{-\mathrm{j}3\omega}=4\mathrm{e}^{-\mathrm{j}3\omega}\left[6\mathrm{Sa}(3\omega)-3\mathrm{Sa}^2(3\omega/2)\right]$$

5.6　(1) 因为 $f'(t)=2\delta(t)+2\delta(t-2)-\delta(t-4)-2\delta(t-6)$,所以

$$F(\mathrm{j}\Omega)=\frac{1}{\mathrm{j}\Omega}\left[2+2\mathrm{e}^{-\mathrm{j}2\Omega}-2\mathrm{e}^{-\mathrm{j}4\Omega}-2\mathrm{e}^{-\mathrm{j}6\Omega}\right]$$

(2) 因为 $f''(t)=2\delta'(t)+2\delta(t-2)-4\delta(t-3)+2\delta(t-4)-2\delta'(t-6)$,所以

$$F(\mathrm{j}\Omega)=\frac{1}{(\mathrm{j}\Omega)^2}\left[\mathrm{j}2\Omega+2\mathrm{e}^{-\mathrm{j}2\Omega}-4\mathrm{e}^{-\mathrm{j}3\Omega}+2\mathrm{e}^{-\mathrm{j}4\Omega}-2\mathrm{j}\Omega\mathrm{e}^{-\mathrm{j}6\Omega}\right]$$

(3) 因为 $f''(t)=4\delta'(t)-\frac{4}{3}\delta(t)+\frac{8}{3}\delta(t-3)-\frac{4}{3}\delta(t-6)-4\delta'(t-6)$,所以

$$F(\mathrm{j}\Omega)=\frac{1}{(\mathrm{j}\Omega)^2}\left[\mathrm{j}4\Omega-\frac{4}{3}+\frac{8}{3}\mathrm{e}^{-\mathrm{j}3\Omega}-\frac{4}{3}\mathrm{e}^{-\mathrm{j}6\Omega}-4\mathrm{j}\Omega\mathrm{e}^{-\mathrm{j}6\Omega}\right]$$

5.7　(1) 已知 $\tau\mathrm{Sa}\left(\frac{\tau t}{2}\right)\leftrightarrow 2\pi G_\tau(\Omega)$,所以

$$2\mathrm{Sa}(t)\leftrightarrow 2\pi G_2(\Omega),\quad 4\mathrm{Sa}(2t)\leftrightarrow 2\pi G_4(\Omega)$$

根据卷积性质,有

$$f(t)=\mathrm{Sa}(t)*\mathrm{Sa}(2t)\leftrightarrow \pi G_2(\Omega)\frac{1}{2}\pi G_4(\Omega)=\frac{\pi^2}{2}G_2(\Omega)$$

(2) 因为 $f'(t)=2G_1(t)-\delta(t+0.5)-\delta(t-0.5)$,所以

$$F(\mathrm{j}\Omega)=\frac{1}{\mathrm{j}\Omega}\left[2\mathrm{Sa}\left(\frac{\Omega}{2}\right)-\mathrm{e}^{\mathrm{j}0.5\Omega}-\mathrm{e}^{-\mathrm{j}0.5\Omega}\right]=\frac{1}{\mathrm{j}\Omega}\left[2\mathrm{Sa}\left(\frac{\Omega}{2}\right)-2\cos\left(\frac{\Omega}{2}\right)\right]$$

(3) 已知 $\mathrm{e}^{-2t}\varepsilon(t)\leftrightarrow \frac{1}{\mathrm{j}\Omega+2}$,根据频域微分性质,有

$$t\mathrm{e}^{-2t}\varepsilon(t)\leftrightarrow \mathrm{j}\frac{-\mathrm{j}}{(\mathrm{j}\Omega+2)^2}=\frac{1}{(\mathrm{j}\Omega+2)^2}$$

(4) 已知 $\mathrm{e}^{-2t}\varepsilon(t)\leftrightarrow \frac{1}{\mathrm{j}\Omega+2}$,由反折性质,有

$$2\mathrm{e}^{2t}\varepsilon(-t)\leftrightarrow \frac{2}{2-\mathrm{j}\Omega}$$

5.8　(1) $f_1(t)*f_2(t)$ 的频谱是两频谱的乘积(时域卷积定理),所以最高频率应取消,即 $f_\mathrm{m}=2\ \mathrm{kHz}$,则该信号的奈奎斯特频率 $f_\mathrm{N}=2f_\mathrm{m}=4\ \mathrm{kHz}$;

(2) $f_1(t)\cos(1000\pi t)$ 的频谱将 $F_1(\mathrm{j}\Omega)$ 左右移动 500 Hz(调制定理),所以最高频率为 $f_\mathrm{m}=2.5\ \mathrm{kHz}$,则该信号的奈奎斯特频率为 $f_\mathrm{N}=2f_\mathrm{m}=5\ \mathrm{kHz}$。

5.9　(1) 已知 $\cos(\beta t)\leftrightarrow \pi[\delta(\Omega+\beta)+\delta(\Omega-\beta)]$,$\sin(\beta t)\leftrightarrow \mathrm{j}\pi[\delta(\Omega+\beta)-\delta(\Omega-\beta)]$,所

以

$$f(t) = j\frac{2}{\pi}\sin t + \frac{3}{\pi}\cos(2\pi t)$$

（2）已知 $G_\tau(t) \leftrightarrow \tau \mathrm{Sa}\left(\frac{\Omega\tau}{2}\right)$，令 $\tau = 1/4$，得 $4G_{1/4}(t) \leftrightarrow \mathrm{Sa}\left(\frac{\Omega}{8}\right)$。

因为 $F(j\Omega) = \mathrm{Sa}\left(\frac{\Omega}{8}\right)\cos\Omega = \frac{1}{2}\mathrm{Sa}\left(\frac{\Omega}{2}\right)[e^{j\Omega} + e^{-j\Omega}]$，由时移性质得

$$f(t) = 2[G_{0.25}(t+1) + G_{0.25}(t-1)]$$

（3）已知 $\frac{1}{1+j\Omega} \leftrightarrow e^{-t}\varepsilon(t)$，因为

$$F(j\Omega) = \frac{e^{-j\Omega/2}}{1+j\Omega}\cos\left(\frac{\Omega}{2}\right) = \frac{1}{2}\frac{e^{-j\Omega/2}}{1+j\Omega}[e^{j\Omega/2} + e^{-j\Omega/2}] = \frac{0.5}{1+j\Omega}[1 + e^{-j\Omega}]$$

所以 $\qquad f(t) = 0.5e^{-t}\varepsilon(t) + 0.5e^{-(t-1)}\varepsilon(t-1)$

（4）因为 $F(j\Omega) = \frac{\sin(3\Omega)}{\Omega}e^{j\left(3\Omega + \frac{\pi}{2}\right)} = 3j\mathrm{Sa}(3\Omega)e^{j3\Omega}$，已知 $G_\tau(t) \leftrightarrow \tau \mathrm{Sa}\left(\frac{\Omega\tau}{2}\right)$，令 $\tau = 6$，得 $G_6(t) \leftrightarrow 6\mathrm{Sa}(3\Omega)$，即有 $0.5jG_6(t) \leftrightarrow 3j\mathrm{Sa}(3\Omega)$。由时移性质得 $f(t) = 0.5jG_6(t-3)$。

5.10 （1）已知 $e^{-a|t|} \leftrightarrow \frac{2a}{a^2 + \Omega^2}$，根据对偶性质，有 $\frac{2a}{a^2 + t^2} \leftrightarrow 2\pi e^{-a|\Omega|}$，即 $\frac{1}{a^2 + t^2} \leftrightarrow \frac{\pi}{a}e^{-a|\Omega|}$。

根据能量守恒定理，有

$$\int_{-\infty}^{+\infty}|f(t)|^2\,\mathrm{d}t = \frac{1}{\pi}\int_0^\infty |F(j\Omega)|^2\,\mathrm{d}\Omega$$

所以 $\qquad \displaystyle\int_{-\infty}^{+\infty}\frac{1}{(a^2+x^2)^2}\,\mathrm{d}x = \frac{1}{\pi}\int_0^\infty \frac{\pi^2}{a^2}e^{-2a\Omega}\,\mathrm{d}\Omega = \frac{\pi}{a^2}\frac{e^{-a\Omega}}{-2a}\bigg|_0^\infty = \frac{\pi}{2a^3}$

（2）已知 $Q_T(t) \leftrightarrow T\mathrm{Sa}^2\left(\frac{\Omega T}{2}\right)$，根据对偶性质，有

$$T\mathrm{Sa}\left(\frac{tT}{2}\right) \leftrightarrow 2\pi Q_T(\Omega)$$

令 $T = 2a$，$2a\mathrm{Sa}^2(at) \leftrightarrow 2\pi Q_{2a}(\Omega)$，所以

$$\int_{-\infty}^{+\infty}\frac{\sin^4 ax}{x^4}\,\mathrm{d}x = \int_{-\infty}^{+\infty}[a^2\mathrm{Sa}^2(at)]^2\,\mathrm{d}t = \frac{1}{\pi}\int_0^{2a}[a\pi Q_{2a}(\Omega)]^2\,\mathrm{d}\Omega = \frac{2}{3}\pi a^3$$

其中，三角形平方的面积可以将三角形右移 $2a$ 后再求，平移不改变信号的能量，即有

$$\int_0^{2a}[Q_{2a}(\Omega)]^2\,\mathrm{d}\Omega = \int_0^{2a}\left(\frac{\Omega}{2a}\right)^2\,\mathrm{d}\Omega = \frac{\Omega^3}{12a^2}\bigg|_0^{2a} = \frac{2}{3}a$$

5.11 （1）$X(n) = \displaystyle\sum_{k=0}^{N-1}x(k)W_N^{nk} = 1 + W_4^n - W_4^{2n} - W_4^{3n}$，$n = 0,1,2,3$，可求得 $X(0) = 0$，$X(1) = 2 - 2j$，$X(2) = 0$，$X(3) = 2 + 2j$；

（2）$X(n) = \displaystyle\sum_{k=0}^{N-1}x(k)W_N^{nk} = 1 + jW_N^n - W_N^{2n} - jW_N^{3n}$，$N = 4$，可求得 $X(0) = 0$，$X(1) = 4$，$X(2) = 0$，$X(3) = 0$；

（3）$X(n) = \displaystyle\sum_{k=0}^{N-1}c^k W_N^{nk} = \begin{cases} N\delta(n), & c = 1 \\ \dfrac{1-c^N}{cW_N^n}, & c \neq 1 \end{cases}$；

（4）$X(n) = \sum\limits_{k=0}^{N-1} \sin\left(\dfrac{2\pi k}{N}\right) W_N^{nk} = \sum\limits_{k=0}^{N-1} \dfrac{\mathrm{e}^{\mathrm{j}\frac{2\pi}{N}k} - \mathrm{e}^{-\mathrm{j}\frac{2\pi}{N}k}}{2\mathrm{j}} \mathrm{e}^{-\mathrm{j}\frac{2\pi}{N}k}$

$\qquad\qquad = \dfrac{1}{2\mathrm{j}}\left[\sum\limits_{k=0}^{N-1} \mathrm{e}^{-\mathrm{j}\frac{2\pi}{N}k(n-1)} - \sum\limits_{k=0}^{N-1} \mathrm{e}^{-\mathrm{j}\frac{2\pi}{N}k(n+1)}\right],$

根据正弦序列的正交特性有

$$X(n) = \begin{cases} \dfrac{N}{2\mathrm{j}}, & n=1 \\[2mm] -\dfrac{N}{2\mathrm{j}}, & n=N-1 \\[2mm] 0, & n=0 \ \text{及} \ 2\leqslant n\leqslant N-2 \end{cases} 。$$

5.12　（1）基频 $\Omega = 100\pi$ rad/s，周期 $T = \dfrac{2\pi}{\Omega} = \dfrac{1}{50} = 0.02$ s；

（2）傅里叶级数的系数 $A_n = \dfrac{6}{n}\sin\left(\dfrac{n\pi}{2}\right)$，$n$ 为奇数，$\varphi_n = \dfrac{\pi}{2} - n\dfrac{\pi}{3}$，

$a_n = \dfrac{6}{n}\sin\left(\dfrac{n\pi}{2}\right)\sin\left(\dfrac{n\pi}{3}\right)$，$b_n = \dfrac{6}{n}\sin\left(\dfrac{n\pi}{2}\right)\cos\left(\dfrac{n\pi}{3}\right)$，$\dot{F}_n = 0.5\dot{A}_n = -0.5\mathrm{j}A_n\mathrm{e}^{\mathrm{j}n\pi/3}$，

$F_0 = A_0 = a_0 = 0$；

（3）$f(t)$ 对称性：半波对称。

5.13　（1）基频 $\Omega = 1.5\pi$ rad/s，周期 $T = \dfrac{2\pi}{\Omega} = \dfrac{4}{3}$ s；

（2）$f(t)$ 在区间 $(0, T)$ 上的平均值为 $F_0 = 1$；

（3）三次谐波分量的幅度和相位 $n=3$，$\dot{F}_3 = \dfrac{1}{1+\mathrm{j}3\pi} = \dfrac{1}{\sqrt{1+9\pi^2}}\angle -83.9°$；

（4）用余弦函数表示傅里叶级数的三次谐波分量

$$\dot{A}_3 = 2\dot{F}_3 = \dfrac{2}{1+\mathrm{j}3\pi} = \dfrac{2}{\sqrt{1+9\pi^2}}\angle -83.9° = 0.21\angle -83.9°$$

所以 $\qquad\qquad\qquad f_3(t) = 0.21\cos\left(\dfrac{9}{2}\pi t - 83.9°\right)$

5.14　（1）谐波频率分别是 90 Hz，150 Hz，210 Hz，基频是 $f_0 = \mathrm{GCD}(90,150,210) = $ 30 Hz，谐波次数为 $n=3,5,7$，直流分量 $a_0 = 1$；

（2）谐波的相位为 $\pm 90°$，表示只含有正弦项，所以具有奇对称，但只有直流和奇次谐波存在，因此，信号隐藏半波对称；

（3）傅里叶级数的三角形式为

$\qquad y(t) = 1 + 4\cos(180\pi t + 90°) + 28\cos(300\pi t + 90°) + \cos(420\pi t - 90°)$

$\qquad\qquad = 1 - 4\sin(180\pi t) - 2\sin(300\pi t) + \sin(420\pi t)$

（4）由于频谱是单边的，所以信号的功率为

$$P = a_0 + 0.5\sum|A_n|^2 = [1 + 0.5(16+4+1)] = 11.5 \text{ W}$$

5.15　（1）$\qquad f(t) = \varepsilon(1-|t|)\,\mathrm{sgn}(t) = G_1(t-0.5) - G_1(t+0.5)$

$\qquad\qquad F(\mathrm{j}\omega) = \mathrm{Sa}\left(\dfrac{\Omega}{2}\right)\left[\mathrm{e}^{-\mathrm{j}\omega/2} - \mathrm{e}^{\mathrm{j}\omega/2}\right] = -2\mathrm{j}\,\mathrm{Sa}\left(\dfrac{\Omega}{2}\right)\sin\left(\dfrac{\Omega}{2}\right)$

（2）$\qquad f(t) = \cos^2(2\pi t)\,\mathrm{Sa}(2t) = 0.5\,\mathrm{Sa}(2t)[1+\cos(4\pi t)]$

已知 $\mathrm{Sa}(2t) \Leftrightarrow \dfrac{\pi}{2}G_4(\Omega)$，所以

$$F(j\Omega) = \frac{\pi}{4}G_4(\Omega) + \frac{\pi}{8}\left[G_4(\Omega+4\pi) + G_4(\Omega-2\pi)\right]$$

(3) 求 $f(t) = t^2\varepsilon(t)\varepsilon(1-t) = t^2\left[\varepsilon(t) - \varepsilon(t-1)\right]$ 的三阶导数有

$$f'''(t) = 2\delta(t) - 2\delta(t-1) - 2\delta'(t-1) - \delta''(t-1)$$

所以

$$F(j\Omega) = \frac{1}{(j\Omega)^3}\left[2 - 2e^{-j\Omega} - 2j\Omega e^{-j\Omega} - (j\Omega)^2 e^{-j\Omega}\right]$$

$$= \frac{2}{(j\Omega)^3}\left[1 - e^{-j\Omega}\right] - \frac{1}{j\Omega}e^{-j\Omega}\left[\frac{2}{j\Omega} + 1\right]$$

(4) $f(t) = e^{-2t}\varepsilon(t)\varepsilon(1-t) = e^{-2t}\left[\varepsilon(t) - \varepsilon(t-1)\right] = e^{-2t}\varepsilon(t) - e^{-2t}\varepsilon(t-1)$

因为 $e^{-2t}\varepsilon(t) \leftrightarrow \frac{1}{j\Omega+2}$，$e^{-2t}\varepsilon(t-1) = e^{-2}e^{-2(t-1)}\varepsilon(t-1) \Leftrightarrow \frac{e^{-2}}{j\Omega+2}e^{-j\omega}$，所以

$$F(j\Omega) = \frac{1}{j\Omega+2}(1 - e^{-2-j\Omega})$$

5.16 (1) $y(t) = f'(t)$，$Y(j\Omega) = j\Omega F(j\Omega) = 2j\Omega G_4(j\Omega)$，频谱图如题 5.16 解图(a)所示；

(2) $y(t) = tf(t)$，$Y(j\Omega) = jF'(j\Omega)$，幅度频谱和相位频谱如频谱图如题5.16解图(b)；

(3) $y(t) = f(t) * f(t)$，$Y(j\Omega) = F(j\Omega)F(j\Omega)$，频谱图如题 5.16 解图(c)所示；

(4) $y(t) = f(t)\cos(t)$，$Y(j\Omega) = 0.5\left[F(\Omega-2) + F(\Omega+2)\right]$，频谱图如题5.16 解图(d)所示。

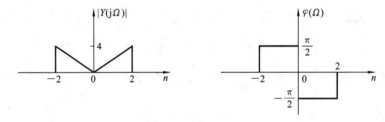

(a)

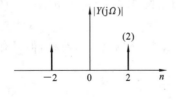

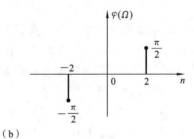

(b)

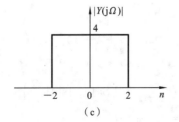

(c)

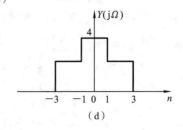

(d)

题 5.16 解图

5.17　(1) 由尺度变换性质 $f(t/2)\leftrightarrow 2F(\mathrm{j}2\Omega)$，所以 $x(t)=\dfrac{1}{2}f\left(\dfrac{t}{2}\right)=\dfrac{1}{4}t\mathrm{e}^{-t}\varepsilon(t)$；

(2) 由调制定理 $f(t)\cos t\leftrightarrow 0.5[F(\Omega-1)+F(\Omega+1)]$，所以

$$x(t)=2f(t)\cos t=2t\mathrm{e}^{-2t}\cos t\cdot\varepsilon(t)$$

(3) 由频域微分性质 $-\mathrm{j}tf(t)\leftrightarrow F'(\mathrm{j}\Omega)$，所以 $x(t)=-\mathrm{j}t^2\mathrm{e}^{-2t}\varepsilon(t)$；

(4) 由时域微分性质 $f'(t)\leftrightarrow \mathrm{j}\Omega F(\mathrm{j}\Omega)$，即有

$$f'(t)=(1-2t)\mathrm{e}^{-2t}\varepsilon(t)\leftrightarrow \mathrm{j}\Omega F(\mathrm{j}\Omega)$$

由尺度变换性质

$$x(t)=\dfrac{1}{2}(1-t)\mathrm{e}^{-t}\varepsilon(t)$$

5.18　(1) 已知 $\cos(\beta t)\leftrightarrow \pi[\delta(\Omega+\beta)+\delta(\Omega-\beta)]$，$\sin(\beta t)\leftrightarrow \mathrm{j}\pi[\delta(\Omega+\beta)-\delta(\Omega-\beta)]$，

所以 $f(t)=\mathrm{j}\dfrac{2}{\pi}\sin t+\dfrac{3}{\pi}\cos(2\pi t)$；

(2) 已知 $G_\tau(t)\leftrightarrow \tau\mathrm{Sa}\left(\dfrac{\Omega\tau}{2}\right)$，令 $\tau=1/4$，得 $4G_{1/4}(t)\leftrightarrow \mathrm{Sa}\left(\dfrac{\Omega}{8}\right)$，因为

$$F(\mathrm{j}\Omega)=\mathrm{Sa}\left(\dfrac{\Omega}{8}\right)\cos\Omega=\dfrac{1}{2}\mathrm{Sa}\left(\dfrac{\Omega}{8}\right)[\mathrm{e}^{\mathrm{j}\Omega}+\mathrm{e}^{-\mathrm{j}\Omega}]$$

由时域性质有 $f(t)=2[G_{0.25}(t+1)+G_{0.25}(t-1)]$；

(3) 已知 $\dfrac{1}{1+\mathrm{j}\Omega}\leftrightarrow \mathrm{e}^{-t}\varepsilon(t)$，因为

$$F(\mathrm{j}\Omega)=\dfrac{\mathrm{e}^{-\mathrm{j}\Omega/2}}{1+\mathrm{j}\Omega}\cos\left(\dfrac{\Omega}{2}\right)=\dfrac{1}{2}\cdot\dfrac{\mathrm{e}^{-\mathrm{j}\Omega/2}}{1+\mathrm{j}\Omega}[\mathrm{e}^{\mathrm{j}\Omega/2}+\mathrm{e}^{-\mathrm{j}\Omega/2}]=\dfrac{0.5}{1+\mathrm{j}\Omega}[1+\mathrm{e}^{-\mathrm{j}\Omega}]$$

所以　　　　　　　$f(t)=0.5\mathrm{e}^{-t}\varepsilon(t)+0.5\mathrm{e}^{-(t-1)}\varepsilon(t-1)$

(4) 因为　　　　　$F(\mathrm{j}\Omega)=\dfrac{\sin(3\Omega)}{\Omega}\mathrm{e}^{\mathrm{j}\left(3\Omega+\frac{\pi}{2}\right)}=3\mathrm{j}\mathrm{Sa}(3\Omega)\mathrm{e}^{\mathrm{j}3\Omega}$

已知 $G_\tau(t)\leftrightarrow \tau\mathrm{Sa}\left(\dfrac{\Omega\tau}{2}\right)$，令 $\tau=6$，得 $G_6(t)\leftrightarrow 6\mathrm{Sa}(3\Omega)$，即有 $0.5\mathrm{j}G_6(t)\leftrightarrow$

$3\mathrm{j}\mathrm{Sa}(3\Omega)$，由时移性质有 $f(t)=0.5\mathrm{j}G_6(t-3)$。

5.19　(1) $F(\mathrm{j}\Omega)=6\pi\delta(\Omega)+2\pi[\delta(\Omega+10\pi)+\delta(\Omega-10\pi)]$；

(2) 已知 $\cos(\Omega t+\theta)\leftrightarrow \pi[\delta(\Omega+\Omega_0)\mathrm{e}^{-\mathrm{j}\theta}+\delta(\Omega-\Omega_0)\mathrm{e}^{\mathrm{j}\theta}]$，所以

$F(\mathrm{j}\Omega)=3\pi[\delta(\Omega+10\pi)+\delta(\Omega-10\pi)]+6\pi[\delta(\Omega+20\pi)\mathrm{e}^{-\mathrm{j}\pi/4}+\delta(\Omega-20\pi)\mathrm{e}^{\mathrm{j}\pi/4}]$

5.20　已知 $\mathrm{Sa}(4000\pi t)\leftrightarrow \dfrac{1}{4000}G_{8000\pi}(\Omega)$，最高频率 $\Omega_\mathrm{m}=4000\pi$，奈奎斯特频率

$$\Omega_\mathrm{N}=2\Omega_\mathrm{m}=8000\pi。$$

(1) $T_\mathrm{s}=0.2\ \mathrm{ms}$；$\Omega_\mathrm{s}=\dfrac{2\pi}{T_\mathrm{s}}=\dfrac{2\pi}{0.2\times 10^{-3}}=10^4\pi$，$\Omega_\mathrm{s}>\Omega_\mathrm{N}$，采样信号的频谱图无混

叠，每个门函数之间隔 2000π，门的高度为 $\dfrac{1}{4000}\times\dfrac{1}{T_\mathrm{s}}=1.25$；

(2) $T_\mathrm{s}=0.2\ \mathrm{ms}$；$\Omega_\mathrm{s}=\dfrac{2\pi}{T_\mathrm{s}}=\dfrac{2\pi}{0.25\times 10^{-3}}=8000\pi$，$\Omega_\mathrm{s}=\Omega_\mathrm{N}$，采样信号的频谱图无

混叠，频谱为一条水平线，门的高度为 $\dfrac{1}{4000}\times\dfrac{1}{T_\mathrm{s}}=1$；

(3) $T_\mathrm{s}=0.4\ \mathrm{ms}$；$\Omega_\mathrm{s}=\dfrac{2\pi}{T_\mathrm{s}}=\dfrac{2\pi}{0.4\times 10^{-3}}=5000\pi$，$\Omega_\mathrm{s}<\Omega_\mathrm{N}$，采样信号的频谱图有混

叠,门的高度为 $\dfrac{1}{4000} \times \dfrac{1}{T_s} = 0.625$。

5.21　$X(n) = \sum\limits_{k=0}^{N-1} x(k) W_N^{nk} = \sum\limits_{k=6}^{9} a^k W_N^{nk} = \dfrac{a^6 W_N^{6n} [1 - a^4 W_N^{4n}]}{1 - a W_N^n} = \dfrac{a^6 W_N^{6n} - a^{10} W_N^{10n}}{1 - a W_N^n}$。

当 $N = 10$ 时,$X(n) = \dfrac{a^6 (W_{10}^{6n} - a^4)}{1 - a W_N^n}$,$a \neq 1$;

当 $N = 20$ 时,$X(n) = \dfrac{a^6 (W_{20}^{6n} - a^4 (-1)^n)}{1 - a W_{20}^n}$,$a \neq 1$。

5.22　设 $f_1(t) = \dfrac{\sin(\pi t)}{\pi t} \dfrac{\sin(2\pi t)}{\pi t}$,由于 $\dfrac{\sin(\pi t)}{\pi t} \leftrightarrow G_{2\pi}(\Omega)$,其中,$G_{2\pi}(\Omega)$ 为幅度为 1,宽

度为 2π 的门函数,于是有 $\dfrac{\sin(2\pi t)}{\pi t} \leftrightarrow G_{4\pi}(\Omega)$。

根据频域卷积定理,有 $F_1(j\Omega) = \dfrac{1}{2\pi} G_{2\pi}(\Omega) * G_{4\pi}(\Omega)$。

频谱图如题 5.22 解图(a)所示。

又由于 $f(t) = t f_1(t)$,根据频域微分性质,可得 $F(j\Omega) = j\dfrac{d}{d\Omega} F_1(j\Omega)$。

其图解如题 5.22 解图(b)所示。

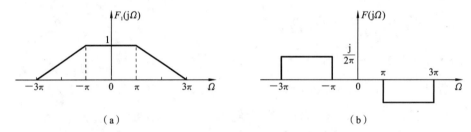

(a)　　　　　　　　　(b)

题 5.22 解图

根据能量守恒定理,有

$$\int_{-\infty}^{+\infty} [f(t)]^2 \, dt = \dfrac{1}{2\pi} \int_{-\infty}^{+\infty} |F(j\Omega)|^2 \, d\Omega$$
$$= \dfrac{1}{2\pi} \int_{0}^{+\infty} |F(j\Omega)|^2 \, d\Omega = \dfrac{1}{2\pi^2}$$

5.23　(1) 根据题意,有

$$F(0) = F(j\Omega) \big|_{\Omega=0} = \int_{-\infty}^{+\infty} f(t) e^{-j\Omega t} \, dt \Big|_{\Omega=0} = \int_{-\infty}^{+\infty} f(t) \, dt = 2$$

(2) 因为 $f(t) = \dfrac{1}{2\pi} \int_{-\infty}^{+\infty} F(j\Omega) e^{j\Omega t} \, d\Omega$,则

$$f(0) = \dfrac{1}{2\pi} \int_{-\infty}^{+\infty} F(j\Omega) \, d\Omega$$

又因为 $\int_{-\infty}^{+\infty} F(j\Omega) \, d\Omega = 2\pi f(0)$,根据信号 $f(t)$ 的波形可知 $f(0) = 2$,因此,

有 $\int_{-\infty}^{+\infty} F(j\Omega) \, d\Omega = 4\pi$。

5.24　由图可知 $f(t) = \dfrac{t}{T}$,周期为 T。根据傅里叶级数定义,有

$$F_n = \frac{1}{T} \int_0^T \frac{t}{T} e^{-jk\Omega_0 t} dt = -\frac{1}{jTn\Omega_0} \left(\frac{t}{T} e^{-jk\Omega_0 t} \Big|_0^T - \int_0^T \frac{1}{T} e^{-jk\Omega_0 t} dt \right) = \frac{j}{2n\pi} (n \neq 0),$$

$$F_0 = \frac{1}{2}$$

因此，信号的傅里叶级数可表示为

$$f(t) = \sum_{n=-\infty}^{\infty} F_n e^{-jn\Omega_0 t}$$

$$= \cdots + \frac{1}{4\pi} e^{-j\left(2\Omega_0 t + \frac{\pi}{2}\right)} + \frac{1}{2\pi} e^{-j\left(\Omega_0 t + \frac{\pi}{2}\right)} + \frac{1}{2} + \frac{1}{2\pi} e^{j\left(\Omega_0 t + \frac{\pi}{2}\right)} + \frac{1}{4\pi} e^{j\left(2\Omega_0 t + \frac{\pi}{2}\right)} + \cdots$$

5.25　(1) 因为 $f(t)$ 是实偶函数，所以其傅里叶变换 $F(j\Omega)$ 也是实偶函数。根据已知条件，有

$$|F(j\Omega)| = e^{-|\Omega|}$$

所以

$$F(j\Omega) = \pm e^{-|\Omega|}$$

又因为 $e^{-|\Omega|} \leftrightarrow \dfrac{2}{1+\Omega^2}$，根据对称性，可得

$$f(t) = \frac{1}{\pi(1+t^2)} \quad \text{或} \quad f(-t) = \frac{1}{\pi(1+t^2)}$$

(2) 因为 $f(t)$ 是实奇函数，所以其傅里叶变换 $F(j\Omega)$ 也是实奇函数。因为 $|F(j\Omega)| = e^{-|\Omega|}$，所以

$$F(j\Omega) = \begin{cases} je^{-\Omega}, & \Omega > 0 \\ -je^{\Omega}, & \Omega < 0 \end{cases}$$

或

$$F(-j\Omega) = \begin{cases} -je^{-\Omega}, & \Omega > 0 \\ je^{\Omega}, & \Omega < 0 \end{cases}$$

则

$$f(t) = \frac{1}{2\pi} \int_{-\infty}^0 -je^{\Omega} e^{j\Omega t} d\Omega + \frac{1}{2\pi} \int_0^{+\infty} je^{-\Omega} e^{j\Omega t} d\Omega = \frac{-t}{\pi(1+t^2)}$$

或

$$f(-t) = \frac{1}{2\pi} \int_{-\infty}^0 je^{\Omega} e^{j\Omega t} d\Omega + \frac{1}{2\pi} \int_0^{+\infty} -je^{-\Omega} e^{j\Omega t} d\Omega = \frac{t}{\pi(1+t^2)}$$

5.26　根据题意，有

$$f(t) = \frac{1}{2\pi} \text{Sa}^2 \left(\frac{t}{2} \right) \leftrightarrow F(j\Omega) = 1 - |\Omega|, \quad -1 < \Omega < 1$$

如题 5.26 解图(a)所示，因为

$$\cos(3t) \leftrightarrow \pi [\delta(\Omega + 3) + \delta(\Omega - 3)]$$

所以 $Y_1(\Omega) = \dfrac{1}{2} [F(\Omega + 3) + F(\Omega - 3)]$，如题 5.26 解图(b)所示。

又因为 $\sin(3t) \leftrightarrow j\pi [\delta(\Omega + 3) - \delta(\Omega - 3)]$，所以

$$Y_2(\Omega) = \frac{1}{2\pi} [F(j\Omega) H(j\Omega)] * j\pi [\delta(\Omega + 3) - \delta(\Omega - 3)]$$

如题 5.26 解图(c)所示。

最后，有 $Y(j\Omega) = Y_1(j\Omega) - Y_2(j\Omega)$，如题 5.26 解图(d)所示。

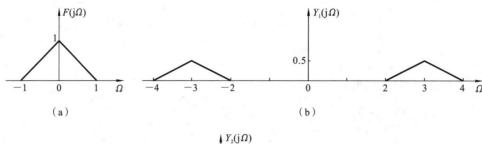

（a）　　　　　　　　（b）

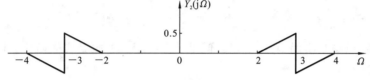

（c）

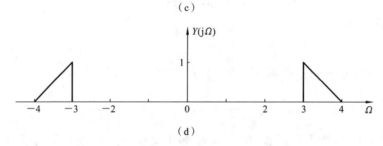

（d）

题 5.26 解图

5.27　对 $e^{-|t|}$ 进行理想抽样，取 $T=1$，有 $\displaystyle\sum_{n=-\infty}^{+\infty} e^{-|n|}\delta(t-n)$，于是有

$$\sum_{n=-\infty}^{+\infty} e^{-|n|}\delta(t-n) \leftrightarrow \sum_{n=-\infty}^{+\infty} \frac{2}{1+(\Omega-2n\pi)^2}$$

又因为 $\displaystyle\int_{-\infty}^{+\infty} f(t)\mathrm{d}t = F(0)$，所以

$$\int_{-\infty}^{+\infty} \sum_{n=-\infty}^{+\infty} e^{-|n|}\delta(t-n)\mathrm{d}t = \sum_{n=-\infty}^{+\infty} e^{-|n|} = \sum_{n=-\infty}^{+\infty} \frac{2}{1+(\Omega-2n\pi)^2}\bigg|_{\Omega=0}$$

$$= \sum_{n=-\infty}^{+\infty} \frac{2}{1+(2n\pi)^2}$$

即 $\displaystyle\sum_{n=-\infty}^{+\infty} e^{-|n|} \leftrightarrow \sum_{n=-\infty}^{+\infty} \frac{2}{1+(2n\pi)^2}$，证毕。

5.28　根据三角波 $F_T(t)$ 的傅里叶变换，有 $F_T(t) \leftrightarrow T\mathrm{Sa}^2\left(\dfrac{\Omega T}{2}\right)$，根据对称性，有

$T\mathrm{Sa}^2\left(\dfrac{tT}{2}\right) \leftrightarrow 2\pi F_T(\Omega)$。

　　令 $T=2\pi B_s$，则 $2\pi B_s \mathrm{Sa}^2(\pi B_s t) \leftrightarrow 2\pi F_{2\pi B_s}(\Omega)$，所以有

$$f(t) = \mathrm{Sa}^2(\pi B_s t) \leftrightarrow \frac{1}{B_s} F_{2\pi B_s}(\Omega)$$

其频谱如题 5.28 解图（a）所示。

　　对于采样冲激串，有 $\delta_T(t) \leftrightarrow \Omega_s\delta_{\Omega_s}(\Omega)$，$\Omega_s = \dfrac{2\pi}{T}$，当 $T = \dfrac{1}{2B_s}$ 时，$\Omega_s = 4\pi B_s$，满足奈奎斯特采样定理，频谱图如题 5.28 解图（b）所示。

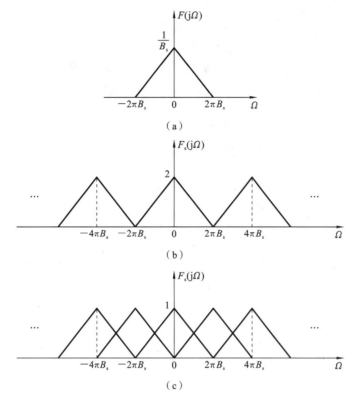

题 5.28 解图

当 $T=\dfrac{1}{B_s}$ 时，$\Omega_s=2\pi B_s$，不满足奈奎斯特采样定理，频谱图如题 5.28 解图 (c)所示。

5.29　$Y(n)=X^2(n)$，根据圆周卷积定理有

$$y(k)=x(k)\bigotimes x(k)=\sum_{m=0}^{N-1}x(m)x\,((k-m))_N R_N(k)$$

$$=\sum_{m=0}^{4}x(m)x\,((k-m))_5 R_5(k)$$

$$=4\delta(k)+5\delta(k-1)+\delta(k-2)+4\delta(k-3)+2\delta(k-4)$$

第 6 章答案

6.1　(1) $\dfrac{\mathrm{e}^{-\mathrm{j}\Omega}}{2+\mathrm{j}\Omega}$；　(2) $-2\mathrm{j}\sin(2\Omega)$。

6.2　(1) $1+\cos(4\pi t)$；　(2) $\dfrac{4\mathrm{j}\sin^2 t}{\pi t}$。

6.3　$h(t)=h_1(t)*h_2(t)-h_3(t)=\varepsilon(t)*\delta(t-1)-\delta(t-3)=\varepsilon(t-1)-\delta(t-3)$。

6.4　$Y(\mathrm{j}\Omega)=\displaystyle\int_{-\infty}^{+\infty}\left[\int_{-\infty}^{+\infty}f(\tau)h(t-\tau)\mathrm{d}\tau\right]\mathrm{e}^{-\mathrm{j}\Omega t}\mathrm{d}t=\int_{-\infty}^{+\infty}f(\tau)\left[\int_{-\infty}^{+\infty}h(t-\tau)\mathrm{e}^{-\mathrm{j}\Omega t}\mathrm{d}t\right]\mathrm{d}\tau$

$$=\int_{-\infty}^{+\infty}f(\tau)\mathrm{e}^{-\mathrm{j}\Omega\tau}H(\mathrm{j}\Omega)\mathrm{d}\tau=\int_{-\infty}^{+\infty}f(\tau)\mathrm{e}^{-\mathrm{j}\Omega\tau}\mathrm{d}\tau H(\mathrm{j}\Omega)$$

$$=F(\mathrm{j}\Omega)H(\mathrm{j}\Omega)。$$

6.5　$H(\mathrm{j}\Omega)=\dfrac{1}{\mathrm{j}\Omega+2}$。

6.6　$H(j\Omega) = \dfrac{j\Omega + 2}{(j\Omega)^2 + 4(j\Omega) + 3} = \dfrac{1/2}{j\Omega + 1} + \dfrac{1/2}{j\Omega + 3}, h(t) = \dfrac{1}{2} e^{-t} \varepsilon(t) + \dfrac{1}{2} e^{-3t} \varepsilon(t)$。

6.7　对方程两边同时进行傅里叶变换，得

$$(j\Omega)^2 Y(j\Omega) + 3(j\Omega) Y(j\Omega) + 2Y(j\Omega) = (j\Omega) X(j\Omega)$$

$$H(j\Omega) = \frac{Y(j\Omega)}{X(j\Omega)} = \frac{j\Omega}{(j\Omega)^2 + 3(j\Omega) + 2}$$

6.8　对方程两边同时进行傅里叶变换，得

$$(j\Omega)^2 Y(j\Omega) + 5(j\Omega) Y(j\Omega) + 6Y(j\Omega) = (j\Omega) F(j\Omega) + 4F(j\Omega)$$

$$H(j\Omega) = \frac{Y(j\Omega)}{F(j\Omega)} = \frac{j\Omega + 4}{(j\Omega)^2 + 5(j\Omega) + 6}$$

6.9　因为 $f(t) = \cos(2t)$，所以

$$F(j\Omega) = \pi[\delta(\Omega + 2) + \delta(\Omega - 2)]$$

$$Y(j\Omega) = F(j\Omega) H(j\Omega) = \pi[\delta(\Omega + 2) + \delta(\Omega - 2)] \frac{2 - j\Omega}{2 + j\Omega}$$

$$= j\pi[\delta(\Omega + 2) - \delta(\Omega - 2)]$$

$$y(t) = \sin(2t)$$

6.10　$j\Omega Y(j\Omega) + 2Y(j\Omega) = F(j\Omega)$；

$$Y(j\Omega) = \frac{F(j\Omega)}{j\Omega + 2}, F(j\Omega) = \pi\delta(\Omega) + \frac{1}{j\Omega}；$$

$$Y(j\Omega) = \frac{1}{j\Omega + 2}\left[\pi\delta(\Omega) + \frac{1}{j\Omega}\right] = \frac{1}{2}\left[\pi\delta(\Omega) + \frac{1}{j\Omega}\right] - \frac{\dfrac{1}{2}}{2 + j\Omega}；$$

$$y(t) = \frac{1}{2}(1 - e^{-2t})\varepsilon(t)。$$

6.11　$H(j\Omega) = \dfrac{1}{2 + j\Omega}$。

6.12　$h(t) = \dfrac{1}{2\pi} \displaystyle\int_{-\infty}^{+\infty} H(j\Omega) e^{j\Omega t} d\Omega = \dfrac{1}{2\pi} \displaystyle\int_{-\Omega_0}^{0} j e^{j\Omega t} d\Omega + \dfrac{1}{2\pi} \displaystyle\int_{0}^{\Omega_0} - j e^{j\Omega t} d\Omega$

$$= \frac{1}{2\pi t}(1 - e^{-j\Omega_0 t} - e^{j\Omega_0 t} + 1) = \frac{1}{\pi t}[1 - \cos(\Omega_0 t)]。$$

6.13　$H(j\Omega) = \dfrac{j\Omega}{-\Omega^2 + j5\Omega + 6} = \dfrac{3}{j\Omega + 3} - \dfrac{2}{j\Omega + 2}$；

$\quad$ $h(t) = (3e^{-3t} - 2e^{-2t})\varepsilon(t)$。

6.14　(1) $H(j\Omega) = e^{-j\Omega}, h(t) = \delta(t - 1)$；　(2) $H(j\Omega) = -1, h(t) = -\delta(t)$；

$\quad$ (3) $H(j\Omega) = j\Omega, h(t) = \delta'(t)$；　　　　(4) $H(j\Omega) = \pi\delta(\Omega) + \dfrac{1}{j\Omega}, h(t) = \varepsilon(t)$。

6.15　$(j\Omega)^2 Y(j\Omega) + 3(j\Omega) Y(j\Omega) + 2Y(j\Omega) = F(j\Omega)$；

$\quad$ $H(j\Omega) = \dfrac{Y(j\Omega)}{F(j\Omega)} = \dfrac{1}{(j\Omega)^2 + 3(j\Omega) + 2}$。

6.16　$H(j\Omega) = \dfrac{1}{(j\Omega)^2 + 3(j\Omega) + 2}$。

6.17　$F(j\Omega) = \dfrac{1}{1 + j\Omega}, Y(j\Omega) = \dfrac{1}{1 + j\Omega} + \dfrac{1}{2 + j\Omega}$；

$$H(j\Omega) = \frac{Y(j\Omega)}{F(j\Omega)} = 1 + \frac{1+j\Omega}{2+j\Omega} = 2 - \frac{1}{2+j\Omega};$$

$$h(k) = 2\delta(t) - e^{-2t}\varepsilon(t)。$$

6.18 对方程两边同时进行傅里叶变换,得

$$(j\Omega)^2 Y(j\Omega) + 3(j\Omega)Y(j\Omega) + 2Y(j\Omega) = (3j\Omega)F(j\Omega) + 4F(j\Omega)$$

$$H(j\Omega) = \frac{Y(j\Omega)}{F(j\Omega)} = \frac{3j\Omega+4}{(j\Omega)^2 + 3(j\Omega) + 2}$$

当激励为 $f(t) = e^{-3t}\varepsilon(t)$ 时,有

$$Y_{zs}(j\Omega) = F_{zs}(j\Omega)H(j\Omega) = \frac{3j\Omega+4}{(j\Omega+1)(j\Omega+2)(j\Omega+3)}$$

$$y_{zs}(t) = \mathscr{F}^{-1}[Y_{zs}(j\Omega)] = \left[\frac{1}{2}e^{-t} + 2e^{-2t} - \frac{5}{2}e^{-3t}\right]\varepsilon(t)$$

6.19 电路的频域模型如题解 6.19 图所示,由系统函数定义和分压原理,有

$$H(j\Omega) = \frac{Y(j\Omega)}{X(j\Omega)} = \frac{\frac{1}{j\Omega C}I_c(j\Omega)}{\left(R + \frac{1}{j\Omega C}\right)I_c(j\Omega)} = \frac{\frac{1}{RC}}{j\Omega + \frac{1}{RC}}$$

由傅里叶反变换,得 $h(t) = \frac{1}{RC}e^{-(1/RC)t}\varepsilon(t)$。

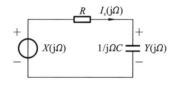

题解 6.19 图

6.20 $$|H(j\Omega)| = \frac{\sqrt{1+\Omega^2}}{\sqrt{1+\Omega^2}} = 1$$

$$\phi(\Omega) = \phi_1(\Omega) - \phi_2(\Omega) = \arctan\left(\frac{-\Omega}{1}\right) - \arctan\left(\frac{\Omega}{1}\right) = -2\arctan(\Omega)$$

故 $$H(j\Omega) = e^{-j\arctan(\Omega)}$$

系统的幅度响应 $|H(j\Omega)|$ 为常数(全通系统),但相位响应 $\Phi(\Omega)$ 不是 Ω 的线性函数,所以系统不是无失真传输系统。

6.21 (1) $\dfrac{e^{-j\Omega}}{1 - \dfrac{1}{2}e^{-j\Omega}}$;   (2) $\dfrac{0.75e^{-j\Omega}}{1.25 - \cos\Omega}$。

6.22 (1) $\dfrac{\pi}{j}\left\{e^{j\pi/4}\delta\left(\Omega - \dfrac{\pi}{3}\right) - e^{-j\pi/4}\delta\left(\Omega + \dfrac{\pi}{3}\right)\right\}$;

(2) $4\pi\delta(\Omega) + \pi\left\{e^{j\pi/8}\delta\left(\Omega - \dfrac{\pi}{6}\right) + e^{-j\pi/8}\delta\left(\Omega + \dfrac{\pi}{6}\right)\right\}$。

6.23 (1) $f_1(k) = 1 + \cos\left(\dfrac{\pi}{2}k\right)$;   (2) $x_2(k) = -4\dfrac{\sin^2\left(\dfrac{\pi}{2}k\right)}{\pi k}$。

6.24 $$H(e^{j\omega}) = \sum_{k=-\infty}^{+\infty} h(k)e^{-j\omega k} = \sum_{k=0}^{+\infty}\left(\frac{1}{3}\right)^k e^{-j\omega k} = \frac{1}{1 - \dfrac{1}{3}e^{-j\omega}},$$

$$y(k)=\mathrm{e}^{\frac{\mathrm{j}k\pi}{4}}H(\mathrm{e}^{\frac{\mathrm{j}\pi}{4}})=\frac{1}{1-\frac{1}{3}\mathrm{e}^{-\mathrm{j}\frac{\pi}{4}}}\mathrm{e}^{\frac{\mathrm{j}k\pi}{4}}。$$

6.25 $y(k)=\delta(k)+2[\delta(k-1)+\delta(k-5)]+3[\delta(k-2)+\delta(k-4)]$
$+4\delta(k-3)+\delta(k-6)$。

6.26 $y(n)=2^n[u(n)-u(n-4)]-2^{n-2}[u(n-2)-u(n-6)]$。

6.27 $y(k)=(2-2^{-k})\varepsilon(k)-[(2-2^{-(k-5)})]\varepsilon(k-5)$。

6.28 $H(\mathrm{e}^{\mathrm{j}\omega})=\dfrac{1}{\left(1-\dfrac{1}{2}\mathrm{e}^{-\mathrm{j}\omega}\right)\left(1+\dfrac{1}{3}\mathrm{e}^{-\mathrm{j}\omega}\right)},h(\varepsilon)=\dfrac{3}{5}\left(\dfrac{1}{2}\right)^k\varepsilon(k)+\dfrac{2}{5}\left(-\dfrac{1}{3}\right)^k\varepsilon(k)$。

6.29 $h_2(k)=-2\left(\dfrac{1}{4}\right)^k\varepsilon(k)$。

6.30 (1) $H(\mathrm{e}^{\mathrm{j}\omega})=\mathrm{e}^{-\mathrm{j}\frac{1}{2}\omega}\cos\left(\dfrac{1}{2}\omega\right),|H(\mathrm{e}^{\mathrm{j}\omega})|=\left|\cos\left(\dfrac{1}{2}\omega\right)\right|$;

(2) $H(\mathrm{e}^{\mathrm{j}\omega})=\mathrm{j}\mathrm{e}^{-\mathrm{j}\frac{1}{2}\omega}\sin\left(\dfrac{1}{2}\omega\right),|H(\mathrm{e}^{\mathrm{j}\omega})|=\left|\sin\left(\dfrac{1}{2}\omega\right)\right|$。

图略。

6.31 $y(k)=\delta(k)+a\delta(k-1)+a^{k-2}(a^2+2)\varepsilon(k-2)$。

6.32 $H(z)=5-\dfrac{\dfrac{1}{3}z^{-1}}{1-\dfrac{1}{3}z^{-1}},|z|>\dfrac{1}{3}$。

6.33 $H(z)=\dfrac{9.5z}{(z-0.5)(10-z)}=\dfrac{z}{z-0.5}-\dfrac{z}{z-10}$,

$0.5<|z|<10,h(k)=\left(\dfrac{1}{2}\right)^k u(k)+10^k\varepsilon(-k-1)$。

收敛域包含单位圆,系统为非因果稳定系统。

6.34 $y(k)=\dfrac{1-a^{k+1}}{1-a}R_K(k)+\dfrac{a^{k-K+1}(1-a^K)}{1-a}\varepsilon(k-K)$。

6.35 $F(\mathrm{e}^{\mathrm{j}\omega})=1+2\mathrm{e}^{-\mathrm{j}2\omega},H(\mathrm{e}^{\mathrm{j}\omega})=\dfrac{1}{1-a\mathrm{e}^{-\mathrm{j}\omega}}$,

$Y(\mathrm{e}^{\mathrm{j}\omega})=F(\mathrm{e}^{\mathrm{j}\omega})H(\mathrm{e}^{\mathrm{j}\omega})=\dfrac{1+2\mathrm{e}^{-\mathrm{j}2\omega}}{1-a\mathrm{e}^{-\mathrm{j}\omega}}=\dfrac{1}{1-a\mathrm{e}^{-\mathrm{j}\omega}}+\dfrac{\mathrm{e}^{-\mathrm{j}2\omega}}{1-a\mathrm{e}^{-\mathrm{j}\omega}}$,

$y(k)=\delta(k)+a\delta(k-1)+a^k\varepsilon(k-2)+2a^{k-2}\varepsilon(k-2)$。

6.36 系统函数有两个极点,即 $z_1=0.5$ 和 $z_2=2$。收敛域包含无穷点,因此系统一定是因果系统,但是单位圆不在收敛域内,因此可以判定系统是不稳定的。

$$h(n)=\left(\dfrac{1}{2}\right)^n u(n)-2^n u(n)$$

6.37 收敛域包括单位圆但不包括无穷点,因此系统是稳定的,但不是非因果的。

$$h(k)=\left(\dfrac{1}{2}\right)^k\varepsilon(k)-2^k\varepsilon(k)$$

6.38 (1) 对差分方程两端分别进行 Z 变换可得

$$Y(z)-\dfrac{1}{2}z^{-1}Y(z)=F(z)+\dfrac{1}{2}z^{-1}F(z)$$

系统函数为

$$H(z) = \frac{Y(z)}{F(z)} = \frac{1 + \frac{1}{2} z^{-1}}{1 - \frac{1}{2} z^{-1}} = \frac{2}{1 - \frac{1}{2} z^{-1}} - 1$$

系统函数为因果稳定的系统,所以,收敛域 $|z| > \frac{1}{2}$。

$$h(k) = \delta(k) + \left(\frac{1}{2}\right)^{k-1} \varepsilon(k-1)$$

(2) $$H(e^{j\omega}) = \frac{1 + \frac{1}{2} e^{-j\omega}}{1 - \frac{1}{2} e^{-j\omega}}$$

$$y(k) = f(k) H(e^{j\omega}) \big|_{\omega = \pi} = e^{j\pi k} \frac{1 + \frac{1}{2} e^{-j\pi}}{1 - \frac{1}{2} e^{-j\pi}} = \frac{1}{3} e^{j\pi k}$$

6.39 $$H_R(e^{j\omega}) = 1 + \cos\omega = 1 + \frac{1}{2} e^{j\omega} + \frac{1}{2} e^{-j\omega}$$

$$h_e(-1) = \frac{1}{2}, \quad h_e(0) = 1, \quad h_e(1) = \frac{1}{2}$$

$$h(k) = \begin{cases} 0, & k < 0 \\ h_e(k), & k = 0 \\ 2h_e(k), & k > 0 \end{cases} = \begin{cases} 1, & k = 1 \\ 1, & k = 0 \\ 0, & \text{其他} \end{cases}$$

故 $$H(e^{j\omega}) = 1 + e^{-j\omega} = 2 e^{-j\frac{\omega}{2}} \cos\frac{\omega}{2}$$

6.40 显然,其系统函数为

$$H(z) = \frac{1}{1 - 0.5 z^{-1}}$$

因系统是因果系统,故其收敛域为 $|z| > 0.5$。该系统的单位脉冲响应为

$$h(k) = 0.5^k \varepsilon(k)$$

因 $h(k)$ 为无限长,故为无限冲激响应系统。

6.41 由系统函数可知,系统的频率响应为 $H(j\Omega) = \frac{1}{j\Omega + 1}$,由于 $H(j0) = 1, H(+\infty j)$ $= 0$,故系统为低通。

6.42 $y(t) = A\cos\left(\Omega_0 t - \frac{\pi}{2}\right) + B\sin\left(\Omega_0 t - \frac{\pi}{2}\right) = A\sin\Omega_0 t - B\cos\Omega_0 t$。

6.43 $A = \frac{1}{3}, B = 3$。

6.44 $f(t) = e^{-4t} \varepsilon(t)$。

6.45 因为 $g(t) = \int_{-\infty}^{t} f(\tau) \mathrm{d}\tau$,所以利用线性时不变系统的积分特性可得

$$y_g(t) = \int_{-\infty}^{t} y(\tau) \mathrm{d}\tau = \int_{-\infty}^{t} [\delta(\tau+1) + \delta(\tau-1)] \mathrm{d}\tau = \varepsilon(t+1) + \varepsilon(t-1)$$

6.46 $G_\tau(t) \overset{\mathscr{F}}{\longleftrightarrow} \tau\mathrm{Sa}\left(\frac{\tau\Omega}{2}\right)$,根据对称性,有

$$\tau \mathrm{Sa}\left(\frac{\tau t}{2}\right) \overset{\mathscr{F}}{\leftrightarrow} 2\pi G_{4\pi}(\Omega), \text{即} \frac{\sin(2\pi t)}{2\pi t} \overset{\mathscr{F}}{\leftrightarrow} \frac{1}{2}G_{4\pi}(\Omega), \frac{\sin(8\pi t)}{8\pi t} \overset{\mathscr{F}}{\leftrightarrow} \frac{1}{8}G_{16\pi}(\Omega)$$

因此

$$\frac{\sin(2\pi t)}{2\pi t} * \frac{\sin(8\pi t)}{8\pi t} \overset{\mathscr{F}}{\leftrightarrow} \frac{1}{2}G_{4\pi}(\Omega)\frac{1}{8}G_{16\pi}(\Omega) = \frac{1}{16}G_{4\pi}(\Omega)$$

取傅里叶反变换,得

$$\frac{\sin(2\pi t)}{2\pi t} * \frac{\sin(8\pi t)}{8\pi t} = \frac{\sin(2\pi t)}{16\pi t}$$

6.47 $y(t) = f(t) * h(t) = \displaystyle\int_{-\infty}^{+\infty} f(\tau)h(t-\tau)\mathrm{d}\tau$,对比 $y(t) = a^{-\frac{1}{2}} \displaystyle\int_{-\infty}^{+\infty} f(\tau)g\left(\frac{\tau-t}{a}\right)\mathrm{d}\tau$,

有

$$h(t-\tau) = a^{-\frac{1}{2}} g\left(\frac{\tau-t}{a}\right)$$

故

$$h(t) = a^{-\frac{1}{2}} g\left(-\frac{t}{a}\right)$$

所以

$$H(\mathrm{j}\Omega) = a^{-\frac{1}{2}} aG(-\mathrm{j}a\Omega) = a^{\frac{1}{2}} G(-\mathrm{j}a\Omega)$$

6.48 $h(t) = h_3(t) * [h_1(t) + h_1(t) * h_2(t)] = h_3(t) * h_1(t) + h_3(t) * h_1(t) * h_2(t)$

故 $H(\mathrm{j}\Omega) = H_1(\mathrm{j}\Omega)H_3(\mathrm{j}\Omega) + H_1(\mathrm{j}\Omega)H_2(\mathrm{j}\Omega)H_3(\mathrm{j}\Omega)$

又 $h_1(t) = \dfrac{\mathrm{d}}{\mathrm{d}t}\left(\dfrac{\sin 4\Omega_0 t}{\pi t}\right)$,且 $\dfrac{4\Omega_0}{\pi}\dfrac{\sin 4\Omega_0 t}{4\Omega_0 t} \overset{\mathscr{F}}{\longrightarrow} G_{8\Omega_0}(\Omega)(|\Omega|<4\Omega_0)$

从而可得 $H_1(\mathrm{j}\Omega) = \mathrm{j}\Omega(|\Omega|<4\Omega_0)$, $H_2(\mathrm{j}\Omega) = \mathrm{e}^{-\mathrm{j}2\pi\Omega}$, $H_3(\mathrm{j}\Omega) = 1(|\Omega|<2\Omega_0)$

所以 $H(\mathrm{j}\Omega) = \mathrm{j}\Omega(1 + \mathrm{e}^{-\mathrm{j}2\pi\Omega})(|\Omega|<2\Omega_0)$

6.49 $h(t) = \pi \dfrac{\sin(\pi t)}{\pi t}\dfrac{\sin(2\pi t)}{\pi t}$

$$H(\mathrm{j}\Omega) = \frac{1}{2}\mathscr{F}\left\{\frac{\sin(\pi t)}{\pi t}\right\} * \mathscr{F}\left\{\frac{\sin(2\pi t)}{\pi t}\right\}$$

$$f(t) = \mathrm{e}^{\mathrm{j}0t} + \frac{1}{2}(\mathrm{e}^{\mathrm{j}2\pi t} + \mathrm{e}^{-\mathrm{j}2\pi t}) + \frac{1}{2\mathrm{j}}(\mathrm{e}^{\mathrm{j}6\pi t} + \mathrm{e}^{-\mathrm{j}6\pi t})$$

$$y(t) = \pi + \frac{\pi}{2}\cos(2\pi t)$$

6.50 由题 6.50 图可得其频率响应为

$$H(\mathrm{j}\Omega) = \frac{\dot{U}_2(\mathrm{j}\Omega)}{I_s(\mathrm{j}\Omega)} = \frac{(R+\mathrm{j}\Omega L)\left(R_2+\dfrac{1}{\mathrm{j}\Omega C}\right)}{R+\mathrm{j}\Omega L + R_2 + \dfrac{1}{\mathrm{j}\Omega C}} = \frac{(R_1-R_2\Omega^2)+\mathrm{j}\Omega(1+R_1R_2)}{(1-\Omega^2)+\mathrm{j}\Omega(R_1+R_2)}$$

无失真传输系统的频率响应满足

$$H(\mathrm{j}\Omega) = k\mathrm{e}^{-\mathrm{j}\Omega t_\mathrm{d}}, \quad k, t_\mathrm{d} \text{ 为常数}$$

即

$$|H(\mathrm{j}\Omega)| = \sqrt{\frac{(R_1-R_2\Omega^2)^2+\Omega^2(1+R_1R_2)^2}{(1-\Omega^2)^2+\Omega^2(R_1+R_2)^2}} = k$$

$$k^2\Omega^4 + [k^2(R_1+R_2)^2 - 2k^2]\Omega^2 + k^2 = R_2^2\Omega^4 + [(1+R_1R_2)^2 - 2R_1R_2]\Omega^2 + R_1^2$$

要使上式对于任何 Ω 都成立,比较两边系数,得

$$\begin{cases} k^2 = R_2^2 \\ k^2(R_1+R_2)^2 - 2k^2 = (1+R_1R_2)^2 - 2R_1R_2 \\ k^2 = R_1^2 \end{cases}$$

联立解得 $R_1 = R_2 = 1\ \Omega$,即为了使系统无失真传输,$R_1 = R_2 = 1\ \Omega$。

6.51　$f(t) = a_0 + 2a_1\cos\Omega_0 t, t \in \mathbf{R}$,所以

$$f(t) = f(t)p(t) = [a_0 + 2a_1\cos(\Omega_0 t)]\cos(\Omega_0 t)$$
$$= a_0\cos(\Omega_0 t) + 2a_1\cos^2(\Omega_0 t)$$
$$= a_0\cos(\Omega_0 t) + a_1 + a_1\cos(2\Omega_0 t)$$
$$f(t) = a_0 + 2a_1\cos\Omega_0 t, t \in \mathbf{R}$$

$$h(t) = \frac{\Omega_0}{2\pi} \times \frac{\sin\left(\frac{\Omega_0}{2}t\right)}{\frac{\omega_0}{2}t}, \quad H(\mathrm{j}\Omega) = \frac{\Omega_0}{2\pi} \times \frac{\pi}{\frac{\Omega_0}{2}}G_{\Omega_0}(\Omega) = G_{\Omega_0}(\Omega)$$

故得 $y(t) = a_1$。

6.52　因为 $y_1(t) = f(t)s(t)$,故

$$Y_1(\mathrm{j}\Omega) = \frac{1}{2\pi}F(\mathrm{j}\Omega) * S(\mathrm{j}\Omega) = \frac{1}{2\pi}\sum_{n=-\infty}^{+\infty}2\pi\delta(\Omega - 2n) * \pi[\delta(\Omega - 2) + \delta(\Omega + 2)]$$
$$= \sum_{n=-\infty}^{+\infty}\pi[\delta(\Omega - 2n - 2) + \delta(\omega - 2n + 2)]$$
$$Y(\mathrm{j}\Omega) = Y_1(\mathrm{j}\Omega)H(\mathrm{j}\Omega) = \pi\delta(\Omega) + \pi\delta(\Omega - 2) + \pi\delta(\Omega + 2)$$

故得 $y(t) = \dfrac{1}{2} + \cos(2t)$。

6.53　因为 $\dfrac{\sin(3t)}{t} \leftrightarrow \pi G_6(\Omega)$,$\cos(5t) \leftrightarrow \pi[\delta(\Omega + 5) + \delta(\Omega - 5)]$,故

$$Y(\mathrm{j}\Omega) = H(\mathrm{j}\Omega)X(\mathrm{j}\Omega) = \frac{\pi}{2}[G_4(\Omega + 4)\mathrm{e}^{\mathrm{j}\pi/2} + G_4(\Omega - 4)\mathrm{e}^{-\mathrm{j}\pi/2}]$$

故得

$$y(t) = \frac{1}{2}\mathrm{e}^{\mathrm{j}\pi/2}\frac{\sin(2t)}{t}\mathrm{e}^{-\mathrm{j}4t} + \frac{1}{2}\mathrm{e}^{-\mathrm{j}\pi/2}\frac{\sin(2t)}{t}\mathrm{e}^{\mathrm{j}4t}$$
$$= 2\frac{\sin(2t)}{2t}\frac{\mathrm{e}^{\mathrm{j}(4t - \pi/2)} + \mathrm{e}^{-\mathrm{j}(4t - \pi/2)}}{2}$$
$$= 2\mathrm{Sa}(2t)\cos(4t - \pi/2) = 2\mathrm{Sa}(2t)\sin(4t)$$

6.54　$h(k) = \dfrac{1}{2\pi}\displaystyle\int_{-\pi}^{\pi}H(\mathrm{e}^{\mathrm{j}\omega})\mathrm{e}^{\mathrm{j}\omega k}\,\mathrm{d}\omega = \dfrac{1}{2\pi}\displaystyle\int_{-\pi}^{\pi}\mathrm{e}^{-\mathrm{j}\omega/2}\mathrm{e}^{\mathrm{j}\omega k}\,\mathrm{d}\omega$,令激励为 $f(k) = \delta(k - 1)$,则 $F(\mathrm{e}^{\mathrm{j}\omega}) = \mathrm{e}^{-\mathrm{j}\omega}$。

如果系统是因果的,那么响应 $y(k)$ 在 $n < 1$ 时应该等于零。

$$h(k) = \frac{1}{2\pi}\int_{-\pi}^{\pi}H(\mathrm{e}^{\mathrm{j}\omega})\mathrm{e}^{\mathrm{j}\omega k}\,\mathrm{d}\omega = \frac{1}{2\pi}\int_{-\pi}^{\pi}\mathrm{e}^{-\mathrm{j}\omega/2}\mathrm{e}^{\mathrm{j}\omega k}\,\mathrm{d}\omega$$
$$y(0) = \frac{1}{2\pi}\int_{-\pi}^{\pi}Y(\mathrm{e}^{\mathrm{j}\omega})\mathrm{e}^{\mathrm{j}0k}\,\mathrm{d}\omega = \frac{1}{2\pi}\int_{-\pi}^{\pi}\mathrm{e}^{-\mathrm{j}\omega}\mathrm{e}^{-\mathrm{j}\omega/2}\,\mathrm{d}\omega = -\frac{2}{3\pi} \neq 0$$

所以系统是非因果的。

6.55　为求其单位脉冲响应,设 $x(k) = \delta(k)$,于是求和环节的响应为
$$w(k) = \delta(k) - \delta(k - 1)$$

因为 $w(k)$ 是一个具有单位脉冲响应 $h_2(k)$ 的线性时不变系统的激励,所以
$$y(k) = h(k) = w(k) * h_2(k) = h_2(k) - h_2(k - 1)$$

式中，$h_2(k) = \dfrac{1}{2\pi} \displaystyle\int_{-\pi}^{\pi} H_2(e^{j\omega}) e^{j\omega k} \, d\omega = \dfrac{1}{2\pi} \displaystyle\int_{-\pi/2}^{\pi/2} e^{j\omega k} \, d\omega = \dfrac{\sin(k\pi/2)}{k\pi}$。

因此，整个系统的单位脉冲响应为

$$h(k) = h_2(k) - h_2(k-1) = \frac{\sin(k\pi/2)}{k\pi} - \frac{\sin[(k-1)\pi/2]}{(k-1)\pi}$$

$$W(e^{j\omega}) = 1 - e^{-j\omega}$$

则系统的频率响应为

$$H(e^{j\omega}) = W(e^{j\omega}) H_2(e^{j\omega}) = (1 - e^{-j\omega}) H_2(e^{j\omega})$$

即

$$H(e^{j\omega}) = \begin{cases} 1 - e^{-j\omega}, & |\omega| \leqslant \dfrac{\pi}{2} \\[2mm] 0, & \dfrac{\pi}{2} < |\omega| \leqslant \pi \end{cases}$$

6.56 (1) $H(e^{j\omega}) = H_1(e^{j\omega}) [H_2(e^{j\omega}) + H_3(e^{j\omega}) H_4(e^{j\omega})]$；

(2) $H_1(e^{j\omega}) = \displaystyle\sum_{k=-\infty}^{+\infty} h_1(k) e^{-j\omega k} = \displaystyle\sum_{k=-\infty}^{+\infty} [\delta(k) + 2\delta(k-2) + \delta(k-4)] e^{-j\omega k}$

$$= 1 + 2e^{-j2\omega} + e^{-j4\omega}$$

$$H_2(e^{j\omega}) = H_3(e^{j\omega}) = \sum_{k=0}^{+\infty} (0.2)^k e^{-j\omega k} = \frac{1}{1 - 0.2 e^{-j\omega}}$$

$$H_4(e^{j\omega}) = \sum_{k=-\infty}^{+\infty} h_4(k) e^{-j\omega k} = e^{-j2\omega}$$

$$H(e^{j\omega}) = H_1(e^{j\omega}) [H_2(e^{j\omega}) + H_3(e^{j\omega}) H_4(e^{j\omega})]$$

$$= (1 + 2e^{-j2\omega} + e^{-j4\omega}) \frac{1}{1 - 0.2 e^{-j\omega}} (1 + e^{-j2\omega})$$

即

$$H(e^{j\omega}) = \frac{(1 + e^{-j2\omega})^3}{1 - 0.2 e^{-j\omega}}$$

6.57 $H(e^{j\omega}) = \dfrac{\dfrac{4}{5} e^{-j\omega}}{1 - \dfrac{4}{5} e^{-j\omega}}$，$\quad y(k) - \dfrac{4}{5} y(k-1) = \dfrac{4}{5} x(k-1)$。

6.58 $Y_1(z) = -\dfrac{2z}{1-z} + \dfrac{z}{z - \dfrac{1}{2}}$，$\quad H(z) = \dfrac{Y(z)}{F(z)} = \dfrac{3z}{z - \dfrac{1}{2}}$，$\quad |z| > \dfrac{1}{2}$

$$F_2(z) = \frac{z}{z - \dfrac{1}{3}}, \quad |z| > \frac{1}{3}$$

$$Y_2(z) = F_2(z) H(z) = \frac{3z}{z - \dfrac{1}{2}} \cdot \frac{z}{z - \dfrac{1}{3}}$$

$$y(k) = \left[9\left(\frac{1}{2}\right)^k - 6\left(\frac{1}{3}\right)^k \right] u(k)$$

6.59 激励信号 $f(t)$ 是周期信号，其 $\Omega = 1 \text{ rad/s}$，傅里叶系数为 $F_n = 1$，则

$$F(j\Omega) = 2\pi \sum_{n=-\infty}^{+\infty} \delta(\Omega - n), \quad S(j\Omega) = \pi[\delta(\Omega + 1) + \delta(\Omega - 1)]$$

$$\frac{1}{2\pi}F(\mathrm{j}\Omega) * S(\mathrm{j}\Omega) = \pi \sum_{n=-\infty}^{+\infty}[\delta(\Omega-n+1)+\delta(\Omega-n-1)], \quad n=0,\pm1,\pm2\cdots$$

$$Y(\mathrm{j}\Omega) = H(\mathrm{j}\Omega)\left(\frac{1}{2\pi}F(\mathrm{j}\Omega) * S(\mathrm{j}\Omega)\right)$$

$$= \pi\sum_{n=-\infty}^{+\infty}[\delta(\Omega-n+1)+\delta(\Omega-n-1)]\mathrm{e}^{-\mathrm{j}\frac{\pi}{3}\Omega}$$

经傅里叶反变换可得

$$y(t) = \sum_{n=-\infty}^{+\infty}\frac{1}{2}\mathrm{e}^{\mathrm{j}(n-1)\left(t-\frac{\pi}{3}\right)} + \sum_{n=-\infty}^{+\infty}\frac{1}{2}\mathrm{e}^{\mathrm{j}(n+1)\left(t-\frac{\pi}{3}\right)}$$

因 $|\omega| < 1.8$ rad/s, 且 $\Omega = 1$ rad/s, 因此 $n=-1,0,1$, 其余信号被滤除。

最后计算得

$$y(t) = \cos\left(\frac{2\pi}{3}-2t\right) + \cos\left(\frac{\pi}{3}-t\right) + 1$$

6.60　由于 $H(s) = \dfrac{s^2+5}{s^2+2s+1} = \dfrac{Y_{zs}(s)}{F(s)}$, 故 $(s^2+2s+1)Y_{zs}(s) = (s^2+5)F(s)$, 相应的微

分方程为 $y''(t)+2y'(t)+y(t)=f''(t)+5f(t)$。对该式取拉普拉斯变换, 将初

始值 $y(0_-)=0$, $y'(0_-)=2$ 和 $F(s)=\dfrac{1}{s}$ 代入, 得

$$Y(s) = \frac{2}{s^2+2s+1} + \frac{s^2+5}{s^2+2s+1}\frac{1}{s}$$

利用部分分式展开为

$$Y(s) = \frac{5}{s} - \frac{4}{(s+1)^2} - \frac{4}{s+1}$$

得出全响应为

$$y(t) = (5-4t\mathrm{e}^{-t}-4\mathrm{e}^{-t})\varepsilon(t)$$

6.61　(1) $h(t) = (\mathrm{e}^{-2t}-\mathrm{e}^{-4t})\varepsilon(t)$;

　　　(2) $H(\mathrm{j}\Omega) = \dfrac{2}{8-\Omega^2+\mathrm{j}6\Omega}$;

　　　(3) $y(t) = 2\mathrm{e}^{-4t}\varepsilon(t)$。

6.62　画出零状态频域等效电路模型如题解 6.6.2 图所示。

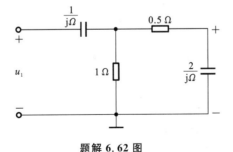

题解 6.62 图

设 $1\,\Omega$ 电阻的电压为 $U_a(\mathrm{j}\Omega)$, 则列出该点的节点方程为

$$\left(\mathrm{j}\Omega+1+\frac{1}{\frac{1}{2}+\frac{1}{2\mathrm{j}\Omega}}\right)U_a(\mathrm{j}\Omega) = sU_1(\mathrm{j}\Omega)$$

解得

$$U_{\mathrm{a}}(\mathrm{j}\Omega)=\frac{\mathrm{j}\Omega(\mathrm{j}\Omega+1)}{(\mathrm{j}\Omega)^2+4\mathrm{j}\Omega+1}U_1(\mathrm{j}\Omega)$$

利用分压公式,得

$$U_2(\mathrm{j}\Omega)=\frac{\dfrac{1}{2\mathrm{j}\Omega}}{\dfrac{1}{2}+\dfrac{1}{2\mathrm{j}\Omega}}U_{\mathrm{a}}(\mathrm{j}\Omega)=\frac{\mathrm{j}\Omega}{(\mathrm{j}\Omega)^2+4\mathrm{j}\Omega+1}U_1(\mathrm{j}\Omega)$$

由此可得

$$H(\mathrm{j}\Omega)=\frac{U_2(\mathrm{j}\Omega)}{U_1(\mathrm{j}\Omega)}=\frac{\mathrm{j}\Omega}{(\mathrm{j}\Omega)^2+4\mathrm{j}\Omega+1}$$

6.63 (1) 系统的频率特性 $H(\mathrm{j}\Omega)=|H(\mathrm{j}\Omega)|\mathrm{e}^{-\mathrm{j}\Omega t_0}$,则利用傅里叶变换的时移特性可得出其单位冲激响应 $h(t)=h_1(t-t_0)$,其中,$h_1(t)=\mathscr{F}^{-1}\{|H(\mathrm{j}\Omega)|\}$。

将系统的幅频特性表示为

$$|H(\mathrm{j}\Omega)|=1-G_{2\Omega_{\mathrm{c}}}(\Omega)$$

进行傅里叶反变换即可得到

$$h_1(t)=\delta(t)-\frac{\Omega_{\mathrm{c}}}{\pi}\mathrm{Sa}(\Omega_{\mathrm{c}}t)=\delta(t)-80\mathrm{Sa}(80\pi t)$$

故 $h(t)=h_1(t-t_0)=\delta(t-t_0)-80\mathrm{Sa}[80\pi(t-t_0)]$。

(2) 由于高通系统的截止频率为 80π,信号 $f(t)$ 中只有角频率大于 80π 的频率分量才能通过,故

$$y(t)=0.2\cos[120\pi(t-t_0)]$$

6.64 (1) 根据傅里叶变换的对称性得 $\dfrac{\sin(\Omega_{\mathrm{c}}t)}{2\pi t}\overset{\mathscr{F}}{\longleftrightarrow}\dfrac{1}{2}G_{2\Omega_{\mathrm{c}}}(\Omega)$,再根据傅里叶变换的时域微分特性得

$$H_1(\mathrm{j}\Omega)=\frac{1}{2}\mathrm{j}\Omega G_{2\Omega_{\mathrm{c}}}(\Omega)$$

(2) 该系统和子系统均为线性时不变系统,故总频率响应为

$$H(\mathrm{j}\Omega)=H_1(\mathrm{j}\Omega)[1-H_2(\mathrm{j}\Omega)]H_3(\mathrm{j}\Omega)H_4(\mathrm{j}\Omega)$$

由于频响特性与子系统级联的次序无关,故可交换子系统的级联次序而使求解得到简化,由于 $H_1(\mathrm{j}\Omega)=\dfrac{1}{2}\mathrm{j}\Omega G_{2\Omega_{\mathrm{c}}}(\Omega)$,$H_4(\mathrm{j}\Omega)=\dfrac{1}{\mathrm{j}\Omega}+\pi\delta(\Omega)$,故

$$H_1(\mathrm{j}\Omega)H_4(\mathrm{j}\Omega)=\frac{1}{2}\mathrm{j}\Omega G_{2\Omega_{\mathrm{c}}}(\Omega)\left[\frac{1}{\mathrm{j}\Omega}+\pi\delta(\Omega)\right]=\frac{1}{2}G_{2\Omega_{\mathrm{c}}}(\Omega)$$

等效于一个低通滤波器,截止频率为 Ω_{c}。

$H_3(\mathrm{j}\Omega)=G_{6\Omega_{\mathrm{c}}}(\Omega)$ 是截止频率为 $3\Omega_{\mathrm{c}}$ 的低通滤波器,故

$$H_{01}(\mathrm{j}\Omega)=H_1(\mathrm{j}\Omega)H_3(\mathrm{j}\Omega)H_4(\mathrm{j}\Omega)=\frac{1}{2}G_{2\Omega_{\mathrm{c}}}(\Omega)$$

而 $H_2(\mathrm{j}\Omega)=\mathrm{e}^{-\mathrm{j}\frac{2\pi\Omega}{\Omega_{\mathrm{c}}}}$ 相当于 $\delta(t)$ 信号在时域上延时 $\dfrac{2\pi}{\Omega_{\mathrm{c}}}$ 个单位,故

$$H_{02}(\mathrm{j}\Omega)=1-H_2(\mathrm{j}\Omega)=1-\mathrm{e}^{-\mathrm{j}\frac{2\pi\Omega}{\Omega_{\mathrm{c}}}}$$

从而 $H(\mathrm{j}\Omega)=H_{01}(\mathrm{j}\Omega)H_{02}(\mathrm{j}\Omega)=\dfrac{1}{2}G_{2\Omega_{\mathrm{c}}}(\Omega)(1-\mathrm{e}^{-\mathrm{j}\frac{2\pi\Omega}{\Omega_{\mathrm{c}}}})$,其傅里叶反变换为

$$h(t) = h_{01}(t) * h_{02}(t) = \frac{\sin(\Omega_c t)}{2\pi t} * \left[\delta(t) - \delta\left(t - \frac{2\pi}{\Omega_c}\right)\right]$$

$$= \frac{\sin(\Omega_c t)}{2\pi t} - \frac{\sin(\Omega_c t)}{2\pi\left(t - \frac{2\pi}{\Omega_c}\right)} = \frac{\sin(\Omega_c t)}{t(2\pi - \Omega_c t)}$$

（3）由（2）知

$$H_{01}(j\Omega) = H_1(j\Omega) H_3(j\Omega) H_4(j\Omega) = \frac{1}{2} G_{2\Omega_c}(\Omega)$$

$$H_{02}(j\Omega) = 1 - H_2(j\Omega) = 1 - e^{-\frac{j2\pi\Omega}{\Omega_c}}$$

因此，经过 $H_{01}(j\Omega)$ 后，$\sin(2\Omega_c t)$ 频率分量被滤掉，$\cos\left(\frac{\Omega_c t}{2}\right)$ 频率分量得以通过

并乘以增益 $1/2$，$H_{01}(j\Omega)$ 的响应 $r_{01}(t) = \frac{1}{2}\cos\left(\frac{\Omega_c t}{2}\right)$。从而整个系统响应为

$$r(t) = r_{01}(t) * \left[\delta(t) - \delta\left(t - \frac{2\pi}{\Omega_c}\right)\right] = \frac{1}{2}\cos\left(\frac{\Omega_c t}{2}\right) - \frac{1}{2}\cos\left[\frac{\Omega_c}{2}\left(t - \frac{2\pi}{\Omega_c}\right)\right]$$

化简得
$$r(t) = \cos\left(\frac{\Omega_c t}{2}\right)$$

6.65　（1）$e(t) = \sum_{n=-\infty}^{+\infty} E_n e^{jn\Omega_0 t}$ 的傅里叶变换为 $E(j\Omega) = \sum_{n=-\infty}^{+\infty} 2\pi E_n \delta(\Omega - n\Omega_0)$。

经过 $p(t) = \cos(\Omega_0 t)$ 的调制后，得到 $e_p(t) = e(t)p(t)$ 的傅里叶变换为

$$E_p(j\Omega) = \frac{1}{2}\{E[j(\Omega - \Omega_0)] + E[j(\Omega + \Omega_0)]\}$$

$$= 2\pi \sum_{n=-\infty}^{+\infty} \frac{1}{2}(E_{n-1} + E_{n+1})\delta(\Omega - n\Omega_0)$$

而由傅里叶变换的对称性得 $h(t) = \frac{\Omega_0}{2\pi} \mathrm{Sa}\left(\frac{\Omega_0 t}{2}\right)$ 的傅里叶变换为 $H(j\Omega) = G_{\Omega_0}(\Omega)$，即截止频率为 $\frac{\Omega_0}{2}$ 的低通滤波器。由此可知，系统的响应只包含 $E_p(j\Omega)$ 中的直流分量，故

$$r(t) = \frac{1}{2}(E_{-1} + E_1) = \mathrm{Re}\{E_1\}$$

（2）$e(t) = \sum_{n=-\infty}^{+\infty} E_n e^{jn\Omega_0 t}$ 的傅里叶变换为 $E(j\Omega) = \sum_{n=-\infty}^{+\infty} 2\pi E_n \delta(\Omega - n\Omega_0)$。

经过 $p(t) = \sin(\Omega_0 t)$ 的调制后，得到 $e_p(t) = e(t)p(t)$ 的傅里叶变换为

$$E_p(j\Omega) = \frac{1}{2j}\{E[j(\Omega + \Omega_0)] - E[j(\Omega - \Omega_0)]\}$$

$$= 2\pi \sum_{n=-\infty}^{+\infty} \frac{1}{2j}(E_{n-1} - E_{n+1})\delta(\Omega - n\Omega_0)$$

由此可知，系统的响应只包含 $E_p(j\Omega)$ 中的直流分量，故

$$r(t) = \frac{1}{2j}(E_{-1} - E_1) = -\mathrm{Im}\{E_1\}$$

（3）由（1）和（2）可推断出只需要选择 $p(t) = \cos(k\Omega_0 t)$ 和 $p(t) = \sin(k\Omega_0 t)$ 即可确定一个周期信号 $e(t)$ 任一个傅里叶系数 E_k 的实部和虚部。此时 $E_p(j\Omega)$ 分

别为

$$2\pi \sum_{n=-\infty}^{+\infty} \frac{1}{2}(E_{n-1}+E_{n+1})\delta(\Omega-n\Omega_0) \ \text{和} \ 2\pi \sum_{n=-\infty}^{+\infty} \frac{1}{2\mathrm{j}}(E_{n-1}-E_{n+1})\delta(\Omega-n\Omega_0)$$

经过低通滤波后,正好得到 $E_\mathrm{p}(\mathrm{j}\Omega)$ 中的直流分量,故

$$r(t)=\frac{1}{2}(E_{-1}+E_1)=\mathrm{Re}\{E_1\}$$

$$r(t)=\frac{1}{2\mathrm{j}}(E_{-1}-E_1)=-\mathrm{Im}\{E_1\}$$

6.66 (1) $\dfrac{\mathrm{d}^2 y(t)}{\mathrm{d}t^2}+3\dfrac{\mathrm{d}y(t)}{\mathrm{d}t}+2y(t)=\dfrac{\mathrm{d}x(t)}{\mathrm{d}t}+3x(t)$;

(2)

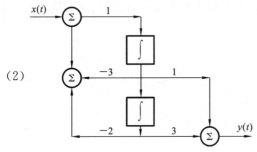

(3) $y(t)=\left(\dfrac{1}{3}\mathrm{e}^{-2t}+\dfrac{1}{3}\mathrm{e}^{t}-\mathrm{e}^{-t}\right)\varepsilon(t)$;

(4) 图略。

6.67 (1) 设 $H(s)=H_0\dfrac{N(s)}{D(s)}$,由(4)可知,$D(s)=s^2+3s+2=(s+1)(s+2)$。

由(2),(3),(5)可知,$N(s)=s$,所以

$$N(s)=H_0\frac{N(s)}{D(s)}=H_0\frac{s}{(s+1)(s+2)}$$

又因为 $H(1)=\dfrac{1}{6}$,所以 $H_0=1$。

因为 $D(s)=s^2+3s+2=(s+1)(s+2)$,由系统的因果、稳定性可得 $H(s)$ 的收敛域为 $\mathrm{Re}\{s\}>-1$,故

$$H(s)=\frac{s}{(s+1)(s+2)},\quad \mathrm{Re}\{s\}>-1$$

$H(s)$ 在 $s=0$ 处有一个一阶零点,在 $s=-1$ 和 $s=-2$ 处分别有一个一阶零点。零极点图略。

(2) 因为 $H(s)=\dfrac{s}{(s+1)(s+2)}$,$\mathrm{Re}\{s\}>-1$,故

$$h(t)=(2\mathrm{e}^{-2t}-\mathrm{e}^{-t})\varepsilon(t)$$

(3) 因为 $y(t)=H(2)\mathrm{e}^{2t}$,且 $H(2)=\dfrac{1}{6}$,所以

$$y(t)=\frac{1}{6}\mathrm{e}^{2t},\quad -\infty<t<+\infty$$

(4) 因为 $H(s)=\dfrac{s}{(s+1)(s+2)}$,所以

$$\frac{\mathrm{d}^2}{\mathrm{d}t^2}y(t)+3\frac{\mathrm{d}}{\mathrm{d}t}y(t)+2y(t)=\frac{\mathrm{d}}{\mathrm{d}t}x(t)$$

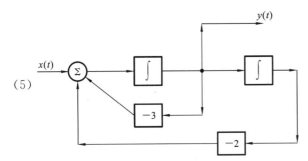

（5）

6.68 （1）$H(s)=\dfrac{s^2-s-2}{s^2+5s+6}=\dfrac{(s-2)(s+1)}{(s+2)(s+3)}$，因为系统是因果的，所以收敛域为

$\mathrm{Re}\{s\}>-2$。系统是稳定的。

（2）$y(t)=-\dfrac{1}{3}\varepsilon(t)-2\mathrm{e}^{-2t}\varepsilon(t)+\dfrac{10}{3}\mathrm{e}^{-3t}\varepsilon(t)$。

（3）该系统没有因果、稳定的逆系统。

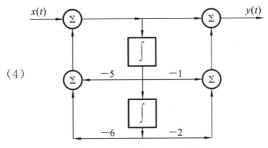

（4）

6.69　$F(s)=\dfrac{1}{s+2}$，$Y(s)=\dfrac{2}{(s+2)^2}+\dfrac{5}{s+3}$。

观察激励信号和全响应的极点情况，可以推断，系统函数有两个一阶极点：$p_1=-2$，$p_2=-3$，故系统的特征方程为

$$(\lambda+2)(\lambda+3)=0$$

所以系统的零激励微分方程为

$$y''_{zi}(t)+5y'_{zi}(t)+6y_{zi}(t)=0$$

上式两边取拉普拉斯变换，得到

$$s^2Y_{zi}(s)-sy(0^-)-y'(0^-)+5sY_{zi}(s)-5y(0^-)+6Y_{zi}(s)=0$$

代入初始条件，得到

$$Y_{zi}(s)=\frac{2s+11}{(s+2)(s+3)}=\frac{7}{s+2}-\frac{5}{s+3}$$

所以零激励响应 $y_{zi}(t)=7\mathrm{e}^{-2t}\varepsilon(t)-5\mathrm{e}^{-3t}\varepsilon(t)$。

零状态响应 $y_{zs}(t)=y(t)-y_{zi}(t)=2t\mathrm{e}^{-2t}\varepsilon(t)-7\mathrm{e}^{-2t}\varepsilon(t)+10\mathrm{e}^{-3t}\varepsilon(t)$。

6.70　（1）$w(t)=[e(t)G_1(t)]*h_1(t)$，并且

$$e(t)\overset{\mathscr{F}}{\leftrightarrow}E(\mathrm{j}\Omega)=\pi[\delta(\Omega-\pi)+\delta(\Omega+\pi)],\quad G_1(t)\overset{\mathscr{F}}{\leftrightarrow}\mathrm{Sa}\left(\frac{\Omega}{2}\right)$$

根据频域卷积定理可得

$$e(t)G_1(t)\overset{\mathscr{F}}{\leftrightarrow}\frac{1}{2\pi}\pi[\delta(\Omega-\pi)+\delta(\Omega+\pi)]*\mathrm{Sa}\left(\frac{\Omega}{2}\right)=\frac{1}{2}\left[\mathrm{Sa}\left(\frac{\Omega-\pi}{2}\right)+\mathrm{Sa}\left(\frac{\Omega+\pi}{2}\right)\right]$$

由时域卷积定理可得

$$w(t) \overset{\mathscr{F}}{\longleftrightarrow} W(\mathrm{j}\Omega) = \frac{1}{2}\left[\mathrm{Sa}\left(\frac{\Omega-\pi}{2}\right) + \mathrm{Sa}\left(\frac{\Omega+\pi}{2}\right)\right]H_1(\mathrm{j}\Omega)$$

而 $h_1(t) = \sum\limits_{n=-\infty}^{+\infty}\delta(t-2n)$ 的周期为 2，频率为 π。由于其单周期 $h_{10}(t)=\delta(t)$ 的傅里叶变换为 $H_{10}(\mathrm{j}\Omega)=1$，则由周期信号的傅里叶级数与单周期信号傅里叶变换的关系得 $h_1(t)$ 的傅里叶级数为

$$h_1(t) = \sum_{n=-\infty}^{+\infty}\left.\frac{1}{T}H_{10}(\mathrm{j}\Omega)\right|_{\Omega=n_{\Omega_1}} \cdot \mathrm{e}^{\mathrm{j}n\Omega_1} = \frac{1}{2}\sum_{n=-\infty}^{+\infty}\mathrm{e}^{\mathrm{j}n\pi}$$

故其傅里叶变换为 $H_1(\mathrm{j}\Omega) = \dfrac{1}{2}\sum\limits_{n=-\infty}^{+\infty}2\pi\delta(\Omega-n\pi) = \pi\sum\limits_{n=-\infty}^{+\infty}\delta(\Omega-n\pi)$，则

$$W(\mathrm{j}\Omega) = \frac{1}{2}\left[\mathrm{Sa}\left(\frac{\Omega-\pi}{2}\right) + \mathrm{Sa}\left(\frac{\Omega+\pi}{2}\right)\right]H_1(\mathrm{j}\Omega) = \sum_{n=-\infty}^{+\infty}\frac{-2\pi^2\cos\dfrac{n\pi}{2}}{(n\pi)^2-\pi^2}\delta(\Omega-n\pi)$$

(2) 由(1)知，$w(t)$ 也是周期为 2，角频率为 π 的周期信号。若 $w(t)$ 的傅里叶级数为 $w(t) = \sum\limits_{n=-\infty}^{+\infty}W_n\mathrm{e}^{\mathrm{j}n\Omega_1}$，其傅里叶变换为 $W(\mathrm{j}\Omega) = 2\pi\sum\limits_{n=-\infty}^{+\infty}W_n\delta(\Omega-n\pi)$。

与(1)的结果相对比可得

$$W_n = \frac{\cos\dfrac{n\pi}{2}}{\pi(1-n^2)}$$

(3) 由傅里叶变换的对称性可知，$h_2(t) = \dfrac{\sin\left(\dfrac{3\pi}{2}t\right)}{\pi t} \overset{\mathscr{F}}{\longleftrightarrow} G_{3\pi}(\Omega)$，即系统 $h_2(t)$ 是一个理想低通滤波器，其截止频率为 $3\pi/2$。由(2)知，$w(t)$ 的基波频率为 π，则二次谐波及以上的频谱分量全部被滤除，只剩直流分量和基波分量，即响应信号为

$$r(t) = \frac{1}{\pi} + \frac{1}{4}(\mathrm{e}^{\mathrm{j}\pi t} + \mathrm{e}^{-\mathrm{j}\pi t}) = \frac{1}{\pi} + \frac{1}{2}\cos(\pi t)$$

习题 7 答案 略。

参 考 文 献

[1] Alan V Oppenheim，Alan S Willsky，S Hamid Nawab. Signals and systems[M]. 2nd ed. Upper Saddle River：Prentice Hall，1996.

[2] 郑君里，应启珩，杨为理. 信号与系统[M]. 3 版. 北京：高等教育出版社，2011.

[3] 吴大正. 信号与线性系统分析[M]. 4 版. 北京：高等教育出版社，2005.

[4] Alan V Oppenheim. Algorithm Kings：The Birth of Digital Signal Processing[J]. IEEE Solid-State Circuits Magazine，2012，4(2)：34-37.

[5] Luis F Chaparro. 信号与系统：使用 MATLAB 分析与实现（原书第 2 版）[M]. 宋琪，译. 北京：清华大学出版社，2017.

[6] 唐向宏，孙闽红. 数字信号处理——原理、实现与仿真[M]. 2 版. 北京：高等教育出版社，2012.

[7] 樊昌信，曹丽娜. 通信原理[M]. 7 版. 北京：国防工业出版社，2013.

[8] 程佩青. 数字信号处理教程[M]. 4 版. 北京：清华大学出版社，2013.

[9] A M Grigoryan，S S Agaian. Split manageable efficient algorithm for Fourier and Hadamard transforms[J]. IEEE Trans. Signal Process，2000，48(1)：172-183.

[10] R Tao，X Y Meng，Y Wang. Image encryption with multiorders of fractional Fourier transforms[J]. IEEE Trans. Inform. Forensics Secur，2010，5(4)：734-738.

[11] 燕庆明. 信号与系统教程[M]. 2 版. 北京：高等教育出版社，2007.

[12] 徐天成，谷亚林，钱玲. 信号与系统[M]. 4 版. 北京：电子工业出版社，2012.

[13] 管致中，夏恭恪，孟桥. 信号与线性系统[M]. 4 版. 北京：高等教育出版社，2004.

[14] 王松林，张永瑞，郭宝龙，等. 信号与线性系统分析教学指导书[M]. 4 版. 北京：高等教育出版社，2005.

[15] 潘建寿，高宝健. 信号与系统[M]. 北京：清华大学出版社，2006.

[16] 田元锁，张黎明. 5G 通信信号处理系统的设计与实现[J]. 电子工程与产品世界（基金攻关项目展示），2018，25(03)：33-36.

[17] 小教资源库. 拉普拉斯生平[OL]. 原创力文档. https://max. book118. com/html/2017/0906/132156825. shtm.

[18] 徐北熊. 傅里叶变换、拉普拉斯变换、Z 变换的联系是什么？为什么要进行这些变换？[OL]. 知乎. https://www. zhihu. com/question/22085329/answer/20258145.

[19] 陈后金，胡健，薛健. 信号与系统[M]. 北京：高等教育出版社，2007.

[20] Alan V Oppenheim，Alan S Willsky，S Hamid Nawab. 信号与系统[M]. 2 版. 刘树棠，译. 北京：高等教育出版社，2007.

[21] Alan V Oppenheim，Ronald W Schafer. Discrete-time signal processing[M]. 3rd ed. Upper Saddle River：Prentice Hall，1999.

[22] 张明友. 信号检测与估计[M]. 3 版. 北京：电子工业出版社，2011.

［23］丁鹭飞,陈建春.雷达原理［M］.3 版.西安:西安电子科技大学出版社,2002.

［24］James H McClellan. Computer-based exercises for signal processing using Matlab, Ver. 5［M］. Upper Saddle River:Prentice Hall, 1997.

［25］J Tsui. Digital techniques for wideband receivers［M］. 3rd ed. Perse:SciTech,2015.

［26］Daniel Jurafsky,James H Martin. 语音与语言处理［M］. 北京:人民邮电出版社,2010.

［27］P PKanjilal. Adaptive prediction and predictive control［M］. London:IET, 2008.

［28］Rafael C Gonzalez,Richard E Woods. 数字图像处理［M］.阮秋琦,阮宇智,等译. 北京:电子工业出版社,2010.

［29］P Pace. Detecting and classifying low probability of intercept radar ［M］. 2nd ed. Danvers, MA:ARTECH HOUSE, 2009.

［30］D L Donoho. Compressed sensing［J］. IEEE Transactions on Information Theory, 2006, 52(4): 1289-1306.

［31］Y C Eldar, T Michaeli. Beyond bandlimited sampling［J］. IEEE Signal Processing Magazine,2009,26(3):48-68.

［32］P P Kanjilal, S Palit, G Saha. Fetal ECG extraction from single-channel maternal ECG using singular value decomposition［J］. IEEE Trans Biomedical Engineering,1997,44(1): 51-59.

［33］魏春英, 高晓玲.信号与系统［M］.2 版.北京:北京邮电大学出版社,2017.

［34］季策,蒋定德,宋清阳.信号与线性系统分析［M］.北京:科学出版社,2018.

［35］谭鸽伟,冯桂,黄公彝,等. 信号与系统:基于 MATLAB 的方法［M］.北京:清华大学出版社,2019.

［36］徐守时.信号与系统:理论、方法和应用［M］.3 版.合肥:中国科学技术大学出版社,2018.

［37］郭宝龙,朱娟娟.信号与系统［M］.西安:西安电子科技大学出版社,2018.

［38］Alan V Oppenheim, Alan S Willsky, S Hamid Nawab. 信号与系统:英文版［M］.2 版.北京:电子工业出版社,2015.

［39］hxxjxw.基于 MATLAB 的模拟调制信号与解调的仿真——DSB［OL］. CSDN. https://blog. csdn. net/ hxxjxw/article/details/82666096.

［40］hxxjxw.基于 MATLAB 的模拟调制信号与解调的仿真——SSB［OL］. CSDN. https://blog. csdn. net/ hxxjxw/article/details/82666155.

［41］hxxjxw.基于 MATLAB 的模拟调制信号与解调的仿真——2ASK［OL］. CSDN. https://blog. csdn. net/ hxxjxw/article/details/82628565.

［42］hxxjxw.基于 MATLAB 的模拟调制信号与解调的仿真——2FSK［OL］. CSDN. https://blog. csdn. net/ hxxjxw/article/details/82629113.

［43］mirkerson.中国 3 大移动公司(电信,联通,移动)频率分配大全(GSM,CDMA, CDMA2000,WCDMA,TD-SCDMA,LTETD,FDD)［OL］. CSDN. https://blog. csdn. net/mirkerson/article/details/50394203.

［44］刘晓峰,孙韶辉,杜忠达,等.5G 无线系统设计与国际标准［M］.北京:人民邮电出版社,2019.

［45］IMT-2020(5G)推进组. 5G 概念白皮书［OL］. 百度文库. https：//baike. baidu. com/item/5G 概念白皮书/16770981？fr＝aladdin.

［46］毛晓君. 基于弦测法的轨面短波不平顺检测理论与方法［D］. 上海：同济大学，2014.

［47］程樱，许玉德，周宇，等. 三点偏弦法复原轨面不平顺波形的理论及研究［J］. 华东交通大学学报，2011，28(01)，42-46.

［48］魏珲，刘宏立，马子骥，等. 基于组合弦测的钢轨波磨广域测量方法［J］. 西北大学学报(自然科学版)，2018，48(2)，199-208.

［49］Yanfu Li，Hongli Liu，Ziji Ma，et al. Rail Corrugation Broadband Measurement Based on Combination-Chord Model and LS［J］. IEEE Transactions on Instrumentation and Measurement，2018，67(4)，938-949.

［50］邱力军，刘文强，范启富，等. 一种脑电信号采集系统前端电路设计与实现［J］. 徐州工程学院学报(自然科学版)，2016，31(3)，82-87.

［51］计瑜. 基于独立分量分析的 P300 脑电信号处理算法研究［D］. 杭州：浙江大学，2013.

［52］陈兴腾. 脑电信号处理及其在脑-机接口和身份识别中的应用［D］. 西安：西安电子科技大学，2017.

［53］McFarland D J，Wolpaw J R. Brain-computer interface use is a skill that user and system acquire together［J］. PLoS Biology，2018，16(7).

［54］Nils J Nillson. 人工智能［M］. 郑扣根，庄越挺，译. 北京：机械工业出版社. 2000.

［55］张雪英. 数字语音信号处理及 MATLAB 仿真［M］. 北京：电子工业出版社. 2010.

［56］赵新燕，王炼红，彭林哲. 基于自适应倒谱距离的强噪声语音端点检测［J］. 计算机科学，2015，42(9)：83-85.

［57］Mark A Richards. 雷达信号处理基础［M］. 邢孟道，王彤，李真芳，译. 北京：电子工业出版社，2017.

［58］周志华. 机器学习［M］. 北京：清华大学出版社，2016.

［59］L Deng，J Li，J T Huang，et al. "Recent advances in deep learning for speech research at microsoft" in Acoustics，Speech and Signal Processing (ICASSP)［J］. IEEE International Conference on. IEEE，2013，8604-8608.

［60］A Krizhevsky，I Sutskever，G E Hinton. Imagenet classification with deep convolutional neural networks［J］. Communications of the ACM，2017，60(6)：84-90.

［61］S Ren，K He，R Girshick，et al. Faster r-cnn：Towards real-time object detection with region proposal networks［J］. IEEE Transactions on Pattern Analysis and Machine Intelligence，2017，39(6)：1137-1149.

［62］周志文，黄高明，高俊，等. 一种深度学习的雷达辐射源识别算法［J］. 西安：西安电子科技大学学报，2017，44(3)：77-82.

［63］Schmidhuber J. Deep Learning in Neural Networks：an Overview［J］. Neural Networks，2015，61：85-117.

［64］Krawczyk M，Gerkmann T. STFT Phase Reconstruction in Voiced Speech for an Improved Single-Channel Speech Enhancement［J］. IEEE/ACM Transactions on Audio Speech & Language Processing，2014，22(12)：1931-1940.

[65] Cain L，Clark J，Pauls E，et al. Convolutional neural networks for radar emitter classification[C]//[s. n.]. Computing and Communication Workshop and Conference. Piscataway：IEEE，2018；79-83.

[66] Wang X，Huang G，Zhou Z，et al. Radar emitter recognition based on the short time fourier transform and convolutional neural networks[C]//[s. n.]. International Congress on Image and Signal Processing，Biomedical Engineering and Informatics. Piscataway：IEEE，2017；1-5.

[67] Li H，Jing W，Bai Y. Radar emitter recognition based on deep learning architecture[C]//[s. n.]. Cie International Conference on Radar. Piscataway：IEEE，2016；1-5.

[68] Xu Qiang，Li Wei，PIERRE Loumbi. Applications of Deep Convolutional Neural Network in SAR Automatic Target Recognition：a Summarization [J]. Telecommunication Engineering. 2018. 58(1)；106-112.

[69] Lee H J，Lee S G. Arousal-valence recognition using CNN with STFT feature-combined image[J]. Electronics Letters，2018，54(3)：134-136.

[70] kingdomwei2004. DTW 算法原理分析与源码[OL]. 百度文库. https://wenku. baidu. com/view/ 92e8f82cbd64783e09122b55. html.

[71] Daringoo. DTW 的原理及 matlab 实现（转载＋整理）[OL]. 博客园. https:// www. cnblogs. com/ Daringoo/p/4095508. html.

[72] 少茗. DTW 算法（语音识别）[OL]. CSDN. https://blog. csdn. net/rs_network/ article/details/ 8540307.

[73] ch521pi125. 基于 MATLAB 的语音识别 DTW 算法设计[OL]. 百度文库. https：//wenku. baidu. com/ view/ad4fdefc5727a5e9856a61c2. html.

[74] 贝壳君. 关于语音端点检测（Voice Activity Detection，VAD）的一些汇总[OL]. CSDN. https：// blog. csdn. net/baienguon/article/details/80539296.

[75] Yngz_Miao.【声学特征】梅尔频率倒谱系数（MFCC）[OL]. CSDN. https：//blog. csdn. net/ qq_38410730/article/details/81838472.

[76] ljh0302. DTW 算法的原理实现[OL]. https：//blog. csdn. net/ljh0302/article/details/50884303.